高等职业院校机电类专业“十三五”系列规划教材

工程制图与电气CAD

GONGCHENG ZHITU YU DIANQI CAD

主　编　陈春海　熊利军
副主编　陈小飞　孙引魁
参　编　王兴芳　吴　昊
　　　　李　莉

合肥工業大學出版社

内容提要

本书是以AutoCAD2007版为平台，结合电气工程项目，面向CAD初学者所编写的教材。

本书依据电气制图国家标准符合编写，计算机辅助设计（绘图员级）人员技能要求、电气设计项目要求以及高职高专院校对电类学生的素质要求。以项目为导向，将国家标准、知识储备、技能锻炼融于一体。作者通过本书学习能正确理解电气制图标准，并且能熟练运用AutoCAD2007进行电气制图。本书集知识性、实用性与可操作性于一体，针对高职高专学生的特点，力求学以致用，技能勤学多练，内容通俗易懂。

本书可作为高职高专教材，也可以作为电气工程设计人员的参考书，还可供职工岗位培训、社会培训或自学使用。

图书在版编目（CIP）数据

工程制图与电气CAD/陈春海主编．—合肥：合肥工业大学出版社，2017.6（2023.9重印）
ISBN 978-7-5650-3293-6

Ⅰ.①工…　Ⅱ.①陈…　Ⅲ.①工程制图②电气设备—计算机辅助设计—AutoCAD软件
Ⅳ.①TB23②TM02-39

中国版本图书馆CIP数据核字（2017）第044759号

工程制图与电气CAD

主　编　陈春海　　　　责任编辑　马成勋

出　版	合肥工业大学出版社	版　次	2017年6月第1版
地　址	合肥市屯溪路193号	印　次	2023年9月第6次印刷
邮　编	230009	开　本	787毫米×1092毫米　1/16
电　话	理工图书编辑部：0551-62903200	印　张	20.25
	市场营销部：0551-62903198	字　数	492千字
网　址	press.hfut.edu.cn	印　刷	安徽昶颉包装印务有限责任公司
E-mail	hfutpress@163.com	发　行	全国新华书店

ISBN 978-7-5650-3293-6　　　　定价：55.00元

前　　言

随着技术的进步，尺规作图已经基本被淘汰了。掌握CAD制图技能，能识读电气工程图纸，是各工程单位对于技术人员的基本要求。电气制图是工程制图的一个分支，有其自身的特点。在教学实践中，我们发现适合作为高职高专类院校机电类专业的CAD教材匮乏，因此，针对强电类专业编写本书。本书在编写过程中，针对高职高专院校学生的特点，结合电气工程设计的实际项目要求，把握AutoCAD的基础知识，做到通俗易懂，学练合一。

AutoCAD是由美国Autodesk公司开发的计算机辅助设计软件，是目前使用最广泛的CAD软件，在各工程单位和设计院中使用不同版本。考虑到技能考证、职称计算机考试和高校计算机房现状，本书以AutoCAD2007版作为教学操作平台。读者通过本书的学习，在工作中也能熟练操作更高版本的AutoCAD软件。

本书力求实现教学做一体化改革，以项目为导向，将工程项目分解为不同的典型工作任务。在完成任务的实际操作过程中，引导学生学习AutoCAD操作技能、电气工程制图要求和绘图技巧。将生产实践与理论教学相结合，以实践为目的，以理论为指导，努力使读者学以致用，将课堂学习到的知识转化为工作能力。

本书所有项目都是从专业的角度选取典型工程案例，项目1通过绘制断路器图形符号，学习AutoCAD的参数设置；项目2通过绘制工程图框，学习国家标准的规定；项目3通过绘制电气主接线图，学习常用电气图形符号、文字符号的规定；项目4通过绘制某变电站的总平面图和断面图，学习位置布局法绘图的要求；项目5通过绘制某高层建筑户内变电站的开关柜原理图和照明平面图，学习建筑电气图的绘制方法；项目6通过绘制电动机典型控制图，学习二次电气图的绘制方法、读图规则；项目7通过绘制三视图，学习三维立体图的平面表示方法；项目8通过设置打印图纸参数，学习如何打印出图。AutoCAD命令的操作和练习，与各个项目融合在一起。

在教学内容上，本书的项目主要针对强电类专业，涵盖了电气制图各方面的知识，各项目的针对性较强，同时注意强化电气工作制图的标准化，紧密结合最新国家标准。为了避免内容臃肿，各项目选题适当，内容循序渐进。为了方便读者学习，书中详细说明具体绘图步骤。读者在学习时，可按图索骥，边学边做，容易上手。实际中绘制某一图形的方法和技巧有多种，因篇幅限制，本书只能介绍其中的一部分方法和技巧，起到抛砖引玉的作用。

项目所属各任务中，明确知识要点的精髓，通过知识链接，让读者有目的地学习。考虑到“计算机辅助设计”技能考证的要求，部分项目中设置有任务训练读者 AutoCAD 的操作技能，在每个项目后都有提升 AutoCAD 操作熟练度的练习题。

本书项目 1 由三峡电力职业学院吴昊编写，项目 2 由武汉铁路职业技术学院熊利军编写，项目 3 和项目 8 由三峡电力职业学院陈春海编写，项目 4 由三峡电力职业学院陈小飞编写，项目 5 由三峡电力职业学院王兴芳编写，项目 6 由华润电力(宜昌)有效公司孙引魁编写，项目 7 由三峡电力职业学院李莉编写。全书由陈春海、熊利军担任主编，并由陈春海负责统稿。

在编写本书的过程中，参考了很多资料与文献，在此表示感谢。编者虽极尽努力，力求达到尽善尽美。但水平有限，难免有不足之处，希望读者提出宝贵意见，以便更好地改进。

编　者

2017 年 8 月

目　　录

项目1　AutoCAD参数设置

【项目描述】

(1)建立文件夹

在D盘根目录下新建一个学生文件夹,文件夹的名称为学生学号。

(2)环境设置

● 运行软件,使用默认模板建立图形文件,设置"图形单位",长度为"小数",精度为"0.0"。

● 设置绘图区域为"50mm×50mm"幅面,左下角点坐标为(0,0),设置"栅格间距"为"5"。

● 建立名称为"电气"的图层,颜色为"红色",线宽为"0.5mm",其余参数均采用默认值。

(3)绘图内容

如图1-1所示(栅格点按实际样式生成,不必加粗)。

● 在"0"图层上绘制外部框线,表示整个作图区域。

● 在"电气"图层绘制断路器符号。

(4)保存文件

将完成的图形以"全部缩放"的形式显示,并以"Pro1.dwg"为文件名保存在学生文件夹中。

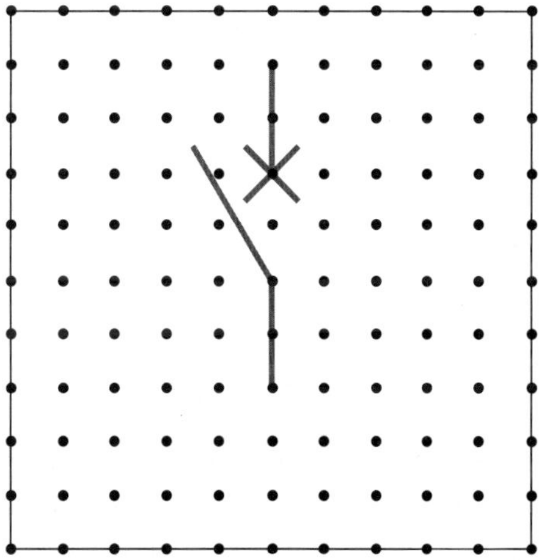

图1-1　断路器图形符号示例

【项目实施】

(1)点击桌面“我的电脑”,进入 D 盘,单击鼠标右键,选择“新建”→“文件夹”,输入学号。

操作参考:《计算机基础》课程教材。

(2)双击桌面 AutoCAD2007 软件图标,新建 CAD 文件。

操作参考:子任务 1.2.1。

(3)按照项目要求设置图形单位和图形界限。

操作参考:子任务 1.2.2。

(4)设置“栅格间距”和“捕捉间距”,并启用“栅格”和“捕捉”。

操作参考:子任务 1.2.2。

(5)新建“电气”图层,按照项目要求设置图层参数。

操作参考:子任务 1.2.2。

(6)执行“直线”命令,绘制矩形框线,将其修改为“0”图层。绘制断路器图形符号,将其修改为“电气”图层。

操作参考:任务 1.3。

(7)检查无误后,在命令行输入 Z ↙ A ↙,在菜单栏中选择“文件”→“另存为”,按项目要求操作。

操作参考:子任务 1.2.1、任务 1.3。

特别提示

绘图命令可以有多种调用形式,绘图顺序可以改变,绘图人员应养成自己的作图习惯,提升作图速度。

任务 1.1 启动 AutoCAD 软件

要学好 AutoCAD,首先要对它有一个清晰的认识。正确安装 AutoCAD 软件,启动 AutoCAD 软件,熟悉 AutoCAD 软件的操作界面是绘图的前期准备工作。

子任务 1.1.1 安装 AutoCAD2007 软件

【任务目标】

● 掌握 AutoCAD2007 安装方法。

【知识链接】

CAD 的发展历程

图形是表达和交流技术思想的工具。工程中各个阶段都大量使用图纸,绘制图形的工作量很大,见表 1-1。随着计算机辅助设计(Computer Aided Design,以下简称 CAD)技术的飞速发展和普及,越来越多的工程设计人员开始使用计算机软件绘制各种图形,从而解决了传统手工绘图中存在的效率低、绘图准确度差及劳动强度大等缺点。

表 1-1　图纸对应工程阶段

图纸类型	工程阶段
概念图(效果图)	项目论证阶段
初步设计图	设计阶段
施工图	
施工图(不同修改版本)	施工阶段
竣工图	运行前准备阶段
技术改造图	运行阶段

20 世纪 80 年代,由于 PC 机的应用,CAD 得以迅速发展。当时的 Autodesk(美国电脑软件公司)公司开发出可免费拷贝的 CAD 系统,得到广泛应用。该 CAD 软件升级迅速,现在已经是国际绘图软件的主导品牌,称为 AutoCAD 软件之一。AutoCAD 具有良好的用户界面,通过交互菜单或命令行方式便可以进行各种操作。多文档设计环境,让非计算机专业人员也能很快地学会使用。

在目前的计算机绘图领域,AutoCAD 是使用最为广泛的计算机绘图软件。除 AutoCAD 外,还存在其他 CAD 软件,它们的用户界面、操作方面均与 AutoCAD 相似,并且兼容图形文件,例如 CAXACAD、天正 CAD、浩辰 CAD 等。但是施工单位、设计院与建设单位的招投标文件中会明确要求提交电子图形为 AutoCAD 版本,全国职称计算机考试中采用 AutoCAD2004 版,中国计算机辅助设计证书考试采用 AutoCAD2007 版,故本书使用 AutoCAD2007 版软件进行项目教学。

【任务实施】

安装 AutoCAD2007 软件

AutoCAD 软件早期只有英文版本,我国工程技术人员在使用过程中很不方便。在 AutoCAD2000 以后的版本,可选择简体中文安装,用户界面更加友好。

(1)将 AutoCAD 安装盘插入计算机的 CD-ROM 驱动器。点击"我的电脑"图标,进入光盘,然后双击图标"Setup. exe",开始安装 AutoCAD 2007 简体中文版。如图 1-2 所示。

图 1-2　"Setup. exe"图标

(2)在弹出的 AutoCAD 2007 中文版安装界面中,点击"安装产品"按钮,然后按照提示进行下一步。如图 1-3 所示。

(3)在弹出的接受许可协议界面中选择"我接受"单选框,单击"下一步"按钮继续安装。如图 1-4 所示。

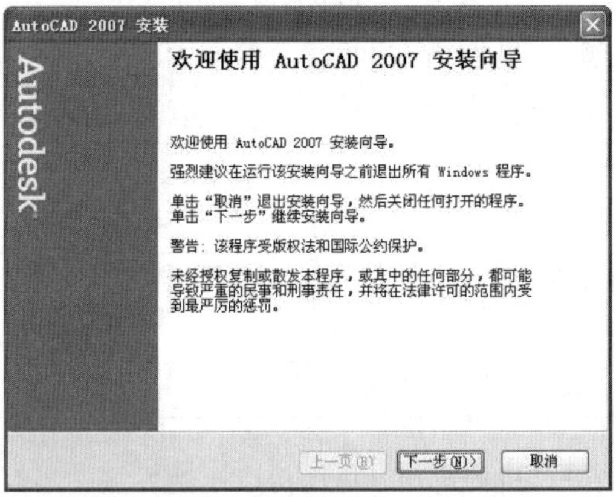

图 1-3　安装界面

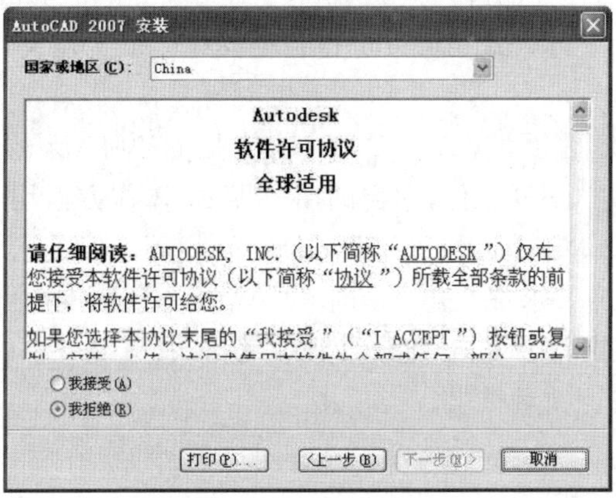

图 1-4　许可协议界面

(4)输入序列号。如果没有序列号，按界面上的提示输入，可以先使用试用版。如图 1-5 所示。填写完毕后，单击“下一步”按钮，继续安装 AutoCAD 2007 中文版。

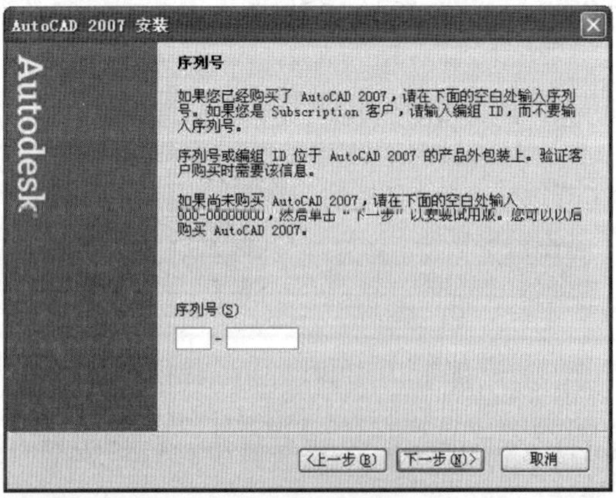

图 1-5　填写序列号

在新界面中填写用户信息，如图 1-6 所示。填写完毕后，单击“下一步”按钮。

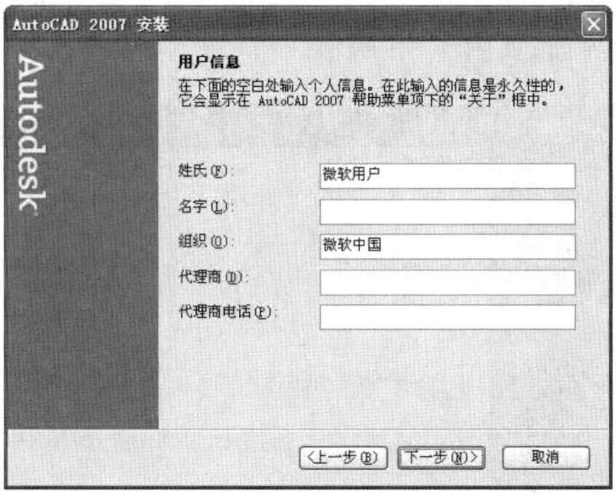

图 1-6 填写用户信息

(5)安装类型可以根据需要自行选择,建议选择“典型”类型,如图 1-7 所示。

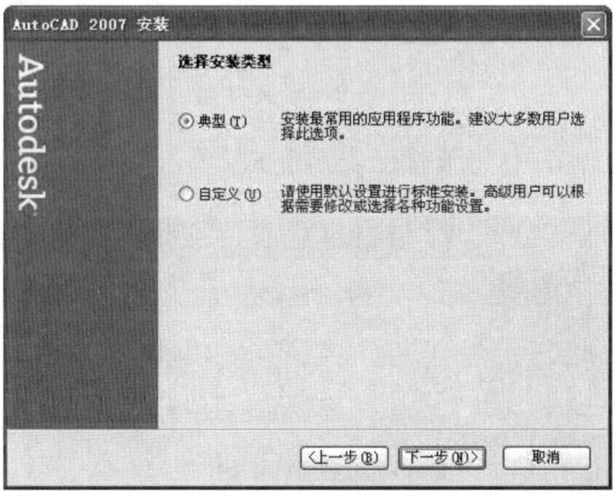

图 1-7 选择安装类型

可根据个人需求选择附加工具,也可以不做选择,单击“下一步”按钮,继续安装 AutoCAD 2007 中文版。如图 1-8 所示。

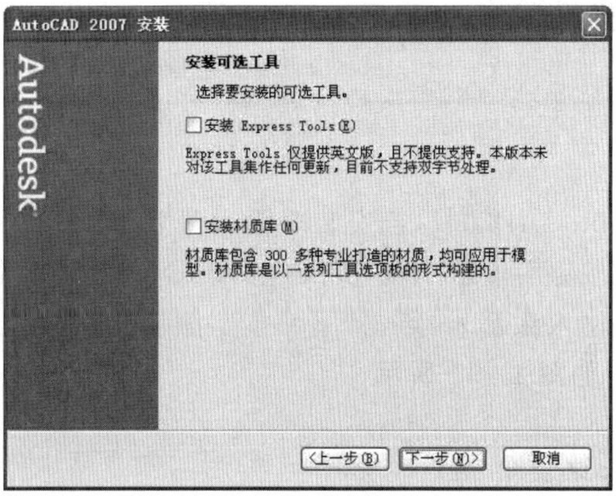

图 1-8 选择可选工具

(6)此时进入默认安装路径界面,也可以根据需要及磁盘空间大小自行选择安装路径,单击"下一步",进入安装界面,如图 1-9 所示。

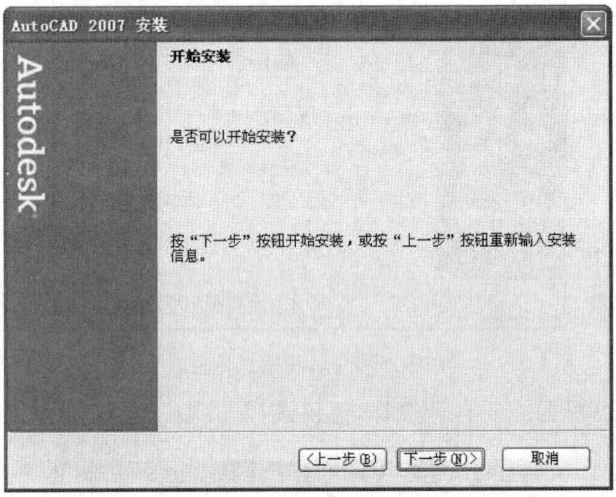

图 1-9 安装界面

(7)至此,AutoCAD 2007 中文版就已安装完成,单击"完成"按钮,如图 1-10 所示。

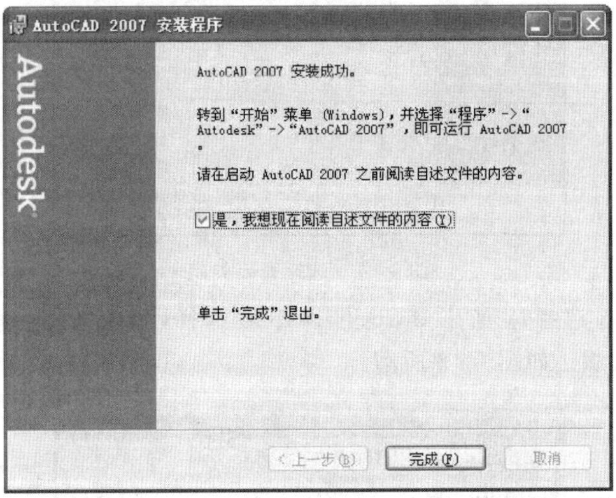

图 1-10 安装完成

(8)安装完毕启动 AutoCAD2007,若安装时输入序列号"000-000000",此时会要求激活产品,选择"激活产品"按钮后点击"下一步"。在 AutoCAD 2007 激活界面选择"输入激活码"单选按钮并在方框中输入激活号,点击"下一步",激活成功,点击"完成"按钮,可正式使用 AutoCAD2007 软件。如图 1-11 所示。

【任务拓展】

AutoCAD2007 对系统的要求

Windows 操作系统分为 32 位操作系统和 64 位操作系统,Windows XP 是 32 位操作系

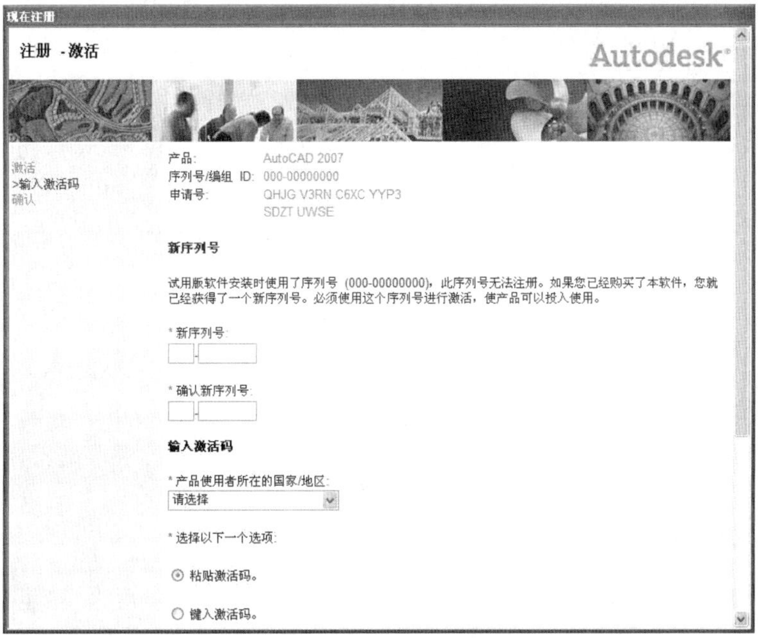

图 1-11　安装界面

统，Windows7 和 Windows8 是 64 位操作系统。当前主流家用计算机使用的是 64 位操作系统，大多数学校计算机房使用的是 32 位操作系统。AutoCAD 不同版本适应的操作系统不一样。一般 AutoCAD2007 软件只能用于 32 位 Windows XP 系统。如果计算机使用 Windows7 或 Windows 8 系统，只能安装 AutoCAD2008 及更高版本(AutoCAD2010 有适用于 32 位操作系统的版本)。因此，在购买 AutoCAD 软件时，要根据计算机的操作系统，选择不同版本。

子任务 1.1.2　认识 AutoCAD2007 操作界面

【任务目标】

- 熟练启动 AutoCAD2007 软件。
- 熟悉 AutoCAD 操作界面。
- 熟练打开和关闭工具栏。

【知识链接】

AutoCAD2007 操作界面简介

AutoCAD2007 初始工作界面如图 1-12 所示。可以在菜单栏中点击“工具”→“工作空间”，选择“三维建模”或“AutoCAD 经典”，由于电气图形大多数是平面图，本书讲解的内容均设置在“AutoCAD 经典”工作空间中(项目 7 涉及“三维建模”工作空间)。

(1)标题栏

标题栏位于应用程序窗口的最上面，用于显示当前正在运行的程序名及文件名等信息。如果是 AutoCAD 默认的图形文件，其名称为 DrawingN. dwg(N 是数字)。如图 1-13 所示。单击标题栏右端的按钮，可以最小化、最大化或关闭应用程序窗口。在标题栏上单击鼠标右键，它将会弹出一个 AutoCAD 窗口控制菜单，可以执行最小化或最大化窗口、还原窗口、移动窗口、关闭 AutoCAD 等操作。

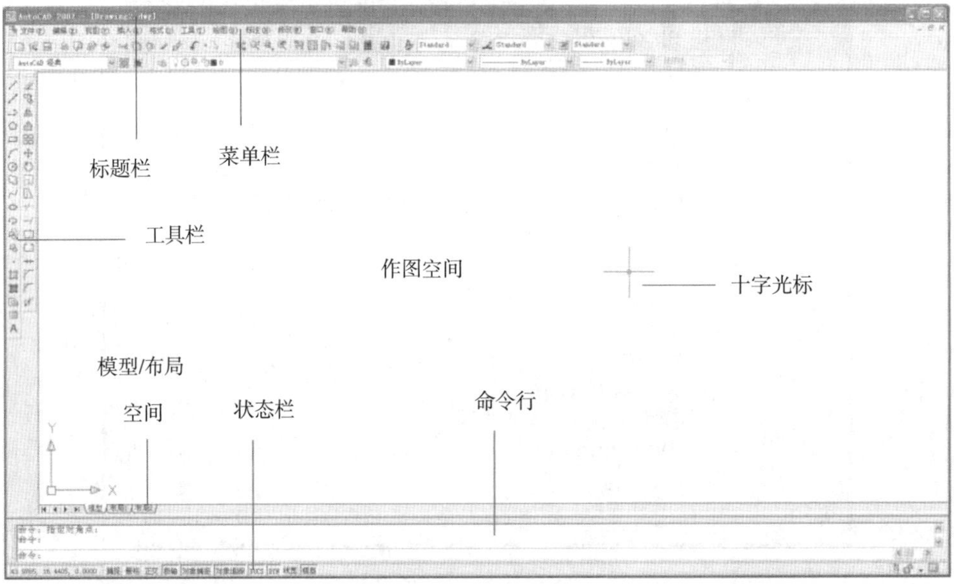

图 1-12　初始工作界面

(2)菜单栏与快捷菜单

菜单栏由“文件”“编辑”“视图”“插入”“格式”“工具”“绘图”“标注”“修改”“窗口”“帮助”等主菜单组成，几乎包括了 AutoCAD 中全部的功能和命令。如图 1-14 所示。

图 1-13　标题栏

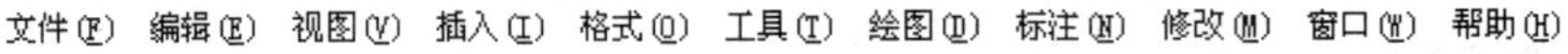

图 1-14　菜单栏

点击菜单栏的某个按钮，会出现下拉列表。如图 1-15 所示。在下拉菜单中，右侧有小三角的菜单项，表示它还有子菜单；右侧没有小三角的菜单项，单击它后会执行对应的命令。

快捷菜单又称为上下文关联菜单。在绘图窗口、工具栏、状态行、模型与布局选项卡以及一些对话框上单击鼠标右键时，将弹出一个快捷菜单，该菜单中的命令与 AutoCAD 当前状态相关。使用它们可以在不启动菜单栏的情况下快速、高效地完成某些操作。如图 1-16 所示。

(3)工具栏

工具栏是应用程序调用命令的另一种方式，它包含许多由图标表示的命令按钮。在 AutoCAD 中，系统共提供了二十多个已命名的工具栏。默认情况下，“标准”“属性”“绘图”和“修改”等工具栏处于打开状态。

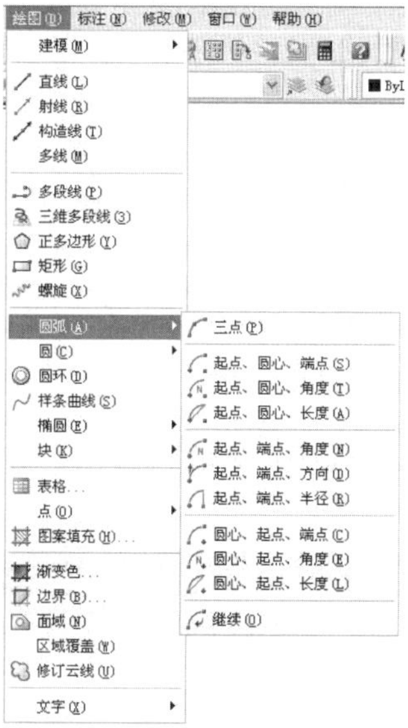

图 1-15 “编辑”菜单栏

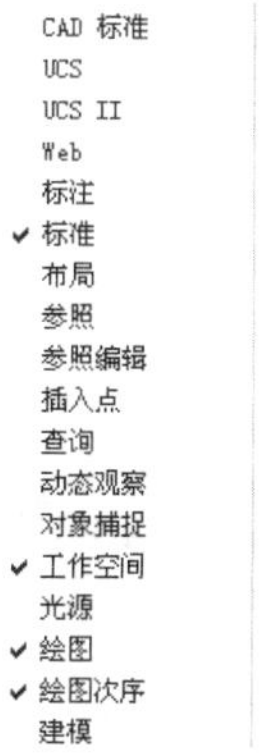

图 1-16 快捷菜单

如果要显示当前隐藏的工具栏，可在任意工具栏上单击鼠标右键，此时将弹出一个快捷菜单，点击相应内容以显示或关闭相应的工具栏。

若拖动工具栏，可任意改变工具栏的位置，此时工具栏的外观会有所改变，如图 1-17 所示。

图 1-17 “绘图”工具栏

(4)绘图窗口

在 AutoCAD 中，绘图窗口是用户绘图的工作区域，所有的绘图结果都反映在这个窗口中。可以根据需要关闭其周围和里面的各个工具栏，以增大绘图空间。如果图纸比较大，需要查看未显示部分时，可以单击窗口右边与下边滚动条上的箭头，或拖动滚动条上的滑块来移动图纸。

在绘图窗口中除了显示当前的绘图结果外，还显示了当前使用的坐标系类型以及坐标原点、X 轴、Y 轴、Z 轴的方向等。默认情况下，坐标系为世界坐标系(WCS)。绘图窗口的下方有“模型”和“布局”选项卡，单击其标签可以在模型空间或图纸空间之间来回切换。

(5)命令行与文本窗口

“命令行”窗口位于绘图窗口的底部，用于接收用户输入的命令，并显示 AutoCAD 提示信息。“命令行”窗口是用户和计算机进行对话的窗口，初学者对命令使用不熟练时，可根据命令行中的提示信息逐步操作。

命令行可根据需要显示不同的行数，如图 1-18 所示。行数越多，命令的步骤提示越清楚，但是绘图窗口越小，越不容易查看图纸。

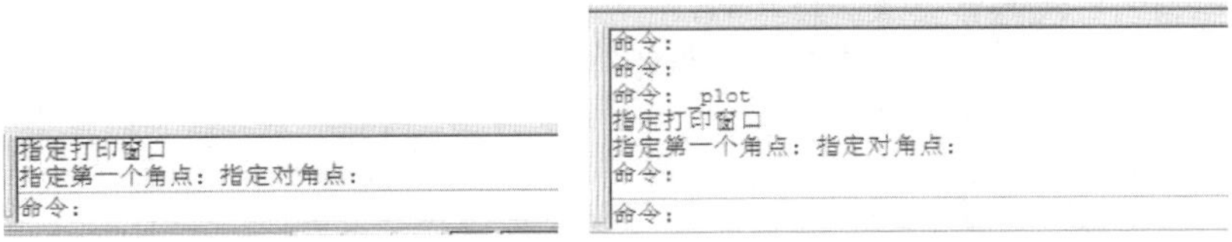

图 1－18　显示不同行数的命令行

AutoCAD 文本窗口是记录 AutoCAD 命令的窗口，是放大的“命令行”窗口，它记录了已执行的命令，也可以用来输入新命令。在 AutoCAD 2007 中，可以选择菜单栏中的“视图”→“显示”→“文本窗口”命令、执行 TEXTSCR 命令或按快捷键 F2 来打开 AutoCAD 文本窗口，如图 1－19 所示。

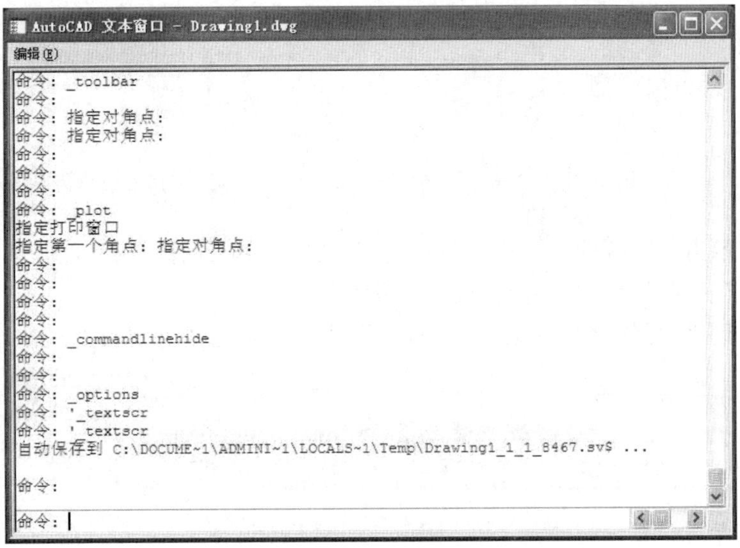

图 1－19　文本窗口

(6)状态行

状态行在屏幕的最下方，用来显示 AutoCAD 当前的状态，如当前光标的坐标、命令和按钮的说明等。在绘图窗口中移动光标时，状态行的“坐标”区将动态地显示当前坐标值。坐标显示取决于所选择的模式和程序中运行的命令，共有“相对”“绝对”和“无”三种模式。

状态行中还包括如“捕捉”“栅格”“正交”“极轴”“对象捕捉”“对象追踪”“DUCS”“DYN”“线宽”“模型”等功能按钮，如图 1－20 所示。通过设置这些模式，绘图人员能更迅速、有效地绘图，在后面项目的操作中将会逐渐介绍。

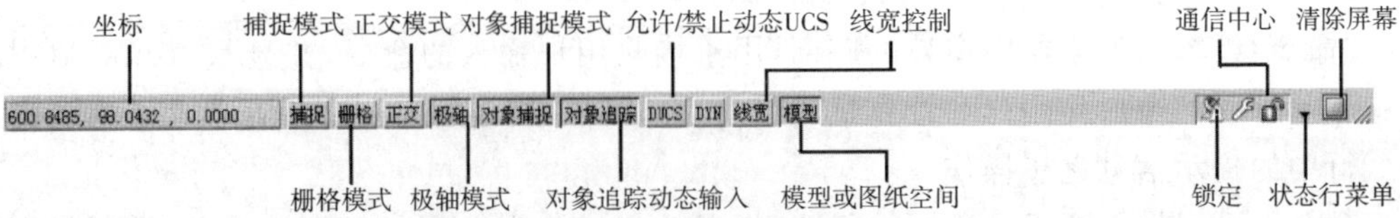

图 1－20　状态行

(7)模型/布局空间选项卡。

模型/布局选项卡用于实现模型空间与图样空间的切换。

系统默认的状态为模型空间，在该模式下，将按实际尺寸绘制图形。模型空间主要用于作图。布局空间一般用于打印图纸。

【任务实施】

1. *启动 AutoCAD2007 软件*

启动 AutoCAD2007 软件有两种方法：

(1)从开始菜单中打开。点击“开始”→“程序”→“Autodesk”→“AutoCAD2007”。

(2)从桌面打开。双击桌面 AutoCAD2007 软件图标(也可以单击图标选中，然后按回车键)。

2. *启用“对象捕捉”工具栏*

在任一工具栏上单击鼠标右键，AutoCAD 弹出工具栏快捷菜单，启用的工具栏前面显示“√”，软件默认的工具栏如图 1-21 所示。要启用或关闭工具栏，只需单击对应的名称即可。

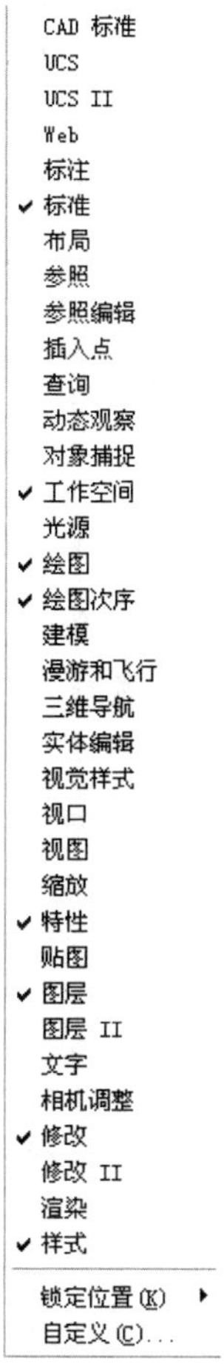

图 1-21　工具栏选项

任务 1.2　AutoCAD 图形文件基本操作

AutoCAD 软件能生成图形文件，所有图元都是在图形文件中绘制。生成 AutoCAD 可识别的文件是绘图的第一步。

子任务 1.2.1　生成 AutoCAD 文件

【任务目标】

- 熟练建立 AutoCAD 图形文件。
- 熟练打开、关闭、保存 AutoCAD 图形文件。

【知识链接】

1. *AutoCAD 可识别的文件*

用 AutoCAD 软件绘制图形后，默认生成的文件为“*.dwg”格式，同时在相同路径下自动生成“*.bak”文件，AutoCAD 软件可直接读取“*.dwg”文件，不能直接读取“*.bak”文件。“*.bak”文件是同名“*.dwg”文件的备份。如图 1-22 所示，如果“D03-15.dwg”文件被破坏或者丢失，把“D03-15.bak”文件改名为“D03-15.dwg”，相关图形内容就可以恢复。

图 1-22　AutoCAD 图形文件与备份文件

2. 设置自动保存

由于 AutoCAD 在运行过程中可能会出现计算机死机或者程序无响应等意外，而绘图人员不习惯经常保存，因此软件提供了自动保存的功能。设置自动保存的操作方法如下：

(1)执行菜单栏"工具"→"选择"。切换到"打开和保存"选项卡。如图 1-23 所示。

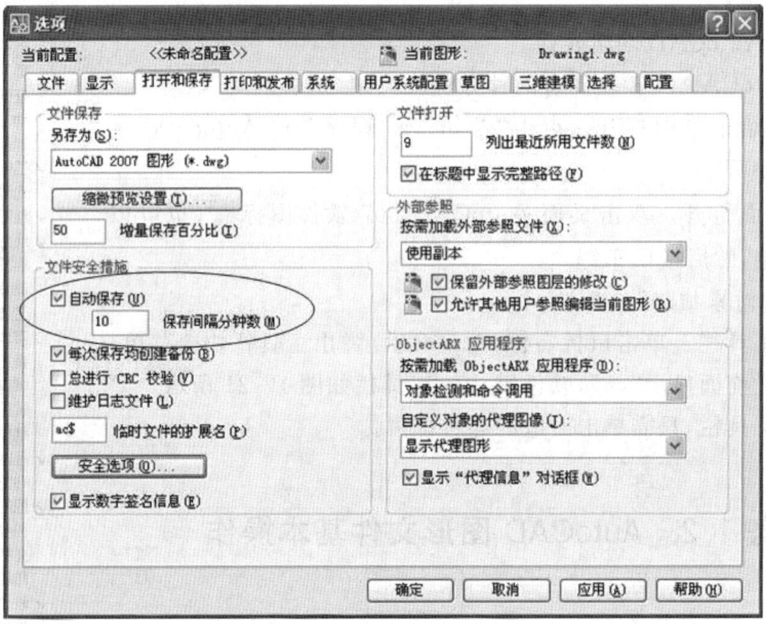

图 1-23 "选项"对话框

(2)选中"自动保存"复选框，并在其下方的文本框中输入保存间隔的时间。

3. 新建 AutoCAD 文件

启动 AutoCAD 软件后会自动生成图形文件，如果要新建一个文件，需要执行相关命令。

(1)操作方法

① 在命令行中输入：NEW；

② 在下拉菜单中点击："文件"→"新建"；

③ 在"标准"工具条单击 按钮。

(2)操作说明

执行上述命令后，弹出"选择样板"对话框。如图 1-24 所示。样板文件名为"*.dwt"，每个样板文件都分别包含了绘制不同类型的图形所需的基本设置。在合适的样板上双击，就可以选用该样板创建新的图形文件。常用的样板有"acad"和"acadiso"两种。这两种样板的区别在于，前一种为英制单位，后一种为公制单位。

4. 打开 AutoCAD 文件

绘制复杂图形需要较长时间，绘图人员会多次打开已有图形文件，绘制与修改图形后再保存。有两种打开 AutoCAD 文件的方法：

图 1－24　“选择样板”对话框

(1)启动 AutoCAD 软件,在软件中打开 AutoCAD 文件。其操作方法为:

① 在命令行中输入:OPEN;

② 在下拉菜单中点击:“文件”→“打开”;

③ 在“标准”工具条单击按钮。

(2)不启动 AutoCAD 软件,直接在 Windows 视窗中打开 AutoCAD 文件。其操作方法为:双击文件夹中的 AutoCAD 文件(也可点击选中,然后按回车键)。如果计算机中安装有多个版本的 AutoCAD 软件,默认用最高版本的软件打开 AutoCAD 文件。

5. 保存 AutoCAD 文件

保存 AutoCAD 文件有两种方法:

(1)直接保存

① 在命令行中输入:QSAVE;

② 在下拉菜单中点击:“文件”→“保存”;

③ 在“标准”工具条单击按钮。

该方法不能改变文件保存路径,也不能改变文件名。

(2)另存

为区别不同的文件,需要改变新文件的名称与保存路径,操作方法为:

① 在命令行中输入:SAVEAS;

② 在下拉菜单中点击:“文件”→“另存为”。

进行上述操作后,弹出“另存为”对话框,如图 1－25 所示。可修改保存路径、保存文件名、选择保存类型。操作完成后点击“保存”按钮,新生成文件名称默认为“*.dwg”。

6. 关闭 AutoCAD 文件

两个工作时段之间,为了保密和节能,需要关闭计算机,CAD 文件也需要关闭。操作方法如下:

① 在命令行中输入:CLOSE;

图 1-25 “另存为”对话框

② 在下拉菜单中点击:“文件”→“关闭”;

③ 点击右上角的“×”。如图 1-26 所示。这里有两组相似的按钮,上面一组按钮的操作针对 AutoCAD 软件,下面一组按钮的操作针对某一个 AutoCAD 文件。

7. 修改 AutoCAD 文件名称

在工程中为了安全,图纸应设置备份,为了将备份与原件区分,AutoCAD 文件需要改名称。如图 1-27 所示。方法有两种:

图 1-26 软件操作与文件操作

图 1-27 备份文件

(1)打开 CAD 软件,用“另存为”方法新生成一个文件,该文件的内容与原文件的相同,名称可直接修改。

(2)在 Windows 视窗中右键单击 CAD 文件,选择“重命名”,修改文件名即可(不要更改扩展名)。

【任务实施】

新建 AutoCAD 文件并保存

前提:启动 AutoCAD 软件。已建立学生文件夹。

(1)在下拉菜单中点击:“文件”→“新建”,“选择样板”对话框中选择“acadiso.dwt”。

(2)在下拉菜单中点击:“文件”→“另存为”。将文件命名为“测试”,保存在学生文件夹所在路径下。

【任务拓展】

1. 切换显示文件

工程绘图中，有时要打开多个 AutoCAD 文件。为了不影响计算机的运行速度，只启动一次 AutoCAD 软件，然后在软件中打开不同的 AutoCAD 文件，但是同一时间只能显示一个 AutoCAD 文件。如果要在另一个 AutoCAD 文件中作图，需要人工切换文件。在菜单栏中选择“窗口”，出现如图 1－28 所示菜单，选择要显示的文件即可。

2. AutoCAD 软件无法打开图形文件

AutoCAD 不同版本形成的文件，采用向下兼容的形式。低版本的软件不能打开高版本软件生成的文件。在保存文件时选择“文件”→“另存为”，在“文件类型”中选择不同版本，如图 1－25 所示。

3. AutoCAD 软件无响应

在绘图过程中，有的计算机会出现双击 AutoCAD 文件能够打开文件，但是从软件中打开 AutoCAD 文件时 AutoCAD 软件无响应，或者能够保存文件，但在选择“另存为”时 AutoCAD 软件无响应。此时，可以通过修改注册表的方式解决问题。

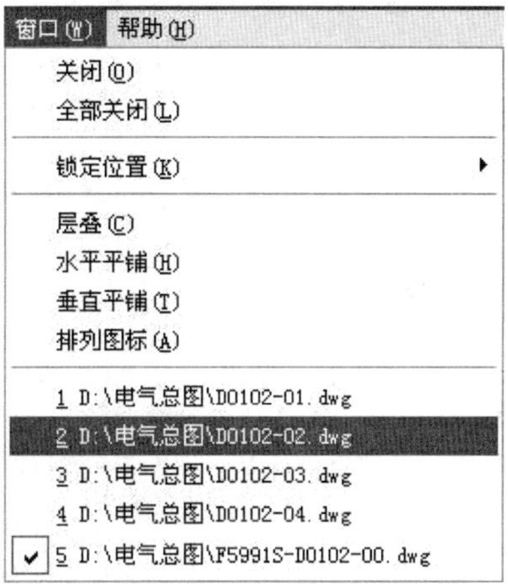

图 1－28　切换文件

打开“开始”菜单，点击“运行”，输入“regedit”后确定。在注册表编辑器中搜索“FileNavExtensions”，搜到的路径类似以下格式：“HKEY_CURRENT_USER\Software\Autodesk\AutoCAD\R17.0\ACAD－8001:804\FileNavExtensions”（中间数字可能因人而异），在右侧找到 FTPSites，并删除。

子任务 1.2.2　AutoCAD 软件绘图参数设置

绘制工程图形之前，需要根据不同的国家标准的要求，对图形文件的部分参数进行调整，同时可以符合绘图人员的作图习惯，有利于加快作图速度。

【任务目标】

- 熟练设置图形单位。
- 熟练设置图形界限。
- 掌握新建图层的方法，熟练修改图层属性。
- 掌握“栅格”和“捕捉”的设置方法，熟练开启或关闭“栅格”和“捕捉”。
- 熟练操作视窗。

【知识链接】

1. 设置图形单位

不同国家和地区对于图形单位、正方向有不同的规定（例如我国测量单位为毫米，英国测量单位为英寸）。不同类型的图纸对于测量精度也有区别。作图时先调整参数，可以减少打印图纸时的计算工作量。

(1)操作方法

① 在命令行输入：Units；

② 在菜单栏中选择"格式"→"单位"。

(2)操作说明

执行上述操作，弹出"图形单位"对话框。在打开的"图形单位"对话框中，设置绘图时使用的长度单位、角度单位以及单位的显示格式和精度等参数。图形单位的设置如图 1-29 所示，选择的参数会影响到后继输入和显示。

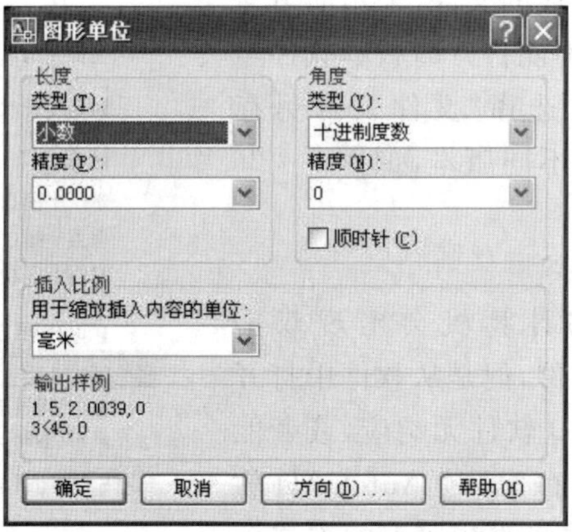

图 1-29 "图形单位"对话框

2. 设置图形界限

图形空间的范围很大，为了精确作图或者方便寻找图元，可以在其中设置一个想象的矩形绘图区域，该区域称为图形界限，简称图限。

(1)操作方法

① 在命令行中输入：Limits；

② 在菜单栏中点击"格式"→"图形界限"。

(2)操作示例

命令：Limits↙

重新设置模型空间界限：

指定左下角点或[开(ON)/关(OFF)]<0.0000,0.0000>：↙

指定右上角点，在命令行输入参数：420,297↙(A3 图幅尺寸)

命令：ZOOM↙

指定窗口的角点，输入比例因子(nX 或 nXP)，或者

[全部(A)/中心(C)/动态(D)/范围(E)/上一个(P)/比例(S)/窗口(W)/对象(O)]<实时>：

A↙(全屏显示 A3 图形界限)

特别提示

若在图形空间绘图不设置图形界限，也不影响图形的绘制。如果设置图形界限后，有图元的长度超过图形界限，在规定的区域内不能全部显示，可以输入 Z↙ A↙，此时会显示所有图元，但是图形界限失效。

3. 设置与捕捉栅格

绘制精确图形，可以用栅格点定位。在状态行中右键单击“栅格”，在快捷菜单中选择“设置”，可设定栅格点横方向（X 轴）间距和纵方向（Y 轴）间距。设置完成后选择“启用栅格”即可。如图 1－30 所示。如果不改变间距，可以直接在状态行中钩选“启用栅格”，对应快捷键为 F7。

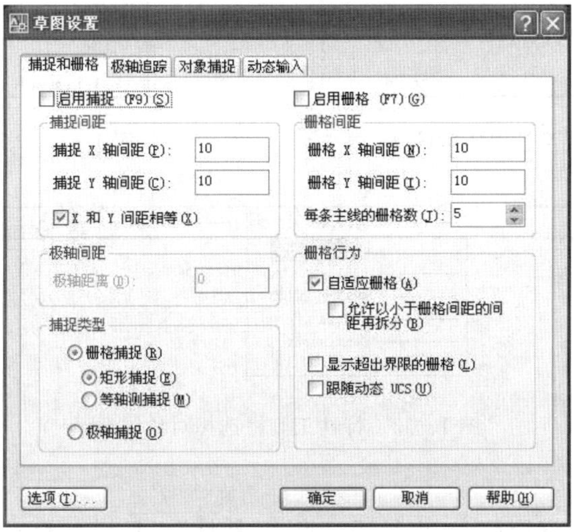

图 1－30　“设置栅格和捕捉”选项卡

使用栅格点绘图还需要和“捕捉”配合。一般捕捉的间距和栅格的间距设置一致，如果有特殊绘图要求，也可以设置的不同。直接在状态行中按下“启用捕捉”（不是“对象捕捉”）按钮，对应快捷键为 F9。此时十字光标只能在捕捉点上跳动，若捕捉间距和栅格间距一致，十字光标在栅格点上跳动。

4. 设置与调用线型

图线有线型、线宽与颜色之分。在一张工程图中，不同的线型与线宽代表了不同的含义，不同的颜色便于设计人员区分图元。因此，用 AutoCAD 绘图时，相关的设置是非常重要的。

（1）启动方法

① 在命令行中输入：LINETYPE；

② 在下拉菜单中点击：“格式”→“线型”；

③ 在“特性”工具栏第二个下拉列表中单击：“其他”。如图 1－33 所示。

执行上述命令后，弹出如图 1－31 所示的对话框。在该对话框中，可以通过点击“加载”按钮，弹出“加载”对话框，如图 1－32 所示。以此选择不同线型（标准线型分类见项目 3）。

（2）调用线型

设置线型后，根据所绘对象的线型，通过点击“特性”工具栏上的下拉列表选择线型。如图 1－33 所示。该操作完成后，之后绘制的图形均为该种线型。如果要修改已有图元，需要先选择该图元，再按上述步骤操作。

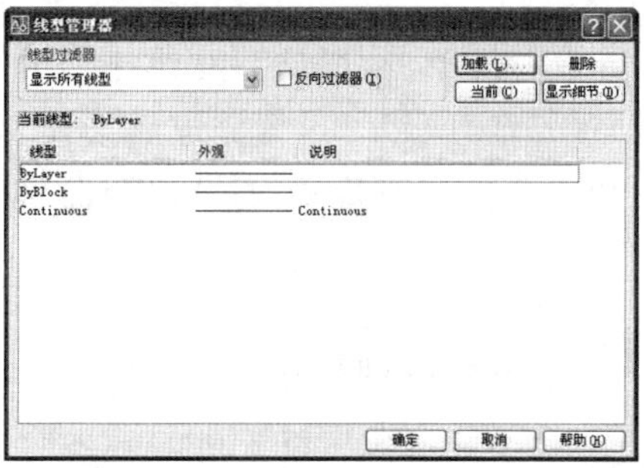

图 1-31 “线型管理器”对话框

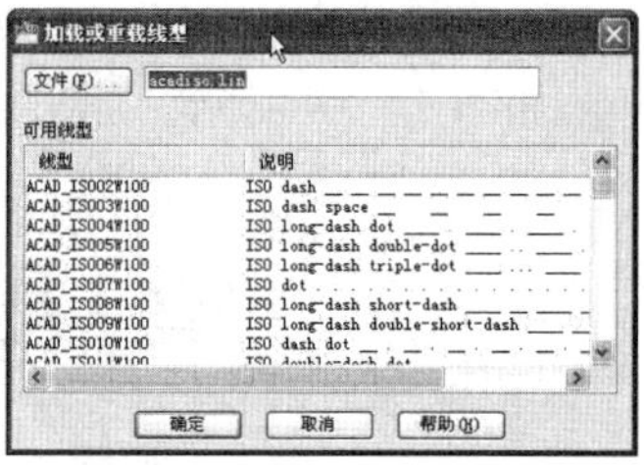

图 1-32 “加载线型”对话框

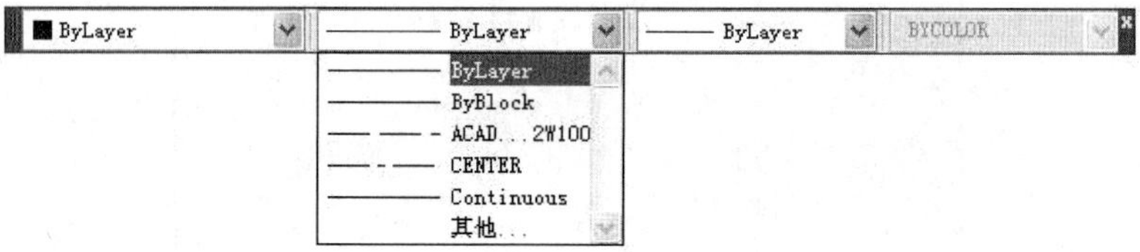

图 1-33 特性工具栏选择对象线型

5. 选用线宽

线宽的选用与线型调用相似，也是通过点击“特性”工具栏上的下拉列表。

默认情况下，选用的线宽从“0.01mm”到“0.25mm”，显示时都是没有宽度的细线，这是因为在“格式”→“线宽”中设置了“默认”为“0.25mm”，所以线宽比“0.25mm”小的图线均不显示线宽。可以通过设置“调整显示比例”，使绘图区的线宽显示更加合理。如图 1-34 所示。调整后的线宽并不代表打印时的真实线宽，真实线宽是特性工具栏“线宽”下拉列表中选择的宽度。

6. 选择颜色

颜色的选用与线型调用相似，也是通过点击“特性”工具栏上的下拉菜单。如图 1-35 所示。选择不同的颜色只是为了作图方便。工程中为了节省成本，除少数彩色图纸外，大多数使用黑白打印，打印的图纸上都是黑线条。

图 1-34 线宽设置

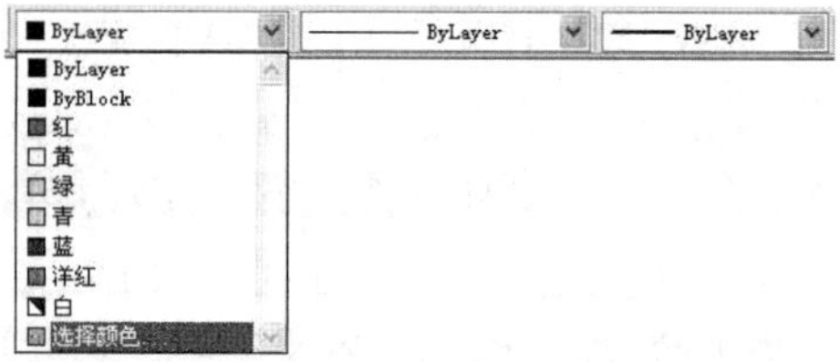

图 1-35 特性工具栏选择对象颜色

7. 设置图层

复杂的工程图形，可以分解为简单图形的叠加，将不同性质的图形对象(文字、标注等)

分别放在不同的图纸(这里叫图层)上,对每一层上的图形特性分别进行管理,比如开关、上锁与解锁等。这样,对某一层上的图形特性进行操作,不会影响另一层上的图形。

(1)操作方法:

① 在命令行中输入:Layer;

② 在下拉菜单中点击:“格式”→“图层”;

③ 在“图层”工具栏单击按钮。

(2)操作说明:

执行上述操作后,弹出“图层特性管理器”对话框。如图 1-36 所示。

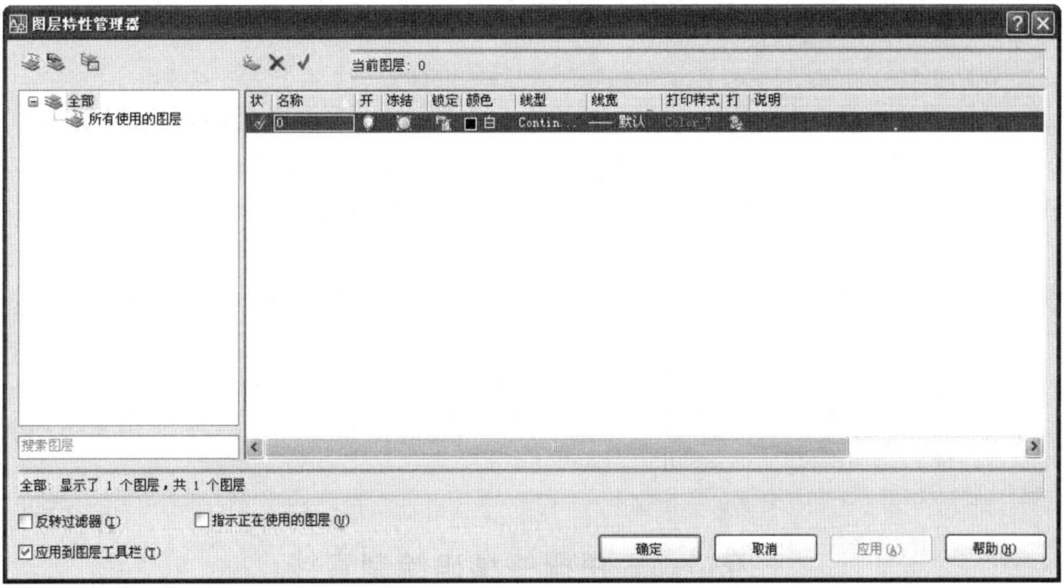

图 1-36　“图层特性管理器”对话框

主要参数说明:

① “新建”图层:单击新建按钮,图层列表框中显示新创建的图层。第一次新建,列表中将显示名为“图层 1”的图层,随后名称便递增为“图层 2”“图层 3”……。该名称处于选中状态,可以直接输入一个新图层名,例如“电气”等。通常图层名称应使用描述性文字,例如标注、墙线、柱子和轴线等。

修改图层名称:选择某一层名后单击“名称”选项,可修改该层的层名。图层名和颜色只能在图层特性管理器中修改,不能在“图层”控件中修改。

② “删除”图层按钮:单击 ✕ 按钮,可以删除用户选中的要删除的图层。注意不能删除 0 层、当前层及包含图形对象的层。

③ “置为当前”按钮:单击 ✓ 按钮,将选中图层设置为当前图层。将要创建的对象会被放置到当前图层中。

④ 图层控制管理

图层的控制管理包括图层开关、图层冻结和图层锁定。

● 打开/关闭图层：如果图层被打开，则该图层上的图形可以在显示器上或打印机（绘图仪）上显示或输出；当图层关闭时，被关闭的图层仍然是图的一部分，它们不被显示和输出。用户可以根据需要随意单击图标切换层开关状态。

● 冻结/解冻图层：如果图层被冻结，则该图层上的图形不被显示或绘制出来，而且和关闭的层是相同的，但前者的实体不参加重生成、消隐、渲染或打印等操作，而关闭的图层则要参加这些操作。所以复杂的图形中冻结不需要的图层可以大大加快系统重新生成图形时的速度。需要注意的是用户不能冻结当前层。

● 锁定/解锁图层：锁定并不影响图形实体的显示，但用户不能改变锁定层上的实体，不能对其进行编辑操作。如果锁定层是当前层，用户仍可在该层上作图。当只想将某一层作为参考层而不想对其修改时，可以将该层锁定。

⑤ 图形特性设置

图线的属性包括：颜色、线型和线宽。点击图层特性管理器中相应部分即可调整，见图 1 -36 中的“颜色”“线型”和“线宽”。调整方法与直接改变图形属性的操作相类似。在工程制图中，主要通过设置包含颜色等在内的图层来统一定义图线的属性。

【任务实施】

(1)执行“图形单位”命令，将“长度”选项组中的“精度”设置为“0.0”。

(2)执行“图形界限”命令，设置绘图区域为“50mm×50mm”幅面。

(3)执行“图层”命令，建立名称为“电气”的图层，颜色为“红色”，线宽为“0.5mm”。

(4)在状态行中右键单击“栅格”→“设置”，将“栅格间距”设置为“5”，“捕捉间距”设置为“2.5”，并按下“栅格”和“捕捉”按钮。

任务 1.3 用栅格精确绘制直线

要正确反映物体特性，必须精确绘制图形。使用“栅格点”和“捕捉”，是一种常用的精确绘制图形的方法。

【任务目标】

● 掌握用“栅格”精确绘制直线段的方法。

● 熟练重复上一个命令。

● 熟练撤销命令。

● 熟练删除对象。

【知识链接】

1. 十字光标

随着鼠标的移动，绘图窗口中有一个十字形的标靶随之移动，十字光标中心点的坐标值体现在状态栏左侧，以此进行各点的定位。在不同的作图步骤中，十字光标会发生相应的变化。一般状态下的十字光标样式如图 1 - 37(a)所示，也称十字标靶；在执行绘图命令过程中，十字光标样式如图 1 - 37(b)所示；在执行修改命令过程中，十字光标样式如图 1 - 37(c)所示，此时称为选择框。

(a)　　(b)　　(c)

图 1-37　十字光标的样式

2. 视窗操作

在绘图过程中,为了方便进行对象捕捉,准确绘制图形,要对当前的视图进行操作,常用的是视窗平移或视图放大、缩小。此时图形的位置没有变化,相当于是观察者相对图形的角度或远近发生变化。

(1)视窗平移

AutoCAD 提供了对全图进行平移的实时平移命令。激活该命令后,用户可以通过拖动鼠标的方式移动整个图形,使图形的特定部分位于当前的显示屏幕中。操作方法如下:

① 在命令行中输入:PAN(快捷命令 P);

② 在下拉菜单中点击:“视图”→“平移”→“实时”;

③ 在“绘图”工具栏单击按钮;

④ 按住鼠标滚轮键。

执行该命令后,光标变为小手掌形状,使用方法①②③时按住鼠标左键移动光标,使用方法④时,直接移动鼠标从而移动光标(松开滚轮键命令结束),窗口中的图形将按光标移动的方向移动。用户可跟进需要调整鼠标位置,以便继续平移图形,直到显示出所需要的部位。按 Esc 键或 Enter 键可结束实时平移。

(2)视窗缩放

视窗缩放命令可以显示放大或缩小屏幕上的图形,当用户需要在图形的一小块区域内绘制对象时,可以将该区域显示放大;若希望看到图形全局时,则可将图形显示缩小。这样可以方便地观察在当前视窗中太大或太小的图形,或准确地进行绘制实体、捕捉目标等操作。利用如图 1-38 所示“缩放”工具栏可实现对应的缩放操作,也可以用如下方法:

① 在命令行中输入:ZOOM(快捷命令 Z);

② 在下拉菜单中点击:“视图”→“缩放”。

此时会弹出子菜单,在其中选择相应的

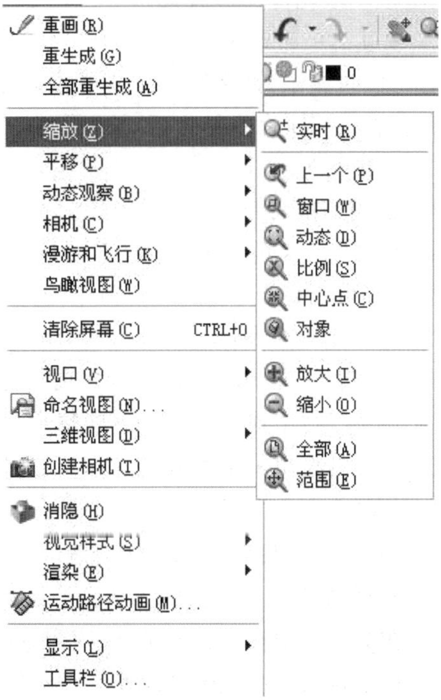

图 1-38　“缩放”子菜单

缩放选项。

命令：ZOOM↙

指定窗口的角点，输入比例因子(nX 或 nXP)，或者

[全部(A)/中心(C)/动态(D)/范围(E)/上一个(P)/比例(S)/窗口(W)/对象(O)]＜实时＞：

主要参数说明：

① 全部(A)。按照图形界限或图形的实际范围显示全图，即按两者中尺寸较大的那一个充满屏幕显示。

② 比例(S)。按输入的缩放系数缩放当前图形。

缩放系数的输入有 3 种格式

- 绝对缩放。直接键入一个数值，则按当前图形的实际尺寸进行缩放。如键入“0.1”表示将当前图形的实际尺寸缩小 10%显示。
- 相对缩放。在键入数值后加“X”，则该缩放系数是相对于当前视图的缩放系数。如“0.1X”表示将图形显示缩小为 0.1 倍。
- 相对图纸空间单位。在输入的数值后加“XP”，则是设置模型空间当前视图中的实体在图纸空间中的显示比例。如“0.1XP”表示在模型空间中 10 个单位的实体，输入图纸空间后只显示出 1 个单位的大小。

③ 实时(Enter)。该命令是最常使用的命令之一，工具栏中的按键为，选择此项后，光标变成一个放大镜形状，按住鼠标左键，向下拖动光标图形缩小，向上拖动光标图形放大，松开左键则停止缩放。为方便用户使用，可直接操作鼠标滚轮键，向下滚动滚轮键图形缩小，向上滚动滚轮键图形放大。

3. 重复上一个命令

在绘图过程中，许多绘图命令要重复使用。为了节省时间，提高绘图效率，不必反复输入命令。在上一个命令结束后，按“Enter 键”(或“空格键”)，软件自动重复运行上一个命令。

4. 撤销命令

(1)撤销当前命令

在命令执行过程中，通过按“Esc 键”，或点击鼠标右键，从弹出的快捷菜单中选择“取消”命令，都可以终止 AutoCAD 命令的执行。

(2)撤销上一个命令

如果发现绘制错误，可以撤销之前的操作。操作方法如下：

① 在命令行中输入：UNDO(快捷命令 U)；

② 在工具栏单击按钮。

5. 绘制直线

直线段是构成图形的基本图元之一。为描述方便，本书中用“直线”代替“直线段”。

(1)操作方法

① 在命令行中输入：LINE(快捷命令 L)；

② 在下拉菜单中点击：“绘图”→“直线”；

③ 在“绘图”工具栏单击按钮。

(2)操作指导

```
命令:LINE↙
指定第一点:
指定下一点或[放弃(U)]:
指定下一点或[闭合(C)/放弃(U)]:↙
```

参数说明:

● “指定第一点”:在屏幕上用鼠标左键选取一点或用键盘输入点坐标,作为直线的起点。

● “指定下一点”:确定直线的终点。

● “放弃(U)”:输入“U”后回车,取消上一个操作。

● “闭合(C)”:输入“C”后回车,系统会自动将所画的线框闭合。

6. 删除对象

作图人员在绘制图形的时候难免会有错误,错误的对象需要从图形中删除。

(1)操作方法

① 在命令行中输入:ERASE(快捷命令 E);

② 在下拉菜单中点击:“修改”→“删除”;

③ 在“绘图”工具栏单击✐按钮。

(2)操作示例

前提:绘制一根直线。

```
命令:ERASE↙
选择对象:找到 1 个(选取直线)
选择对象:↙(直线被删除)
```

【任务实施】

在栅格点上绘制直线

前提:开启“捕捉”和“栅格”。

十字光标只能在捕捉点上移动(若捕捉与栅格的间距设置相同,就是在栅格点上移动)。在指定位置点击鼠标左键,即可精确绘制直线。

(1)将“0”图层设置为当前图层,然后执行“直线”命令,按图 1-1 所示绘制矩形。

(2)将“电气”图层设置为当前图层,然后执行“直线”命令,按图 1-1 所示绘制断路器图形符号。

特别提示

在命令行输入命令,字符没有大小写的区别。Enter 键与空格键作用基本一致(进行文字标注时有区别)。

【任务拓展】

修改鼠标右键功能

修改鼠标右键的功能可以提高绘图效率。点击菜单栏“工具”→“选择”,出现“用户系统配置”选项卡。如图 1-39 所示。点击“自定义右键单击”,弹出新选项卡,按图 1-40 所示进行选择,使鼠标右键的功能发生变化。在执行命令时,单击鼠标右键确认命令;没有执行命令时,单击鼠标右键重复上一个命令。

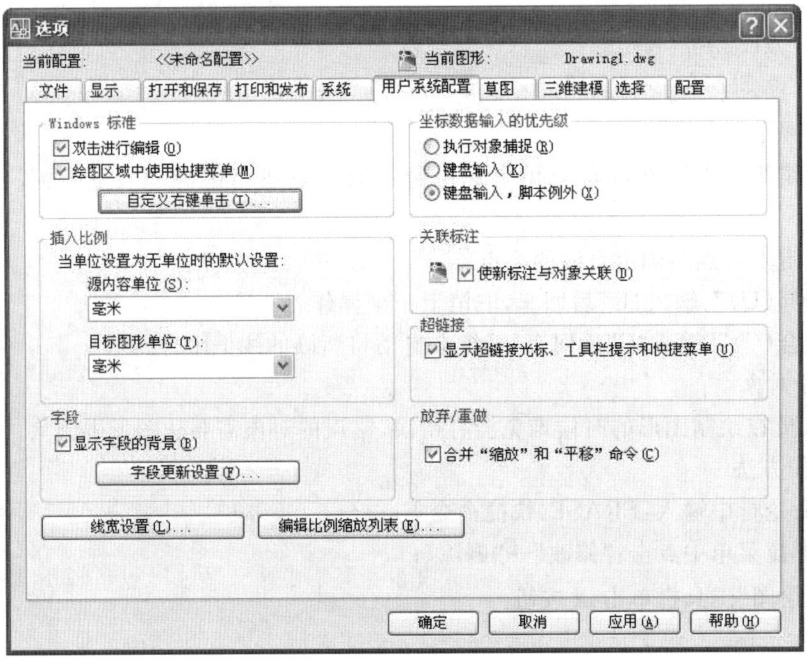

图 1-39 "用户系统配置"选择卡

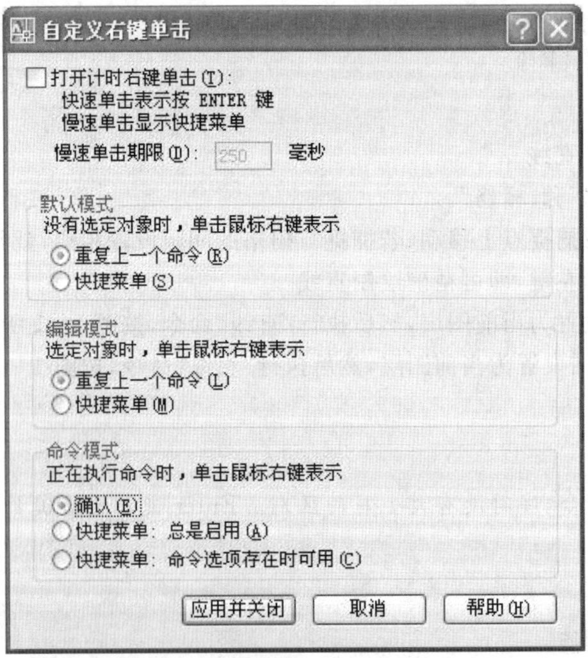

图 1-40 "自定义右键单击"选择卡

学习小结

本项目是利用栅格点绘制标准断路器电气符号，包含 3 个典型工作任务，如何安装、启动 AutoCAD2007、AutoCAD2007 工作界面的组成及功能；图形文件的管理，包括新建图形文件、打开图形文件、保存图形文件等，AutoCAD2007 绘图时的基本参数设置，如设置绘图单位、图形界限、栅格与捕捉；AutoCAD2007 的命令使用，包括绘制直线、删除对象。

本项目中所介绍的概念和操作非常重要，某些功能可以使绘图更方便，希望读者能很好的掌握，在绘图过程中根据本人的习惯设置。

职业技能知识点考核

1. 修改图层

(1)建立文件夹

在 D 盘根目录下新建一个学生文件夹，文件夹的名称为学生学号。

(2)环境设置

● 将素材文件“项目 1 考核 1. dwg”文件复制到学生文件夹中，运行软件，打开该文件，打开“栅格”观察绘图区域。

● 图形单位设置为“小数”，精度为“0. 00”；设置角度单位为“度/分/秒”，精度为“0d00′00″”。角度方向为“顺时针”，角度测量以“北”为起始方向。

● 建立新图层，设置图层名称、颜色、线型及线宽见表 1 - 2。

表 1 - 2

图层名称	颜色	线型	线宽
LK	黑/白	Continuous	0. 7
ZX	红	CENTER	0. 4
PM	黄	Continuous	0. 4

(3)绘图内容

将图形中的轮廓线设置在“LK”图层上，将中心线设置在“ZX”图层上，将剖面线设置在“PM”图层上。显示线宽，删除无关的斜线。

(4)保存文件

将完成的图形以“全部缩放”的形式显示，并以“Answer01 - 01. dwg”为文件名保存在学生文件夹中。

难点提醒：修改已有对象所属图层，需先选中对象。

2. 绘制直线

(1)建立文件夹

在 D 盘根目录下新建一个学生文件夹，文件夹的名称为学生学号。

(2)环境设置

● 运行软件,建立新模板文件,设置绘图区域为 A4(210mm×297mm)幅面,打开"栅格"观察绘图区域,设置"图形单位",长度为"小数",精度为"0"。

● 建立新图层,设置图层名称、颜色、线型及线宽见表 1-3。

表 1-3

图层名称	颜色	线型	线宽
轮廓线	黑/白	Continuous	0.5
中心线	红	CENTER	0.2
剖面线	黄	Continuous	0.2

(3)绘图内容

在"轮廓线"图层上绘制矩形(用直线命令),矩形左下角点坐标为(50,100),尺寸为"120mm×60mm",将"中心线"图层上绘制矩形的垂直中心线,长度为"120mm",其相对于矩形呈对称分布。显示线宽。

(4)保存文件

将完成的图形以"全部缩放"的形式显示,并以"Answer01-02.dwt"为文件名保存在学生文件夹中。

难点提醒:用"栅格"方式绘制图形要精确计算坐标。保存文件时注意扩展名。

项目 2　工程图框

【项目描述】

(1)建立文件夹

在 D 盘根目录下新建一个学生文件夹,文件夹的名称为学生学号。

(2)环境设置

- 运行软件,使用默认模板建立新文件。
- 设置绘图区域为“420mm×297mm”幅面,左下角坐标为(0,0)。
- 建立名称为“图幅”的图层,颜色为“白色”,其余参数均采用默认值。

(3)绘图内容

如图 2-1 所示。

- 在“图幅”图层绘制所有直线和文字。
- 绘制 A3 幅面 X 型带装订边图纸。图幅线左下角点坐标为(0,0)。
- 图纸框线中的图框线是多段线,其宽度为“1.0mm”。
- 标题栏尺寸如图 2-16 所示,外部线宽为“1.0mm”,要求用多段线形式编辑宽度。
- 建立文字样式“工程文字”,字体为“仿宋_GB2312”,文字高度“0”,宽度比例“0.8”,标题栏内所有文字均为该样式,文字采用“多行文字”标注。其中较大字的字高度为“5mm”,较小字的字高度为“3.5mm”。所有文字为“正中”对齐格式,要求放于每个框的正中间。
- 修改图 2-1 中部分文字,其中“名称”为“工程图框”,“学生姓名”为本人姓名,“日期”为作图日期,“××学校××专业”“学生班级”“学生学号”据实填写,“图号”为“Pro2”。

(4)保存文件

将完成的图形以“全部缩放”的形式显示,并以“Pro2.dwg”为文件名保存在学生文件夹中。

【项目实施】

(1)点击桌面“我的电脑”,进入 D 盘,点击鼠标右键,选择“新建”→“文件夹”,输入学号。

操作参考:《计算机基础》课程教材。

(2)双击桌面 Autocad2007 软件图标,新建 CAD 文件。

操作参考:项目 1。

(3)新建“图幅”图层,按照项目要求设置图层参数。

操作参考:项目 1。

(4)将“图幅”图层设置为当前图层,绘制图框。

操作参考:任务 2.1。

(5)绘制标题栏,用“多行文字”形式标注文字。

操作参考:任务 2.2。

(6)用“移动”命令把标题栏放在正确位置。

操作参考:选择标题栏右下角点为基点,移动到图框线的右下角点。

(7)绘制对中符号、看图方向符号和会签栏。

操作参考:任务 2.3。

(8)用“旋转”和“移动”命令把会签栏放在正确位置。

操作参考:把会签栏旋转 90°后,移动到合适位置。

(9)检查无误后,在命令行输入 Z↙ A↙,在菜单栏中选择“文件”→“另存为”,按项目要求操作。

操作参考:项目 1。

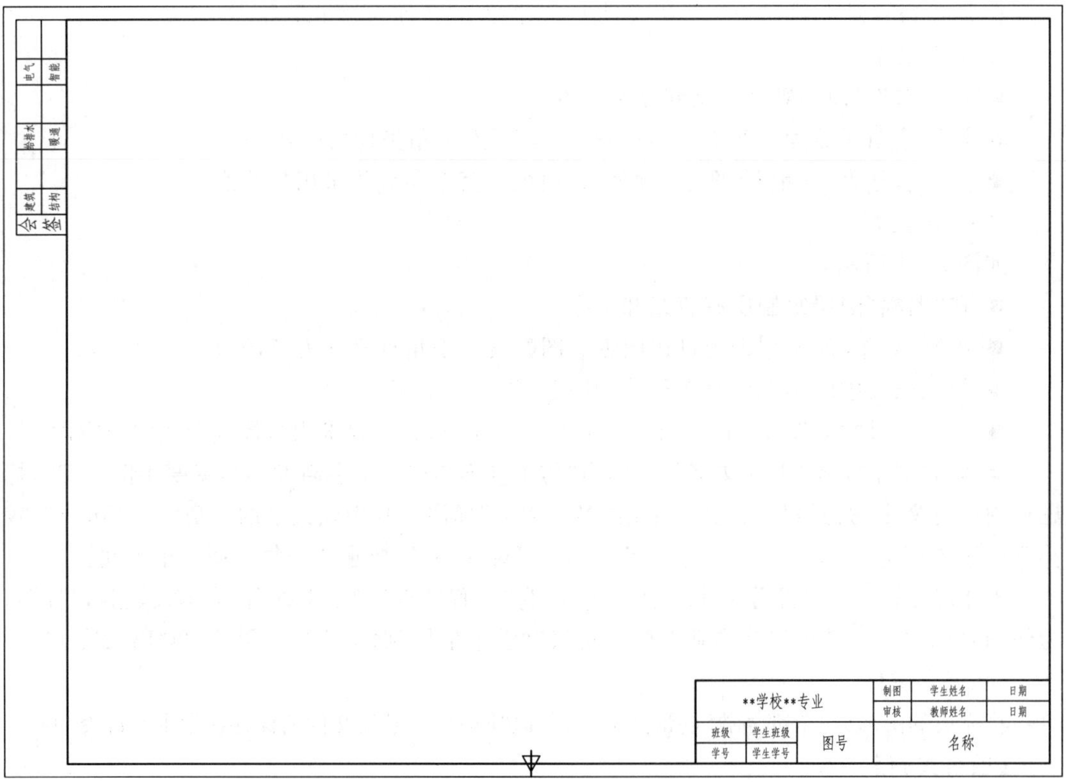

图 2-1 横装 A3 图框示例

任务 2.1 绘制图纸幅面

在电力行业的建造、施工及其他生产过程中,经常要用到电气图纸。电气图是一种重要的专业技术图,它必须遵守国家标准局颁布标准的有关规定。本项目扼要介绍国家标准《电气工程 CAD 制图规则》(GB/T 18135—2008)中常用的有关规定,同时对其引用的有关标准中的规定加以解释。另外还参考了国家标准《技术制图 图纸幅面和格式》(GB/T 14689—2008)、《技术制图 标题栏》(GB/T 10609.1—2008)、《技术制图 字体》(GB/T 14691—1993)中对制图的相关规定。

子任务2.1.1 绘制幅面线

【任务目标】

- 了解国家标准。
- 掌握图纸幅面编号和尺寸。
- 熟练使用坐标绘图。
- 熟练绘制矩形。

【知识链接】

1. 标准的分类

工程中大量使用技术标准,只有正确认识标准,才能正确使用标准。标准的分类有多种形式,一般按体系进行划分。《中华人民共和国标准化法》将标准划分为四种,即国家标准、行业标准、地方标准、企业标准。各层次之间有一定的依从关系和内在联系,形成一个覆盖全国又层次分明的标准体系。

(1)国家标准

对需要在全国范围内统一的技术要求,应当制定国家标准。国家标准由"国家标准化管理委员会"编制计划、审批、编号、发布。国家标准代号为"GB"和"GB/T",其含义分别为强制性国家标准和推荐性国家标准。

(2)行业标准

对没有国家标准又需要在全国某个行业范围内统一的技术要求,可以制定行业标准,作为对国家标准的补充,当相应的国家标准实施后,该行业标准应自行废止。行业标准由行业标准归口部门编制计划、审批、编号、发布、管理。行业标准的归口部门及其所管理的行业标准范围,由国务院行政主管部门审定。电力行业编号为"DL"推荐性行业标准在行业代号后加"/T",如"DL/T"即为电力行业推荐性标准,不加"T"为强制性标准。

(3)地方标准

对没有国家标准和行业标准而又需要在省、自治区、直辖市范围内统一的要求,可以制定地方标准。地方标准由省、自治区、直辖市标准化行政主管部门统一编制计划、组织制定、审批、编号、发布。地方标准也分强制性与推荐性。

(4)企业标准

是对企业范围内需要协调、统一的技术要求、管理要求和工作要求所制定的标准。企业产品标准其要求不得低于相应的国家标准或行业标准的要求。企业标准由企业制定,由企业法人代表或法人代表授权的主管领导批准、发布。企业产品标准应在发布后30日内向政府备案。此外,为适应某些领域标准快速发展和快速变化的需要,于1998年规定在四级标准之外,增加一种"国家标准化指导性技术文件",作为对国家标准的补充,其代号为"GB/Z"。指导性技术文件仅供使用者参考。

电力企业参考的标准一般是国家标准和电力行业标准。

我国标准的命名有统一规定,例如《GB/T 14689—2008 技术制图图纸幅面和格式》

GB——国家标准;

T——推荐性;

14689——标准发布顺序号；

2008——标准发布年代号；

技术技术制图　图纸幅面和格式——标准名称。

标准顺序号或标准名称都可以表示某一个标准。在使用标准时要注意发布年代，当《GB/T 14689—2008》发布后，旧标准《GB/T 14689—1993》自动作废，原有条目不再适用。

2. 幅面

工程图形最终将打印在图纸上。为便于装订和管理，在绘制技术图样时，优先使用表 2-1所规定的基本幅面，必要时也可使用表 2-2 和 2-3 所规定的加长幅面，这些幅面的尺寸是由基本幅面的短边成整数倍增加后得出。

表 2-1　基本幅面(第一选择)

幅面代号	尺寸($B\times L$)mm
A0	841×1189
A1	594×841
A2	420×594
A3	297×420
A4	210×297

表 2-2　加长幅面(第二选择)

幅面代号	尺寸($B\times L$)mm
A3×3	420×891
A3×4	420×1189
A4×3	297×630
A4×4	297×841
A4×5	297×1051

表 2-3　加长幅面(第三选择)

幅面代号	尺寸($B\times L$)mm
A0×2	1189×1682
A0×3	1189×2523
A1×3	841×1783
A1×4	841×2378
A2×3	594×1261
A2×4	594×1682
A2×5	594×2102
A3×5	420×1486

（续表）

幅面代号	尺寸(B×L)mm
A3×6	420×1783
A3×7	420×2080
A4×6	297×1261
A4×7	297×1471
A4×8	297×1682
A4×9	297×1893

3. 图框

(1)图框尺寸

图框分为内框线和外框线，又称图框线和幅面线(边界线)。外框尺寸即幅面尺寸，见表2-1、表2-2和表2-3中规定尺寸。根据内框和外框的相对尺寸，又分为不留装订边的图框和留装订边的图框，如图2-2和图2-3所示。内框尺寸为外框尺寸减去相应的“*a*”“*c*”和“*e*”后所得到的尺寸。见表2-4。

加长幅面的图框尺寸，按所选用的基本幅面大一号的图框尺寸确定。例如A2×3(594mm×1261mm)的图框尺寸，按A1的图框尺寸确定，即*e*为“20mm”(或*c*为“10mm”)，而A3×4的图框尺寸，按A2的图框尺寸确定，即*e*为“10mm”(或*c*为“10mm”)。

(2)图框线宽

图幅的内框线，必须用粗实线画出，根据不同幅面，不同输出设备宜采用不同线宽，最终出图后能正确显示宽度，建议不小于“0.7mm”。图幅的外框线宜选用“0.25mm”宽度的实线，但是由于默认情况下，选用的线宽从“0.01mm”到“0.25mm”，显示时都是一样粗细，加上晒图有渲染效果，选用线宽只要小于“0.25mm”都可以。

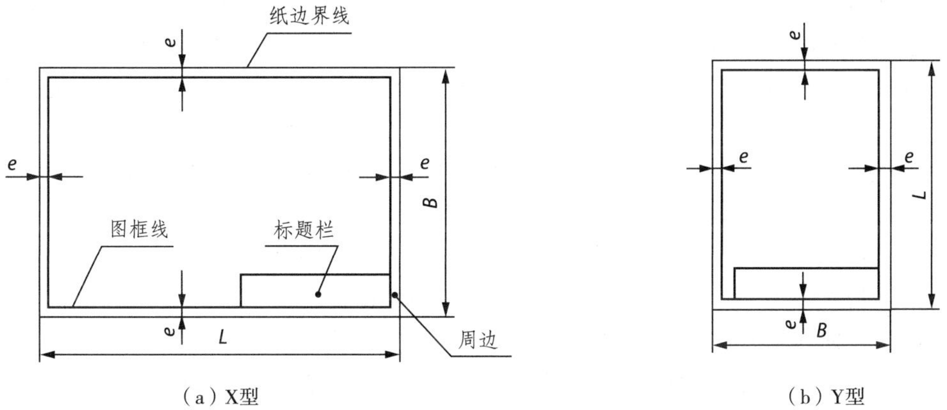

(a) X型　　(b) Y型

图2-2　不留装订边图纸的图框形式

(3)图框方向

图框放置方向分为X型和Y型，如图2-2和图2-3所示。X型又称横装型，Y型又称竖装型。工程中使用哪一种没有强制规定，工程图样多采用 X 型，当图样竖直方向较长时，为节省纸张，可采用 Y 型，目录、单独的材料表多用 Y 型。

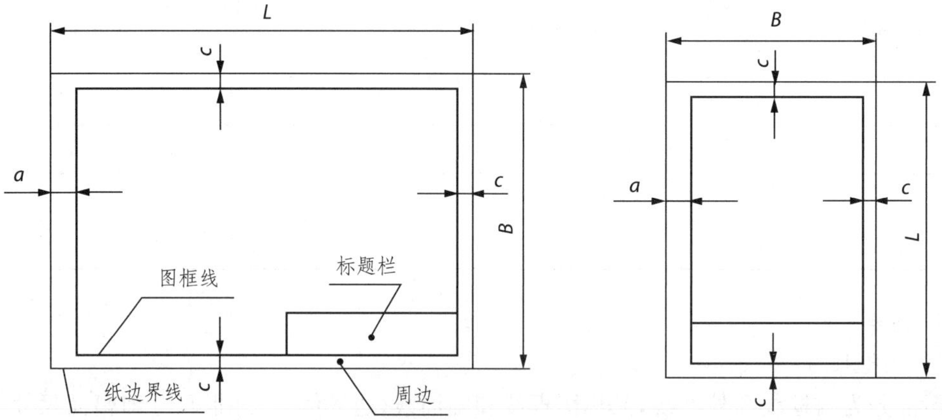

(a) X型　　(b) Y型

图 2-3　留装订边图纸的图框形式

表 2-4　图框尺寸

幅面代号	A0	A1	A2	A3	A4
$B \times L$(mm)	841×1189	594×841	420×594	297×420	210×297
e	20		10		
c	10			5	
a	25				

4. 二维点坐标

任意物体在空间中的位置都是通过一个坐标系来定位的。在 AutoCAD 的图形绘制中也是通过坐标系来确定相应图形对象的位置的。坐标系是确定对象位置的基本手段。理解各种坐标系的概念，掌握坐标系的创建以及正确的坐标数据输入方法，是学习 CAD 制图的基础。

在 AutoCAD 中，坐标系可分为世界坐标系 WCS 和用户坐标系 UCS。按坐标值参考点的不同，可以分为绝对坐标系和相对坐标系。按照坐标轴的不同还可以分为直角坐标系、极坐标系。

系统默认坐标系为世界坐标系 WCS。根据笛卡尔坐标系的习惯，沿 X 轴正方向向右为水平距离增加的方向。沿 Y 轴正方向向上为竖直距离增加的方向。垂直于 XY 平面，沿 Z 轴正方向从所视方向向外为距离增加的方向。这一套坐标轴按右手规则确定了世界坐标系，简称 WCS。世界坐标系 WCS 的重要之处在于：它总是存在于每一个设计的图形之中，并且不可改变，图 2-4 为世界坐标系 WCS 的显示图标。

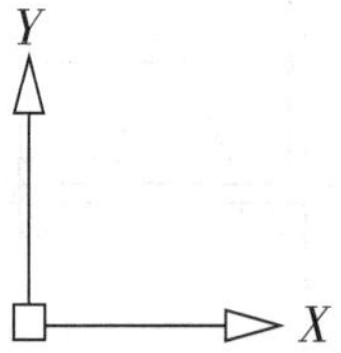

图 2-4　WCS 坐标系

(1)坐标的形式

如何精确地输入点的坐标是绘图的关键，绘图常用的坐标输入方法有四种。

① 绝对坐标。绝对坐标是相对坐标体系中坐标原点 $O(0,0)$，用(X,Y)表示。X 值是沿水平轴表示的正或负的距离（向右为正、向左为负），Y 值是沿垂直轴表示的正或负的距离（向上为正、向下为负），单位是图形规定单位。例如有点 $A(20,-40)$，表示 A 点在 X 轴方向距离原点 20 个单位，在 Y 轴方向距离原点 -40 个单位，是 mm、cm 还是 m，由 A 点所处图形决定。

② 相对坐标。相对坐标是相对于上一个已知点的坐标。如果知道某点与前一点的位置关系，可使用相对坐标。要指定相对坐标，在坐标的前面加一个@符号。例如相对于点 $A(100,150)$，点 B 在 X 方向偏移了 -50 个单位，Y 方向偏移了 60 个单位，那么点 B 相对点 A 的坐标为（@-50,60），点 B 的绝对坐标为 $B(50,210)$。

③ 绝对极坐标。绝对极坐标可以用某点相对原点 $O(0,0)$ 的距离，以及与原点的连线与 0 度方向（X 轴正方向）的夹角来表示。其格式为：距离＜角度。例如"30＜50"指定一个点，该点距原点 30 个单位，它与原点的连线与 0 度方向的夹角为 50 度。这种坐标输入形式在绘图中使用较少。

④ 相对极坐标。相对极坐标是用某点相对于上一个已知点的距离，以及该点与上一点的连线与 0 度方向的夹角来表示。其格式为：@距离＜角度。如果相对于点 $A(100,150)$，点 B 到点 A 的距离是 100，直线 AB 与 X 轴的夹角为 30 度，那么点 B 的相对极坐标为（@100＜30）。

(2)悬浮窗与命令行

AutoCAD2006 以上版本输入坐标有两种方式，一种是用悬浮窗输入，这是 CAD 的默认方式，所有坐标默认为相对坐标或相对极坐标，在输入时不必加"@"符号。如图 2－5(a)所示。第二种是用命令行输入，使用这种方式要先用鼠标左键单击命令行，然后可以输入任何形式的坐标。如图 2－5(b)所示。除绘图的第一点外，其他点用绝对坐标或绝对极坐标形式，需要在前面加"＃"符号。本书了为方便区分，使用绝对坐标表示时，数字前面不加符号；使用相对坐标表示时，数字前面加"@"符号。

(a)　　　　　　(b)

图 2－5　悬浮窗与命令行

(3)操作示例

① 单独使用某种坐标绘制图形。

用直线命令精确绘制如图 2－6 所示正方形。正方形起点坐标为 A(50,50)，边长为"60mm"。至少用 3 种方法绘制。

■ 用绝对坐标绘制：

命令：LINE↙

LINE 指定第一点：50,50↙

指定下一点或[放弃(U)]：110,50↙

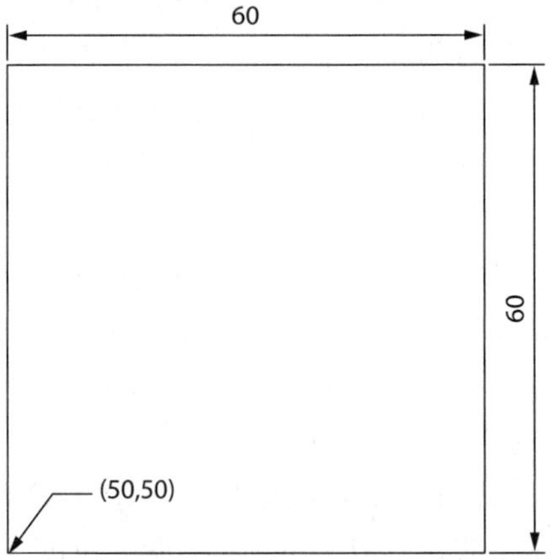

图 2-6　坐标输入示例

指定下一点或[放弃(U)]:110,110↙

指定下一点或[闭合(C)/放弃(U)]:50,110↙

指定下一点或[闭合(C)/放弃(U)]:c↙

■ 用相对坐标绘制:

命令:LINE↙

LINE 指定第一点:50,50↙

指定下一点或[放弃(U)]:@60,0↙

指定下一点或[放弃(U)]:@0,60↙

指定下一点或[闭合(C)/放弃(U)]:@-60,0↙

指定下一点或[闭合(C)/放弃(U)]:C↙

■ 用相对极坐标绘制:

命令:LINE↙

LINE 指定第一点:50,50↙

指定下一点或[放弃(U)]:@60<0↙

指定下一点或[放弃(U)]:@60<90↙

指定下一点或[闭合(C)/放弃(U)]:@60<180↙

指定下一点或[闭合(C)/放弃(U)]:C↙

② 结合多种坐标绘制图形。

用直线命令精确绘制如图 2-7 所示图形,需要将多种坐标输入方式结合使用。

命令:LINE↙

指定第一点:20,30↙

指定下一点或[放弃(U)]:35,30↙

指定下一点或[放弃(U)]:@25<50↙

指定下一点或[闭合(C)/放弃(U)]:@20<90↙

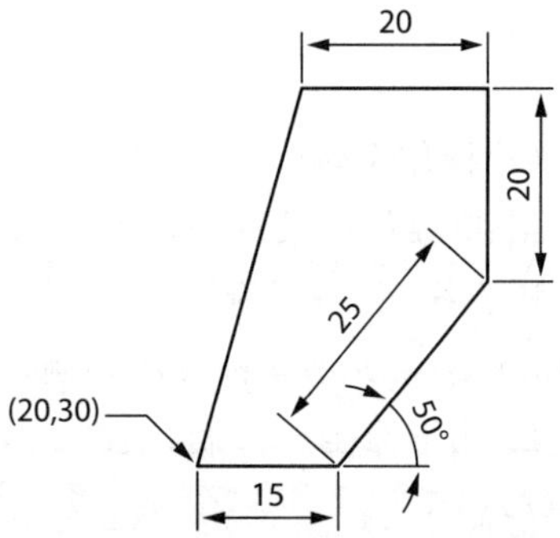

图 2-7　多种坐标绘图

指定下一点或[闭合(C)/放弃(U)]:@－20,0↙

指定下一点或[闭合(C)/放弃(U)]:C↙

5. 绘制矩形

矩形是一种多段线,使用此命令,可以指定矩形参数(长度、宽度、旋转角度)并控制角的类型(圆角、倒角或直角)。

(1)操作方法

① 在命令行中输入:RECTANG(快捷命令 REC);

② 在下拉菜单中点击:“绘图”→“矩形”;

③ 在“绘图”工具栏单击  按钮。

(2)操作指导

命令:RECTANG↙

指定第一个角点或[倒角(C)/标高(E)/圆角(F)/厚度(T)/宽度(W)]:

(鼠标拾取一点或输入点坐标)

指定另一个角点或[面积(A)/尺寸(D)/旋转(R)]:(鼠标拾取一点或输入点坐标)

参数说明:

倒角(C):以设定的距离作为矩形的倒角;

标高(E):设置三维矩形距离地平面的高度;

圆角(F):以设定的半径值作为矩形的圆角;

厚度(T):设置矩形的三维厚度值;

宽度(W):设置矩形边线的宽度;

面积(A):输入矩形的面积,程序自动计算另一个角点的坐标;

尺寸(D):输入矩形的边长,程序自动计算另一个角点的坐标;

旋转(R):以第一个角点为基点,在绘制矩形时自动旋转。

特别提示

以上选项在更改设置前,在本图的绘制过程中一直有效。

(3)操作示例

① 用坐标形式绘制图2－8(a)矩形:

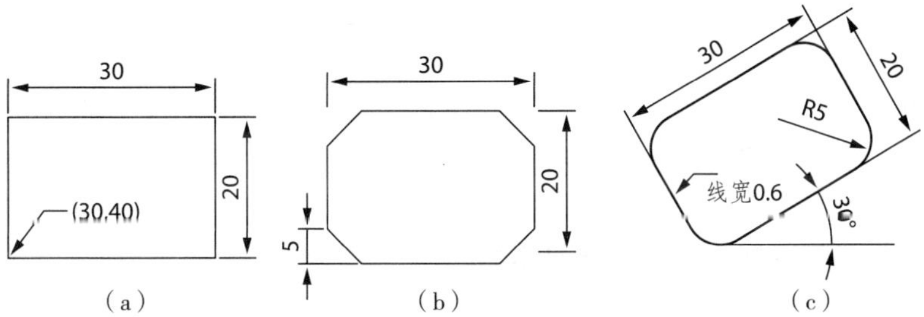

(a)　　(b)　　(c)

图2－8　绘制矩形

命令:RECTANG↙

指定第一个角点或[倒角(C)/标高(E)/圆角(F)/厚度(T)/宽度(W)]:30,40↙

指定另一个角点或[面积(A)/尺寸(D)/旋转(R)]:@30,20↙

② 用面积形式绘制图 2-8(b)矩形:

命令:RECTANG↙

指定第一个角点或[倒角(C)/标高(E)/圆角(F)/厚度(T)/宽度(W)]:c↙(设置倒角)

指定矩形的第一个倒角距离<0>:5↙

指定矩形的第二个倒角距离<5>:5↙

指定第一个角点或[倒角(C)/标高(E)/圆角(F)/厚度(T)/宽度(W)]:30,40↙

指定另一个角点或[面积(A)/尺寸(D)/旋转(R)]:A↙(以设置矩形面积的形式绘图)

输入以当前单位计算的矩形面积<600>:600↙

计算矩形标注时依据[长度(L)/宽度(W)]<长度>:L↙

输入矩形长度<10>:30↙

③ 用尺寸形式绘制图 2-8(c)矩形:

命令:RECTANG↙

指定第一个角点或[倒角(C)/标高(E)/圆角(F)/厚度(T)/宽度(W)]:F↙(设置圆角)

指定矩形的圆角半径<5>:5↙

指定第一个角点或[倒角(C)/标高(E)/圆角(F)/厚度(T)/宽度(W)]:W↙(设置线宽)

指定矩形的线宽<0>:0.6↙

指定第一个角点或[倒角(C)/标高(E)/圆角(F)/厚度(T)/宽度(W)]:30,40↙

指定另一个角点或[面积(A)/尺寸(D)/旋转(R)]:R↙

指定旋转角度或[拾取点(P)]<30>:30↙

指定另一个角点或[面积(A)/尺寸(D)/旋转(R)]:D↙

指定矩形的长度<0>:30↙

指定矩形的宽度<0>:20↙

指定另一个角点或[面积(A)/尺寸(D)/旋转(R)]:(鼠标拾取一点)

【任务实施】

绘制 A4 尺寸幅面线

命令:RECTANG↙

指定第一个角点或[倒角(C)/标高(E)/圆角(F)/厚度(T)/宽度(W)]:0,0↙

指定另一个角点或[面积(A)/尺寸(D)/旋转(R)]:@297,210↙

子任务 2.1.2 绘制图框线

【任务目标】

- 掌握常用对象捕捉方式。
- 掌握多种选择对象方式。
- 熟练使用多段线编辑方式改变对象线宽。

【知识链接】

1. 对象捕捉

对象捕捉是将指定点限制为现有对象的某一特征点,例如端点或中点。使用对象捕捉可以迅速定位对象上的精确位置,不必知道坐标或绘制辅助线,可以使操作更方便,提高绘图速度。

(1)启用对象捕捉

在状态行中右键单击“对象捕捉”,在快捷菜单中选择“设置”,出现图 2-9 所示选项卡,可以复选多种捕捉点。如果都选择,在作图过程中会相互干扰。作图人员一般根据不同的绘图需要,选择适当的捕捉点。

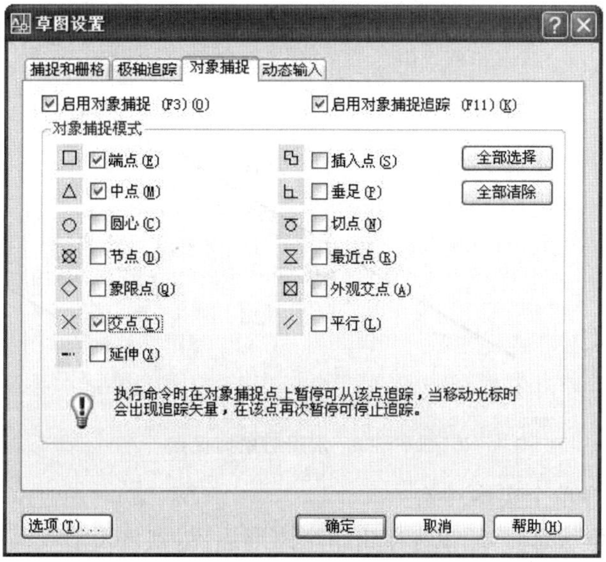

图 2-9 “对象捕捉”选项卡

(2)关闭对象捕捉

在状态行中左键单击“对象捕捉”按钮,按钮凸起表示关闭对象捕捉。在对象捕捉选项卡中选择“全部清除”,也会关闭对象捕捉。对应为快捷键 F3。

(3)使用“对象捕捉”工具栏

“对象捕捉”工具栏不是系统默认工具栏,调出步骤为:在任一工具栏处点击鼠标右键,出现快捷菜单,选择“对象捕捉”,出现如图 2-10 所示工具栏。“对象捕捉”工具栏用于临时捕捉对象上的一些特征点。所谓临时捕捉,是指需要某类点时,先单击代表该类点的图标,才能捕捉到该类点。指定一次,生效也仅仅一次。作图者可将鼠标在某一图标上停留片刻,以了解其代表的特征点的名称。常用对象捕捉点见图 2-11。

图 2-10 对象捕捉工具栏

2. 对象选择

AutoCAD 把被编辑的图形称为对象。只要进行编辑操作,绘图人员就必须准确无误地选择对象。绘图人员用鼠标即可操作几种默认选择方式,即选择单个实体对象、矩形窗选方式选择实体对象、交叉窗选方式选择实体对象。也可用输入命令的方式快速选择对象。

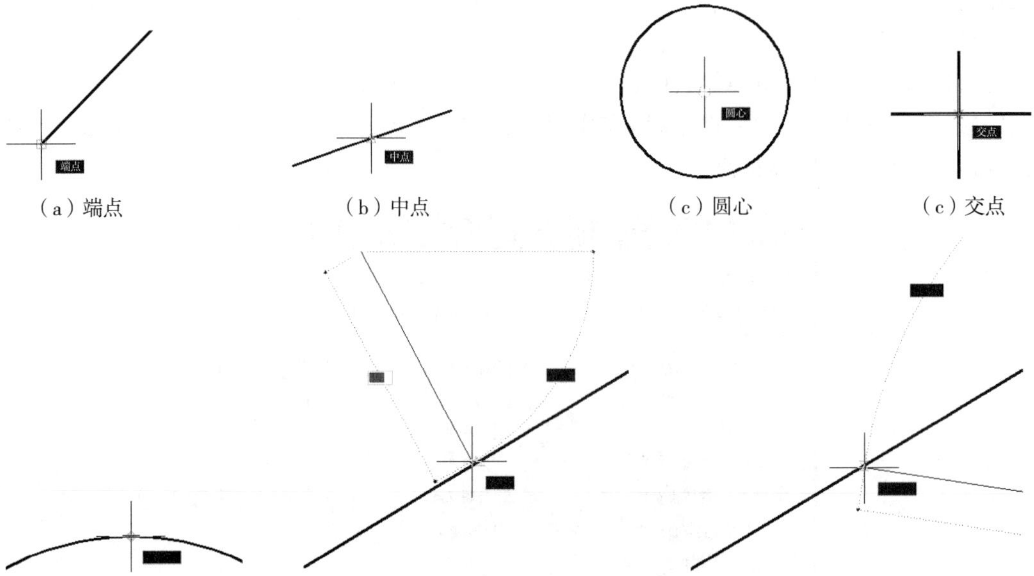

(a) 端点　(b) 中点　(c) 圆心　(c) 交点

(d) 象限点　(e) 垂足　(f) 最近点

图 2-11　常用对象捕捉点

(1)用拾取框选择单个实体对象

① 在光标为靶框状态时，用鼠标单击单个图形边界，则该图形以高亮状态显示(宽度为 0 的图形会显示为虚线)，表示被选中。

② 启动一个编辑命令后，靶框被一个小正方形取代，被称为拾取框。将拾取框移到要编辑的对象上，单击鼠标左键，可选中对象。

以上两种方法，连续单击多个不同对象的边界，可选择多个对象。按住“Shift”键，单击对象的边界，可以取消已经被选择的对象。

用①方式所选对象在高亮显示的同时还出现若干蓝色小方框，称为夹点。点击夹点可以选择编辑的方式。而用②方式，是在已经确定某一种编辑方式的情况下选择对象，不可以选择编辑方式。

(2)矩形窗选方式和交叉窗选方式

① 矩形窗选是指在执行编辑命令过程中，当命令行提示“选择对象:”时，将鼠标移至目标对象的左侧，按住鼠标左键向右上方或右下方拖动鼠标，在绘图区中呈现一个蓝色的矩形方框，当用户释放鼠标后，被方框完全包围的对象将被选中。

② 交叉窗选方式与矩形窗选方式相反，当命令行提示“选择对象:”时，将鼠标移至目标对象的右侧，按住鼠标左键向左上方或左下方拖动鼠标，在绘图区中呈现一个青色的矩形方框，当用户释放鼠标后，与方框相交和被方框完全包围的对象都将被选中。

(3)输入命令选择对象

① 全部选择

在系统提示选择对象时，输入 ALL，则除去冻结及锁定的图层外，其他层(包括关闭层)上的对象都被选中。

② 栏选

在系统提示选择对象时，输入 F 并回车，则命令行提示：

选择对象：F ↙

指定第一个栏选点：

指定下一个栏选点或[放弃(U)]：

依次输入各点(用鼠标左键或输入点的坐标)，使其形成一条不必封闭的多边形，凡是与多边形相交的对象均被选中。

(4)快速选择

在复杂图形中，根据绘图人员指定的条件快速选择对象。操作方式如下：

① 在命令行中用键盘输入：QSELECT；

② 在下拉菜单中点击："工具"→"快速选择"。

执行 QSELECT 命令后，弹出"快速选择"对话框，如图 2－12(a)所示。绘图人员可自行选择特性。

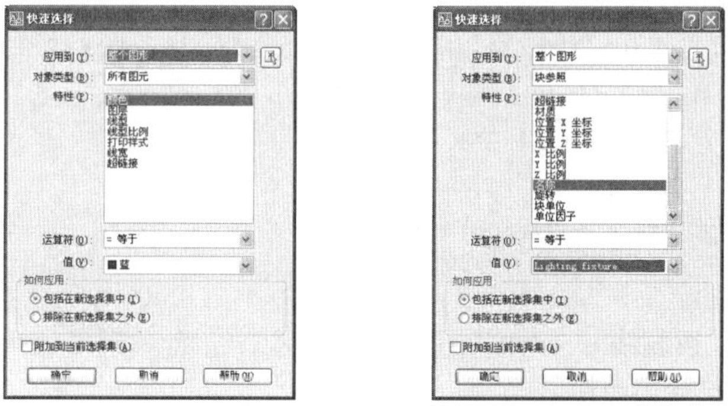

(a)　　　　(b)

图 2－12　对象捕捉工具栏

(5)取消选择

没有执行命令时，选取对象后，按"Esc 键"，取消选择。在执行命令时，选取对象后，按住"Shift 键"，鼠标左键选取要取消的对象，取消选择。

3. 多段线编辑

直线命令绘制的线段是单线，本身线宽为零，可以通过修改图层或者直接定义线宽改变其显示宽度，也可以编辑其宽度。编辑直线的宽度后，直线的属性就变为多段线，并且直线的宽度可以直接显示。绘制有一定弧度的导线，也可使用多段线编辑命令，使图形美观。

(1)操作方法

① 在命令行中输入：PEDIT(快捷命令 PE)；

② 在下拉菜单中点击："修改"→"对象"→"多段线"；

③ 在"修改Ⅱ"工具栏单击按钮。

(2)操作指导

命令：PEDIT ↙

选择多段线或[多条(M)]:
输入选项[闭合(C)/合并(J)/宽度(W)/编辑顶点(E)/拟合(F)/样条曲线(S)/非曲线化(D)/线型生成(L)/放弃(U)]:

主要参数说明:

- 合并(J):将多个对象合并为一个整体,不改变对象的形状;
- 宽度(W):设置多段线的宽度;
- 拟合(F):将一个多段线变为较为光滑的曲线,改变对象的形状。

(3)操作示例

将多个对象合并为一个对象

前提:用直线命令绘制图 2-6 所示正方形。

命令:PEDIT↙
选择多段线或[多条(M)]:(鼠标拾取一条直线)
选定的对象不是多段线
是否将其转换为多段线? <Y>↙
输入选项[闭合(C)/合并(J)/宽度(W)/编辑顶点(E)/拟合(F)/样条曲线(S)/非曲线化(D)/线型生成(L)/放弃(U)]:J↙
选择对象:找到 4 个,总计 4 个(鼠标拾取 4 条直线)
选择对象:↙
3 条线段已添加到多段线(4 条直线变为 1 个整体)

【任务实施】

绘制留装订边的图框线

前提:绘制 A3 尺寸幅面线。

(1)执行"矩形"命令,绘制没有宽度的图框线。

命令:RECTANG↙
指定第一个角点或[倒角(C)/标高(E)/圆角(F)/厚度(T)/宽度(W)]:(单击"对象捕捉"工具栏中的 按钮,然后捕捉到外框线的左下角点,鼠标拾取该点)
_from 基点:<偏移>:@25,5↙
指定另一个角点或[面积(A)/尺寸(D)/旋转(R)]:(单击"对象捕捉"工具栏中的 按钮,然后捕捉到外框线的右上角点,鼠标拾取该点)
_from 基点:<偏移>:@-5,-5↙

(2)执行"多段线"编辑命令,将图框线的线宽修改为"1.0mm"。

命令:PEDIT↙
选择多段线或[多条(M)]:(选中图框线)
输入选项[打开(O)/合并(J)/宽度(W)/编辑顶点(E)/拟合(F)/样条曲线(S)/非曲线化(D)/线型生成(L)/放弃(U)]:W↙
指定所有线段的新宽度:1↙
输入选项[打开(O)/合并(J)/宽度(W)/编辑顶点(E)/拟合(F)/样条曲线(S)/非曲线化(D)/线型生成(L)/放弃(U)]:↙

【任务拓展】

1. 删除对象的多种方法

打开 AutoCAD 自带的一个图形文件。C:\Program Files\AutoCAD2007\Sample\Block and Tables - Metric.dwg,这是一个建筑物的电气平面布置图,单击模型标签,切换到模型空间,如图 2-13 所示。

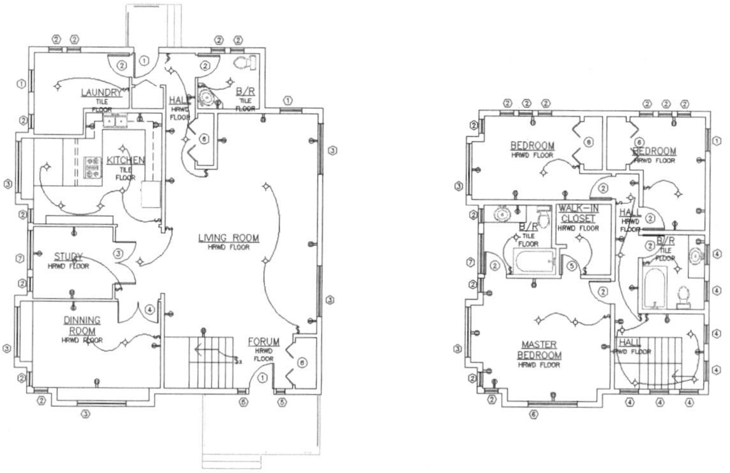

图 2-13 CAD 自带某建筑电气平面图

(1)用矩形窗选删除对象

用矩形窗选的方式选择图 2-13 左边的一个建筑物,选择框不要与右边的建筑物接触,选择完毕后,点击"E"键↙(删除命令的快捷方式),则左边建筑物被删除,而右边的建筑物保留。

单击标准工具栏上的图标,撤销"删除"操作。

(2)用交叉窗选删除对象

用交叉窗选的方式选择图 2-13 右边的一个建筑物,选择框包括左边建筑物的一部分,选择完毕后,点击"E"键↙,则右边建筑物被删除,左边建筑物在选择框内和与选择框边界接触的部分被删除。

单击标准工具栏上的图标,撤销"删除"操作。

(3)用 ALL 删除对象

冻结"Lighting"图层。

```
命令:ERASE↙
    选择对象:ALL↙
    找到 429 个
    10 个不在当前空间中。
    选择对象:↙
```

此时显示所有图形被删除,然后解冻"Lighting"层。显示电气接线和灯具。

(4)重新打开这个图形文件

(5)用快速选择命令删除对象

命令:QSELECT↙(出现对话框后按图 2-12b 选择,单击“确定”)
已选定 26 个项目。

命令:ERASE↙
找到 26 个(所有灯具均被删除)

2. 绘制平行线

前提:绘制任意一条直线。“对象捕捉”选择“平行”

命令:LINE↙
指定第一点:(鼠标在直线外拾取一点)
指定下一点或[放弃(U)]:
(把光标移动到直线上,出现“平行点”,如图 2-14a 所示)
指定下一点或[放弃(U)]:
(移动光标到合适位置,出现虚线,如图 2-14b 所示,鼠标在虚线上拾取一点)

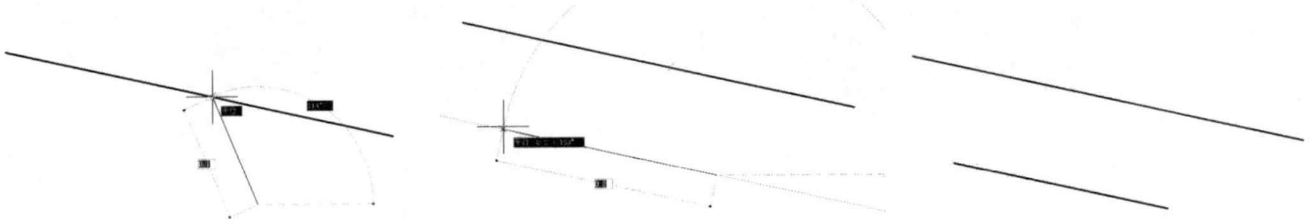

(a) (b) (c)

图 2-14 平行线示例

任务 2.2 绘制标题栏

按照《技术制图标题栏》(GB/T 10609.1—2008)中的规定,每张技术图样中均应有标题栏。其内容主要有工程名称、设计、审核、描图、负责人签字栏等。标题栏一般放在图纸的右下角。标题栏的观看方向与图的观看方向可以不一致。如图 2-35 和 2-36 所示。

子任务 2.2.1 绘制标题栏的图线

【任务目标】

- 了解标题栏的样式。
- 熟练偏移、移动、修剪对象。

【知识链接】

1. 标题栏的格式

国内外各种工程由于涉及专业不同、设计院要求不同,所以标题栏没有统一的格式。一般由更改区、签字区、名称及代号区、其他区构成,也可按实际需要增加或者减少。标题栏通常放在图框线的右下角位置,也可根据实际需要放在其他位置,但必须在本张图纸上。工程常用标题栏的样式如图 2-15 所示。

图2－15较为复杂，本书推荐一种简化标题栏，学生可以进行绘图练习。如图2－16所示。

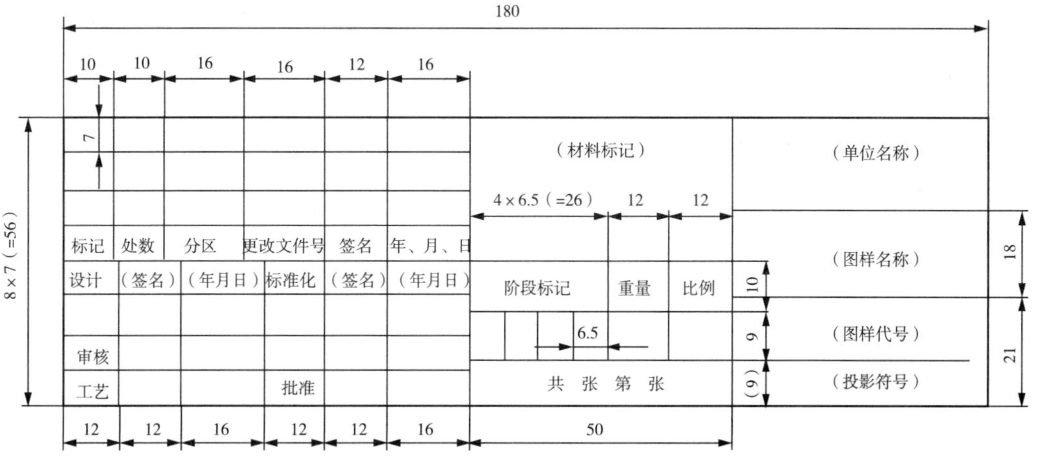

图2－15　标题栏的样式

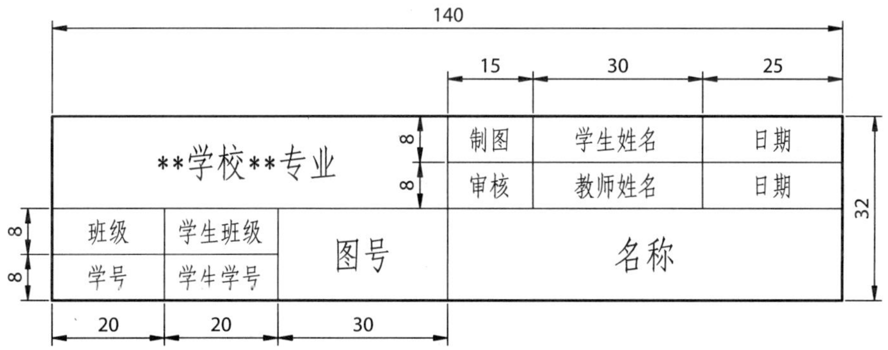

图2－16　教学用标题栏

2. 偏移对象

偏移命令是一种特殊的复制命令，可使作图员绘制出一系列形状相似的图形。常用于创建同心圆、平行线和平行曲线。

(1)操作方法

① 在命令行中输入：OFFSET(快捷命令O)；

② 在下拉菜单中点击："修改"→"偏移"；

③ 在"修改"工具栏单击 按钮。

(2)操作示例

① 偏移直线

前提：绘制一根直线，起点坐标(70，170)，端点坐标(100，200)，如图2－17(a)所示。

命令：OFFSET↙

当前设置：删除源＝否　图层＝源　OFFSETGAPTYPE＝0

指定偏移距离或[通过(T)/删除(E)/图层(L)]<通过>：50↙

(指定偏移后的对象与源对象的垂直距离)
选择要偏移的对象,或[退出(E)/放弃(U)]<退出>:(鼠标拾取直线)
指定要偏移的那一侧上的点,或[退出(E)/多个(M)/放弃(U)]<退出>:
(在直线右下方单击)
选择要偏移的对象,或[退出(E)/放弃(U)]<退出>:(鼠标拾取新生成的直线)
指定要偏移的那一侧上的点,或[退出(E)/多个(M)/放弃(U)]<退出>:
(在直线右下方单击)
选择要偏移的对象,或[退出(E)/放弃(U)]<退出>:↙

效果如图 2-17(b)所示。

(a) (b)

图 2-17 偏移直线

② 偏移矩形

前提:绘制一个矩形,左下角点坐标(20,30),长"50mm",宽"40mm"。一根直线,起点(90,40),端点(120,80)。如图 2-18(a)所示,在"对象捕捉"中选择"中点"。

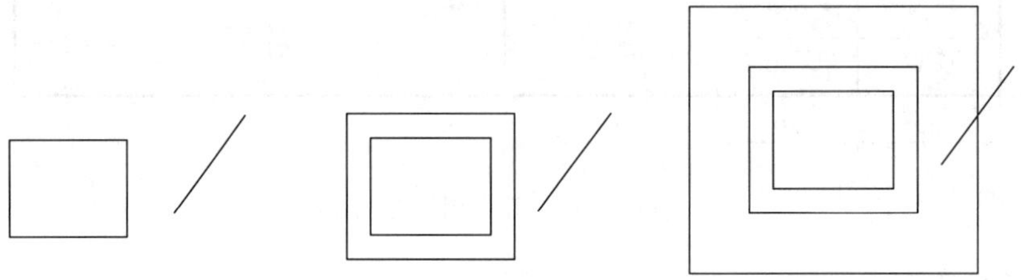

(a) (b) (c)

图 2-18 偏移命令操作示例

■ 将矩形对外偏移"10mm"。

命令:OFFSET↙
当前设置:删除源 = 否 图层 = 源 OFFSETGAPTYPE = 0
指定偏移距离或[通过(T)/删除(E)/图层(L)]<通过>:10↙
选择要偏移的对象,或[退出(E)/放弃(U)]<退出>:(鼠标拾取矩形)
指定要偏移的那一侧上的点,或[退出(E)/多个(M)/放弃(U)]<退出>:
(鼠标在矩形外部单击)
选择要偏移的对象,或[退出(E)/放弃(U)]<退出>:↙

效果如图 2-18(b)所示。

■ 将矩形对外偏移,新生成矩形的边通过直线的中点。"对象捕捉"选择"中点"。

命令:OFFSET↙

当前设置:删除源 = 否 图层 = 源 OFFSETGAPTYPE = 0

指定偏移距离或[通过(T)/删除(E)/图层(L)]<通过>:T↙

选择要偏移的对象,或[退出(E)/放弃(U)]<退出>:(鼠标拾取矩形)

指定通过点或[退出(E)/多个(M)/放弃(U)]<退出>:(鼠标捕捉直线中点)

选择要偏移的对象,或[退出(E)/放弃(U)]<退出>:↙

效果如图 2-18(c)所示。

3. 移动对象

移动命令能让作图人员把选定的对象移动到新的位置。

(1)操作方法

① 在命令行中输入:MOVE(快捷命令 M);

② 在下拉菜单中点击:“修改”→“移动”;

③ 在“修改”工具栏单击按钮。

(2)操作示例

绘制如图 2-19 所示熔断器图形符号。

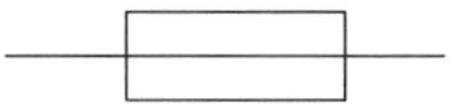

图 2-19 熔断器图符

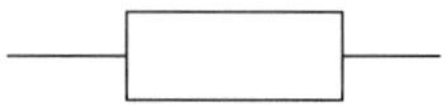

图 2-20 电阻图符

前提:绘制一条长为 10 的水平直线。绘制一个长为 5、宽为 2 的矩形。在“对象捕捉”中选择“中点”和“最近点”。

命令:MOVE↙

选择对象:找到 1 个(鼠标拾取矩形)

选择对象:↙

指定基点或[位移(D)]<位移>:(鼠标拾取矩形竖直边的中点)

指定第二个点或<使用第一个点作为位移>:(鼠标拾取直线上最近点)

4. 修剪对象

修剪命令能让作图人员利用已有图形的边界,裁剪掉图形的多余部分。

(1)操作方法

① 在命令行中输入:TRIM(快捷命令 TR);

② 在下拉菜单中点击:“修改”→“修剪”;

③ 在“修改”工具栏单击按钮。

(2)操作指导

前提:绘制两根交叉直线,如图 2-21(a)所示。

命令:TRIM↙

当前设置:投影 = UCS,边 = 无

选择剪切边...

选择对象或<全部选择>:找到 1 个(鼠标左键拾取直线 A,该直线为修剪的边界)

选择对象:↙
选择要修剪的对象,或按住 Shift 键选择要延伸的对象,或
[栏选(F)/窗交(C)/投影(P)/边(E)/删除(R)/放弃(U)]:
(鼠标左键拾取直线 B,该直线为修剪的对象,拾取对象在修剪边界右下侧的部分,该侧的对象消失)
选择要修剪的对象,或按住 Shift 键选择要延伸的对象,或
[栏选(F)/窗交(C)/投影(P)/边(E)/删除(R)/放弃(U)]:↙

效果如图 2-21(b)所示。

图 2-21 修剪操作指导

(3)操作示例

绘制如图 2-20 所示电阻图形符号,在图 2-19 的基础上修改。

命令:TRIM↙
当前设置:投影=UCS,边=无
选择剪切边...
选择对象或<全部选择>:找到 1 个(鼠标左键拾取矩形边)
选择对象:↙
选择要修剪的对象,或按住 Shift 键选择要延伸的对象,或
[栏选(F)/窗交(C)/投影(P)/边(E)/删除(R)/放弃(U)]:
(鼠标左键拾取直线在矩形内部的部分)
选择要修剪的对象,或按住 Shift 键选择要延伸的对象,或
[栏选(F)/窗交(C)/投影(P)/边(E)/删除(R)/放弃(U)]:↙

【任务实施】

绘制图 2-16 所示标题栏的图线

前提:"对象捕捉"中选择"中点""端点"。已启用"对象捕捉"工具栏。

(1)执行"矩形"命令,绘制外部框线("140mm×32mm"的矩形)。然后执行"多段线编辑"命令,将其线宽修改为"1.0mm"。

命令:RECTANG↙
指定第一个角点或[倒角(C)/标高(E)/圆角(F)/厚度(T)/宽度(W)]:30,30↙
指定另一个角点或[面积(A)/尺寸(D)/旋转(R)]:@140,32↙

命令:PEDIT↙
选择多段线或[多条(M)]:(鼠标拾取矩形)
输入选项[打开(O)/合并(J)/宽度(W)/编辑顶点(E)/拟合(F)/样条曲线(S)/非曲线化(D)/线型生成(L)/放弃(U)]:W↙
指定所有线段的新宽度:1↙(修改线宽)

输入选项[打开(O)/合并(J)/宽度(W)/编辑顶点(E)/拟合(F)/样条曲线(S)/非曲线化(D)/线型生成(L)/放弃(U)]:↙

(2)执行“直线”命令,绘制内部线条。

命令:LINE↙

指定第一点:(选择矩形左边线中点)

指定下一点或[放弃(U)]:(选择矩形右边线中点)

指定下一点或[放弃(U)]:↙

命令:LINE↙

指定第一点:(选择矩形上边线中点)

指定下一点或[放弃(U)]:(选择矩形下边线中点)

指定下一点或[放弃(U)]:↙

效果如图 2－22(a)所示。

(3)执行“偏移”命令,生成其他内部线条。

命令:OFFSET↙

当前设置:删除源 = 否　图层 = 源　OFFSETGAPTYPE = 0

指定偏移距离或[通过(T)/删除(E)/图层(L)]＜30＞:30↙

选择要偏移的对象,或[退出(E)/放弃(U)]＜退出＞:(选择竖直中线)

指定要偏移的那一侧上的点,或[退出(E)/多个(M)/放弃(U)]＜退出＞:(点击左方)

选择要偏移的对象,或[退出(E)/放弃(U)]＜退出＞:↙

重复使用“偏移”命令,生成水平和竖直线条。效果如图 2－22(b)所示。

(a)　　(b)

图 2－22　绘制标题栏示例

(4)执行“修剪”命令,将内部线条修改为如图 2－16 所示形式。

命令:TRIM↙

当前设置:投影 = UCS,边 = 无

选择剪切边...

选择对象或＜全部选择＞:(选择竖直中线)

找到 1 个

选择对象:↙

选择要修剪的对象,或按住 Shift 键选择要延伸的对象,或

[栏选(F)/窗交(C)/投影(P)/边(E)/删除(R)/放弃(U)]:

(按图 2－16 所示点击要修剪线段在边界左边的部分)

选择要修剪的对象,或按住 Shift 键选择要延伸的对象,或

[栏选(F)/窗交(C)/投影(P)/边(E)/删除(R)/放弃(U)]:↙

特别提示

被选取为修剪边界的对象，本身也能被修剪。不要选取过多的对象作为修剪边界。

【任务拓展】

同时修剪多个对象

前提：绘制如图 2－23(a)所示图形。

命令：TRIM ↙

当前设置：投影 = UCS，边 = 无

选择剪切边 ...

选择对象或＜全部选择＞：找到 1 个（鼠标选取矩形）

选择对象：↙

选择要修剪的对象，或按住 Shift 键选择要延伸的对象，或

[栏选(F)/窗交(C)/投影(P)/边(E)/删除(R)/放弃(U)]：F ↙

指定第一个栏选点：（鼠标拾取一点）

指定下一个栏选点或[放弃(U)]：（鼠标拾取一点）

指定下一个栏选点或[放弃(U)]：（鼠标拾取一点，操作见图 2－23b）

指定下一个栏选点或[放弃(U)]：↙

选择要修剪的对象，或按住 Shift 键选择要延伸的对象，或

[栏选(F)/窗交(C)/投影(P)/边(E)/删除(R)/放弃(U)]：↙（得到图 2－23c）

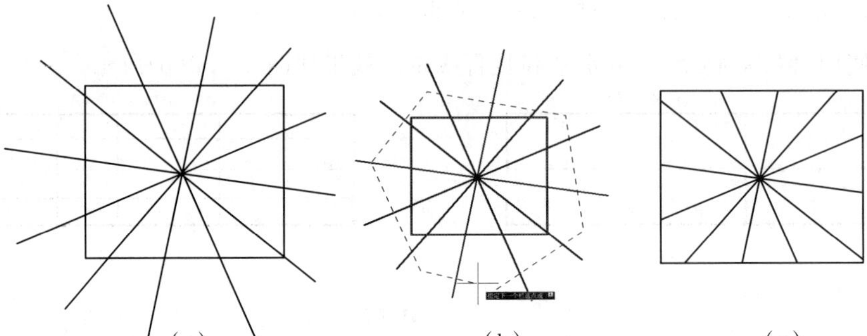

(a)　　(b)　　(c)

图 2－23　栏选修剪示例

子任务 2.2.2　文字标注

【任务目标】

- 了解国标对文字的要求。
- 熟练设置文字样式。
- 熟练用单行或多行文字标注。
- 熟练编辑文字。

【知识链接】

1. 图纸文字样式

在工程图纸的设计中，单靠精确比例绘制的图形，不能准确表达设计师的意图。设计者

需要添加文字、数字及其他符号以表达设计对象的尺寸大小、规格型号,用以说明设计的构成等信息。通常是用文字说明与尺寸标注。

国标《技术制图字体》(GB/T14691－93)中规定了文字的结构形式与具体尺寸。由于AutoCAD中文字自动生成,所以本书不介绍文字高度的具体计算方式。字体高度的公称尺寸系列:1.8,2.5,3.5,5,7,10,14,20,单位mm,共8种。字体高度代表字体的号数。在同一图样中只应选用一种型式的文字(标题栏文字和图样正文的型式可以不一样)。

按照标准的要求,汉字应写成长仿宋体,用CAD绘图,可选用“仿宋_GB2312”字体。数字和字母的字体一般与汉字的字体相同。其最小高度见表2-5。其中汉字的高度不应小于3.5mm,实际应用中由于各个设计院使用自制字体,字高要区别对待。根据打印出图的统计,多线条字(如仿宋_GB2312和楷体_GB2312)字高不宜小于4mm,单线条字(如txt和romanc)字高不宜小于3mm。

表2-5　最小字符高度

字符高度	图　幅				
	A0	A1	A2	A3	A4
汉字	5	5	3.5	3.5	3.5
数字和字母	3.5	3.5	2.5	2.5	2.5

汉字一般写成直体,字母和数字可写成斜体或直体。斜体字字头向右倾斜,与水平基线成75°(在AutoCAD中设置为15°)。文字的高宽比不宜小于0.7。

2. 创建文字样式

在AutoCAD中要生成文字,首先要设置文字样式,即确定文字的特性,例如字体、宽度、高度和其他文字效果。可以在一幅图中定义多种文字样式,供不同情况下选用。

(1)操作命令

① 在命令行中输入:STYLE(快捷命令ST);

② 在下拉菜单中点击:“格式”→“文字样式”;

③ 在“样式”工具栏单击按钮。

(2)操作指导

在输入命令后,弹出图2-24(a)所示“文字样式”对话框。

参数说明:

● 样式名:一种命名的设置集合,它用于指定书写文字的外观,包括文字的字体大小、宽度以及其他效果。不用的设置用不同的名称。

● 字体:包括SHX字体和大字体,这都是CAD自带字库,在fonts目录里。大字体作为文字处理的补丁,要单独指定。

● 高度:预定义文字的高度值。如果文字高度为零,则在执行文字命令时必须重新定义文字的高度。

● 颠倒:选择该复选框后,字体会倒置过来。

● 反向:选择该复选框后,字体的前后顺序会反过来。

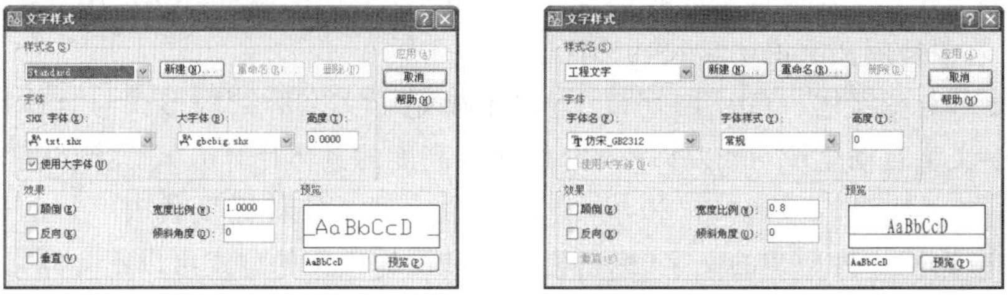

(a) (b)

图 2-24 “文字样式”对话框

● 垂直：当字体名支持双向时“垂直”才可用。选择该复选框后，字体会垂直排列。

● 宽度比例：指文字宽度与高度的比例，当宽度和高度的比值大于 1 时，生成宽度大于高度的扁字。当宽度和高度的比值小于 1 时，书写宽度小于高度的瘦字。

● 倾斜角度：指文字与垂直方向的夹角。输入负值时，字体向左边倾斜，反之，向右边倾斜。

● 预览：观看设置的文字效果。

(3)操作示例

编辑文字样式如图 2-24(b)所示。

命令：STYLE↙

在“文字样式”对话框中新建“工程文字”样式，字体选择“仿宋_GB2312”，单击“应用”、“关闭”按钮。

特别提示

汉字样式“@仿宋_GB2312”是一种不正确的样式，不要误选。

3. 创建单行文本

单行文字命令可以一次性生成多行文字，但是每一行是一个单独的对象。在图形中，单行文字多用于施工说明、材料表、设备明细表、图例、标签、标题等内容。

(1)操作方法

① 在命令行中输入：TEXT(快捷命令 DT)；

② 在下拉菜单中点击：“绘图”→“文字”→“单行文字”；

③ 在“文字”工具栏单击 AI 按钮。

(2)操作指导

命令：TEXT↙

当前文字样式：Standard　当前文字高度：2.5000(显示当前文字样式和高度)

指定文字的起点或[对正(J)/样式(S)]：(鼠标拾取一点或输入数值)

指定高度<2.5000>：5↙

(指定文字高度，如果字体中已经规定了字高，没有这一步操作)

指定文字的旋转角度<0>：↙(指定文字的旋转角度)

进行完以上设置后，开始输入文字内容。

图2-25　文字的定位点

主要参数说明：

● 对正(J)：设置文字的排列方式，选择该项后，命令行提示信息如下：

[对齐(A)/调整(F)/中心(C)/中间(M)/右(R)/左上(TL)/中上(TC)/右上(TR)/左中(ML)/正中(MC)/右中(MR)/左下(BL)/中下(BC)/右下(BR)]：

对齐(A)：通过指定基线端点来指定文字的高度和方向，不需要输入文字的高度和旋转角度，字符的大小根据字符个数和两点间的距离自动调整。

调整(F)：要求指定基线的端点，输入的文字均匀分布在两个端点之间，文字的高度相同。

中心(C)：指定一个坐标点，将该点作为文字行基线的中点。

中间(M)：指定一个坐标点，将该点作为标注文字行在竖直和水平方向上的中点。

其他选项为定位点相对于文字的位置，如图2-25所示。如果不作选择，默认为左对齐。

(3)操作示例

在实际绘图中，需要标注一些特殊的字符。这些特殊符号不能从键盘上直接输入，在AutoCAD中，可以输入控制符，用以插入特殊符号，见表2-6。

表2-6　特殊字符的控制符

控制符	功能
%%D	角度符号(°)
%%P	正负公差符号(±)
%%C	直径符号(φ)
%%U	打开或关闭文字下划线
%%O	打开或关闭文字上划线

特别提示

一部分字体不支持特殊字符的控制符。使用这些字体时，可以用汉字输入法中的小键盘输入特殊字符。

命令：TEXT↙

当前文字样式：Standard　当前文字高度：2.5000

指定文字的起点或[对正(J)/样式(S)]：J↙(设置对正)

输入选项

[对齐(A)/调整(F)/中心(C)/中间(M)/右(R)/左上(TL)/中上(TC)/右上(TR)/左中(ML)/正中(MC)/右中(MR)/左下(BL)/中

下(BC)/右下(BR)]:C↙(根据需要选择正中对正)

指定文字的中心点:20,20↙(指定文字对正点的坐标)

指定高度<2.5000>:5↙

指定文字的旋转角度<0>:↙

然后在文字框内输入文字:"电缆穿入%%c300 双薄壁波纹管内,护管斜度为 0.02%%d,误差%%p0.01"↙(换行)

↙(结束命令)

4. 创建多行文本

多行文字是在对话框中进行设置的,支持复杂的格式,可以改变样式、颜色、行间距等。一个命令形成的文字(不论行数)是一个整体对象。在工程中,多行文字用于图标注释、附加说明、注意事项等项目。

(1)操作方法

① 在命令行中输入:MTEXT(快捷命令 T);

② 在下拉菜单中点击:"绘图"→"文字"→"多行文字";

③ 在"文字"工具栏单击 A 按钮。

(2)操作指导

命令:MTEXT↙

当前文字样式:"Standard" 当前文字高度:2.5

指定第一角点:(鼠标拾取一点作为文字边界框左上角)

指定对角点或[高度(H)/对正(J)/行距(L)/旋转(R)/样式(S)/宽度(W)]:

(鼠标拾取一点作为文字边界框右下角)

出现如图 2-26 所示边界框。由于边界框可以根据输入文字的行数与每行的字数自行调整,所以在最初确定文字框边界时不必用精确绘图的方式。在"文字格式"栏中,将箭头移动到下拉列菜单或按钮上,会自动出现说明,运用类似于 Word 处理器。文字处理完成后,点击"确定"按钮结束命令。

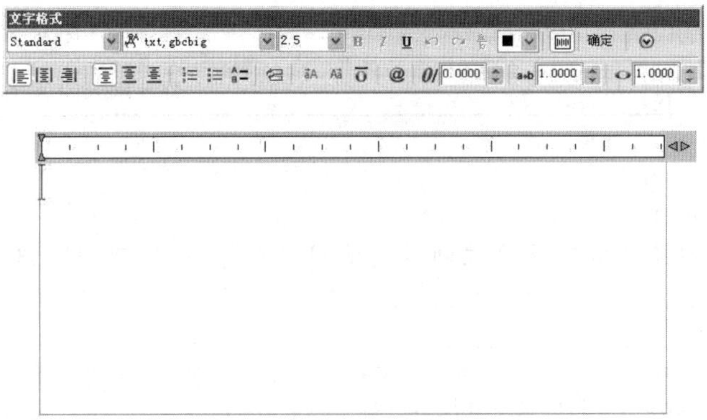

图 2-26 多行文字对话框

(3)操作示例

多行文字与单行文字类似,可以插入特殊符号、手动输入或者直接复制其他软件中的字符。

前提：在 Word 处理器中输入如图 2－27 所示的内容。

命令：MTEXT↙
　　当前文字样式："Standard"　当前文字高度：2.5
　　指定第一角点：
　　指定对角点或[高度(H)/对正(J)/行距(L)/旋转(R)/样式(S)/宽度(W)]：

在 Word 文件中复制写好的文字，将该内容粘贴到多行文字对话框中，按图 2－27 分行，选择“工程文字”的样式(也可自行设置一种文字样式)。

说明：
1. 取室外地面为±0.00。
2. 一期工程已施工建成各构架的地下基础，本期
仅加立各设备支柱和门架。
3. 柱6和柱8落在主变基础坑内，因不确切明瞭坑深，
请现场实测后核对柱6和柱8长度。

图 2－27　多行文字

5. 编辑文字

在文字输入中，难免会有错误。如果命令没有结束，可以直接在输入框中修改。如果命令已经结束(文字已经生成)，为了提高作图效率，不需要删除文字后再输入正确内容，可以直接编辑已有文字。

(1)操作方法

① 在命令行中输入：EDIT(快捷命令 ED)；

② 在下拉菜单中点击：“修改”→“对象”→“文字”→“编辑”；

③ 双击要编辑的文字。

(2)操作示例

① 修改单行文字。

命令：EDIT↙
　　选择注释对象或[放弃(U)]：(鼠标拾取之前生成的“电缆穿入 φ300 双薄壁波纹管内，护管斜度为 0.02°的，误差±0.01”文字，把“300”改为“250”)
　　选择注释对象或[放弃(U)]：↙

② 修改多行文字。

命令：EDIT↙
　　选择注释对象或[放弃(U)]：(鼠标左键拾取之前生成的如图 2－27 所示文字，把“柱 6”改为“柱 7”)
　　选择注释对象或[放弃(U)]：↙

如果文字的对正格式和比例有误，也可以通过修改的方式改正。常用方法见任务拓展。

【任务实施】

生成如图 2－16 所示文字

前提：已经绘制图 2－16 所示标题栏。设置如图 2－24(b)所示文字样式。“对象捕捉”

选择"端点""交点""中点"。

文字标注可以用多行文字也可以用单行文字，都要用"正中"对正样式。建议使用多行文字的方式。

(1)执行"多行文字"命令进行标注

命令:MTEXT↙

当前文字样式:"工程文字"　当前文字高度:3

指定第一角点:(鼠标选取某一个小矩形的左上角点)

指定对角点或[高度(H)/对正(J)/行距(L)/旋转(R)/样式(S)/宽度(W)]:H↙

指定高度<3>:3.5(设置字高)

指定对角点或[高度(H)/对正(J)/行距(L)/旋转(R)/样式(S)/宽度(W)]:J↙

输入对正方式[左上(TL)/中上(TC)/右上(TR)/左中(ML)/正中(MC)/右中(MR)/左下(BL)/中下(BC)/右下(BR)]

<左上(TL)>:MC↙(设置对正方式)

指定对角点或[高度(H)/对正(J)/行距(L)/旋转(R)/样式(S)/宽度(W)]:

(鼠标选取该小矩形的右下角点)

输入"班级"

(2)执行"单行文字"命令进行标注

命令:LINE↙

指定第一点:(鼠标拾取某一个大矩形框的左上角点)

指定下一点或[放弃(U)]:(鼠标拾取该矩形框的右下角点)

指定下一点或[放弃(U)]:↙(得到一条对角线)

命令:TEXT↙

当前文字样式:工程文字　当前文字高度:3.5

指定文字的起点或[对正(J)/样式(S)]:J↙

输入选项

[对齐(A)/调整(F)/中心(C)/中间(M)/右(R)/左上(TL)/中上(TC)/右上(TR)/左中(ML)/正中(MC)/右中(MR)/左下(BL)/中

下(BC)/右下(BR)]:MC↙

指定文字的中间点:(鼠标捕捉对角线中点)

指定高度<3.5>:5↙

指定文字的旋转角度<0>:↙

输入"图号"

命令:ERASE↙

选择对象:找到 1 个(鼠标选取对角线)

选择对象:↙

重复执行上述命令，直至生成所有文字标注。

【任务拓展】

1. 无法正确显示文字

在实际工程中，其他单位提供的电子版图形文件，有时不能被正常打开。在打开文件时，出现如图 2-28 所示对话框，要求替代字体样式。

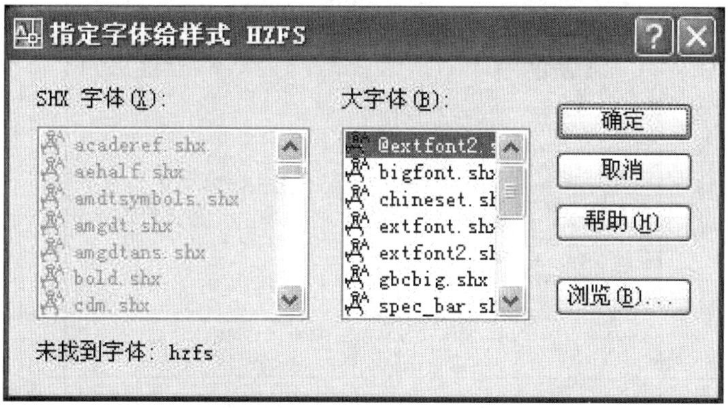

图 2-28　替换字体样式

出现这种情况，是因为设计院与设备厂家有时在绘图时不使用系统自带字体文件，而是使用自行设置的字体文件。Autocad 软件在打开文件时，没有检测到相应字体文件，会要求进行字体替代，但是替代后显示往往仍然不正确，如图 2-29(a)所示。

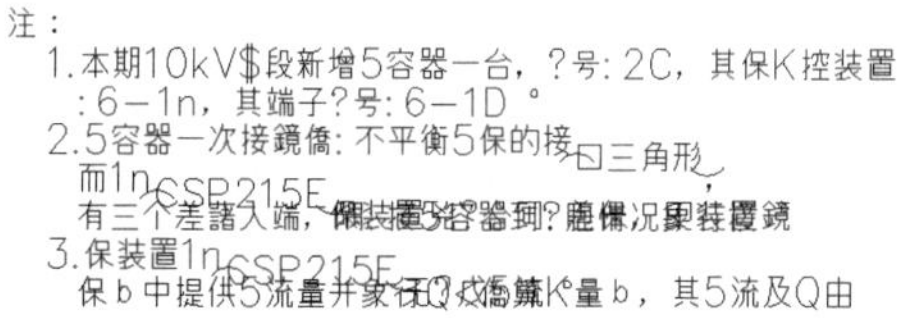

(a)

(b)

图 2-29　文字显示示例

解决方法如下：

(1)向相关单位索要字体文件。

(2)将包含字体文件的文件夹“文件”复制到 C:\Program Files\AutoCAD 2007\Fonts 中(根据 Autocad 安装路径不同会有变化)，如图 2-30 所示。

图 2-30　字体文件

(3)在 Autocad 中选择“工具—选项—文件—支持文件搜索路径”，点击“添加”，选择“浏览”，找到对应的文件夹，点击“确定”，如图 2-31 所示。

(4)关闭 Autocad 软件，然后重新启动 Autocad 软件。

(5)打开对应文件，显示正确内容。效果如图 2-29(b)所示。

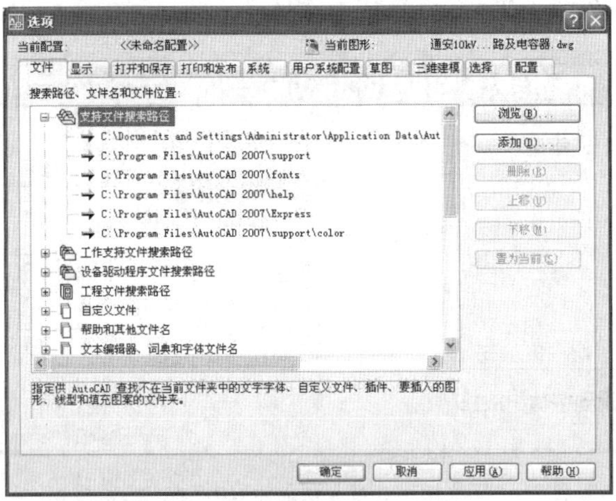

图 2-31 支持文件设置示例

也可不复制文件夹“文件”，而是将字体文件直接复制到 C:\Program Files\AutoCAD 2007\Fonts 中，但是这样会覆盖掉同名文件，有可能导致其他单位提供的 AutoCAD 文件中文字显示不正确，所以工程制图中尽量不要改变系统自带字体文件。

2. 修改文字特性

在对象绘制完成后，如果发现有错误，可以后期修改，除了特定的修改命令之外，还可以直接修改对象的特性。

(1)操作方法

① 在命令行中输入：PROPERTIES(快捷命令 MO)；

② 在“标准”工具栏单击按钮。

弹出如图 2-32(a)所示“对象特性”选项卡。

(2)操作示例

鼠标左键选取一个文字对象，“对象特性”选项卡内容变为如图 2-32(b)所示。直接点击对应项目，可以修改数据，如图 2-32(c)所示。

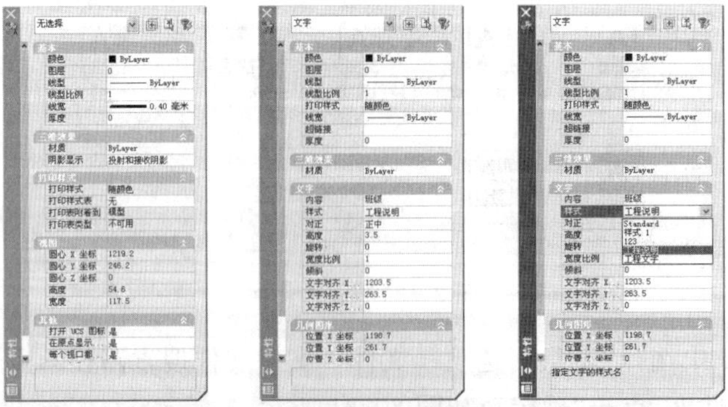

(a) (b) (c)

图 2-32 “对象特性”选项卡

特别提示

“对象特性”选项卡不仅可用于修改文字的属性，也用于修改图线和尺寸标注的属性。

任务2.3　绘制其他常见图幅符号

会签栏与对中符号、方向符号、图幅分区符号等不是图纸必须的内容，但是增加这些内容有助于作图、视图，对工程制图有帮助。

子任务2.3.1　绘制会签栏

【任务目标】

- 了解会签栏的作用。
- 熟练旋转对象。
- 掌握绘制会签栏的方法。

【知识链接】

1. 会签栏的格式

会签栏是完善图纸、施工组织设计、施工方案等重要文件上按程序报批的一种常用形式。它是与设计相关的专业人员的签字栏。比如：电气专业要安装一个室内高压断路器，结构专业、建筑专业、暖通专业要提出条件，由电气专业进行相关设计后，这些专业都要进行检查，以看看所提供的条件是否都得到满足。然后在会签栏进行签字。

会签栏的位置：有装订边的图纸，会签栏的位置见附图1；图纸没有装订边时，会签栏一般置于标题栏附近。在电气制图相关标准里没有规定会签栏的尺寸和样式。其尺寸由各个单位自行确定，栏内应填写会签人员所代表的专业、姓名、日期（年、月、日）；一个会签栏不够时，可以另加一个，两个会签栏应该并列。图2-33是一种简易会签栏的格式，相关人员在空格处手写姓名和日期。

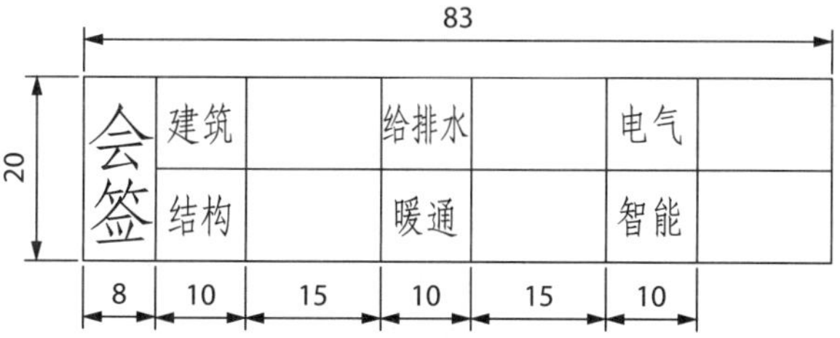

图2-33　会签栏

会签是一种有效沟通的形式，在民用建筑的设计图中广泛应用。但是电气图纸使用较少，随着工程项目越来越专业化、集成化，电气图纸对会签的要求也越来越高。

2. 旋转对象

旋转对象可以将单个或多个对象围绕某指定的基点进行转动，从而改变其方向，同时可以对图形进行复制。

(1)操作方法

① 在命令行中输入:ROTATE(快捷命令 RO);

② 在下拉菜单中点击:“修改”→“旋转”;

③ 在“修改”工具栏单击按钮。

(2)操作示例

前提:绘制一个“30mm×20mm”的矩形。“对象捕捉”选择“端点”。

① 旋转矩形

命令:ROTATE↙

UCS 当前的正角方向:ANGDIR = 逆时针　ANGBASE = 0

选择对象:指定对角点:找到 1 个(鼠标选取矩形)

选择对象:↙

指定基点:(鼠标捕捉矩形左下角点)

指定旋转角度,或[复制(C)/参照(R)]<0>:-30↙

效果如图 2-34(b)所示。

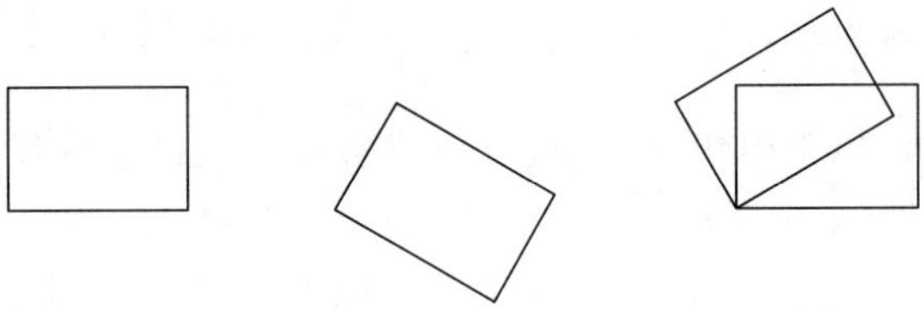

(a)　(b)　(c)

图 2-34　旋转操作示例

② 旋转并复制矩形

命令:ROTATE↙

UCS 当前的正角方向:ANGDIR = 逆时针　ANGBASE = 0

选择对象:指定对角点:找到 1 个(鼠标选取矩形)

选择对象:↙

指定基点:(鼠标捕捉矩形左下角点)

指定旋转角度,或[复制(C)/参照(R)]<0>:C↙

旋转一组选定对象。

指定旋转角度,或[复制(C)/参照(R)]<0>:30↙

效果如图 2-34(c)所示。

【任务实施】

绘制会签栏

(1)执行“直线”命令,按如图 2-33 所示尺寸绘制会签栏的外框线。

(2)执行“偏移”命令,设置不同的偏移距离,将水平和竖直直线按尺寸偏移。

(3)执行“修剪”命令,裁剪不必要的直线。

(4)执行“多行文字”命令,完成文字标注。

子任务2.3.2　绘制对中符号

【任务目标】

● 了解对中符号作用。

● 熟练绘制多段线。

● 掌握绘制对中符号的方法。

【知识链接】

1. 对中符号样式

为了使图样复制和缩微摄影时定位方便，在图纸各边长的中点处分别画出对中符号。

对中符号用粗实线绘制，线宽不小于0.5mm，长度从图纸边界开始至伸入图框内约5mm。当对中符号处在标题栏范围内时，则伸入标题栏部分省略不画。如图2-35和图2-36所示。

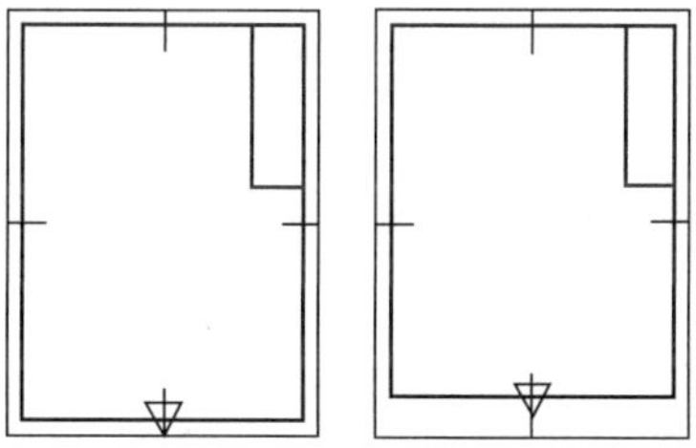

图2-35　X型图纸竖放

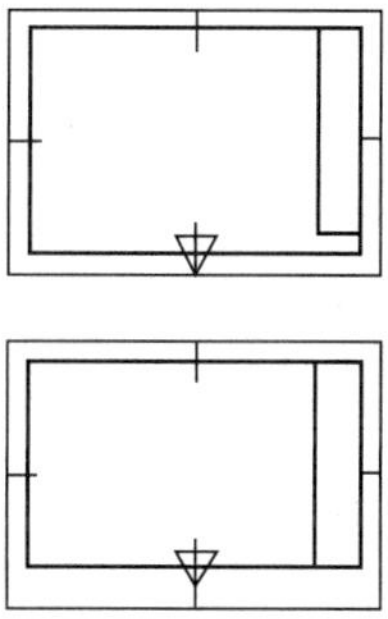

图2-36　Y型图纸横放

2. 绘制多段线

多段线是绘图中常见的图元，可以创建直线段、弧线段或者两者的组合线段。整条多段线是一个整体，可以统一对其进行编辑。在绘图中可以对每条线段设置为不同的线宽。

(1)操作方法

① 在命令行中输入：PLINE(快捷命令PL)；

② 在下拉菜单中点击："绘图"→"多段线"；

③ 在"绘图"工具栏单击⮐按钮。

(2)操作指导

```
命令：PLINE↙
  指定起点：(鼠标拾取一点)
  当前线宽为0.0
  指定下一个点或[圆弧(A)/半宽(H)/长度(L)/放弃(U)/宽度(W)]：
```

主要参数说明：

● 圆弧(A)：绘制圆弧；

● 宽度(E)：设置直线段或弧线段的线宽；

如果选择绘制圆弧，会继续要求选择

指定圆弧的端点或

[角度(A)/圆心(CE)/方向(D)/半宽(H)/直线(L)/半径(R)/第二个点(S)/放弃(U)/宽度(W)]:(根据已知条件选择)

(3)操作示例

绘制如图 2-37 所示的多段线,其中 *A* 点坐标(30,50),*A*—*D* 线宽为"5mm",箭头 *DE*,*D* 点线宽"10mm",*E* 点线宽"0"mm,要求一次性绘制完成。

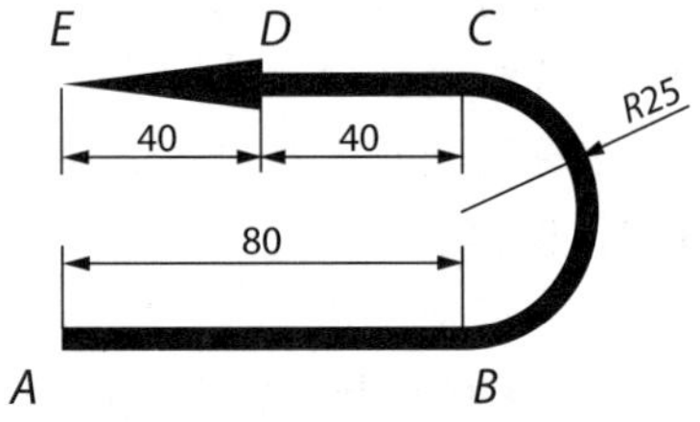

图 2-37　多段线

命令:PLINE ↙

指定起点:30,50 ↙(A 点坐标)

当前线宽为 0.0

指定下一个点或[圆弧(A)/半宽(H)/长度(L)/放弃(U)/宽度(W)]:W ↙(选择线宽)

指定起点宽度<0.0>:5 ↙

指定端点宽度<0.0>:5 ↙(起点和端点宽度要分别指定)

指定下一个点或[圆弧(A)/半宽(H)/长度(L)/放弃(U)/宽度(W)]:@80,0 ↙　(得到 B 点)

指定下一点或[圆弧(A)/闭合(C)/半宽(H)/长度(L)/放弃(U)/宽度(W)]:A ↙　(选择绘制圆弧)

指定圆弧的端点或

[角度(A)/圆心(CE)/闭合(CL)/方向(D)/半宽(H)/直线(L)/半径(R)/第二个点(S)/放弃(U)/宽度(W)]:A ↙(用角度方式)

指定包含角:180 ↙(从 B 到 C 为逆时针方向绘制半圆)

指定圆弧的端点或[圆心(CE)/半径(R)]:R ↙

指定圆弧的半径:25 ↙

指定圆弧的弦方向<0>:(在竖直方向点一下,自动生成 C 点)

指定圆弧的端点或

[角度(A)/圆心(CE)/闭合(CL)/方向(D)/半宽(H)/直线(L)/半径(R)/第二个点(S)/放弃(U)/宽度(W)]:l ↙(选择绘制直线)

指定下一点或[圆弧(A)/闭合(C)/半宽(H)/长度(L)/放弃(U)/宽度(W)]:@-40,0 ↙　(得到 D 点)

指定下一点或[圆弧(A)/闭合(C)/半宽(H)/长度(L)/放弃(U)/宽度(W)]:W ↙

指定起点宽度<5.0>:10 ↙

指定端点宽度<10.0>:0 ↙(设置箭头宽度)

指定下一点或[圆弧(A)/闭合(C)/半宽(H)/长度(L)/放弃(U)/宽度(W)]:@-40,0 ↙　(得到 E 点)

指定下一点或[圆弧(A)/闭合(C)/半宽(H)/长度(L)/放弃(U)/宽度(W)]:↙

【任务实施】

绘制对中符号

前提:已按任务 1.1 要求绘制图框。"对象捕捉"选择"中点"。

执行"多段线"命令,绘制带有线宽的直线。

命令:PLINE ↙

指定起点:(鼠标捕捉幅面线中点)

当前线宽为 0

指定下一个点或[圆弧(A)/半宽(H)/长度(L)/放弃(U)/宽度(W)]:W ↙

指定起点宽度<0.5>:0.5↙
指定端点宽度<0.5>:↙
指定下一个点或[圆弧(A)/半宽(H)/长度(L)/放弃(U)/宽度(W)]:@0,10↙
指定下一点或[圆弧(A)/闭合(C)/半宽(H)/长度(L)/放弃(U)/宽度(W)]:↙
效果如图 2-38(a)所示

反复执行“多段线”命令，即可绘制各个方向的看图方向符号。

特别提示

不同幅面的周边宽度不同，工程制图要根据具体条件计算对中符号的长度。

【任务拓展】

正交绘图

作图人员在绘制水平或竖直方向图形时，如果十字光标只能在这两个方向动作，有利于提高绘图效率。AutoCAD2007 可以用“正交”方式进行辅助绘图。按下“工具栏”中的“正交”按钮，在执行命令的过程中，十字光标只能在 0°、90°、180°和 270°的方向移动。快捷键为 F8。

子任务 2.3.3　绘制看图方向符号

【任务目标】

- 了解看图方向符号作用。
- 熟练使用极轴追踪进行绘图。
- 掌握绘制看图方向符号的方法。

【知识链接】

1. 看图方向符号样式

为了明确绘图与看图纸时的方向，在图纸下边对中符号处画一个方向符号。如图 2-35 和图 2-36 所示。

方向符号是用细实线绘制的等边三角形。其大小和所处位置如图 2-38 所示。

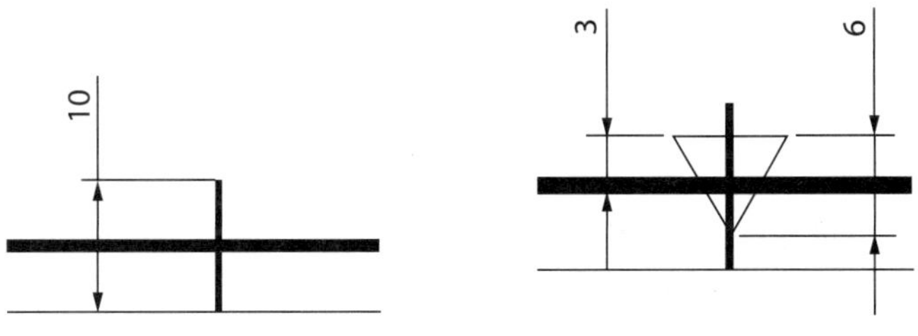

(a) 对中符号　　(b) 看图方向符号

图 2-38　附加符号尺寸

2. 极轴追踪

极轴追踪也称角度追踪，它是按预先设定的角度增量来追踪并定位一个点。可以认为是极坐标用鼠标定位的特殊形式。状态行里的“极轴”按钮就是控制是否启用极轴追踪。

鼠标右键单击状态行里的“极轴”，弹出如图 2-39 所示选项卡。

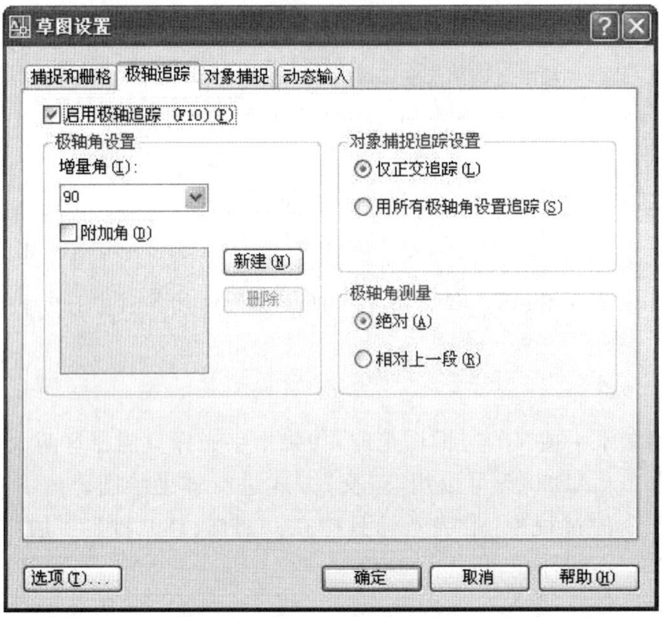

图 2-39 极轴追踪选项卡

参数说明：

① 启用极轴追踪。确定是否启用 AutoCAD 的极轴追踪功能，启用极轴追踪后，绘图时软件提示绘图员确定一点时，它能根据指定的捕捉点按指定的角增量进行追踪。

② 极轴角设置。可以使用系统自带角度 5、10、15、20、22.5、30、45、60、90 进行追踪，也可以自定义角度。附加角复选框用于设置与角度增量无关的特殊角。例如，选择极轴角为 90°，附加角为 3°，作图时，在 0°、3°、90°、180°、270°处都会出现特殊指示线，

③ 极轴角测量方式。选择“绝对”，则追踪线与 0°方向的夹角符合角增量和附加角的设置；选择“相对上一段”，则追踪线与刚完成的图线方向的夹角符合角增量及附加角的设置。

特别提示

“正交”按钮和“极轴”按钮不能同时按下。

【任务实施】

绘制看图方向符号

前提：已绘制对中符号。“对象捕捉”选择“端点”“交点”，已启用“追踪”，极轴为 60°(不启用“追踪”，也可以用相对极坐标的方式绘图)。

(1)执行“偏移”命令，生成辅助线。

命令：OFFSET↙

当前设置：删除源 = 否　图层 = 源　OFFSETGAPTYPE = 0

指定偏移距离或[通过(T)/删除(E)/图层(L)]<通过>：3↙

选择要偏移的对象，或[退出(E)/放弃(U)]<退出>：(鼠标拾取图框线)

指定要偏移的那一侧上的点，或[退出(E)/多个(M)/放弃(U)]<退出>：(在上方单击)

选择要偏移的对象，或[退出(E)/放弃(U)]<退出>：(鼠标拾取图框线)

指定要偏移的那一侧上的点,或[退出(E)/多个(M)/放弃(U)]<退出>:(在下方单击)
选择要偏移的对象,或[退出(E)/放弃(U)]<退出>:↙

(2)执行“直线”命令,绘制斜线。

命令:LINE↙
指定第一点:(拾取下方偏移线与对中符号的交点)
指定下一点或[放弃(U)]:(移动鼠标,在 60°处出现指示线,在稍远处单击)
指定下一点或[放弃(U)]:↙

命令:LINE↙
指定第一点:(拾取下方偏移线与对中符号的交点)
指定下一点或[放弃(U)]:(移动鼠标,在 120°处出现指示线,在稍远处单击)
指定下一点或[放弃(U)]:↙

(3)执行“修剪”命令,裁剪斜线不必要的部分。

命令:TRIM↙
当前设置:投影 = UCS,边 = 无
选择剪切边 ...
选择对象或<全部选择>:指定对角点:找到 1 个(选择上方偏移线)
选择对象:↙
选择要修剪的对象,或按住 Shift 键选择要延伸的对象,或
[栏选(F)/窗交(C)/投影(P)/边(E)/删除(R)/放弃(U)]:(拾取左边斜线要修剪部分)
选择要修剪的对象,或按住 Shift 键选择要延伸的对象,或
[栏选(F)/窗交(C)/投影(P)/边(E)/删除(R)/放弃(U)]:(拾取右边斜线要修剪部分)
选择要修剪的对象,或按住 Shift 键选择要延伸的对象,或
[栏选(F)/窗交(C)/投影(P)/边(E)/删除(R)/放弃(U)]:↙

(4)执行“删除”命令,删除辅助线。

命令:ERASE↙
选择对象:找到 1 个
选择对象:找到 1 个,总计 2 个(拾取两个偏移生成的对象)
选择对象:↙

(5)执行“直线”命令,绘制水平线。

命令:LINE↙
指定第一点:(拾取左边斜线端点)
指定下一点或[放弃(U)]:(拾取右边斜线端点)
指定下一点或[放弃(U)]:↙

效果如图 2-39(b)所示。

子任务 2.3.4 绘制图幅分区

【任务目标】

● 了解图幅分区的作用。

- 熟练设置点样式。
- 熟练绘制点。
- 掌握定数等分和定距等分对象的方法。
- 熟练分解对象。
- 掌握绘制图幅分区的方法。

【知识链接】

1. 图幅分区样式

必要时，可以用细实线在图纸周边画出分区，图幅分区数目按图样的复制程度确定，但必须取偶数。每一分区的长度在 25mm 至 75mm 之间。

分区的编号，沿上下方向(按看图方向确定图纸的上下和左右)用大写拉丁字母从上到下顺序编写，沿水平方向用阿拉伯数字从左到右顺序编写。当分区数超过拉丁字母的总数时，超过的各区可用双重字母编写，如 AA，BB，CC……。

标注分区代号时，分区代号由拉丁字母和阿拉伯数字组合而成，字母在前、数字在后并排地书写，如 B3，C5 等。

图幅分区后，相当于在图面上建立了一个坐标。电气图上的元件和接连线的位置可由此坐标而唯一的确定下来。在图 2-40 中，将图幅分成 4 行(A—D)、6 列(1—6)，图幅内绘制的项目元件 KM，QS，L 的位置被唯一的确定在图中，其位置表示方法如表 2-7 所示。在图纸设计交底时，方便设计员描述和说明。

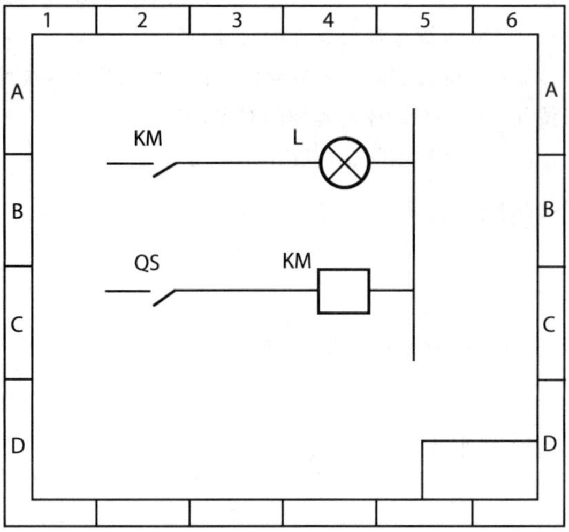

图 2-40　图幅分区示例

表 2-7　元件位置标记示例

序号	元件名称	文字符号	标记写法		
			行号	列号	区号
1	接触器触点	KM	A	2	A2
2	灯泡	L	A	4	A4

（续表）

序号	元件名称	文字符号	标记写法		
			行号	列号	区号
3	开关	QS	C	2	C2
4	接触器线圈	KM	C	4	C4

2. 设置点样式

点是一种图元，但是在 AutoCAD 中，由于图形之间会相互覆盖，所以一般情况下点只是作为绘图时的辅助点。为了方便观察及使用，在绘制点之前，应预先设置好点的样式。其操作方法为：

① 在命令行中输入：DDPTYPE；

② 在下拉菜单中点击："格式"→"点样式"。

执行上述命令后，弹出如图 2-41 所示"点样式"对话框。

对话框上部是可供选择的点的样式，下部的点大小文本框中输入的数值决定点的大小，两个单选框按钮决定了点大小的控制方式，"相对于屏幕设置大小"是指设定点的大小占整个屏幕显示的百分数。重新设置点样式后，一个 CAD 文件中的所有点都会重新生成，以新的样式显示。

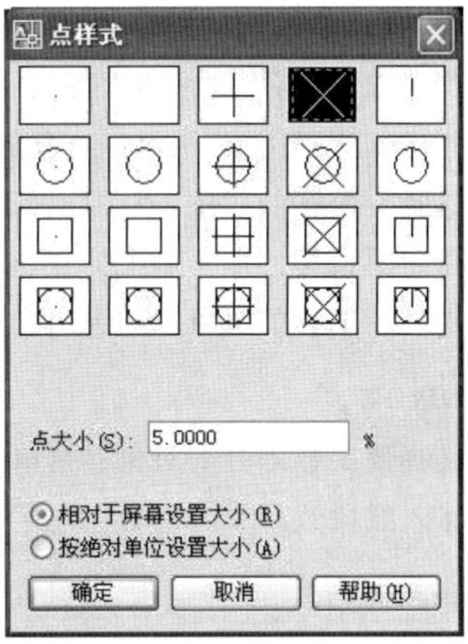

图 2-41　"点样式"对话框

3. 绘制点

(1)操作方法

① 在命令行中输入：POINT（快捷命令 PO）；

② 在下拉菜单中点击："绘图"→"点"→"单点"，或者"绘图"→"点"→"多点"

③ 在"绘图"工具栏单击 ▪ 按钮。

(2)操作示例

前提：把"点样式"设置为一种易观察的形式。

```
命令：POINT↙
  当前点模式：PDMODE = 3   PDSIZE = 0.0
  指定点：60,30↙
```

4. 定数等分与定距等分

点与其他图形对象配合，可以把图形对象分割成几个部分。

(1)操作方法

① 在命令行中输入：DIVIDE（定数等分）或 MEASURE（定距等分）；

② 在下拉菜单中点击："绘图"→"点"→"定数等分"，或者"绘图"→"点"→"定距等分"。

(2)操作示例

绘制如图 2-42 所示图形。

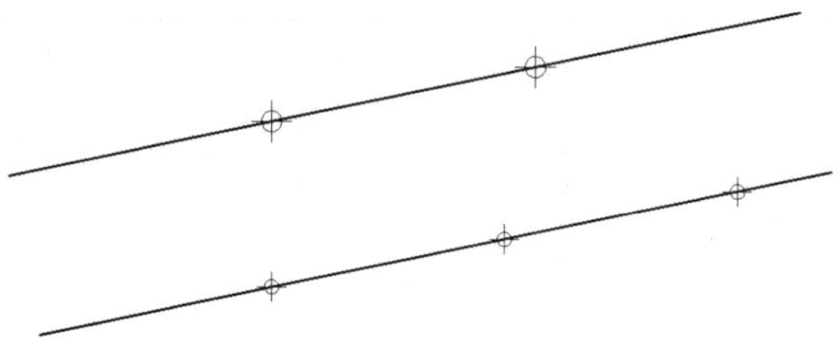

图 2-42　定数等分与定距等分

前提:把“点样式”设置为一种易观察的形式。

命令:LINE↙

指定第一点:20,20↙

指定下一点或[放弃(U)]:@50,10↙

指定下一点或[放弃(U)]:↙

命令:OFFSET↙

当前设置:删除源 = 否　图层 = 源　OFFSETGAPTYPE = 0

指定偏移距离或[通过(T)/删除(E)/图层(L)]<通过>:10↙

选择要偏移的对象,或[退出(E)/放弃(U)]<退出>:(鼠标拾取直线)

指定要偏移的那一侧上的点,或[退出(E)/多个(M)/放弃(U)]<退出>:

选择要偏移的对象,或[退出(E)/放弃(U)]<退出>:↙(鼠标拾取某一点)

命令:DIVIDE↙

选择要定数等分的对象:(拾取一条直线)

输入线段数目或[块(B)]:3↙

命令:MEASURE↙

选择要定距等分的对象:(鼠标拾取另一条直线)

指定线段长度或[块(B)]:15↙

5. 分解对象

在绘图过程中,经常用到分解命令。对象被分解后,会从一个整体变为几个个体。

(1)操作方法

① 在命令行中输入:EXPLODE(快捷命令 X);

② 在下拉菜单中点击:“修改”→“分解”;

③ 在“修改”工具栏单击 按钮。

(2)操作示例

前提:绘制一个矩形。

命令:EXPLODE↙

选择对象:找到 1 个(鼠标拾取矩形)

选择对象:↙

矩形从一个整体变为 4 条直线。

【任务实施】

绘制图幅分区

前提:已按任务 1.1 要求绘制图框。“对象捕捉”选择“节点”“垂足”。

(1)执行“分解”命令,将图幅线分解为 4 条直线。

命令:EXPLODE ↙

选择对象:找到 1 个(鼠标拾取 A3 幅面线)

选择对象:↙(幅面线变成 4 条直线)

(2)直线“定数等分”命令,将一根水平直线 7 等分。

命令:DIVIDE ↙

选择要定数等分的对象:(鼠标拾取水平直线)

输入线段数目或[块(B)]:7 ↙

(3)执行“直线”命令,以等分点为基点,绘制水平和竖直直线。

命令:LINE ↙

指定第一点:(鼠标拾取节点)

指定下一点或[放弃(U)]:(鼠标拾取另一根直线处的垂足)

指定下一点或[放弃(U)]:↙

(4)执行“修剪”命令,裁剪直线不必要的部分。

命令:TRIM ↙

当前设置:投影 = UCS,边 = 无

选择剪切边...

选择对象或<全部选择>:找到 1 个(鼠标选取图框线)

选择对象:↙

选择要修剪的对象,或按住 Shift 键选择要延伸的对象,或

[栏选(F)/窗交(C)/投影(P)/边(E)/删除(R)/放弃(U)]:F ↙

指定第一个栏选点:

指定下一个栏选点或[放弃(U)]:

指定下一个栏选点或[放弃(U)]:↙

选择要修剪的对象,或按住 Shift 键选择要延伸的对象,或

[栏选(F)/窗交(C)/投影(P)/边(E)/删除(R)/放弃(U)]:↙

(5)执行“删除”命令,删除所有等分点。

命令:ERASE ↙

选择对象:指定对角点:找到 4 个

选择对象:指定对角点:找到 6 个,总计 10 个(鼠标选取点)

选择对象:↙

效果如图 2-43(b)所示。

(6)执行“多行文字”命令,标注分区代号。

（a） （b）

图 2－43 绘制图幅分区示例

学习小结

本项目将绘制图纸框线的过程分解为：绘制图幅线与图框线；绘制标题栏；绘制其他图幅符号。结合绘制图框的过程，介绍 AutoCAD2007 的常用绘图命令和方法。读者通过学习本项目的内容，可以熟悉各种绘制和编辑命令的使用方法，为后面的电气工程制图打好基础。

职业技能知识点考核

1. 矩形与文字

(1)建立文件夹：在 D 盘根目录下新建一个学生文件夹，文件夹的名称为学生学号。

(2)环境设置：

● 运行软件，建立新模板文件，设置绘图区域为 A3(420mm×297mm)幅面。

● 图形单位设置为“小数”，精度为“0.00”；设置角度单位为“度/分/秒”，精度为“0d00′00″”。角度方向为“顺时针”，角度测量以“北”为起始方向。

● 建立新图层，设置图层名称、颜色、线型及线宽见表 2－8。

表 2－8

图层名称	颜色	线型	线宽
中心线	红	CENTER	0.3
轮廓线	黄	BATTING	0.5

● 建立文字样式，样式名为“仿宋体”，字体选用“仿宋_GB2312”，高度为“15”，其余参数均采用默认设置。

(3)绘图内容：在“轮廓线”图层上绘制一个 220mm×120mm 的矩形，矩形的左上角点坐标为(50,250)；打开“中心线”图层，在上一个矩形的内部绘制一个 120mm×60mm 的矩形，两个矩形的中心重合。在里面的矩形中用“仿宋体”文字样式输入“职业技能考核”6 个

字,使文字位于内部矩形图框中心位置,该文字位于"0"层。效果如图 2-44 所示

(4)保存文件:将完成的图形以"全部缩放"的形式显示,并以"Answer02-01.dwg"为文件名保存在学生文件夹中。

难点提醒:修改已有对象所属图层,需先选中对象。

2. 矩形参数设置

(1)建立文件夹:在 D 盘根目录下新建一个学生文件夹,文件夹的名称为学生学号。

(2)环境设置:建立新模板文件,设置绘图区域为 A4(210mm×297mm)幅面。

(3)绘图内容:在绘图区域内绘制一个 100mm×200mm 的矩形,四个角均倒半径为"15mm"的圆角,矩形边宽 1.5mm,要求用多段线编辑线宽。效果如图 2-45 所示。

图 2-44 矩形与文字

图 2-45 矩形参数设置

(4)保存文件:将完成的图形以"全部缩放"的形式显示,并以"Answer02-02.dwg"为文件名保存在学生文件夹中。

难点提醒:要在绘制过程中设置矩形参数。

3. 直线与文字

(1)建立文件夹:在 D 盘根目录下新建一个学生文件夹,文件夹的名称为学生学号。

(2)环境设置:

- 运行软件,建立新模板文件,设置绘图区域为 A4(210mm×297mm)幅面。
- 建立文字样式,样式名为"练习",字体选用"宋体",高度为"8",其余参数均采用默认设置。

(3)绘图内容:在绘图区域内绘制如图 2-46 所示图框,所有尺寸标注不用绘制。所有图线均为单线,线宽 0.5mm。"综合练习"文字为"正中"对正样式,其他文字为"左中"对正样式。

(4)保存文件:将完成的图形以"全部缩放"的形式显示,并以"Answer02-03.dwg"为文件名保存在学生文件夹中。

难点提醒:单线就是直线,线宽不能用多段线编辑形式修改。需要灵活运用"偏移"和"修剪"命令完成图形绘制。

4. 图幅分区

(1)建立文件夹:在 D 盘根目录下新建一个学生文件夹,文件夹的名称为学生学号。

(2)环境设置:

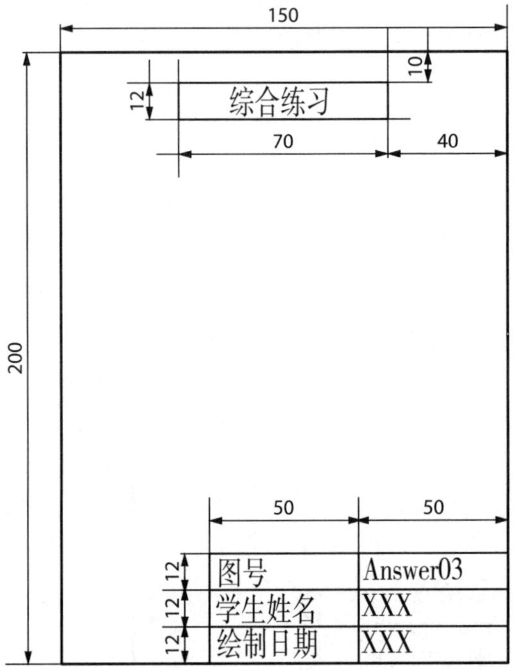

图 2-46　练习用图框

● 运行软件，建立新模板文件，设置绘图区域为 A4(210mm×297mm)幅面。

● 建立文字样式，样式名为“图幅字”，字体选用“仿宋_GB2312”，高度为“7”，其余参数均采用默认设置。

● 建立新图层，名称“图框线”，线宽“1.0mm”，其他采用默认设置。

(3)绘图内容：在绘图区域内绘制如图 2-47 所示图框，所有尺寸标注不用绘制。图框为 A4 图幅，外框线在“0”图层，外框线线宽“0.25mm”，左下角点坐标为“0，0”。内框线在“图框线”层。所有文字为“正中”对正样式。

(4)保存文件：将完成的图形以“全部缩放”的形式显示，并以“Answer02-04.dwg”为文件名保存在学生文件夹中。

难点提醒：如果用矩形方式绘制外框线，要分解矩形后才能正确等分。“对象捕捉”要选择“端点”“节点”“垂足”。辅助点应删除。

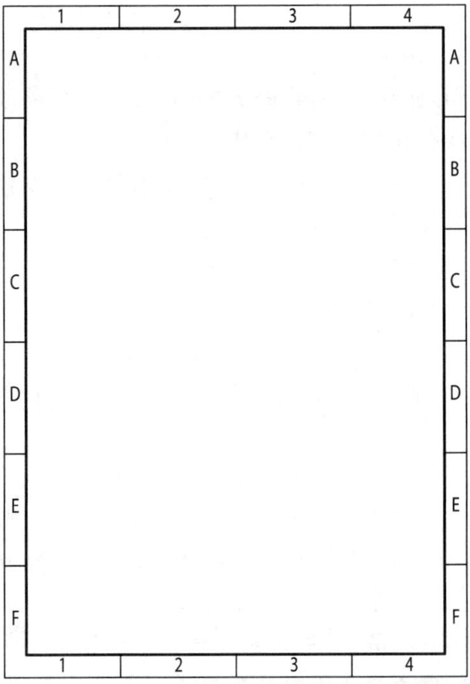

图 2-47　绘制图幅分区

项目3　电气主接线图

【项目描述】

(1)建立文件夹

在D盘根目录下新建一个学生文件夹，文件夹的名称为学生学号。

(2)环境设置

● 运行软件，使用默认模板建立新文件。

● 设置绘图区域为“420mm×297mm”幅面，左下角坐标为(20,30)。

(3)绘图内容

如图3-1所示。(为方便读图，本图文字未按规定样式显示。)

● 正确绘制电气图符。

● 正确绘制主接线图。

● 建立文字样式“电气设备”，字体为“仿宋_GB2312”，文字高度为“3.5”，宽度比例为“1”，文字注释均采用该样式。

● 修改图2-1中部分文字，其中“名称”为“主接线图”，“学生姓名”为本人姓名，“日期”为作图日期，“**学校**专业”“学生班级”、“学生学号”据实填写，“图号”为“Pro3”。

(4)保存文件

将完成的图形以“全部缩放”的形式显示，并以“Pro3.dwg”为文件名保存在学生文件夹中。

【项目实施】

(1)点击桌面“我的电脑”，进入D盘，点击鼠标右键，选择“新建”→“文件夹”，输入学号。

操作参考：《计算机基础》课程教材。

(2)双击桌面Autocad2007软件图标，新建CAD文件。

操作参考：项目1。

(3)绘制图框。

操作参考：把项目2绘制完成的图形设置为图块，插入该块，分解后修改文字。

(4)绘制电气图符并生成图块。

操作参考：任务3.1。

(5)绘制文字符号。

操作参考：任务3.2。

(6)绘制电气主接线图。

操作参考：任务3.3。

(7)检查无误后，在命令行输入Z↙ A↙，在菜单栏中选择“文件”→“另存为”，按项目要求操作。

操作参考：项目1。

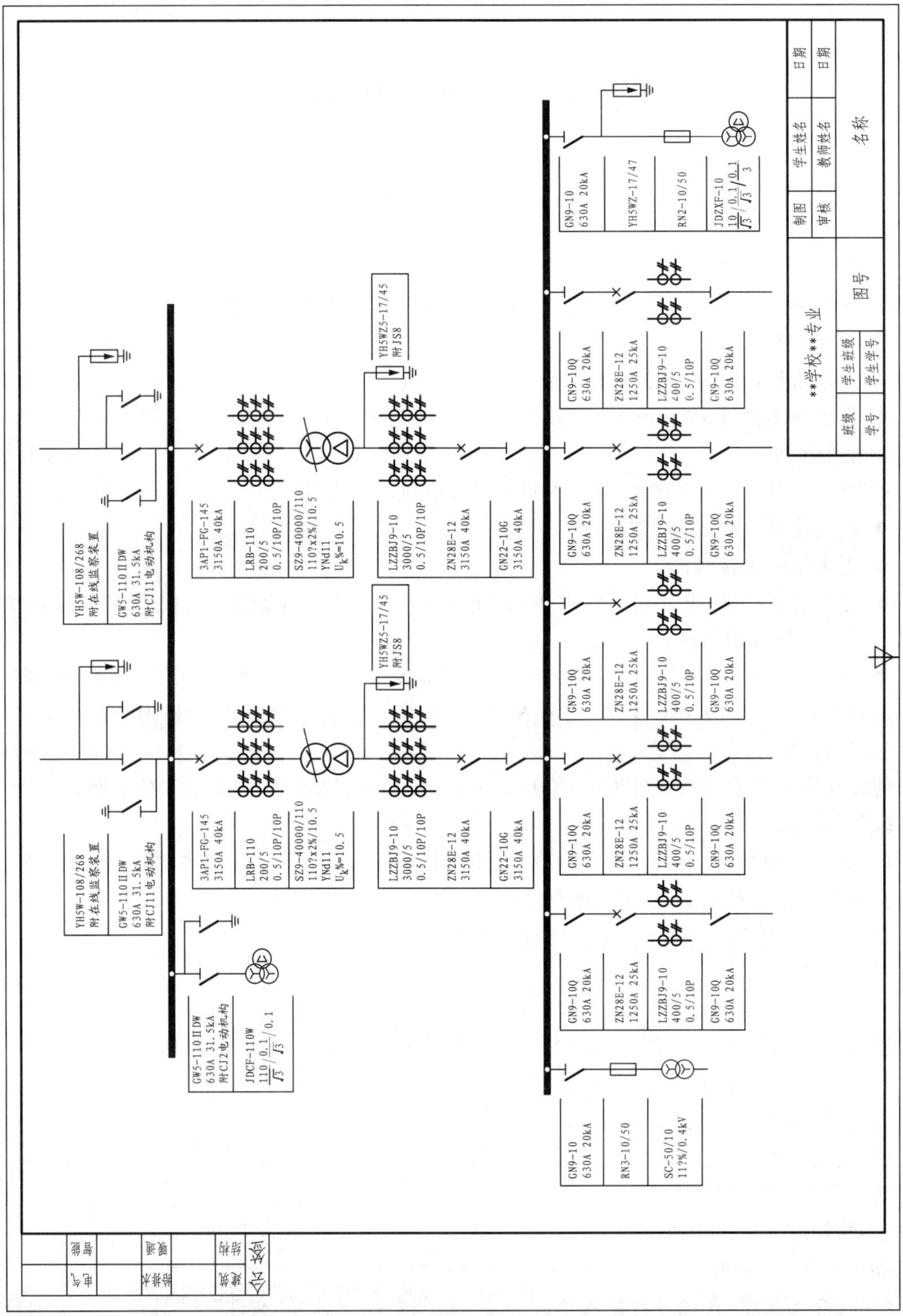

图3-1 电气主接线图示例

任务3.1　绘制一次电气图形符号

电气符号分为图形符号和文字符号（文字注释），不同的图形符号用连接线组合在一起，形成各种电气工程图。绘制这类图的要点有两个，一是合理绘制图形符号（或者以适当的比例插入事先做好的图块）；二是要使布局合理，图面美观。

子任务3.1.1　绘制发电机图形符号

【任务目标】

- 了解电气工程图。
- 掌握图形符号的绘制原则。
- 熟练绘制圆、圆弧和样条曲线。
- 熟练绘制变压器图形符号。

【知识链接】

1. 电气工程的主要项目

电气工程一般是指某一工程，如工厂、企业、住宅或其他设施的供电、用电工程。电气工程的投资、规模不尽相同，通常认为包括以下几个项目：

（1）内线工程：室内动力、照明电气线路及其他线路。

（2）外线工程：室外电源供电线路，包括架空电力线路和电缆电力线路。

（3）动力、照明及电热工程：各种动力设备、照明灯具、电扇、空调、插座、配电箱及其他电气装置。

（4）变配电工程：由变压器、高低压配电装置、继电保护与电气计量等二次设备和二次接线构成的室内外变电站（所）。

（5）发电工程：发电站（包括自备发电站）及附属设备的电气工程。

（6）弱电工程：电话、广播、闭路电视、安全报警等系统的弱电信号线路和设备。

（7）防雷工程：建筑物和电气设备的防雷设施。

（8）电气接地工程：各种电气装置的保护接地、工作接地、防静电接地、防雷接地装置。

2. 电气工程图的种类

电气工程图是一种工程图纸，要符合国家标准对图纸的一般要求，同时国家标准也对电气简图、电气设备用图、电气制图等方面有特殊要求。这些标准都是推荐性标准，因此在工程中会有各种不符合标准的图纸。随着电气行业标准化进程的推进，图纸标准化是未来的必然趋势。只有正确认识电气工程图，了解电气工程图的特点，才能正确绘制标准化图形。

为了正确阐述电气工程的构成和功能，描述电气装置的工作原理，提供安装接线和维护使用信息，一项工程需要用到大量电气图纸。在绘制一张电气图纸之前，先要确定画一张什么类型的图，需要表达哪些内容，以什么形式去表达这些内容。由于电气图纸所要表达的项目繁杂程度不同，图种的划分是一个复杂的问题。《电气技术用文件的编制　第1部分：规则》（GB/T6988.1—2008）中对电气图的划分提出了建议。

（1）概略图

表示系统、分系统、装置、部件、设备、软件中各项目之间主要关系和连接的相对简单的

简图,通常用单线表示法。包括:

① 电气系统图和框图。表示整个工程或其中某一项目的供电方式和电能输送的关系,亦可表示某一装置各主要组成部分的关系。例如:一次主接线图、建筑供配电系统图。

② 电气网络图。在地图上表示出电气网络的概略图。例如:发电厂、变电站的电源线、传输线和通信线。

(2)功能图

用理论的或理想的电路而不涉及现实方法来详细表示系统、分系统、装置、部件设备、软件等功能的简图。包括:

① 等效电路图。提供项目电气或磁性行为模型信息的功能图。例如:电动机控制回路图、继电保护原理图。

② 逻辑功能图。主要用于二进制逻辑符号的功能图。例如:集成电路逻辑图。

(3)电路图

表示系统、分系统、装置、部件、设备、软件等实际电路的简图,采用按功能排列的图形符号来表示各元件和连接关系,以表示功能而不考虑项目的实体尺寸、形状或位置。主要指端子功能图,即电子元件的原理图。

(4)接线图

表示或列出一个装置或设备的连接关系的简图。包括:

① 端子接线图。连接内部或外部端子的接线图。

② 单元接线图。单元内连接的接线图。例如:继电器配线图、机箱配线图。

(5)安装简图

经简化或补充以给出某种特定目的所需信息的装配图。

① 电气平面图。电气工程中电气设备、装置和线路的平面布置。一般在建筑平面的基础上绘制。例如:变电所平面图、照明平面图。

② 接地图。接地系统布置和接地元件位置。例如:防雷接地图。

③ 安装图。电气元件布置和位置。例如:断路器安装断面图。

3. 图形符号

图形符号是指以图形为主要特征,用以传递某种信息的视觉符号。它具有直观、简明、易懂、易记的特征,便于信息的传递,具有不同文化水平和使用不同语言的人都容易接受和使用。对于电气符号,应遵循以下规则:

(1)符号的选取

符号应符合《电气简图用图形符号》(GB/T 4728)的规定:

① 尽量选用优选的形式;

② 根据图的种类来选择图形符号:对于概略图,选择一般或简化形式的图形符号;对电路图必须使用完整形式的图形符号。如图 3-2 所示。图 3-2(a)是运算放大器的一般图形符号,适用于概略图,图 3-2(b)是针对具体电路的图形符号,适用于电路图。

(2)组合符号

按照《电气简图用图形符号》(GB/T 4728)的原则,用标准符号组合一个符号,示例见表 3-1。

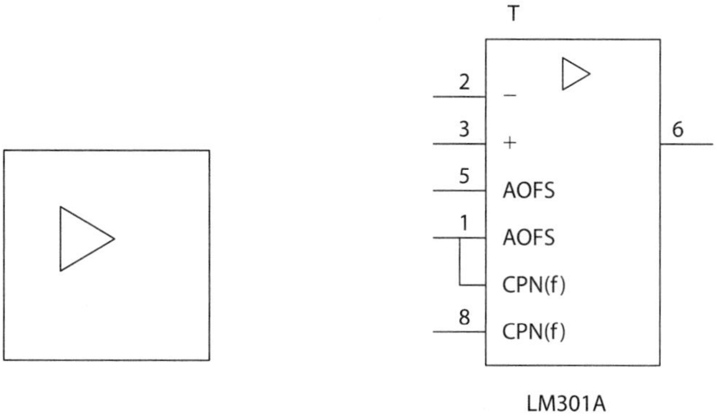

（a）　　　　　　（b）

图 3-2 放大器一般符号

表 3-1 标准符号组合的符号示例

序号	符号编号和名称	图形符号	组合成的新符号（过压继电器）
1	S00108 动作（大于整定值时）	>	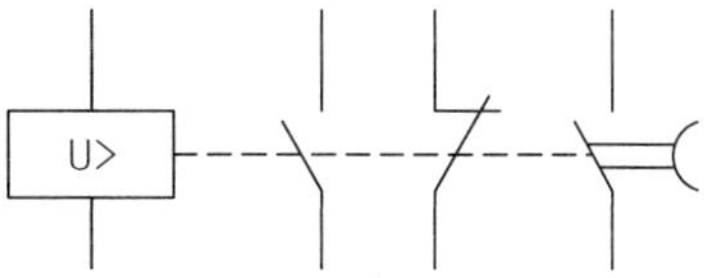
2	S00144 机械连接	----	
3	S00149 延时动作	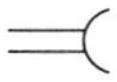	
4	S00227 动合（常开）触点		
5	S00229 动断（常闭）触点	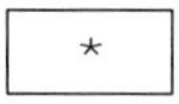	
6	S00327 测量继电器	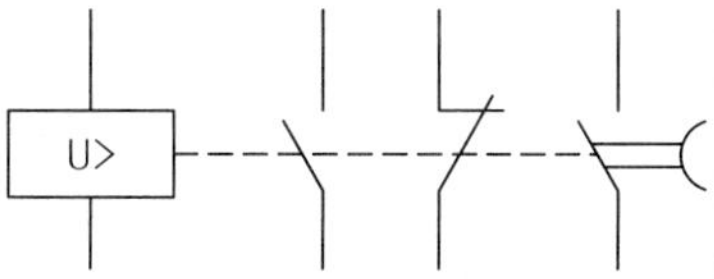	

（3）非标准符号

对于超出《电气简图用图形符号》（GB/T 4728）范围之外的项目，应考虑使用《简图用图形符号》（GB/T 20063）中的符号。如所需要的符号未被标准化，则所用的符号应在图上或相关文件的注释中加以说明，如图 3-3 所示。

（4）符号的大小

元器件图形符号的含义由其形式决定，与符号的大小和图线宽度无关。在同一符号的图中，相同元器件的图形符号应一致。特殊情况下，为了强调某些方面，或者为了便于补充信息，允许采用大小不同的符号。但应保持符号的一般形状，并尽可能保持相应的比例。

在下列情况下，可采用大小不同的图形符号：

① 为了增加输入或输出线数量；

② 为了便于补充信息；

③ 为了强调某些方面；

④ 为了把符号作为限定符号来使用；

⑤ 适合示意图、平面图或地图的比例。

图 3-4 为某电厂发电机出口处电压互感器和厂用变压器。电压互感器符号尺寸基本一致，而厂用变压器符号尺寸较小。即使未配合文字说明，也能正确加以区别。

注：图中线路图例

—— D ——：数据传输线　六类双绞线
—— A ——：语音传输线　三类双绞线
—— V ——：摄像视频线：
SYKV-75-3
摄像机控制线：
RVS-2×1.0
—— C ——：紧急按钮控制线：
BV-2×1.5

图 3-3　非标准符号注释说明

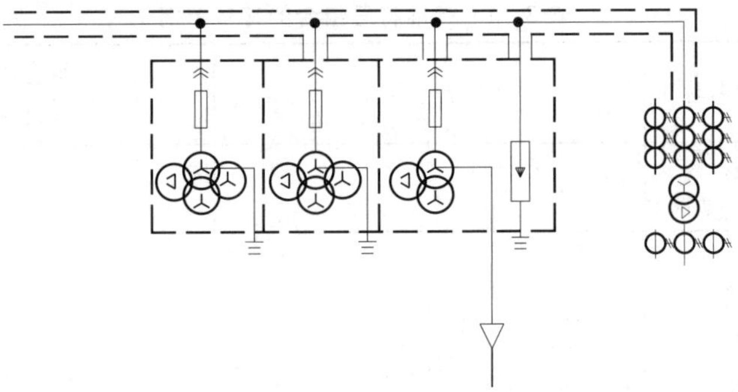

图 3-4　发电机出口处电压互感器与厂用变压器

(5)符号的取向

一般是输入在左，输出在右。必要时可旋转或镜像，其符号含义不变。但文字和指示方向不得倒置，如图 3-5 所示，压敏电阻水平放置或竖直放置不影响读图。

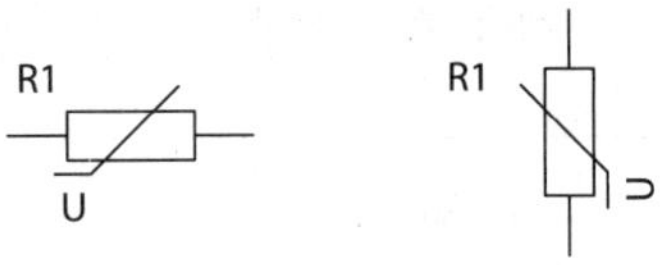

图 3-5　不同方向的压敏电阻符号

(6)连接节点(符号引出线)

符号应具有适当数目的连接节点。对已经关联连接节点和终端线的符号，只要符号含义不被改变，连接节点和终端线的位置可以改变。如图 3-6 所示。在国标 GB/T 4728 中，元器件图形符号一般都画有引出线。引出线符号仅仅用作示例，画在其他位置也是允许的，并不改变符号含义。但是对于少数符号，不同连接位置可能对含义有影响，如图 3-7 所示。对于这类符号，要着重记忆。

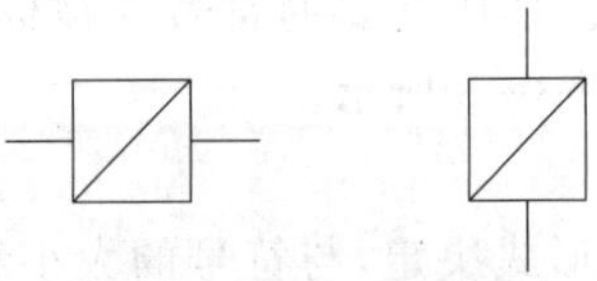

图 3-6　不同连接位置对含义无影响的符号(转换器)

（a）电阻　　（b）操作装置

图 3－7　不同连接位置可能对含义有影响的符号(忽略符号比例)

(7)符号的简化表示

为了增加每张图上所表示的信息量，或者通过删去重复的信息以减少凌乱，可以采用对视图没有妨碍的简化方法。

① 一组内的同一符号

一组内若干同样的符号可以被一个单一符号表示。可以用短斜线和符号元素的数目表示，如图 3－8(a)所示。也可以在数目后缀一个带有方括号乘法符号，如图 3－8(b)所示。

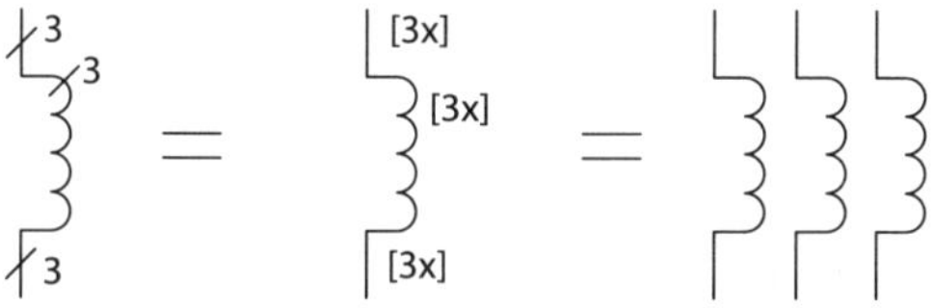

（a）用斜线表示　（b）用乘号表示　（c）完整表示

图 3－8　简化表示的符号

② 串联项目

如果串联相同的项目，且项目间内部连接明显，可用第一个和最后一个项目表示，之间用虚线简化表示。符号显示应表示端子代号，如图 3－9 所示。

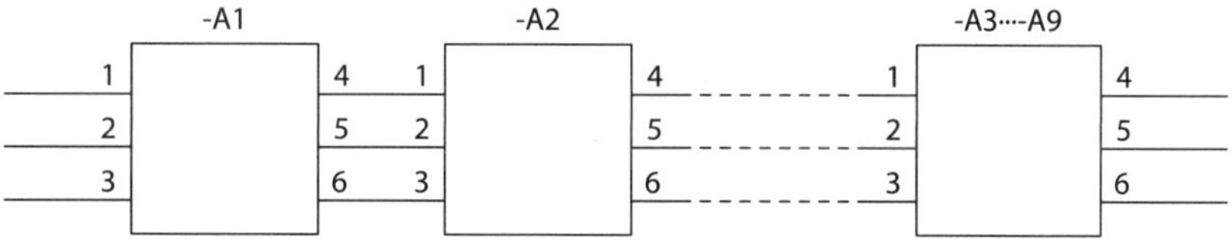

图 3－9　串联相同项目的简化表示

③ 并联项目

如果并联相同的项目，可以简化表示。如图 3－10 所示，符号显示应表示端子代号。

4. 绘制圆

可以用若干种方法绘制圆，默认方法是指定圆心和半径。

(1)操作方法

① 在命令行中输入：CIRCLE(快捷命令 C)；

② 在下拉菜单中点击："绘图"→"圆"，其后的选择见图 3－11 所示；

③ 在"绘图"工具栏单击按钮。

(2)操作指导

命令：CIRCLE↙

指定圆的圆心或[三点(3P)/两点(2P)/相切、相切、半径(T)]：（输入坐标或者鼠标拾取点）

指定圆的半径或[直径(D)]<5>:(输入半径长度或者鼠标拾取点)

参数说明:

- 三点(3*P*):指定圆周上的三个点,从而生成圆;
- 两点(2*P*):指定圆直径的两个端点,通过确定直径的位置和长度从而生成圆;

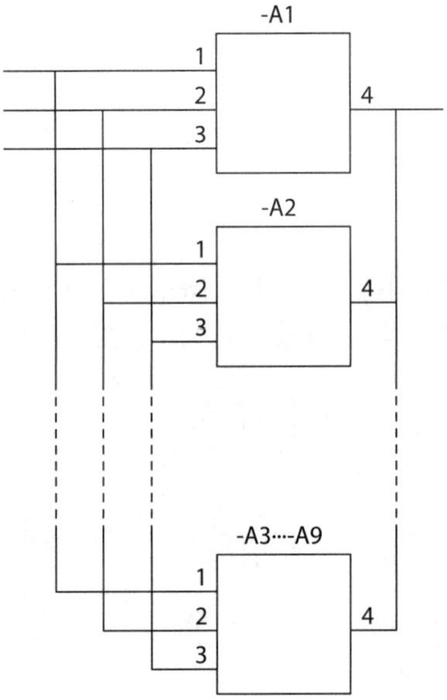

图 3-10 并联相同项目的简化表示

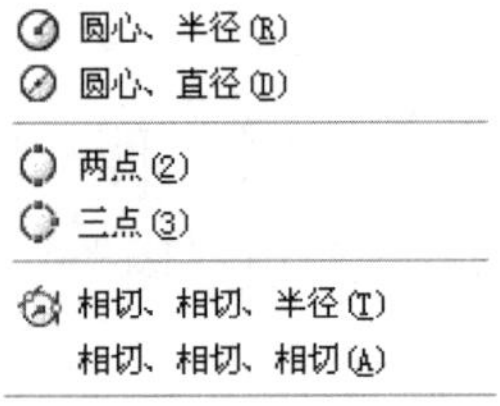

图 3-11 菜单选择绘制圆的方式

- 相切、相切、半径(*T*):指定与圆相切的两个对象,和圆的半径,从而生成圆;
- 直径(*D*):在确定圆心的基础上,指定圆的直径,从而生成圆。

在下拉菜单中还有一种方式,该方式不能通过命令行选择

相切、相切、相切(*A*):指定与圆相切的三个对象,从而生成圆。

(3)操作示例

绘制如图 3-12 中的圆。

前提:对象捕捉中选择圆心、切点

① 用圆心、半径(直径)的方式绘制圆:

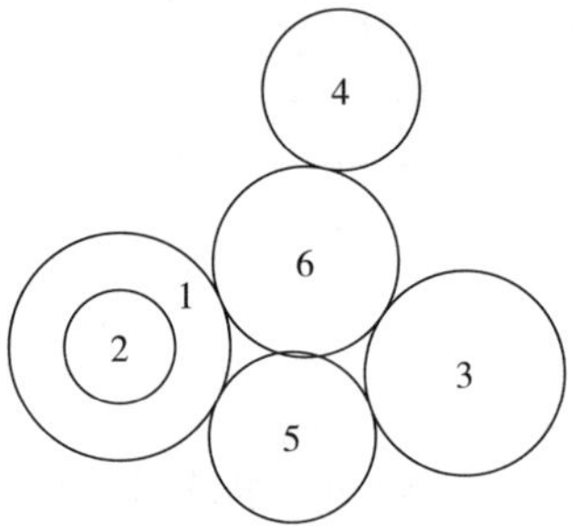

图 3-12 常用绘制圆方式的示例

命令:CIRCLE ↙

指定圆的圆心或[三点(3P)/两点(2P)/相切、相切、半径(T)]:110,100 ↙

指定圆的半径或[直径(D)]:40 ↙(不做选择,默认为半径长度,得到圆 1)

命令:CIRCLE ↙

指定圆的圆心或[三点(3P)/两点(2P)/相切、相切、半径(T)]:

(鼠标左键捕捉到圆 1 的圆心)

指定圆的半径或[直径(D)]＜40.0＞:d↙(使用直径方式绘制圆)
指定圆的直径＜80.0＞:40↙(尖括号＜＞内的数值为最近所画圆的半径，若直接按 Enter 键，即绘制以该数值为直径的圆，输入直径数值，得到圆 2)

② 用三点的方式绘制圆：

命令:CIRCLE↙
指定圆的圆心或[三点(3P)/两点(2P)/相切、相切、半径(T)]:3P↙
指定圆上的第一个点:200,80↙
指定圆上的第二个点:255,120↙　(默认为相对坐标，如果要用绝对坐标绘图，要点击命令行后再输入)
指定圆上的第三个点:270,85↙(得到圆 3)

③ 用两点的方式绘制圆：

命令:CIRCLE↙
指定圆的圆心或[三点(3P)/两点(2P)/相切、相切、半径(T)]:2P↙
指定圆直径的第一个端点:170,170↙
指定圆直径的第二个端点:@40,40↙(得到圆 4)

④ 用相切、相切、半径的方式绘制圆：

命令:CIRCLE↙
指定圆的圆心或[三点(3P)/两点(2P)/相切、相切、半径(T)]:T↙
指定对象与圆的第一个切点:(鼠标左键在圆 1 的圆周上捕捉到切点)
指定对象与圆的第二个切点:(鼠标左键在圆 3 的圆周上捕捉到切点)
指定圆的半径＜28.3＞:30↙(尖括号＜＞内的数值是软件根据所选择切点的位置自动计算的，输入半径数值，得到圆 5)

⑤ 用相切、相切、相切的方式绘制圆：

命令:_circle(此时只能用菜单栏选择相切、相切、相切)
指定圆的圆心或[三点(3P)/两点(2P)/相切、相切、半径(T)]:_3p
指定圆上的第一个点:_tan 到(鼠标左键在圆 1 的圆周上捕捉到切点)
指定圆上的第二个点:_tan 到(鼠标左键在圆 3 的圆周上捕捉到切点)
指定圆上的第三个点:_tan 到(鼠标左键在圆 4 的圆周上捕捉到切点)
(自动得到圆 6)

5. 绘制圆弧

圆弧是圆周的一部分。在绘图中可以用修剪或打断命令编辑圆从而生成圆弧，也可以根据已知条件直接绘制圆弧。

(1)操作方法

① 在命令行中输入:ARC(快捷命令 A)；

② 在下拉菜单中点击:“绘图”→“圆弧”；

③ 在“绘图”工具栏单击 按钮。

(2)操作指导

AutoCAD 中给出了十一种画圆弧的方法。如图 3-13 所示。其中有几种方法只是已知条件输入顺序发生变化。

在这里我们用下拉菜单绘制圆弧：

① 三点

命令：_arc

指定圆弧的起点或[圆心(C)]：(鼠标选择或输入点的坐标，作为圆弧的起点)

指定圆弧的第二个点或[圆心(C)/端点(E)]：(选择圆弧上的某一点)

指定圆弧的端点：(鼠标选择或输入点的坐标，作为圆弧的端点)

图 3-13 绘制圆弧工具栏

② 起点、圆心、端点(圆心、起点、端点方式一致)

命令：_arc

指定圆弧的起点或[圆心(C)]：(鼠标选择或输入点的坐标，作为圆弧的起点)

指定圆弧的第二个点或[圆心(C)/端点(E)]：_c(软件自动选择)

指定圆弧的圆心：(选择圆弧所在圆周的圆心)

指定圆弧的端点或[角度(A)/弦长(L)]：(鼠标选择或输入点的坐标，作为圆弧的端点)

③ 起点、圆心、角度(圆心、起点、角度方式一致，逆时针角度为正值)

命令：_arc

指定圆弧的起点或[圆心(C)]：(鼠标选择或输入点的坐标，作为圆弧的起点)

指定圆弧的第二个点或[圆心(C)/端点(E)]：_c(软件自动选择)

指定圆弧的圆心：(选择圆弧所在圆周的圆心)

指定圆弧的端点或[角度(A)/弦长(L)]：_a(软件自动选择)

指定包含角：120↙(鼠标选择角度或输入角度)

④ 起点、圆心、长度(圆心、起点、长度方式一致，长度为圆弧的弦长)

命令：_arc

指定圆弧的起点或[圆心(C)]：(鼠标选择或输入点的坐标，作为圆弧的起点)

指定圆弧的第二个点或[圆心(C)/端点(E)]：_c(软件自动选择)

指定圆弧的圆心：(选择圆弧所在圆周的圆心)

指定圆弧的端点或[角度(A)/弦长(L)]：_l(软件自动选择)

指定弦长：50↙(鼠标选择长度或输入长度)

⑤ 起点、端点、角度

命令：_arc

指定圆弧的起点或[圆心(C)]：(鼠标选择或输入点的坐标，作为圆弧的起点)

指定圆弧的第二个点或[圆心(C)/端点(E)]：_e(软件自动选择)

指定圆弧的端点：(鼠标选择或输入点的坐标，作为圆弧的端点)

指定圆弧的圆心或[角度(A)/方向(D)/半径(R)]：_a(软件自动选择)

指定包含角：120↙(鼠标选择角度或输入角度)

⑥ 起点、端点、方向

命令：_arc

指定圆弧的起点或[圆心(C)]:(鼠标选择或输入点的坐标,作为圆弧的起点)
指定圆弧的第二个点或[圆心(C)/端点(E)]:_e(软件自动选择)
指定圆弧的端点:(鼠标选择或输入点的坐标,作为圆弧的端点)
指定圆弧的圆心或[角度(A)/方向(D)/半径(R)]:_d(软件自动选择)
指定圆弧的起点切向:(鼠标选择圆弧的起点切向)

⑦ 起点、端点、半径

命令:_arc
指定圆弧的起点或[圆心(C)]:(鼠标选择或输入点的坐标,作为圆弧的起点)
指定圆弧的第二个点或[圆心(C)/端点(E)]:_e(软件自动选择)
指定圆弧的端点:(鼠标选择或输入点的坐标,作为圆弧的端点)
指定圆弧的圆心或[角度(A)/方向(D)/半径(R)]:_r(软件自动选择)
指定圆弧的半径:50↙(鼠标选择圆弧所在圆的半径长度或输入长度)

⑧ 连续

命令:_arc
指定圆弧的起点或[圆心(CE)]:(自动以上一次命令中的最后一个点作为起点)
指定圆弧的端点:(鼠标选择或输入点的坐标,作为圆弧的端点,
其他参数软件根据上一个圆弧自动计算)

特别提示

实际绘制圆弧的过程中,应根据题目提供的已知条件,然后决定采用哪一种绘制圆弧的方法。如果用命令行或者绘图按钮的方式绘制圆弧,绘图者要人工选择每一步的参数,而不是软件自动选择。

(3)操作示例:

绘制图3-14中的图形。

前提:绘制三个"36mm×54mm"的矩形。"对象捕捉"选择"端点"。

命令:ARC↙
指定圆弧的起点或[圆心(C)]:(鼠标左键点击矩形左上角点)
指定圆弧的第二个点或[圆心(C)/端点(E)]:E↙(选择用端点方式)
指定圆弧的端点:(鼠标左键点击矩形右上角点)
指定圆弧的圆心或[角度(A)/方向(D)/半径(R)]:R↙(选择用半径方式)
指定圆弧的半径:20↙(输入半径数值)

效果如图3-14(a)所示。

命令:ARC↙
指定圆弧的起点或[圆心(C)]:(鼠标左键点击矩形右上角点)
指定圆弧的第二个点或[圆心(C)/端点(E)]:E↙(选择用端点方式)
指定圆弧的端点:(鼠标左键点击矩形左上角点)
指定圆弧的圆心或[角度(A)/方向(D)/半径(R)]:R↙(选择用半径方式)
指定圆弧的半径:20↙(输入半径数值)

效果如图 3－14(b)所示。

命令:ARC ↙

指定圆弧的起点或[圆心(C)]:(鼠标左键点击矩形左上角点)

指定圆弧的第二个点或[圆心(C)/端点(E)]:@18,15

(输入圆弧第二点相对第一点的坐标)

指定圆弧的端点:(鼠标左键点击矩形右上角点)

效果如图 3－14(c)所示。

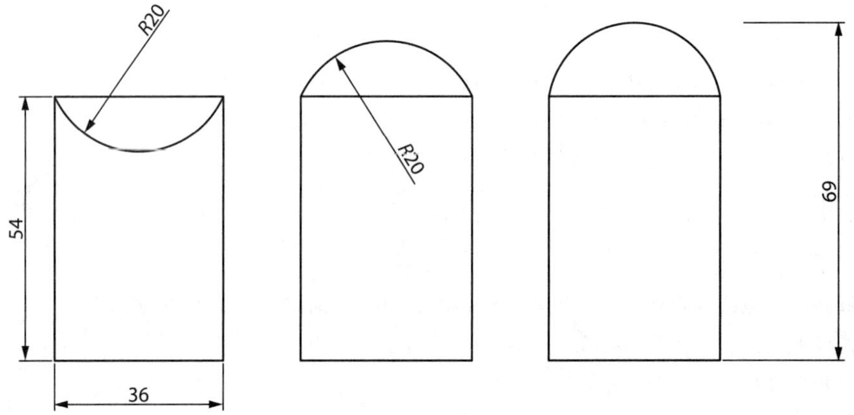

(a) (b) (c)

图 3－14 绘制圆弧

6. 绘制样条曲线

样条曲线一般用来绘制近似曲线,例如凸轮、木纹、水波等,在电气工程图中,多用于绘制标准正弦曲线。

(1)操作方法

① 在命令行中输入:SPLINE(快捷命令 SPL);

② 在下拉菜单中点击:"绘图"→"样条曲线";

③ 在"绘图"工具栏单击~按钮。

(2)操作示例

绘制图 3－15 中的正弦波。

前提:使用"栅格"与"捕捉"。

命令:SPLINE ↙

指定第一个点或[对象(O)]:(捕捉一个栅格点作为起点)

指定下一点:(捕捉一个栅格点作为波峰)

指定下一点或[闭合(C)/拟合公差(F)]<起点切向>:(捕捉一个栅格点作为中点)

指定下一点或[闭合(C)/拟合公差(F)]<起点切向>:(捕捉一个栅格点作为波谷)

指定下一点或[闭合(C)/拟合公差(F)]<起点切向>:(捕捉一个栅格点作为端点)

指定下一点或[闭合(C)/拟合公差(F)]<起点切向>:↙(结束点的选择)

指定起点切向:↙(使用默认方向)

指定端点切向:↙(使用默认方向)

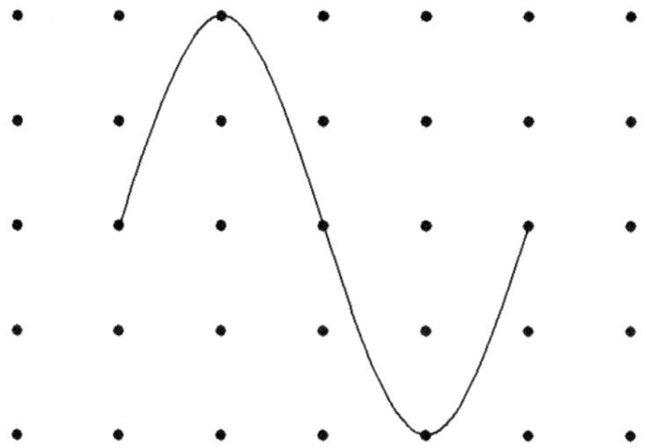

图 3-15 绘制正弦曲线

【任务实施】

绘制发电机图形符号

电机是指依据电磁感应定律实现电能转换或传递的一种电磁装置。电机的图形符号是一个圆,发电机、电动机、直流电机、交流电机通过圆内符号加以区别。交流发电机的图形符号如图 3-16(d)所示。

(1)绘制常用交流发电机图形符号

① 执行"圆"命令,绘制发电机符号。效果如图 3-16(a)所示。

前提:"对象捕捉"中选择"圆心"。

命令:CIRCLE↙

指定圆的圆心或[三点(3P)/两点(2P)/相切、相切、半径(T)]:30,30↙

指定圆的半径或[直径(D)]<20.0>:20↙

② 执行"圆弧"命令,绘制半圆弧,然后执行"旋转"命令,将其复制旋转。效果如图 3-16(c)所示。

命令:_arc(用下拉菜单中的起点、端点、角度)

指定圆弧的起点或[圆心(C)]:(鼠标选取圆心作为起点)

指定圆弧的第二个点或[圆心(C)/端点(E)]:_e

指定圆弧的端点:12↙(通过追踪,出现图 3-15a 所示的作图辅助线)

指定圆弧的圆心或[角度(A)/方向(D)/半径(R)]:_a 指定包含角:150↙

效果如图 3-16(b)所示。

命令:ROTATE↙

UCS 当前的正角方向:ANGDIR = 逆时针 ANGBASE = 0

选择对象:找到 1 个(鼠标选取圆弧)

选择对象:↙

指定基点:(鼠标选择圆的圆心)

指定旋转角度,或[复制(C)/参照(R)]<180>:C↙

旋转一组选定对象。

指定旋转角度,或[复制(C)/参照(R)]<180>:180↙

在工程制图中，一般要凸显电气元件，图形符号或者图形符号的一部分要用粗线表示，如图 3-16(d)所示。为了保证作图的美观，电气图形不用定义线宽的方法，而是采用多段线编辑的方式改变线宽，或者在绘图时直接绘制带有宽度的多段线。圆命令绘制的图形不能用多段线编辑的形式改变线宽，需要用其他的命令绘制有线宽的圆。

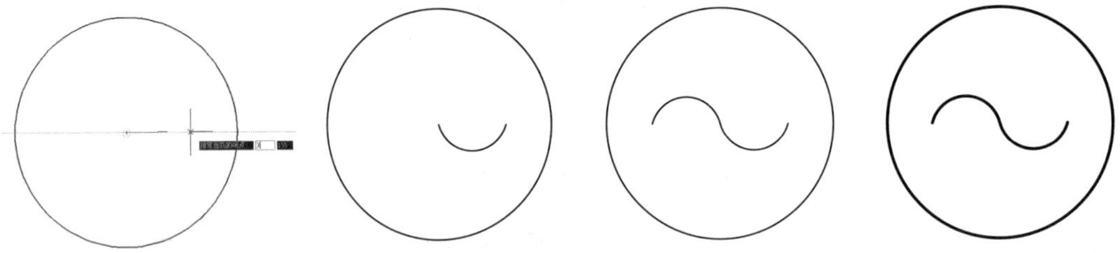

(a)　　　　(b)　　　　(c)　　　　(d)

图 3-16　绘制发电机图形符号

(2)绘制加粗发电机图形符号

前提："对象捕捉"选择"象限点"，交流发电机图形符号已经绘制完成。

① 执行"多段线"命令，绘制有宽度的圆。

命令:PLINE↙

指定起点:(鼠标选取圆的左象限点)

当前线宽为 0

指定下一个点或[圆弧(A)/半宽(H)/长度(L)/放弃(U)/宽度(W)]:W↙

指定起点宽度<0.5>:1↙

指定端点宽度<1.0>:↙

指定下一个点或[圆弧(A)/半宽(H)/长度(L)/放弃(U)/宽度(W)]:A↙

指定圆弧的端点或

[角度(A)/圆心(CE)/方向(D)/半宽(H)/直线(L)/半径(R)/第二个点(S)/放弃(U)/宽度(W)]:A↙

指定包含角:180↙

指定圆弧的端点或[圆心(CE)/半径(R)]:(鼠标选取圆的右象限点，绘制下半圆)

指定圆弧的端点或

[角度(A)/圆心(CE)/闭合(CL)/方向(D)/半宽(H)/直线(L)/半径(R)/第二个点(S)/放弃(U)/宽度(W)]:(鼠标选取圆的左象限点，绘制上半圆)

指定圆弧的端点或

[角度(A)/圆心(CE)/闭合(CL)/方向(D)/半宽(H)/直线(L)/半径(R)/第二个点(S)/放弃(U)/宽度(W)]:↙

② 执行"多段线编辑"命令，将交流符号加粗，效果如图 3-15(d)所示。

命令:PEDIT↙

选择多段线或[多条(M)]:(鼠标选取一个圆弧)

选定的对象不是多段线

是否将其转换为多段线？<Y>↙

输入选项[闭合(C)/合并(J)/宽度(W)/编辑顶点(E)/拟合(F)/样条曲线(S)/非曲线化(D)/线型生成

(L)/放弃(U)]:W↙

指定所有线段的新宽度:1↙

输入选项[闭合(C)/合并(J)/宽度(W)/编辑顶点(E)/拟合(F)/样条曲线(S)/非曲线化(D)/线型生成(L)/放弃(U)]:↙

【任务拓展】

1. 常用发电机图形符号

发电机有多种类型,为了方便视图,工程中使用多种组合符号作更详细的表示,作图人员可以根据需要自行绘制。图 3－17(a)是三相永磁同步发电机;(b)是中性点引出的星形连接的三相同步发电机;(c)是三相并励同步变流机;(d)是单相同步发电机。

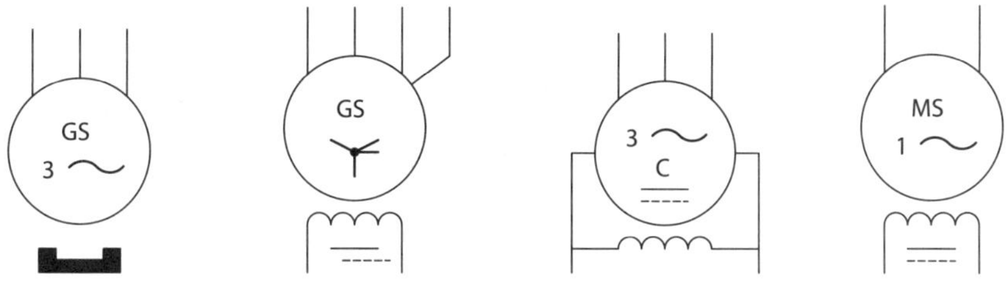

(a)　(b)　(c)　(d)

图 3－17　发电机图形符号示例

2. 标准图形符号与实用图形符号

(1)标准图形符号

国家标准《电气简图用的图形符号》(GB/T 4728)中规定了约 1750 种图形符号,并可以由此组合形成更形象更专业的图形符号,图形符号的含义由其形状或内容确定,因此国家标准中有详细的规定。

① 查找图形符号。正确绘制图形符号首先要查找到图形符号。以断路器为例,断路器的图形符号记载在《电气简图用的图形符号　第 7 部分:开关、控制和保护器件》(GB/T 4728.7)中,编号为:S00287。标准符号如图 3－18(a)所示(其中黑点表示栅格点)。

② 绘制图形符号。在 GB/T 4728.7 中找到断路器的符号后,应使用网格定位,为了便于观察和作图方便,一般使用栅格点表示网格的交点,在 AutoCAD 中设置好“栅格”和“捕捉”的尺寸,然后用相关命令严格按照标准图形符号的相对尺寸进行绘制。

(2)实用图形符号

标准电气图形符号的绘制非常繁琐,工程中使用的电气图形符号不完全符合国家标准的规定,一般形状保持不变即可。如图 3－18(b)所示。实用断路器图形符号与标准的断路器符号有细微区别,动触头的长度不同,但是不影响读图。工程实践中用的图形符号绘制较为方便,本书介绍的绘制方法以绘制实用图形符号为主。

(3)简化图形符号

在实际的电气工程图形中,有一部分图形符号与标准图形符号的形状发生了较大变化,但是因为绘制方便,且较长时间在大量工程图形中使用,技术人员能够进行正确识别,在部分教科书中也使用这种图形符号。按照标准化的要求,这种符号不应该继续使用,不建议绘图人员绘制这些图形符号。如图 3－19(a)所示，电流互感器的标准图形符号，其中右边有一根直线，上面带有两根斜线，表示电流互感器的二次侧有两根引出线，这种绘制方法绘制比较复杂，图形符号占据的空间也比较大，因此在工程中可以简化为图 3－19(b)所示图符。

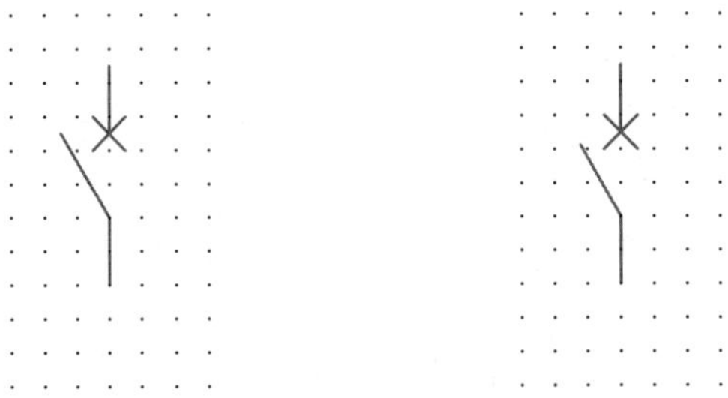

(a)　　　　(b)

图 3－18　断路器图形符号

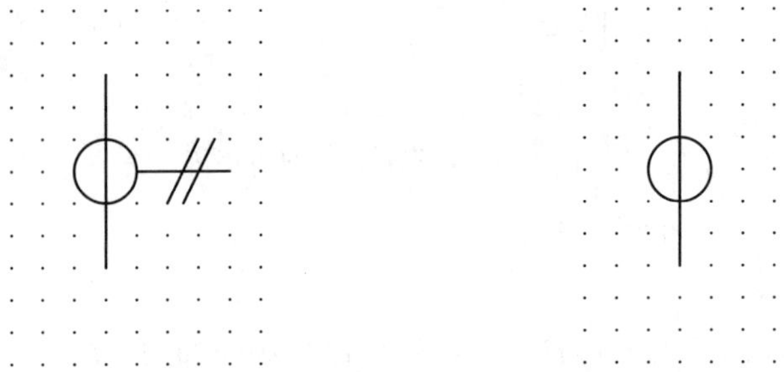

(a)　　　　(b)

图 3－19　电流互感器图形符号

子任务 3.1.2　绘制变压器(电压互感器)图形符号

【任务目标】

- 了解图形比例的规定。
- 熟练复制、镜像、打断、缩放对象。
- 熟练绘制正多边形。
- 熟练绘制变压器和电压互感器图形符号。

【知识链接】

1. 图形比例

比例是图中图形与其实物相应要素的线性尺寸之比。大部分的电气线路图都不是按比例绘制的，但位置平面图等一般按照比例绘制或部分按比例绘制，这样，在平面图上要测出两点距离就可以按比例值计算出两者间的距离(如线长度，设备间距等)，对于导线的放线，设备机座，控制设备等安装都有利。按照《技术制图比例》(GB/T14690－1993)的规定，需要按比例绘制图样时，应由表 3－2 系列中选取适当的比例。必要时也允许选取表 3－3 中的比例。

表 3-2　推荐比例

种　类	比　例
原值比例	1∶1
放大比例	5∶1　2∶1 5×10^n∶1　2×10^n∶1　1×10^n∶1
缩小比例	1∶2　1∶5　1∶10 1∶2×10^n　1∶5×10^n　1∶1×10^n

注：n为正整数

表 3-3　可用比例

种　类	比　例
放大比例	4∶1　2.5∶1 4×10^n∶1　2.5×10^n∶1
缩小比例	1∶1.5　1∶2.5　1∶3　1∶4　1∶6 1∶1.5×10^n　1∶2.5×10^n　1∶3×10^n　1∶4×10^n　1∶6×10^n

注：n为正整数。

2. 复制对象

复制命令所生成的对象与源对象之间只是位置不同，其他参数均相同。

(1)操作方法

① 在命令行中输入：COPY(快捷命令 CO 或 CP)；

② 在下拉菜单中点击："修改"→"复制"；

③ 在"修改"工具栏单击按钮。

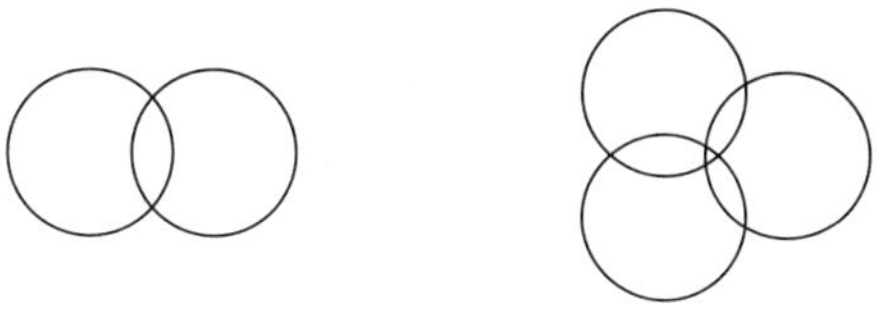

(a)双绕组　　(b)三绕组

图 3-20　变压器(电压互感器)简易图形符号

(2)操作示例

① 绘制双绕组变压器(电压互感器)简易图形符号

命令：CIRCLE↙

　指定圆的圆心或[三点(3P)/两点(2P)/相切、相切、半径(T)]：50,60↙

　指定圆的半径或[直径(D)]：10↙

命令：COPY↙

　选择对象：找到 1 个(选择圆)

选择对象:↙
指定基点或[位移(D)]<位移>:<正交开>(选择正交方式,鼠标拾取一点)
指定第二个点或<使用第一个点作为位移>:30 ↙(鼠标向右移动,输入数值)
指定第二个点或[退出(E)/放弃(U)]<退出>:↙

效果如图 3-20(a)所示。

② 绘制三绕组变压器(电压互感器)简易图形符号

前提:已绘制双绕组变压器(电压互感器)简易图形符号,选择正交方式或 90°极轴方式。

命令:COPY ↙
选择对象:找到 1 个(选择左边的圆)
选择对象:↙
指定基点或[位移(D)]<位移>:
指定第二个点或<使用第一个点作为位移>:15 ↙(鼠标向下移动,输入数值)
指定第二个点或[退出(E)/放弃(U)]<退出>:↙

命令:MOVE ↙
选择对象:找到 1 个(选择右边的圆)
选择对象:↙
指定基点或[位移(D)]<位移>:
指定第二个点或<使用第一个点作为位移>:7.5(鼠标向下移动,输入数值)

效果如图 3-20(b)所示。

3. 打断对象

在绘图过程中,有时需要将某个对象打断成几个部分或者裁剪其中的某一部分。

(1)操作方法

① 在命令行中输入:BREAK(快捷命令 BR);

② 在下拉菜单中点击:"修改"→"打断";

③ 在"修改"工具栏单击或按钮。

(2)操作指导

工具栏中的按钮是两点打断,而按钮是单点打断,命令行输入命令和下拉菜单中的命令都是两点打断。

(3)操作示例

① 将一根圆弧打断为两根

前提:绘制一段圆弧,"对象捕捉"设置"最近点"

点击按钮

命令:_break
选择对象:(选取圆弧)
指定第二个打断点或[第一点(F)]:_f(软件自动生成)
指定第一个打断点:(在圆弧上任意点一下)
指定第二个打断点:@(得到打断的圆弧)

移动一段圆弧后的效果如图 3-21(b)所示。

(a) (b)

图 3-21 圆弧一点打断效果

特别提示

单点打断,不裁剪对象,只是将一个对象分解为两个。

② 绘制绕组图形符号

前提:绘制一个半径为 10 的圆。效果如图 3-22(a)所示。“对象捕捉”选择“端点”、“象限点”。

命令:BREAK↙

选择对象:(选取圆)

指定第二个打断点或[第一点(F)]:F

指定第一个打断点:(鼠标左键捕捉圆的左象限点)

指定第二个打断点:(鼠标左键捕捉圆的右象限点)

效果如图 3-22(b)所示。

命令:COPY↙

选择对象:指定对角点:找到 1 个(选取圆弧)

选择对象:↙

指定基点或[位移(D)]<位移>:(鼠标左键捕捉圆弧的左端点)

指定第二个点或<使用第一个点作为位移>:(鼠标左键捕捉圆弧的左端点,以下同)

指定第二个点或[退出(E)/放弃(U)]<退出>:

指定第二个点或[退出(E)/放弃(U)]<退出>:

指定第二个点或[退出(E)/放弃(U)]<退出>:↙

命令:LINE↙

指定第一点:(鼠标左键捕捉圆弧的左端点)

指定下一点或[放弃(U)]:@0,15

指定下一点或[放弃(U)]:↙

命令:COPY↙

选择对象:找到 1 个(选取直线)

选择对象:↙

指定基点或[位移(D)]<位移>:(鼠标左键捕捉直线的上端点)

指定第二个点或<使用第一个点作为位移>:(鼠标左键捕捉圆弧的右端点)

指定第二个点或[退出(E)/放弃(U)]<退出>:↙

效果如图 3－22(c)所示。

(a)　　　　(b)　　　　(c)

图 3－22　绕组绘制示例

特别提示

打断命令中的两点默认为逆时针方向。在上面的操作中，如果先捕捉圆的右象限点，后捕捉圆的左象限点，则圆的上半部分被删去。

4. 镜像对象

将选择的对象按给定的镜像线作对称复制，称为镜像。镜像线可以是确定的直线，也可以选择两点，由软件自动计算出通过这两点的直线。

(1)操作方法

① 在命令行中输入：MIRROR(快捷命令 MI)；

② 在下拉菜单中点击："修改"→"镜像"；

③ 在"修改"工具栏单击按钮。

(2)操作示例

在图 3－22 的基础上绘制变压器(电压互感器)图形符号。

命令：MIRROR↙

选择对象：(选择绕组图形符号)

指定定镜像线的第一点：(在图形符号上方合适地方拾取一点)

指定镜像线的第二点：(在水平方向拾取一点)

要删除源对象吗？[是(Y)/否(N)]＜N＞：↙

效果如图 3－23(a)所示。

命令：PLINE↙

指定起点：(鼠标左键捕捉到左侧端点，用对象追踪的方式选择一点，见图 3－22b)

当前线宽为 0.0

指定下一个点或[圆弧(A)/半宽(H)/长度(L)/放弃(U)/宽度(W)]：W↙

指定起点宽度＜0.0＞：1.0↙

指定端点宽度＜1.0＞：↙

指定下一个点或[圆弧(A)/半宽(H)/长度(L)/放弃(U)/宽度(W)]：

(鼠标左键捕捉到右侧端点，用对象追踪的方式选择一点)

指定下一点或[圆弧(A)/闭合(C)/半宽(H)/长度(L)/放弃(U)/宽度(W)]：↙

效果如图 3－23(c)所示。

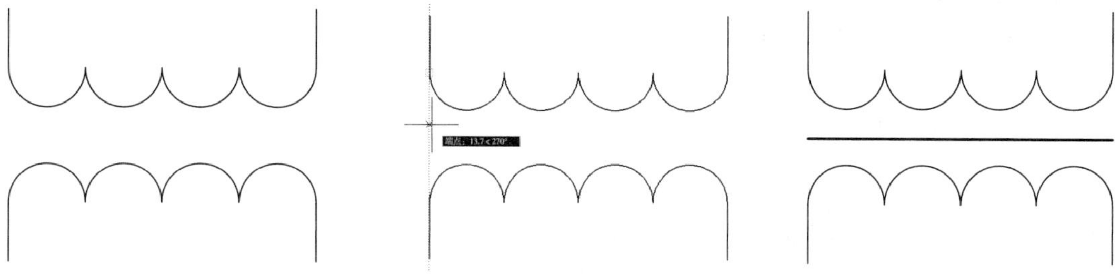

（a）变压器图符　　（b）捕捉、追踪取点　　（c）带铁芯变压器图符

图 3－23　镜像命令示例

特别提示

图 3－20 和图 3－23 都是变压器（电压互感器）图形符号，适用于不同类型的电气工程图。其中如图 3－23 所示的图形符号只用于电路图。

5. 缩放对象

缩放命令能调整对象的尺寸（放大或缩小），但是对象的形状不发生变化。

（1）操作方法

① 在命令行中输入：SCALE（快捷命令 SC）；

② 在下拉菜单中点击："修改"→"缩放"；

③ 在"修改"工具栏单击按钮。

（2）操作示例

① 图形缩小一半

前提.绘制"60mm×40mm"的矩形及其外接圆。效果如图 3－24（a）所示。

命令：SCALE↙

选择对象：（选取矩形和圆）

指定对角点：找到 4 个

选择对象：↙

指定基点：（鼠标拾取一点）

指定比例因子或[复制(C)/参照(R)]＜1.0＞：0.5

如图 3－23（a）所示。

② 未知尺寸变为指定尺寸

前提：绘制 60×40 的矩形和外接圆。效果如图 3－23（a）所示。此时圆的直径未知。"对象捕捉"选择"端点"。

命令：SCALE↙

选择对象：（选取矩形和圆）

指定对角点：找到 2 个

选择对象：↙

指定基点：（鼠标拾取一点）

指定比例因子或[复制(C)/参照(R)]＜1.0＞：R↙

指定参照长度<1.0>:(鼠标捕捉矩形左下角点)
指定第二点:(鼠标捕捉矩形右下角点)
指定新的长度或[点(P)]<1.0>:50 ↙

效果如图 3-24(c)所示。

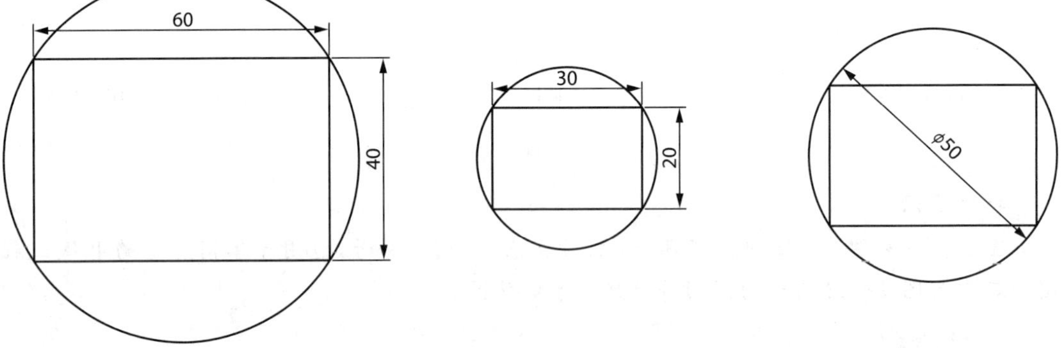

(a)　(b)　(c)

图 3-24　缩放命令示例

6. 绘制正多边形

多变形是工程中多种零件、材料的外形,绘制多边形用直线或多段线命令。为了方便作图,正多边形有专有命令。

(1)操作方法

① 在命令行中输入:POLYGON(快捷命令 POL);

② 在下拉菜单中点击:“绘图”→“正多边形”;

③ 在“绘图”工具栏单击⬠按钮。

(2)操作指导

命令:POLYGON ↙
输入边的数目<4>:↙(输入正多边形边的数目,最少 3,最多 1024)
指定正多边形的中心点或[边(E)]:(鼠标拾取一点)
输入选项[内接于圆(I)/外切于圆(C)]<I>:I ↙
指定圆的半径:20 ↙(鼠标指定圆的半径,或者输入数值)

参数说明:

● “指定多边形的中心点”:输入或指定中心点的位置来确定多边形的中心点。多边形大小由外切圆或内接圆的半径确定。

● “边(E)”:用多边形的一条边长来确定正多边形的大小。命令行要求输入一条边的两个端点,确定多边形的边长。

● “内接于圆(I)/外切于圆(C)”:输入正多边形内接于圆“I”时,圆的半径等于中心点到多边形顶点的距离;输入正多边形外切圆“C”时,圆的半径等于中心点到多边形边的中点的距离。

特别提示

“内接于圆”的圆半径是多边形的中心距多边形顶点的距离;“外切于圆”的圆半径是多边形的中心距多边形边的距离。如图 3-25 所示。

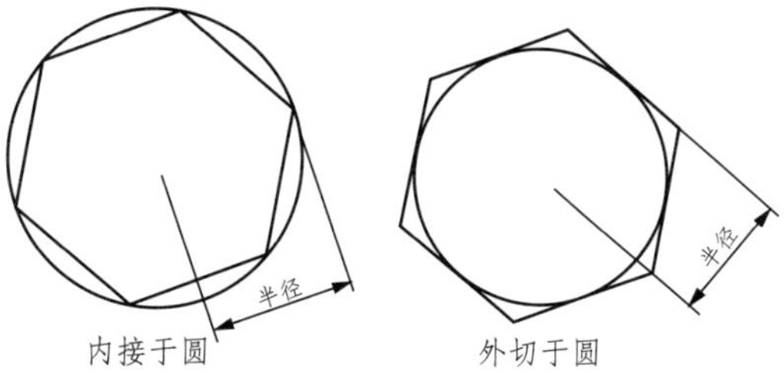

图 3-25 内接于圆和外切于圆的示例

(3)操作示例

绘制发光二极管图形符号。

前提:“对象捕捉”选择“端点”、“中心”。

① 执行“正多边形”命令,绘制正三角形。

命令:POLYGON ↙
　　输入边的数目<4>:3 ↙
　　指定正多边形的中心点或[边(E)]:E ↙
　　指定边的第一个端点:(鼠标拾取一点)
　　指定边的第二个端点:@5,0 ↙

② 执行“直线”命令,绘制水平直线。然后执行“移动”命令,以直线的中点为基点,将直线移动至三角形上端点。

命令:LINE ↙
　　指定第一点:(鼠标拾取一点)
　　指定下一点或[放弃(U)]:@5,0 ↙
　　指定下一点或[放弃(U)]:↙

命令:MOVE ↙
　　选择对象:(鼠标选取直线)
　　指定对角点:找到 1 个
　　选择对象:↙
　　指定基点或[位移(D)]<位移>:(鼠标拾取直线中点)
　　指定第二个点或<使用第一个点作为位移>:(鼠标拾取三角形端点)

③ 执行“直线”命令,绘制竖直直线。然后执行“移动”命令,以直线的中点为基点,将直线移动至三角形上端点。效果如图 3-26(a)所示。

命令:LINE ↙
　　指定第一点:(鼠标拾取三角形端点)
　　指定下一点或[放弃(U)]:@0,15 ↙

指定下一点或[放弃(U)]:↙

命令:MOVE↙

选择对象:(鼠标选取竖向直线)

指定对角点:找到 1 个

选择对象:↙

指定基点或[位移(D)]<位移>:(鼠标拾取一点)

指定第二个点或<使用第一个点作为位移>:@0,-10↙

④ 执行"多段线"命令,绘制"箭头"。效果如图 3-26(b)所示。

命令:PLINE↙

指定起点:(鼠标拾取一点)

当前线宽为 0.0

指定下一个点或[圆弧(A)/半宽(H)/长度(L)/放弃(U)/宽度(W)]:@3,0↙

指定下一点或[圆弧(A)/闭合(C)/半宽(H)/长度(L)/放弃(U)/宽度(W)]:W↙

指定起点宽度<0.0>:0.5↙

指定端点宽度<0.5>:0↙

指定下一点或[圆弧(A)/闭合(C)/半宽(H)/长度(L)/放弃(U)/宽度(W)]:@1.5,0↙

指定下一点或[圆弧(A)/闭合(C)/半宽(H)/长度(L)/放弃(U)/宽度(W)]:↙

⑤ 执行"旋转"命令,将"箭头"旋转 60°,然后执行"移动"命令,将其放置于合适位置。效果如图 3-26(c)所示。

命令:ROTATE↙

UCS 当前的正角方向:ANGDIR=逆时针　ANGBASE=0

选择对象:(鼠标选取两个箭头)

指定对角点:找到 2 个

选择对象:↙

指定基点:(鼠标拾取一点)

指定旋转角度,或[复制(C)/参照(R)]<300>:-60↙

命令:MOVE↙

选择对象:(鼠标选取两个箭头)

指定对角点:找到 2 个

指定基点或[位移(D)]<位移>:(鼠标拾取一点)

指定第二个点或<使用第一个点作为位移>:(鼠标拾取合适的点)

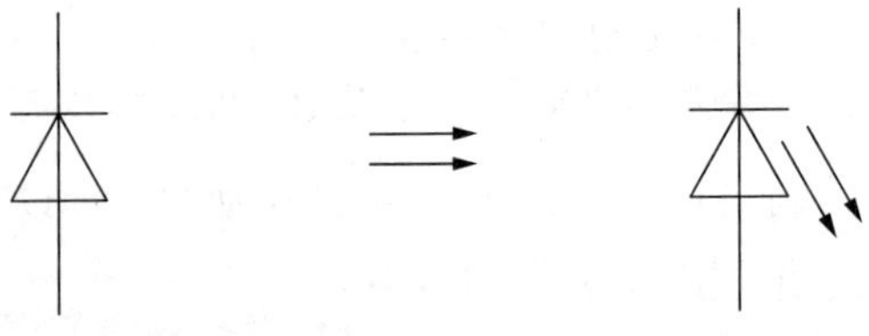

(a)　(b)　(c)

图 3-26　发光二极管图形符号

【任务实施】

变压器是利用电磁感应的原理来改变交流电压的装置。根据用户对象的不同,可分为主变压器和厂用(站用)变压器。不论是哪一种变压器,其图形符号形状是相同的,只是用不同的尺寸加以区别。为了方便技术人员读图,图形符号需要加粗,还应绘制出变压器的接线形式,主变压器多数是 Y,d11 接线,厂用变压器根据容量不同,Y,yn 接线、D,d0 接线或 D,y11 接线都可使用。

电压互感器和变压器很相像,都是用来变换线路上的电压。但是变压器变换电压的目的是为了输送电能,因此容量很大;而电压互感器变换电压的目的,主要是用来给测量仪表和继电保护装置供电,用来测量线路的电压、功率和电能,或者用来在线路发生故障时保护线路中的贵重设备、电机和变压器,因此电压互感器的容量很小。

1. 绘制加粗的变压器图形符号

前提:“极轴”中“增量角”选择 30°。“对象捕捉”选择“端点”“圆心”。

(1)执行“多段线”命令,绘制半径为“10mm”的圆,线宽为“1.0mm”。然后执行“复制”命令,将其向上复制“15mm”。效果如图 3-27(a)所示。

命令:PLINE↙

指定起点:(鼠标拾取一点)

当前线宽为 0.0

指定下一个点或[圆弧(A)/半宽(H)/长度(L)/放弃(U)/宽度(W)]:W↙

指定起点宽度＜0.0＞:1↙

指定端点宽度＜1.0＞:↙

指定下一个点或[圆弧(A)/半宽(H)/长度(L)/放弃(U)/宽度(W)]:A↙

指定圆弧的端点或

[角度(A)/圆心(CE)/方向(D)/半宽(H)/直线(L)/半径(R)/第二个点(S)/放弃(U)/宽度(W)]:A↙

指定包含角:180↙

指定圆弧的端点或[圆心(CE)/半径(R)]:R↙

指定圆弧的半径:10↙

指定圆弧的弦方向＜270＞:(鼠标在水平方向拾取一点,得到半圆弧)

指定圆弧的端点或

[角度(A)/圆心(CE)/闭合(CL)/方向(D)/半宽(H)/直线(L)/半径(R)/第二个点(S)/放弃(U)/宽度(W)]:(鼠标捕捉圆弧的起点,得到圆)

指定圆弧的端点或

[角度(A)/圆心(CE)/闭合(CL)/方向(D)/半宽(H)/直线(L)/半径(R)/第二个点(S)/放弃(U)/宽度(W)]:↙

命令:COPY↙

选择对象.(选择圆)

指定对角点:找到 1 个

选择对象:↙

指定基点或[位移(D)]＜位移＞:(鼠标拾取一点)

指定第二个点或＜使用第一个点作为位移＞:@0,15↙

指定第二个点或[退出(E)/放弃(U)]＜退出＞:↙

(2)执行“多段线”命令,绘制“星形”标志。效果如图 3－27(b)所示。

命令:PLINE↙

指定起点:(鼠标捕捉圆心)

当前线宽为 1.0

指定下一个点或[圆弧(A)/半宽(H)/长度(L)/放弃(U)/宽度(W)]:6↙

(鼠标选择 90°方向,输入数值)

指定下一点或[圆弧(A)/闭合(C)/半宽(H)/长度(L)/放弃(U)/宽度(W)]:↙

命令:PLINE↙

指定起点:(鼠标捕捉圆心)

当前线宽为 1.0

指定下一个点或[圆弧(A)/半宽(H)/长度(L)/放弃(U)/宽度(W)]:6↙

(鼠标选择 210°方向,输入数值)

指定下一点或[圆弧(A)/闭合(C)/半宽(H)/长度(L)/放弃(U)/宽度(W)]:↙

命令:PLINE↙

指定起点:(鼠标捕捉圆心)

当前线宽为 1.0

指定下一个点或[圆弧(A)/半宽(H)/长度(L)/放弃(U)/宽度(W)]:6↙

(鼠标选择 330°方向,输入数值)

指定下一点或[圆弧(A)/闭合(C)/半宽(H)/长度(L)/放弃(U)/宽度(W)]:↙

(3)执行“正多边形”命令,绘制正三角形。然后执行“多段线编辑”命令,将其线宽修改为“1mm”。效果如图 3－27(c)所示。

命令:POLYGON↙

输入边的数目＜4＞:3↙

指定正多边形的中心点或[边(E)]:(鼠标捕捉圆心)

输入选项[内接于圆(I)/外切于圆(C)]＜I＞:I↙

指定圆的半径:6↙

命令:ROTATE↙

UCS 当前的正角方向:ANGDIR = 逆时针　ANGBASE = 0

选择对象:找到 1 个(鼠标选取三角形)

选择对象:↙

指定基点:(鼠标捕捉圆心)

指定旋转角度,或[复制(C)/参照(R)]＜0＞:180↙

命令:PEDIT↙

选择多段线或[多条(M)]:(鼠标选取三角形)

输入选项[打开(O)/合并(J)/宽度(W)/编辑顶点(E)/拟合(F)/样条曲线(S)/非曲线化(D)/线型生成(L)/放弃(U)]:w↙

指定所有线段的新宽度:1↙

输入选项[打开(O)/合并(J)/宽度(W)/编辑顶点(E)/拟合(F)/样条曲线(S)/非曲线化(D)/线型生成(L)/放弃(U)]:↙

特别提示

图 3－27(c)和(d)意义一样，绘制方法略有区别。

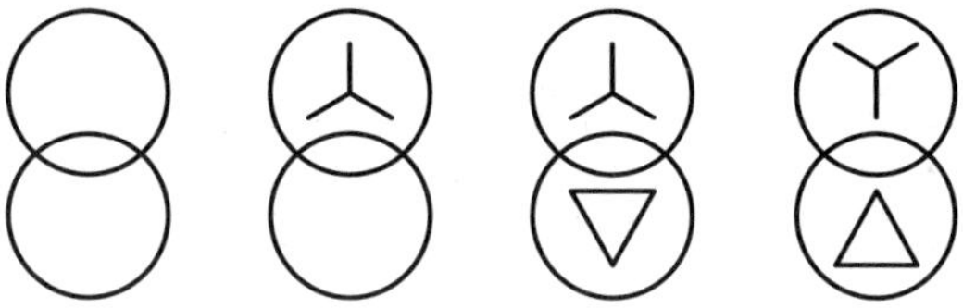

(a)　　(b)　　(c)　　(d)

图 3－27　主变压器图形符号绘制示例

2. 绘制厂用变压器图形符号

前提：绘制变压器图形符号。“对象捕捉”选择“圆心”“交点”。

(1)执行“缩放”命令，将主变压器的图形符号缩小一半。效果如图 3－28(b)所示。

命令：SCALE↙

选择对象：指定对角点：找到 6 个(鼠标选取变压器图形符号)

选择对象：↙

指定基点：(鼠标选取一点)

指定比例因子或[复制(C)/参照(R)]＜1.0＞：0.5↙

(2)执行“删除”命令，删除三角形。然后复制“星形”。效果如图 3－28(c)所示。

命令：ERASE↙

选择对象：(鼠标选取三角形)

指定对角点：找到 3 个

选择对象：↙

命令：COPY↙

选择对象：指定对角点：找到 3 个(鼠标选取星形)

选择对象：↙

指定基点或[位移(D)]＜位移＞：(鼠标选取一点)

指定第二个点或＜使用第一个点作为位移＞：@0,8.5

指定第二个点或[退出(E)/放弃(U)]＜退出＞：↙

(3)执行“镜像”命令，将两个“星形”分别镜像。效果如图 3－28(d)所示。

命令：MIRROR↙

选择对象：指定对角点：找到 10 个(鼠标选择变压器图形符号)

选择对象：↙

指定镜像线的第一点：(鼠标拾取两个圆的左交点)

指定镜像线的第二点：(鼠标拾取两个圆的右交点)

要删除源对象吗？[是(Y)/否(N)]＜N＞：Y↙

3. 绘制电压互感器图形符号

电压互感器可以在变压器图形符号的基础上修改。为了区别电压互感器和变压器，电压互感器的图形符号一般用细实线表示。

前提:绘制图 3-28(b)和图 3-28(d)。“对象捕捉”选择“圆心”

(a)　(b)　(c)　(d)

图 3-28　厂用变压器图形符号绘制示例

(1)执行“删除”命令,删除图 3-28(b)上部圆和“星形”。然后执行“旋转”命令,将三角形旋转 90°。效果如图 3-29(a)所示。

命令:ROTATE↙
　UCS 当前的正角方向:ANGDIR = 逆时针　ANGBASE = 0
　选择对象:指定对角点:找到 1 个(鼠标选取三角形)
　选择对象:↙
　指定基点:(鼠标捕捉圆心)
　指定旋转角度,或[复制(C)/参照(R)]＜0＞:90↙

(2)执行“直线”命令,绘制竖直直线。然后执行“修剪”命令,裁剪三角形在直线右侧部分,再删除直线。效果如图 3-29(b)所示。

命令:TRIM↙
　当前设置:投影 = UCS,边 = 无
　选择剪切边...
　选择对象或＜全部选择＞:指定对角点:找到 1 个(鼠标选取竖直直线)
　选择对象:↙
　选择要修剪的对象,或按住 Shift 键选择要延伸的对象,或
　[栏选(F)/窗交(C)/投影(P)/边(E)/删除(R)/放弃(U)]:(鼠标选取三角形)
　选择要修剪的对象,或按住 Shift 键选择要延伸的对象,或
　[栏选(F)/窗交(C)/投影(P)/边(E)/删除(R)/放弃(U)]:↙

(a)　(b)　(c)　(d)

图 3-29　电压互感器图形符号绘制示例

(3)执行“复制”命令,将图 3-29(b)复制到图 3-28(d)的合适位置。效果如图 3-29(c)所示。

(4)执行“分解”命令,将图形符号分解,消除线宽。效果如图 3-29(d)所示。

命令:EXPLODE↙
　选择对象:指定对角点:找到 10 个(鼠标选取图形符号)
　选择对象:↙

【任务拓展】

1. 重生成图形

打开复杂图形文件，有时会出现如图3－30(a)所示的图形，该图形的正确显示形式如图3－30(b)所示。此时圆错误显示为正多边形。这是因为图元太多，AutoCAD软件生成图形时发生错误。正确显示的方法：

(1)在命令行中输入：REGEN(快捷命令RE)；

(2)在下拉菜单中点击："视图"→"重生成"。

2. 区别变压器和电压互感器

在主接线图中，为了方便技术人员读图，变压器与电压互感器应有所区别。如果图形符号的大小相近，可以用线路加以区分。变压器高压侧和低压侧都属于一次系统，所以都绘制有线路。电压互感器高压侧属于一次系统，低压侧导线连接二次设备，因此不绘制低压侧引出线。

(a)　　(b)

图3－30　重生成图形示例

子任务3.1.3　绘制隔离开关和断路器图形符号

【任务目标】

- 了解绘制开关设备的规则。
- 熟练绘制隔离开关图形符号。
- 熟练绘制断路器图形符号。

【知识链接】

开关设备的状态

隔离开关、断路器、负荷开关、触点等设备都属于开关设备。开关设备有断开和合上两种状态(位置)，图纸中只能绘制一种状态(位置)。按照规定，图纸中的图形符号对应非激励或不工作的状态(位置)，按无电压、无外力作用的状态表示，具体如下：

(1)继电器和接触器在非激励的状态，

(2)断路器、负荷开关和隔离开关在断开位置；

(3)带零位的手动控制开关在零位位置，不带零位的手动控制开关在图中规定的位置；

(4)行程开关在非动作的状态或位置；

(5)机械操作开关的工作状态与工作位置的对应关系，一般应表示在其触点符号的附近，或另附说明。事故、备用、报警等开关应表示在设备正常使用的位置，多重开闭器件的各组成部分必须表示在相互一致的位置上，而不管电路的工作状态。

【任务实施】

1. 绘制隔离开关图形符号

前提："对象捕捉"选择"端点""中点""垂足"。启用"极轴"，增量角设置"30°"。

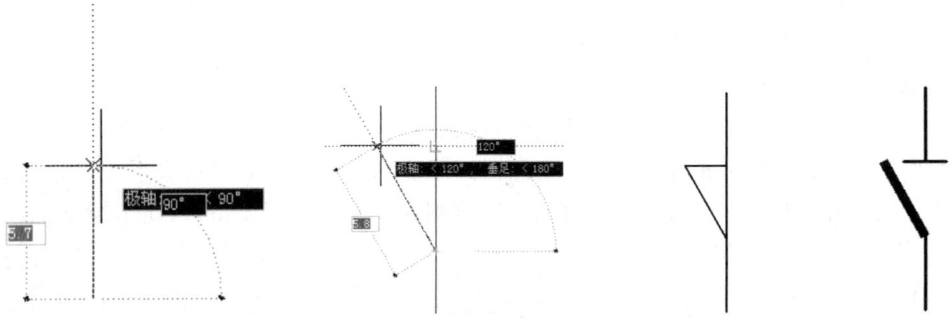

(a)　(b)　(c)　(d)

图 3-31　绘制隔离开关图形符号

(1)执行"直线"命令，绘制 3 条竖直直线。

命令:LINE↙
指定第一点:(鼠标拾取一点)
指定下一点或[放弃(U)]:5↙(鼠标向上移动，出现图 3-31a 所示虚线)
指定下一点或[放弃(U)]:5↙
指定下一点或[闭合(C)/放弃(U)]:5↙
指定下一点或[闭合(C)/放弃(U)]:↙

(2)执行"直线"命令，绘制斜线和水平直线。效果如图 3-31(c)所示。

命令:LINE↙
指定第一点:(鼠标捕捉端点)
指定下一点或[放弃(U)]:
(鼠标捕捉水平线与 120°线的交点，出现图 3-31b 所示指示线)
指定下一点或[放弃(U)]:(鼠标拾取垂足)
指定下一点或[闭合(C)/放弃(U)]:↙

(3)执行"移动"命令，将水平直线的中点与竖直直线下端点重合。

命令:MOVE↙
选择对象:指定对角点:找到 1 个(鼠标选取水平线)
选择对象:↙
指定基点或[位移(D)]<位移>:(鼠标捕捉水平线中点)
指定第二个点或<使用第一个点作为位移>:(鼠标捕捉端点)
命令:ERASE↙
选择对象:找到 1 个(鼠标选取中间的竖线)
选择对象:↙

(4)执行“多段线编辑”命令，将斜线的线宽设置为“0.6mm”。效果如图 3－31(d)所示。

2. 绘制断路器图形符号

前提：“对象捕捉”选择“端点”、“中点”。隔离开关图形符号已绘制完成。

(1)在图 3－31(d)的基础上，执行“旋转”命令，将水平直线旋转 45°。效果如图 3－32(a)所示。

```
命令：ROTATE
UCS 当前的正角方向：ANGDIR = 逆时针　ANGBASE = 0
选择对象：找到 1 个(鼠标拾取水平线)
选择对象：↙
指定基点：(鼠标捕捉水平线中点)
指定旋转角度，或[复制(C)/参照(R)]＜0＞：45 ↙
```

(2)执行“镜像”命令，将旋转得到的斜线左右镜像。效果如图 3－32(b)所示。

```
命令：MIRROR ↙
选择对象：找到 1 个(鼠标拾取斜短线)
选择对象：指定镜像线的第一点：(鼠标拾取竖线端点)
指定镜像线的第二点：(鼠标拾取竖线另一端点)
要删除源对象吗？[是(Y)/否(N)]＜N＞：↙
```

(a)　　(b)

图 3－32　绘制断路器图形符号

子任务 3.1.4　绘制避雷器图形符号

【任务目标】

- 熟练绘制接地图形符号。
- 熟练绘制避雷器图形符号。

【任务实施】

避雷器是用于保护电气设备免受雷击时高瞬态过电压危害，并限制续流时间，也常限制续流幅值的一种电器。有时也称为过电压保护器，过电压限制器。中国电力系统中的避雷器多为氧化锌避雷器。避雷器图形符号由避雷器本体图形符号和接地图形符号两部分构成。

1. 绘制接地图形符号

前提：“对象捕捉”选择“端点”。“极轴”设置“增量角 30°”。

(1)执行“直线”命令，绘制长度为“20mm”的水平直线。然后执行“复制”命令，将其复制，直线间距为“5mm”。效果如图 3－33(a)所示。

```
命令：LINE ↙
指定第一点：(鼠标拾取一点)
指定下一点或[放弃(U)]：@20,0
指定下一点或[放弃(U)]：↙
命令：COPY ↙
选择对象：指定对角点：找到 1 个(鼠标拾取直线)
```

选择对象：↙
指定基点或[位移(D)]＜位移＞：(鼠标拾取一点)
指定第二个点或＜使用第一个点作为位移＞：@0,5
指定第二个点或[退出(E)/放弃(U)]＜退出＞：@0,10
指定第二个点或[退出(E)/放弃(U)]＜退出＞：↙

(2)执行“直线”命令，绘制倾角为 240°和 300°的两条直线。效果如图 3－33(b)所示。

(3)执行“修剪”命令，裁剪斜线外部的水平直线。然后执行“删除”命令，删除斜线。效果如图 3－33(c)所示。

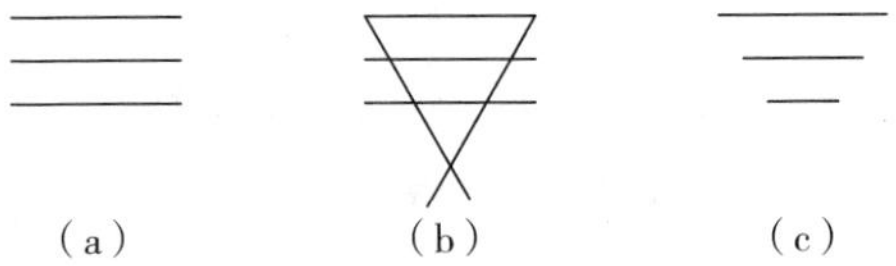

图 3－33　绘制接地图形符号

2. 绘制避雷器图形符号

前提：“对象捕捉”选取“端点”“中点”。

(1)执行“矩形”命令，绘制“20mm×45mm”的矩形。

命令：RECTANG ↙
指定第一个角点或[倒角(C)/标高(E)/圆角(F)/厚度(T)/宽度(W)]：(鼠标拾取一点)
指定另一个角点或[面积(A)/尺寸(D)/旋转(R)]：@20,45 ↙

(2)执行“多段线”命令，绘制“箭头”。效果如图 3－34(a)所示。

命令：PLINE ↙
指定起点：(鼠标捕捉矩形上边线中点)
当前线宽为 0.0
指定下一个点或[圆弧(A)/半宽(H)/长度(L)/放弃(U)/宽度(W)]：@0,－40 ↙
指定下一点或[圆弧(A)/闭合(C)/半宽(H)/长度(L)/放弃(U)/宽度(W)]：W ↙
指定起点宽度＜0.0＞：5 ↙
指定端点宽度＜5.0＞：0 ↙
指定下一点或[圆弧(A)/闭合(C)/半宽(H)/长度(L)/放弃(U)/宽度(W)]：@0,－12 ↙
指定下一点或[圆弧(A)/闭合(C)/半宽(H)/长度(L)/放弃(U)/宽度(W)]：↙

(3)执行“移动”命令，将“箭头”移动到合适位置。效果如图 3－34(b)所示。

命令：MOVE ↙
选择对象：指定对角点：找到 1 个(鼠标拾取箭头)
选择对象：↙
指定基点或[位移(D)]＜位移＞：(鼠标捕捉箭杆中点)
指定第二个点或＜使用第一个点作为位移＞：(鼠标捕捉矩形上边线中点)

(4)执行“直线”命令，绘制长度为“10mm”的竖直直线。

命令：LINE ↙
指定第一点：(鼠标捕捉矩形下边线中点)
指定下一点或[放弃(U)]：@0,－10 ↙
指定下一点或[放弃(U)]：↙

(5)执行“移动”命令,将图移动到合适位置。效果如图 3 - 34(c)所示。

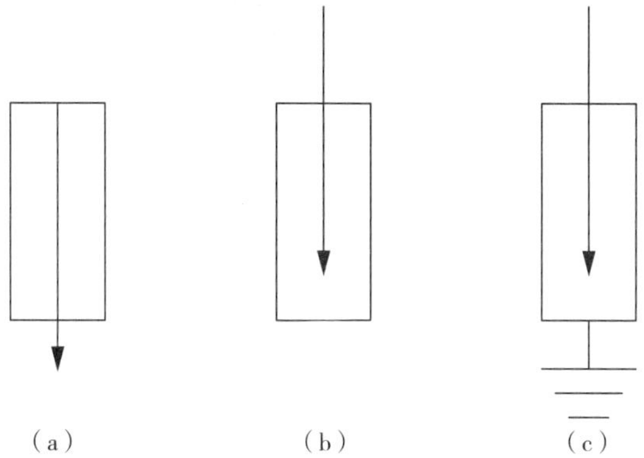

图 3 - 34　绘制避雷器图形符号

子任务 3.1.5　绘制电流互感器图形符号

【任务目标】

- 熟练绘制圆环。
- 熟练绘制电流互感器图形符号。

【知识链接】

1. 绘制圆环

绘图人员只需指定内径和外径,便可连续选取圆心绘制出多个圆环。

(1)操作方法

① 在命令行中输入:DONUT(快捷命令 DO);

② 在下拉菜单中点击:“绘图”→“圆环”。

(2)操作示例

① 绘制填充的圆环。效果如图 3 - 35 所示。

命令:DONUT ↙

指定圆环的内径<0.5>:10 ↙

指定圆环的外径<1.0>:20 ↙

指定圆环的中心点或<退出>:(鼠标选取一点)

指定圆环的中心点或<退出>:↙

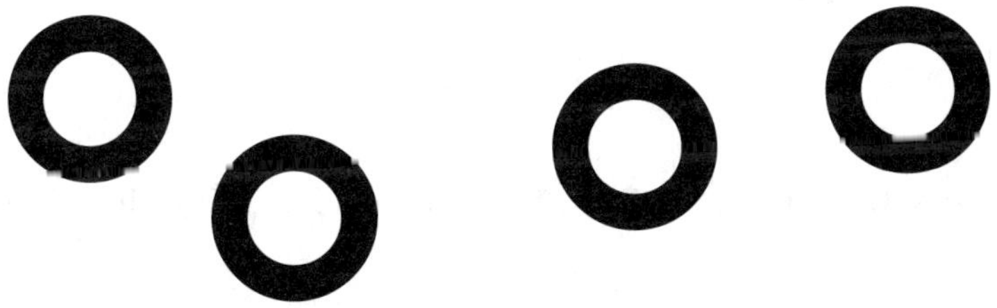

图 3 - 35　绘制填充的圆弧

② 绘制“点”。效果如图 3－36 所示。

前提:绘制两条相交导线。“对象捕捉”选择“交点”

命令:DONUT↙

指定圆环的内径<0.5>:0↙

指定圆环的外径<1.0>:1↙

指定圆环的中心点或<退出>:(鼠标捕捉交点)

指定圆环的中心点或<退出>:↙

指定圆环的中心点或<退出>:(鼠标选取一点)

指定圆环的中心点或<退出>:↙

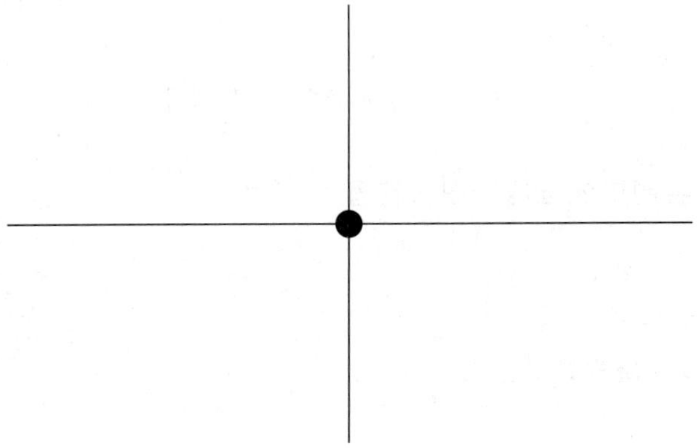

图 3－36　绘制实心圆环

③ 绘制不填充的圆环

命令:FILLMODE↙

输入 FILLMODE 的新值<1>:0↙

参考绘制图 3－35 的方法,绘制几个圆环。效果如图 3－37 所示。

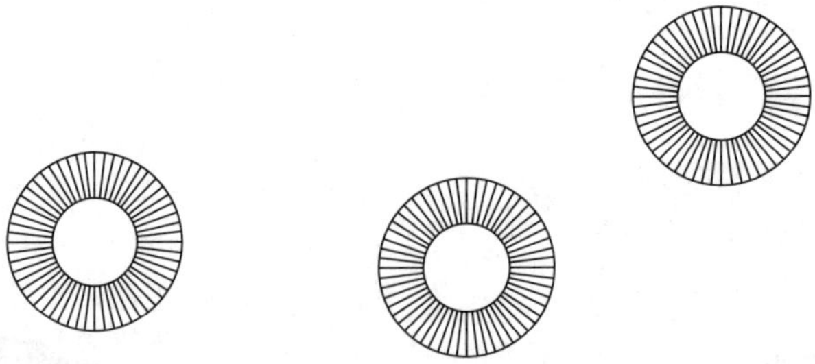

图 3－37　不填充的圆环

特别提示

执行重生成命令后,所有填充的图形,都按当前系统变量 FILLMODE 的值显示。

【任务实施】

1. 绘制电流互感器图形符号(一)

前提:“对象捕捉”选择“交点”“象限点”“最近点”。

(1)执行“直线”命令，绘制长度为“10mm”的竖直直线。效果如图3-38(a)所示。

(2)执行“圆环”命令，绘制内径为“3mm”，外径为“4mm”的圆环，圆环中心在直线的中点上。如图3-38(b)所示。

命令:DONUT↙
指定圆环的内径<0.5>:3↙
指定圆环的外径<1.0>:4↙
指定圆环的中心点或<退出>:(鼠标捕捉直线中点)
指定圆环的中心点或<退出>:↙

(3)执行“直线”命令，绘制长度为“7mm”的水平直线。效果如图3-38(c)所示。

命令:LINE↙
指定第一点:(鼠标捕捉圆环象限点)
指定下一点或[放弃(U)]:@7,0
指定下一点或[放弃(U)]:↙

(4)执行“直线”命令，绘制斜线。然后执行“移动”命令，将其移动到合适位置。再执行“复制”命令，将其向右复制“1mm”。效果如图3-38(d)所示。

命令:LINE↙
指定第一点:(鼠标拾取一点)
指定下一点或[放弃(U)]:@4<60↙
指定下一点或[放弃(U)]:↙
命令:MOVE↙
选择对象:指定对角点:找到1个(鼠标拾取斜线)
选择对象:
指定基点或[位移(D)]<位移>:(鼠标捕捉斜线中点)
指定第二个点或<使用第一个点作为位移>:(鼠标捕捉水平线最近点，点击合适位置)
命令:COPY↙
选择对象:指定对角点:找到1个(鼠标拾取斜线)
选择对象:(鼠标拾取斜线)
指定基点或[位移(D)]<位移>:(鼠标拾取一点)
指定第二个点或<使用第一个点作为位移>:@1,0↙
指定第二个点或[退出(E)/放弃(U)]<退出>:↙

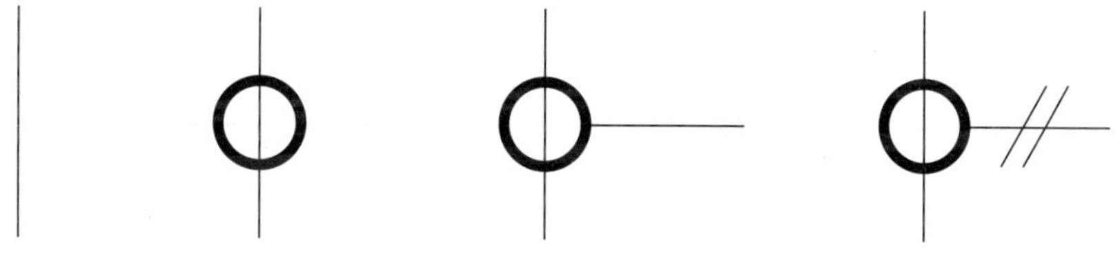

(a) (b) (c) (d)

图3-38 绘制电流互感器图形符号示例

2. 绘制电流互感器图形符号(二)

前提:绕组图形符号(图 3-22)已绘制完成。“对象捕捉”选择“端点”“中点”。

(1)执行“删除”“移动”命令,修改绕组图形符号。效果如图 3-39(a)所示。

(2)执行“多段线”命令,绘制宽度为“1.0mm”的水平多段线,长度为“50mm”。然后执行“移动”命令,将其移动到合适位置。效果如图 3-39(b)所示。

(a)　　(b)

图 3-39　电流互感器图形符号

命令:MOVE↙

选择对象:指定对角点:找到 1 个(鼠标拾取水平线)

选择对象:↙

指定基点或[位移(D)]<位移>:(鼠标捕捉水平线中点)

指定第二个点或<使用第一个点作为位移>:(鼠标捕捉圆弧的端点)

特别提示

图 3-38 和图 3-39 都是电流互感器图形符号,适用于不同类型的电气工程图。其中图 3-39 所示的图形符号只用于电路图。

子任务 3.1.6　绘制线路图形符号

【任务目标】

- 了解国标对于图线的规定。
- 了解导线的绘制原则。
- 熟练绘制导线和母线。

【知识链接】

1. 图线

(1)线型

《国家技术制图标准》(GB/T17450—1998)规定 15 种基本线型,《机械制图标准》(GB/T4457.4—2002)建议采用 9 种基本线型,见表 3-4。根据电气图的需要,一般只使用实线、虚线、点画线、双点画线型式,通过定义线宽实现粗细区别。线型的使用示例如图 3-40 所示。若在特殊领域使用其他型式图线时,按惯例必须在其他国家标准中规定,或者在有关图上用注释加以说明。

表 3-4　图线

线型编号	图线名称	图线型式	一般应用
1	粗实线		可见轮廓线等
2	细实线		尺寸线、尺寸界线、剖面线、指引线、过渡线等
3	粗虚线		允许表面处理的表示线

（续表）

线型编号	图线名称	图线型式	一般应用
4	细虚线	----------------	不可见轮廓线等
5	粗点画线	—·—·—·—·—	限定范围表示线
6	细点画线	—·—·—·—·—	轴线、对称中心线、轨迹线等
7	细双点画线	—··—··—··—	相邻辅助零件的轮廓线、极限位置的轮廓线等
8	波浪线	～～～	断裂处分界线、视图与剖视的分界线等
9	双折线	—\/—\/—\/—	同波浪线

（2）线宽

电气图中可能的线宽根据 x_A 计算。y_A 是图形显示时最小单位模数。这个公式比较复杂，在实际作图中线宽一般从下列范围选取：0.18、0.25、0.35、0.5、0.7、1.0、1.4、2.0，单位mm。在图纸或其他相当媒体上的任何正式文件的图线的宽度不应小于0.18mm。

图线如果采用两种或两种以上宽度，同一种线型中不同线宽之比至少为2∶1。如图3-40所示。

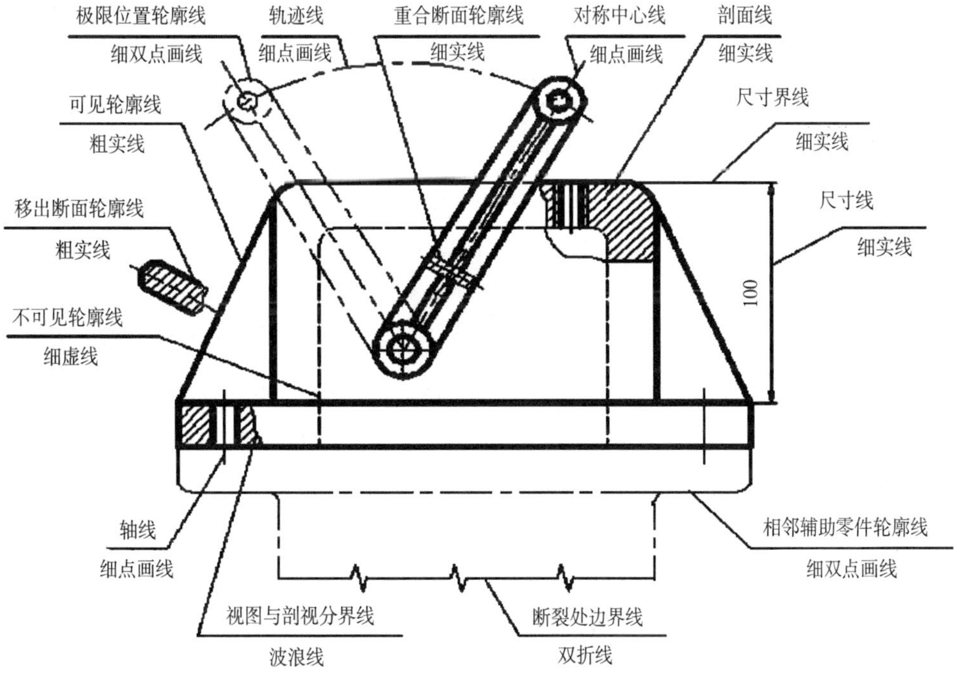

图3-40　线型使用示例

（3）图线间距

平行图线的边缘间距应至少为两条图线中较粗的一条图线宽的2倍。当两条平行图线宽度相等时，其中心间距应至少为每条图线宽度的3倍，最小不少于0.7mm。

特别提示

纸质图中图纸的线宽不会小于 0.2mm，CAD 中宽度小于 0.2mm 的图线不必设置宽度。

2. 连接线

(1)电的连接线

电的连接线也称为导线。一般图线可用单条导线表示，在绘图中选用实线型。如图 3-41(a)所示。

① 平行导线的简化表示

多条平行导线，可以分别画出，也可以只画一条线，再加以标志。如图 3-41(b)、(c)所示。在实际绘图中，少于 4 条导线一般用斜线表示条数；多于 4 条导线一般用一根斜线加数字表示。

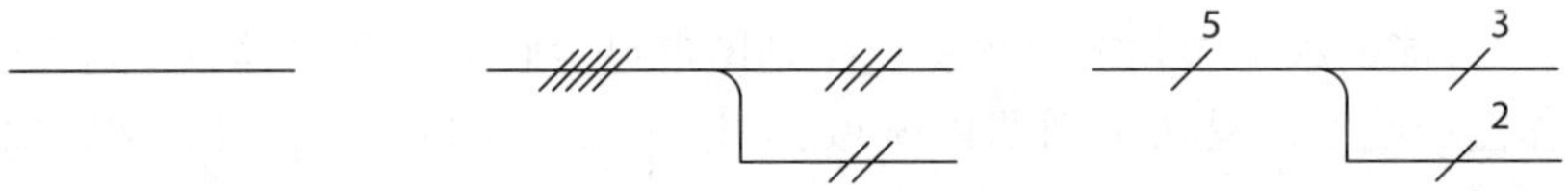

(a) 单条导线表示　(b) 用若干斜线表示多条导线　(c) 用数字表示多条导线

图 3-41　导线一般表示方法

② 交叉线的表示

当两条线在特定点被连接时，交叉点应符合 GB/T 4728 中的规定，"T"形交叉时，如图 3-42所示。这四种绘图是等价的，连接点可以加实心圆点，也可以不加。图上的编号是国标中的图符编号。其中符号 S01414 和 S01415 还表示了导线的进入方向。十字形连接线互连的表示，如图 3-43 所示，必须加实心圆点，而交叉不相连的，不能加实心圆点。

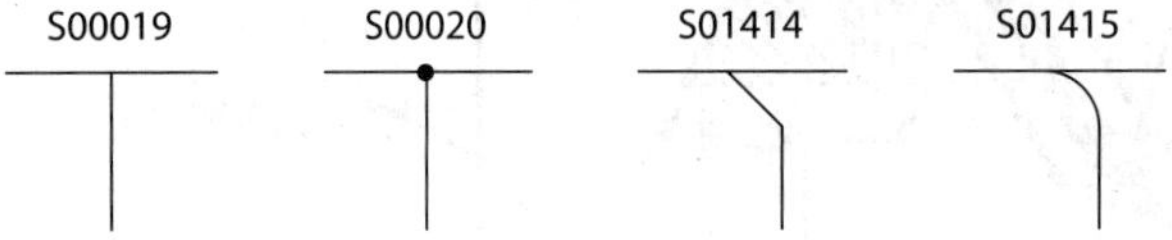

图 3-42　表示连接线的连接符号

图 3-43　表示十字连接线互连的符号

图 3-44、3-45 和 3-46 是连接线的典型绘图，其中图 3-44 的(a)等同于(b)。图 3-45 所示电路的功能与图 3-44 中电路的功能一致，但包括实际电线走向。图 3-46 表示有两束线连接时，其中一个线束的方向。

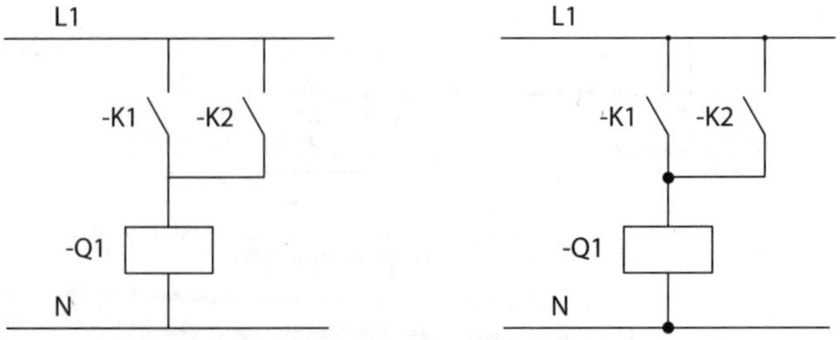

(a)　(b)

图 3-44　连接线连接的示例

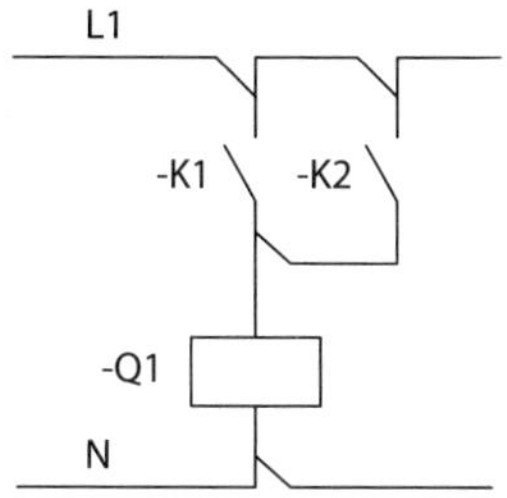

图 3-45 表示电线走向的连接线连接的示例

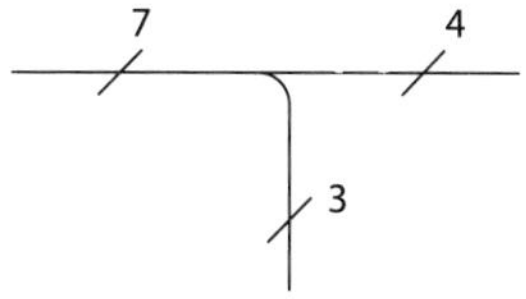

图 3-46 表示线束的连接线连接的示例

(2)机械连接线

在电气工程图中,电气元件内部会有机械连接,为了表明原理,有时候要绘制出机械连接。机械连接线的表示如图 3-47 所示。

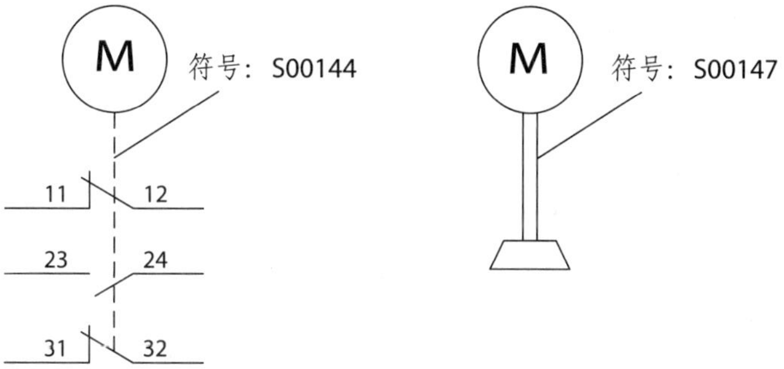

图 3-47 机械连接表示的示例

(3)电气工程图中线路的表示

① 连接线的粗细

一般而言,电源主电路、一次电路、主信号通路等采用粗线表示;控制回路、二次回路等采用细线表示。但是为了突出电气元件,电气元件符号要用更粗的线表示,为了绘图的美观和便于观察,大部分图形中线路都用细线表示。

② 连接线的定向

电气工程图的布局应从有利于对图的理解出发,突出图的本意,结构合理,排列均匀。连接线一般横平竖直,尽可能减少交叉和弯折。如图 3-48 和 3-49 所示。如果采用斜线可以改善易读性,也可以采用图 3-50 所示方法绘制连接线。两条平行连接线之间的距离至少是一个模数(最小为 2.5mm),如果平行连接线之间有文本,最小距离应是两倍字高,且至少是两个模数(最小为 5.0mm)。

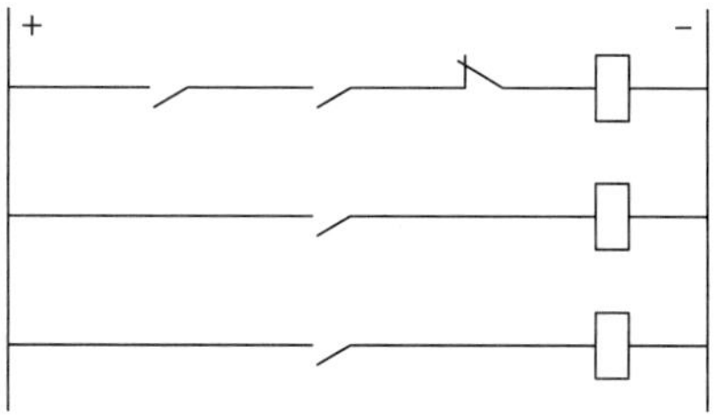

图 3-48 连接线水平取向

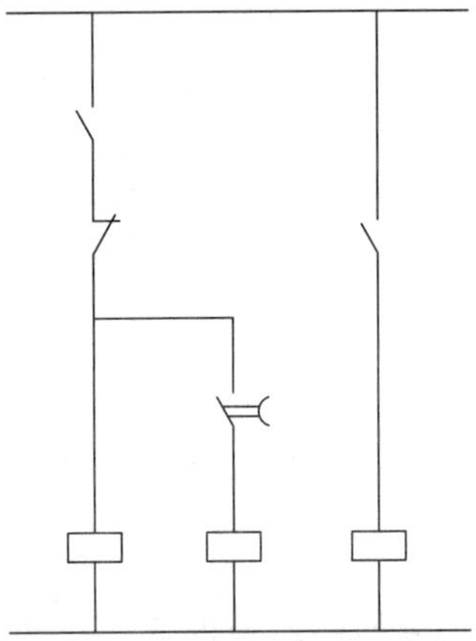

图 3-49　连接线竖直取向

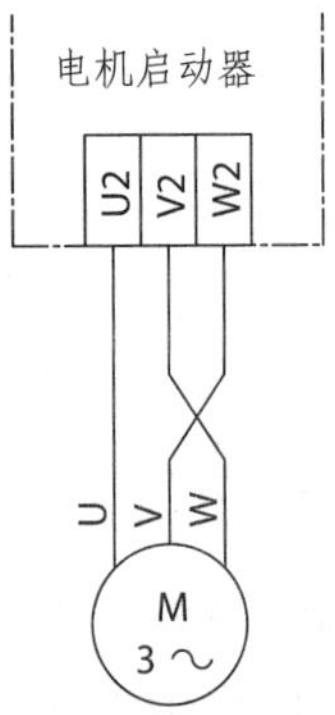

图 3-50　斜线连接的示例

③ 与连接线关联的技术数据

与连接线关联的技术数据需注意：

- 清楚地关联到相关连接线；
- 不可接触或跨越连接线；
- 应置于连接线附近，水平线之上，垂直线之左。

如果技术数据表示时无法毗邻连接线，应置于其他位置，并带有至连接线的指引线或参考。如图 3-51(b)所示。

相关技术数据一般包括电流种类、配电系统、频率和电压等，宜采用缩写形式。如图 3-51(a)。带有 N 和 PE 的三相五线系统，交流 50hZ，电压 400/230V，可以写作：

3/N/PE AC 400/230V 50hZ。

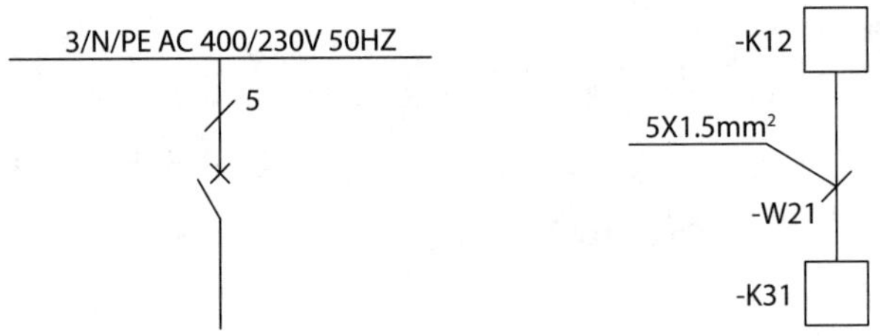

(a)　　(b)

图 3-51　与连接线关联的技术数据

2. 绘制图案填充

一般通过填充图案来表示截面，不同的图案填充表示不同的零件或材料。

(1)操作方法

① 在命令行中输入：HATCH(快捷命令 H)；

② 在下拉菜单中点击："绘图"→"图案填充"；

③ 在"绘图"工具栏单击按钮。

(2)操作说明

执行该命令后，将会弹出如图 3-52 所示的对话框。在该对话框中，用户可以设置图案填充时的图案特征、填充边界及填充方式等。

参数说明：

① “图案填充”选项卡中的主要选项的含义如下：

● “类型”下拉列表：用于设置填充的图案类型，其中包括“预定义”“用户定义”和“自定义”等。

● “图案”下拉列表：用来选择相应的图案类型。

● “样例”预览框：用于显示当前选中的图案样例。单击该预览框时，会出现填充图案选项班对话框。如图 3－53 所示。

● “角度”下拉列表：用于设置填充图案的倾斜角度。

● “比例”下拉列表：用于设置图案填充时的比例值，初始值为 1。

● “图案填充原点”选择组：用来控制填充图案生成的起始位置。默认情况下，所有图案填充原点都对应于当前的 UCS 原点，但某些图案填充（如砖块图案）需要与图案填充边界上的一些点对齐。

● “边界”选择：确定填充范围的选取方式。用“拾取点”，在封闭图形内点一下；用“选取对象”，在封闭图形的边线上点一下。

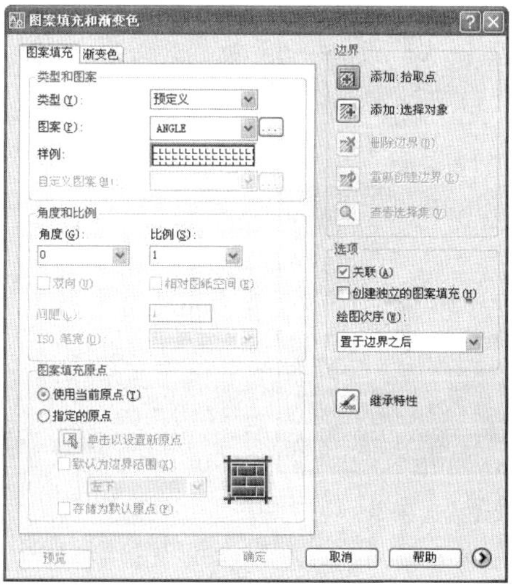

图 3－52　“图案填充和渐变色”对话框

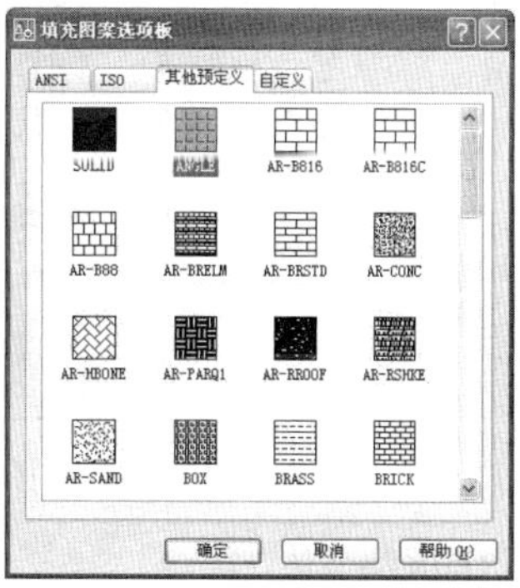

图 3－53　“填充图案选项卡”对话框

② 在“图案填充和渐变色”对话框中，单击右下角的箭头按钮，将显示如图 3－54 所示的对话框。

扩展后的对话框选项含义如下：

● “孤岛”选项组：孤岛显示样式用于设置孤岛的填充方式，有“普通”“外部”和“忽略”三种方式。

● “边界保留”选项组：用于设置是否将填充边界以对象的形式保留下来，以及设置保留的类型。

② 在“渐变色”选项卡（如图 3－55 所示）中，作图人员可根据要求对“单色”“双色”“渐变图案”“居中”“角度”等选项进行相应的设置，还可以设置颜色填充的方向。

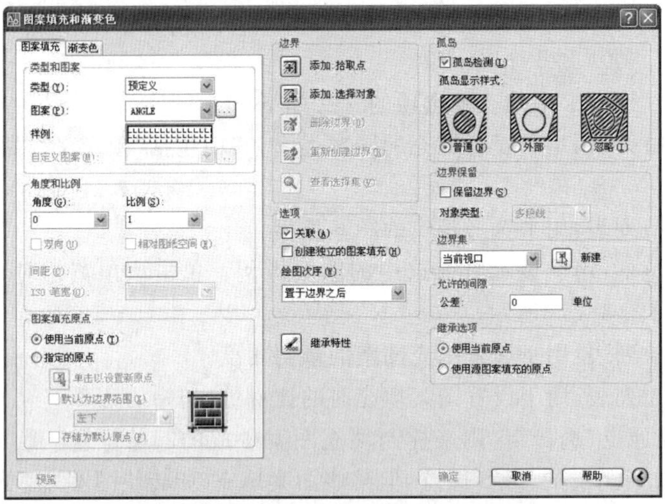

图 3-54 扩展"图案填充和渐变色"对话框

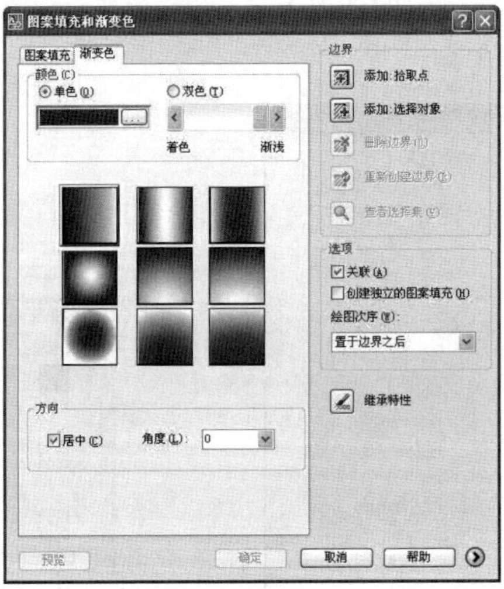

图 3-55 "渐变色"选项卡

(3)操作示例

绘制如图 3-56 所示图形。

前提:绘制两个"30mm×20mm"的矩形。

命令:HATCH↙(弹出选项卡,在选项卡中选择"AR-B816"图形,

比例为 0.01,"添加:拾取点")

拾取内部点或[选择对象(S)/删除边界(B)]:(鼠标拾取矩形内一点)

正在选择所有可见对象...

正在分析所选数据...

正在分析内部孤岛...

拾取内部点或[选择对象(S)/删除边界(B)]:↙

(弹出选项卡,选择"确定")

效果如图 3－56(a)所示。

命令:HATCH↙(弹出选项卡,在选项卡中选择"AR－B816"图形,
角度为 30°,比例为 0.01,"添加:选择对象")
拾取内部点或[选择对象(S)/删除边界(B)]:(鼠标拾取矩形边线)
正在选择所有可见对象...
正在分析所选数据...
正在分析内部孤岛...
拾取内部点或[选择对象(S)/删除边界(B)]:↙
(弹出选项卡,选择"确定")

效果如图 3－56(b)所示。

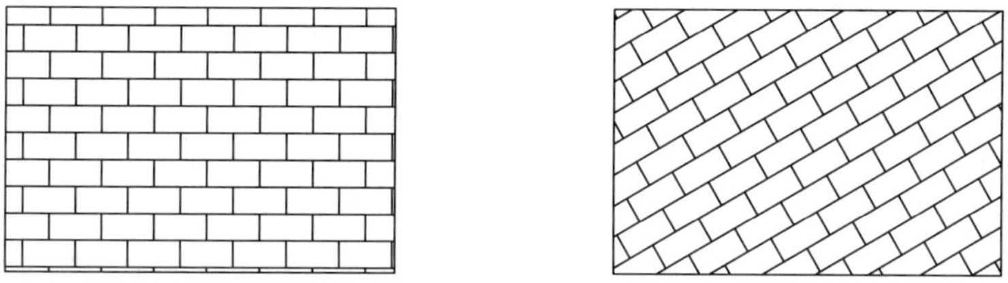

(a)　　(b)

图 3－56　图案填充示例

【任务实施】

1. 绘制导线

执行"直线"命令绘制导线,如果导线需要用粗线表示,可以用"多段线"命令绘制。

2. 绘制母线

母线也称为汇流排,是用高导电率的铜(铜排)、铝质材料制成的,用以传输电能,具有汇集和分配电力能力的产品。工程中母线的截面积比各条支线的截面积要大。为了区分母线与普通导线,在图纸中母线要用较粗的线表示,并且要能够使读图者正确区分导线是否与母线连接。工程中母线样式如图 3－57 所示,图 3－57(a)矩形表示母线,圆表示导线与母线连接,没有圆表示导线与母线相交但不连接;图 3－57(b)对圆内填充,用以突出连接;图 3－57(c)是一种"反白"表示,打印图形会显得更美观。

以图 3－57(c)为例说明母线的绘制步骤:

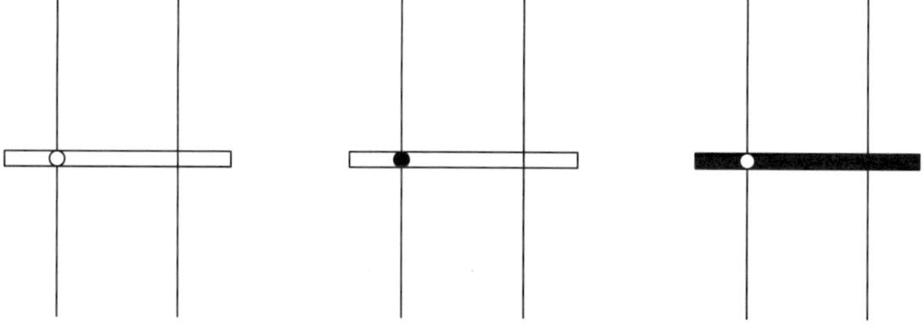

(a)　　(b)　　(c)

图 3－57　母线样式

(1)执行“矩形”命令，绘制一个扁长型矩形；

(2)执行“直线”命令，绘制竖直直线；

(3)执行“圆”命令，绘制圆(用“两点”方式，捕捉竖线与矩形的交点)；

(4)执行“图案填充”命令，填充矩形和圆之间的部分。

【任务拓展】

1. 不封闭图形的填充

填充封闭图形，用“拾取点”或“选择对象”的方式都可以。不封闭图形如果用“拾取点”方式填充图案，软件会报错。如图 3-58 所示，不封闭图形可使用“选择对象”的方式填充图案，但是填充后的图形会缺失一部分，如图 3-59 所示。

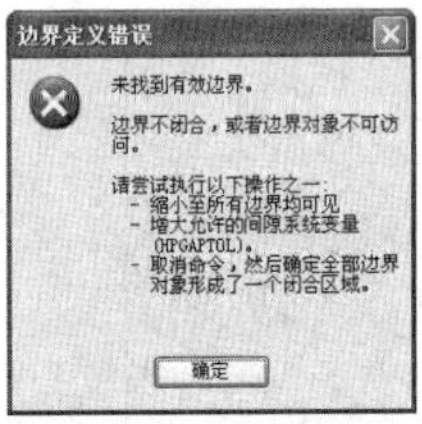

图 3-58　边界错误

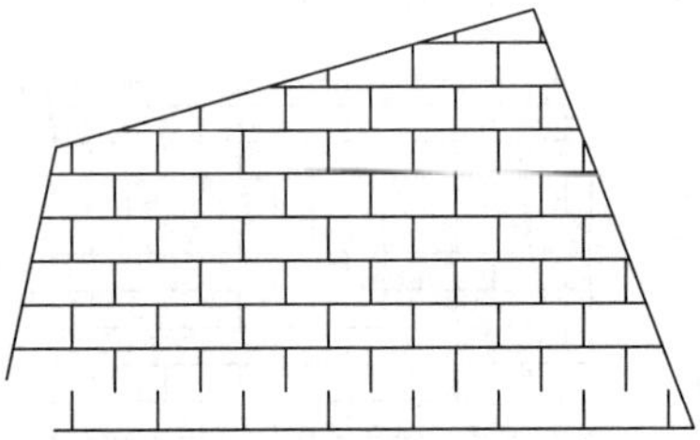

图 3-59　不封闭图形填充样式

2. 教科书中母线的样式

在教科书中，母线用粗实线表示，用实心点表示连接，如图 3-60 所示。绘制方法较简单，正式工程图不使用这种图样。

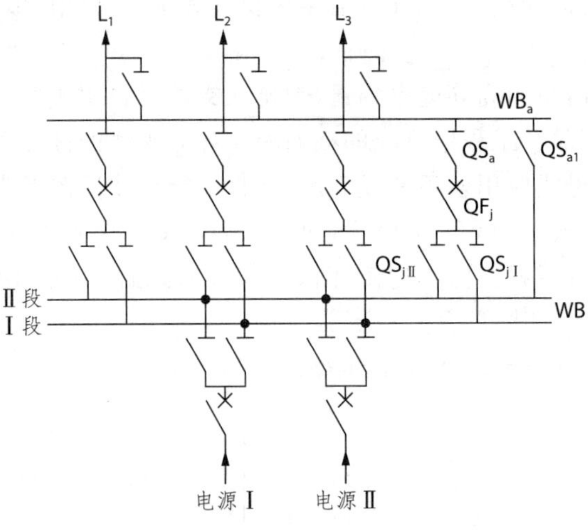

图 3-60　双母线带旁路母线图样

任务 3.2　绘制文字符号

为了说明电气工程图中电气设备、装置和元器件的名称、功能、状态和特征，必须在图形符号上或其近旁标上文字符号。

文字符号分为字母代码和型号参数两类。在不同的设计阶段，设计深度不同，使用的文字符号也不同。概念图和初步设计图(包括教科书用图)中，相关设备没有确定生产厂家和型号，只能用字母代码说明。在施工图、竣工图和技术改造图中，已经确定设备的参数和型号，采用具体的型号和参数进行注释。

【任务目标】

- 了解常用字母代码的含义。
- 了解常用高压设备型号含义。
- 掌握注释电气设备型号的方法。

【知识链接】

1. 字母代码

字母代码也称参考代号，是作为系统组成部分的特定项目，按该系统一方面或多方面相对于系统的识别符。多用于概略图和电路图。

按照国家标准 GB/T 6988 的规定，为了方便了解系统、装置、设备的总体功能和结构层次，识别文件内项目；为了便于查找、区分各种符号所表示的元件、器件、装置和设备，在电气图和相关文件上采用参照代号标注在图形符号旁，以便在图形符号和实物之间，建立起比较明确的对应关系。

字母代码由前缀符号和三种代码的一种组成。用来表示参照代号前缀符号的字符为：

“＝＝”　表示项目的功能配置；

“＝”　表示项目的功能、系统；

“－”　表示项目的产品、元件。

在不引起误解的情况下，可以省略前缀符号。

三种代码分别为：字母代码、数字、字母加数字。如果同时采用字母和数字，则数字应在字母代码之后。对相同字母代码的同一项目的各组成项目，应以数字来区分。

字母代码的意义在不同版本的国家标准中有不同的规定，推荐按照最新标准《技术产品及技术产品文件结构原则字母代码按项目用途和任务划分的主类和子类》(GB/T 20939－2007)和《建筑电气制图标准》(GB/T50786－2012)中的规定进行注释。该标准中把字母代码分为项目主类字母代码和子类字母代码，主类字母代码按照英文字母将各种电气设备、装置和元器件划分为 24 类(不包括 I、O 两个字母)，子类字母代码也按照英文字母分为 24 类(不包括 I、O 两个字母)，但是意义完全不一样。主类字母代码可以单独使用，子类字母代码不能单独使用，必须和主类字母代码组合起来才能正确表达含义，见表 3－5。

如果单纯用字母代码还是不能表明设备的状态，还可以附加辅助文字符号。辅助文字符号是用以表示电气设备、装置和元器件以及线路的功能、状态和特征的，见表 3－6。表 3－5 中三字符代码就是在字母代码的基础上附加辅助文字符号。若辅助文字符号由两个以上字母组成时，为简化文字符号，只允许采用第一位字母进行组合。辅助文字符号可以单独使用，如“OFF”表示断开，“DC”表示直流等。辅助文字符号一般不超过三位字母。

表 3－5　常用字母代码

电气产品名称	主类代码	含子类代　码	电气产品名称	主类代码	含子类代　码
35kV 开关柜	A	AH	电容器	C	CA
20kV 开关柜		AJ	线圈		CB
10kV 开关柜		AK	硬盘		CF
6kV 开关柜		—	存储器		
低压配电柜		AN	录像机		
并联电容器柜(屏、箱)		ACC	白炽灯、荧光灯	E	EA
直流配电柜(屏、箱)		AD	紫外灯		
保护柜(屏、箱)		AR	电热丝		EB
电能计量柜(屏、箱)		AM	灯、灯泡		—
信号柜(屏、箱)		AS	发光设备		
电源自动切换柜(屏)		AT	熔断器	F	FA
动力配电柜(屏、箱)		AP	避雷器		
应急动力配电柜		APE	电涌保护器		FC
控制、操作柜(屏、箱)		AC	热过载释放器		FD
励磁柜(屏、箱)		AE	接闪器		FF
照明配电柜(屏、箱)		AL	保护电极(阴极)		FR
应急照明配电柜		ALE	发电机	G	GA
电度表柜(屏、箱)		AW	直流发电机		
热过载继电器	B	BB	电动发电机组		
保护继电器			柴油发电机组		
电流互感器、继电器		BE	蓄电池、干电池		GB
电压互感器、继电器			燃料电池		
测量继电器			太阳能电池		GC
测量电阻(分流)			信号发生器		GF
测量变送器			不间断电源		GU
差压传感器		BF	瞬时接触继电器		KA
流量传感器			瓦斯保护继电器		KB
位置开关		BG	电流继电器		KC
接近传感器			继电器		KF
位置测量传感器			时间继电器		—
液位测量传感器			控制器(电、电子)		
湿度测量传感器		BM	接收机		—
压力传感器		BP	发射机		—
烟雾(感烟)传感器		BR	光耦器		—
火焰(感光)传感器			控制器(光、声学)		KG
光电池			阀门控制器		KH
速度变换器		BS	信号继电器		KS
温度传感器		BT	电压继电器		KV
测量变换器		—	压力继电器		KPR

（续表）

电气产品名称	主类代码	含子类代码	电气产品名称	主类代码	含子类代码
电动机	M	MA	旁路断路器	Q	QD
直流电动机			星/三角启动器		QSD
电磁驱动		MB	自耦降压启动器		QTS
励磁线圈			转子变阻式启动器		QRS
执行器		ML	电阻器	R	RA
弹簧储能装置			电抗线圈		
电流表	P	PA	滤波器		RF
铃、钟		PB	限流器		RN
(脉冲)计数器		PC	电感器		—
频率表		PF	控制开关	S	SF
打印机			按钮开关		
录音机			启动按钮		
告警灯、信号灯		PG	多位开关(选择开关)		SAC
监视器、显示器			停止按钮		SS
LED(发光二极管)			复位按钮		SR
计量表			试验按钮		ST
无色信号灯			电压表切换开关		SV
白色信号灯		PGW	电流表切换开关		SA
红色信号灯		PGR	变频器	T	TA
绿色信号灯		PGG	电力变压器		
黄色信号灯		PGY	DC/DC 转换器		
电度表		PJ	整流器		TB
无功电度表		PJR	控制变压器		TC
相位表		PPA	放大器		TF
功率因数表		PPF	调制器、解调器		
记录仪表		PS	隔离变压器		
同位指示器			有载调压变压器		TLC
转速表		PT	整流变压器		TR
电压表		PV	自耦变压器		TT
有功功率表		PW	支柱绝缘子	U	UB
无功电流表		PAR	瓷瓶		
断路器	Q	QA	绝缘子		—
晶闸管、电动机启动器			高压母线、母线槽	W	WA
接触器		QAC	高压配电线缆		WB
软启动器		QAS	低压母线、母线槽		WC
隔离开关		QB	低压配电线缆		WD
熔断器式隔离开关			数据总线		WF
接地开关		QC	控制电缆、测量电缆		WG
电源转换开关		QCS	光缆、光纤		WH

（续表）

电气产品名称	主类代码	含子类代码	电气产品名称	主类代码	含子类代码
信号线路	W	WS	高压端子、接线盒	X	XB
电力(动力)线路		WP	高压电缆头		
照明线路		WL	低压端子、端子板		XD
滑触线		WT	低压电缆头		
			插座、插座箱		
			连接器		—
			插头		

表 3-6 常用附加符号

序号	文字符号	名　称	序号	文字符号	名　称
1	A	电流、模拟	29	INC	增
2	AC	交流	30	IND	感应
3	A、AUT	自动	31	L	左、限制、低
4	ACC	加速	32	LA	闭锁
5	ADD	附加	33	M	主、中、手动
6	ADJ	可调	34	NR	正常
7	AUX	辅助	35	OFF	断开
8	ASY	异步	36	ON	闭合
9	B、BRK	制动	37	OUT	输出
10	BK	黑	38	P	压力、保护
11	BU	蓝	39	PE	保护接地
12	BW	向后	40	R	记录、右、反
13	C	控制	41	RD	红
14	CCW	逆时针	42	RES	备用
15	CW	顺时针	43	R、RST	复位
16	D	延时、差动、降	44	RUN	运转
17	DC	直流	45	S	信号
18	DEC	减	46	ST	启动
19	DS	失步	47	S、SET	设置、定位
20	E	接地	48	STE	步进
21	EM	紧急	49	STP	停止
22	F	快速	50	T	温度、时间

（续表）

序号	文字符号	名　称	序号	文字符号	名　称
23	FA	事故	51	U	升
24	FB	反馈	52	UPS	不间断电源
25	G	气体	53	V	速度、电压
26	GN	绿	54	VR	可变
27	H	高	55	WH	白
28	IN	输入	56	YE	黄

当一个图形符号主要是用垂直端线表示时，与符号相关的字母代码应被至于符号的左边，如图 3－61(a)所示；当一个图形符号主要是用水平端线表示时，与符号相关的字母代码应被至于符号的上方，如图 3－61(b)所示。

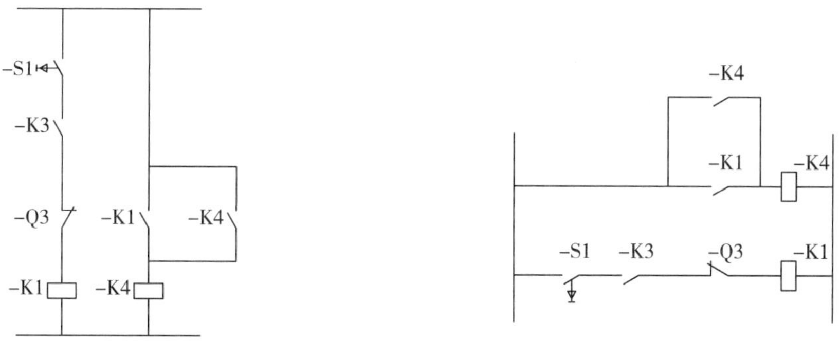

（a）使用垂直端线　　（b）使用垂直端线

图 3－61　字母代码的位置

2. 电气设备型号

当设计达到一定深度的时候(施工图或竣工图)，需要在图纸中标注各个电气设备的型号和主要参数。这部分内容由招投标确定的设备厂家提供。在识读电气工程图的过程中，技术人员应该能够根据型号，初步了解对应设备的功能。各种电气设备的型号都是字母和数字的组合，字母一般表示汉语拼音的第一个字符。

(1)发电机

发电机种类繁多，每种发电机有不同型号，各个电机公司生产的电机也有不同型号。同步机和异步机型号不同；交流机和直流机的型号不同；水轮发电机、汽轮发电机，核电发电机、风力发电机的型号都不一样。技术人员要根据具体的设备区别对待。这里介绍一种汽轮发电机的型号意义。

示例 QFSN－300－2－20：由汽轮机拖动的发电机；定子绕组水冷，转子绕组氢内冷；额定容量 300MW；两极；额定电压 20kV。在工程中，只有上述型号还不能完全描述发电机的主要特征。如图 3－62 所示，典型的型号标注还包括功率因素角、额定电流和次暂态电抗等。

(2)变压器

不论是主变压器还是厂用(站用)变压器，其型号表示基本一致。电力变压器的全型号如图 3－63 所示。

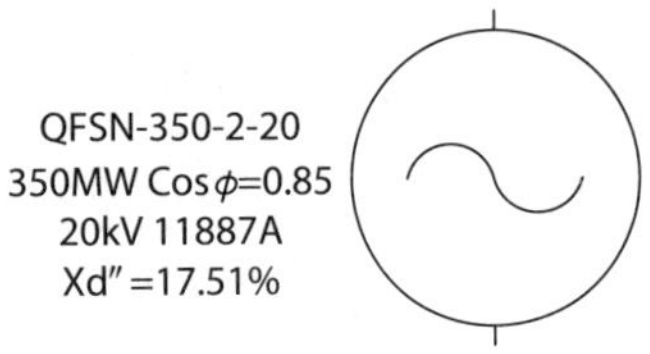

图 3－62　发电机的型号标注

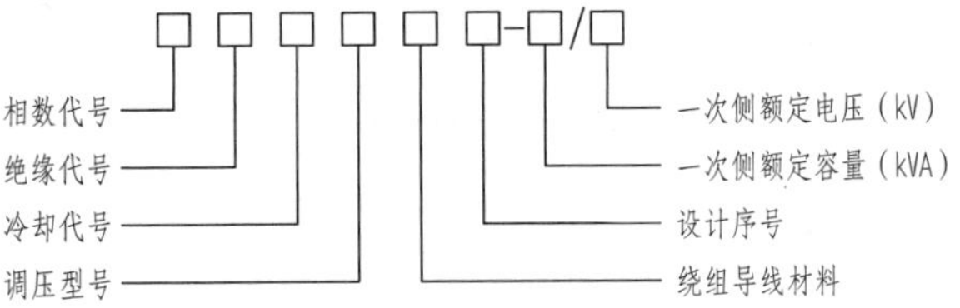

图 3－63　变压器全型号含义

参数说明：

- 相数代号：S 三相、D 单相；
- 绝缘代号：C 成型固体、G 干式空气自冷、油浸式不表示；
- 冷却代号：F 风冷、P 强迫油循环、自冷式不表示；
- 调压型号：Z 有载调压、无载调压不表示；
- 绕组导体材料：L 铝，铜不表示。

示例 SZ－40000/110：三相油浸式变压器，自冷式，有载调压，铜绕组，额定容量 40000kVA，一次侧额定电压 110kV。与发电机类似，在工程中，还有其他的参数进行描述，如图 3－64 所示，额定变比为 110/10.5；九档调压，每档调节 2%；一次侧星形接线，中性点接地，二次侧三角形接线，相序 11 点钟方向；短路阻抗标幺值 0.105。

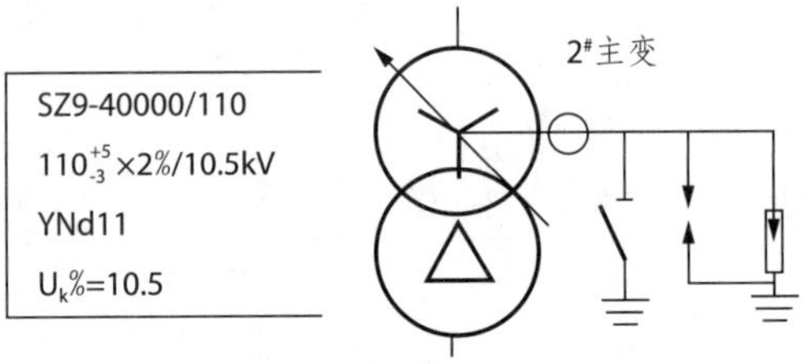

图 3－64　变压器的型号注释

(3)电压互感器

电压互感器的全型号如图 3－65 所示。

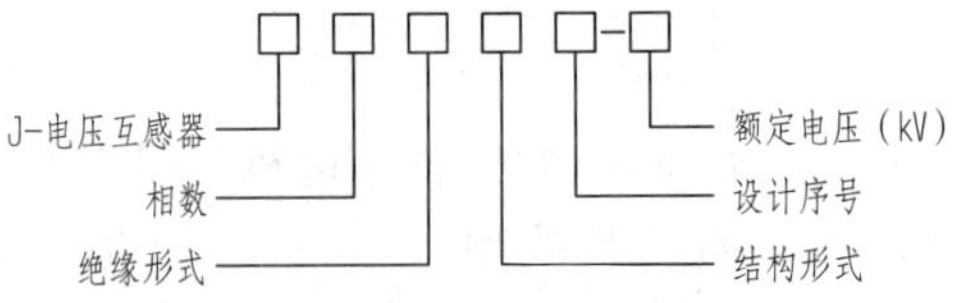

图 3－65　电压互感器全型号含义

参数说明：

- 相数：S 三相、D 单相；
- 绝缘形式：C 干式、Z 浇筑式、Q 气体、油浸式不表示；
- 结构形式：X 带零序（剩余）电压绕组、B 三相带补偿绕组、W 五柱芯三绕组。

示例 JDZXF－10：单相式电压互感器，干式绝缘，可测量零序电压，额定电压 10kV。在工程中还应注明其额定变比，如图 3－66 所示。

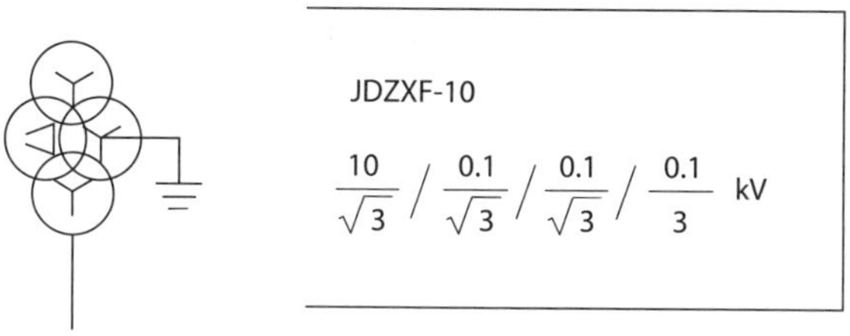

图 3－66　电压互感器的型号注释

(4)电流互感器

电压互感器的全型号如图 3－67 所示。

参数说明：

- 结构形式：R 套管式、Z 支柱式、Q 线圈式、F 贯穿式(复匝)、D 贯穿式(单匝)、M 母线式、K 开合式、V 倒立式、A 链式；
- 线圈外绝缘介质：G 空气(干式)、C 瓷(主绝缘)、Q 气体、Z 浇筑成型固体、K 绝缘壳、油浸式不表示；
- 用途：B 带有保护级、D 差动保护用、J 接地保护用。

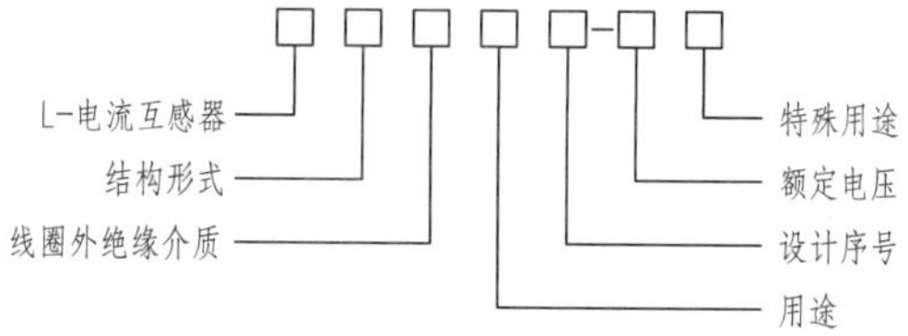

图 3－67　电流互感器全型号含义

示例 LZZBJ9－10：支柱式电流互感器，固体绝缘，带有保护用线圈，额定电压 10kV。在工程中电流互感器的注释很容易引起误解。如图 3－68 所示，这里表示一共有 6 台电流互感器，每台电流互感器有两个二次绕组，额定变比都是 2000/5，其中三台电流互感器二次绕组正常运行时误差为 0.5%和短路时符合差动保护用误差要求，另外三台电流互感器二次绕组正常运行时误差为 0.5%和短路电流达到 10 倍一次额定电流时，误差为 10%。

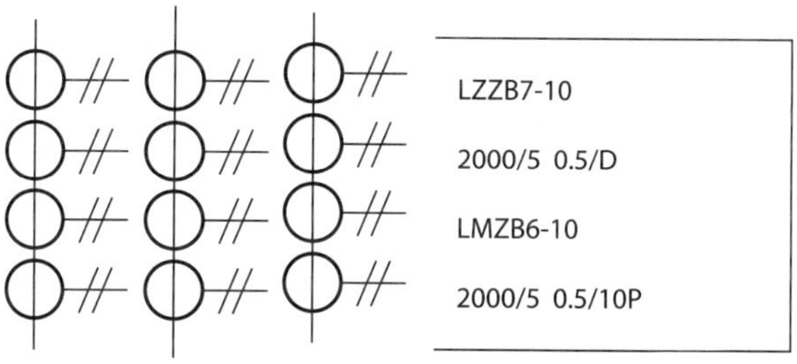

图 3－68　电流互感器的型号注释

(5)断路器

高压断路器和低压断路器的型号表达不同，这里只介绍高压断路器的全型号。如图

3－69所示。

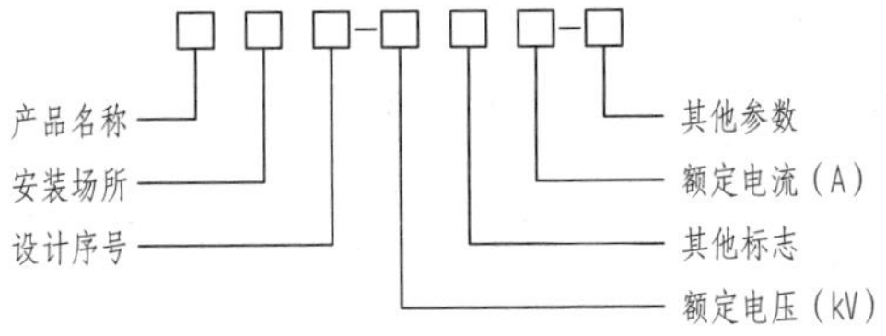

图 3－69　高压断路器全型号含义

参数说明：

● 产品名称：S 少油断路器、D 多油断路器、Z 真空断路器、L 六氟化硫断路器；

● 安装场所：N 户内式、W 户外式；

● 其他标志：Q 改进型，Ⅰ、Ⅱ、Ⅲ断流能力代号；

● 其他参数：开断电流（kA）、断流容量（MVA）。

示例 ZN28－10/2500－25：户内安装真空断路器；额定电压 10kV；额定电流 2500A，最大开断电流 25kA。

（6）隔离开关

高压隔离开关和低压隔离开关的型号表达不同，这里只介绍高压隔离开关的全型号。如图 3－70 所示。

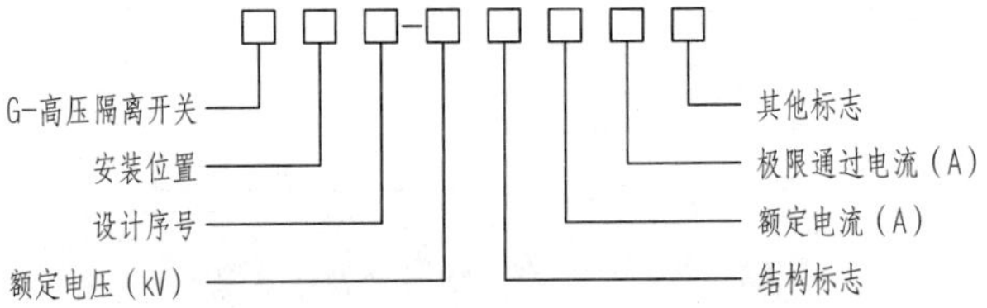

图 3－70　高压隔离开关全型号含义

参数说明：

● 安装场所：N 户内式、W 户外式；

● 结构标志：T 统一设计、Q 改进型、D 带接地刀闸、W 防污型、C 穿墙型，Ⅰ、Ⅱ、Ⅲ断流能力代号；

● 其他标志：G 高原型、W 防污型。

示例 GW5－110ⅡDW：户外安装隔离开关；额定电压 110kV；带接地刀闸；防污型。

高压开关设备还附带有操动机构，其含义如图 3－71 所示。

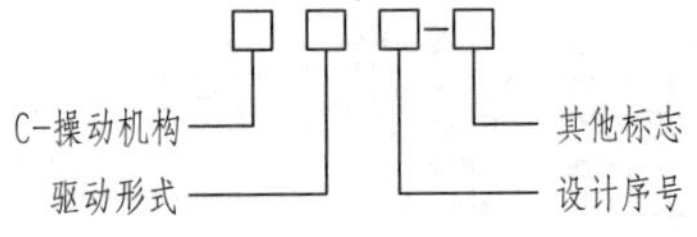

图 3－71　操动机构型号含义

参数说明：

● 驱动形式：S 手动式、D 电磁式、T 弹簧储能式、Q 气动式、Y 液压式；

● 其他标志：G 改进型、T 带脱扣器、X 箱式。

(7)避雷器

避雷器分为阀式避雷器和金属氧化物(ZnO)避雷器,阀式避雷器在新建工程中不再使用,金属氧化物避雷器的全型号如图3－72所示。

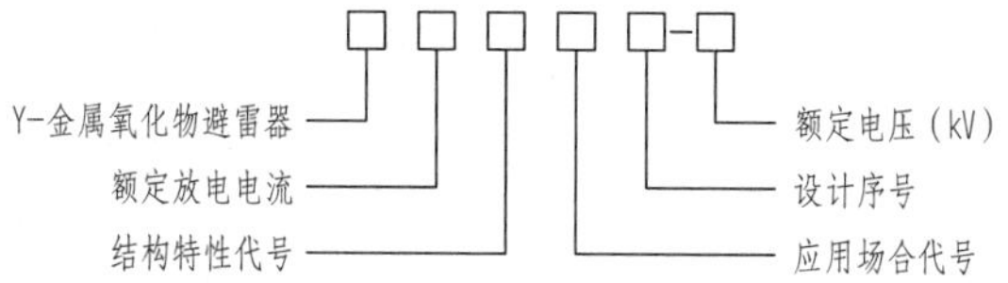

图3－72　金属氧化物避雷器型号含义

参数说明:

- 结构特性代号:W无放电间隙、C串有放电间隙、B并有放电间隙;
- 应用场合代号:S变配电所使用、D电机用、R电容器组用、Z电站用、X线路保护用。

示例YH5WZ5－17/45:复合外套金属氧化物避雷器;标称放电电流5kA;无放电间隙,电站用;额定电压17kV,标称电流下最大残压50V。

(8)熔断器

高压熔断器全型号如图3－73所示。

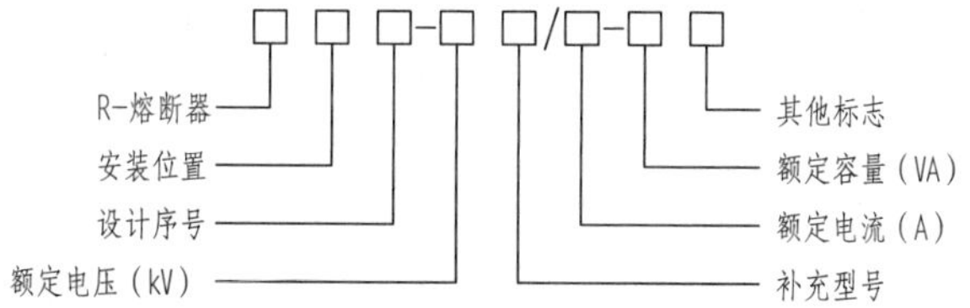

图3－73　高压熔断器型号含义

参数说明:

- "自爆式"熔断器,"R"前加"B"
- 安装位置:N户内型、W户外型、X限流型(户外不加);
- 补充型号:F负荷型、G改进型;
- 其他标志:Y高原型。

示例RN2－10/50:户内安装熔断器;额定电压10kV,额定电流50A。

特别提示

以上型号含义只适用于国产设备,进口设备型号含义见具体产品手册。

3. 文字的方向

读图者所在位置应该是图纸的下方或右侧。图纸中的文字、字母、数字应是水平或垂直方向。垂直方向排列方向于文档从下至上阅读,水平方向从右向左阅读。如图3－74所示,文档自下向上阅读(从图纸下方看),图中三组电阻RA1、RA2、RA3和中间端子都是从左向右排列,按1.3、1.4、2.3、2.4、3.3、3.4的顺序;文档从右向左来阅读(从图纸右方看),三组电阻的端子分别从上向下排列1.2、1.1、2.2、2.1、3.2、3.1。

文字方向的规定和信息流的流向没有关系。图纸中表示端子代号的顺序,遵循信息流向的规定,按照从顶至底、从左至右的规定。从图纸下面读图,图3－75和3－76中13→14

和 21→22；1→2、3→4 和 5→6，它们与文字方向表示顺序不同，信息流自上而下；从图纸右边读图，端子的标注与连线平行，信息流自右向左。

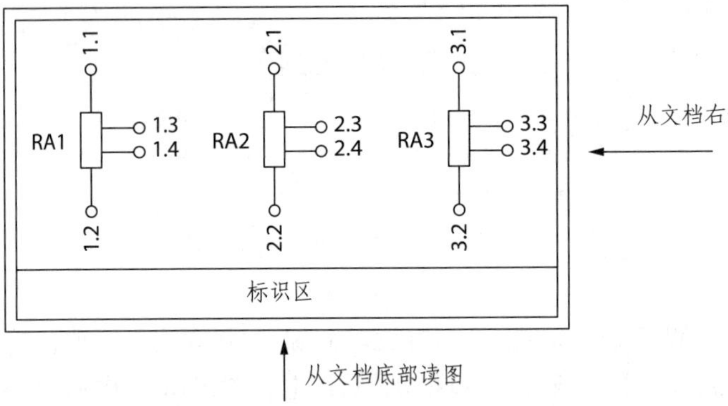

图 3-74 文件的视图方向

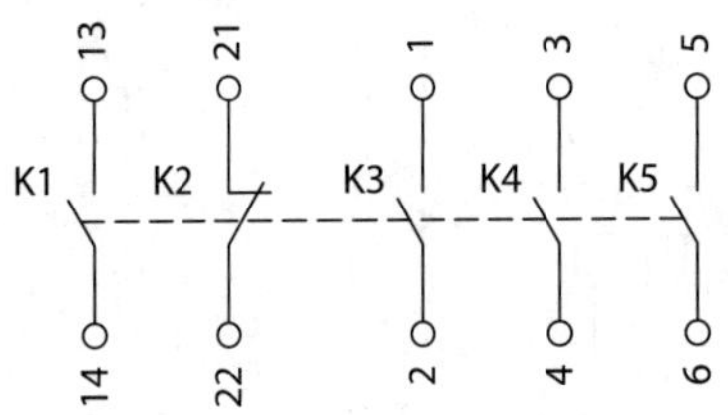

图 3-75 某开关装置的错误示例

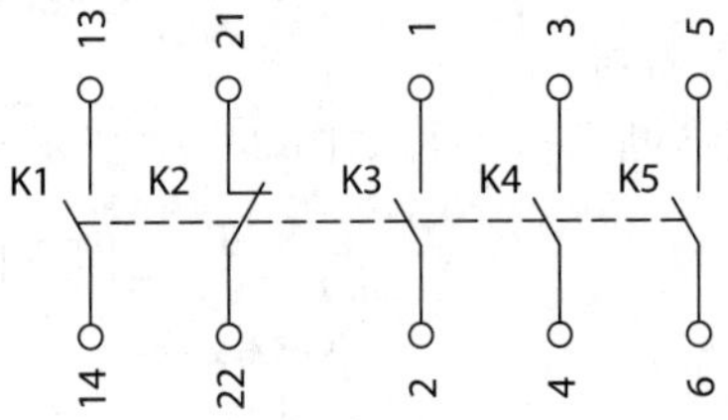

图 3-76 某开关装置的正确示例

【任务实施】

首先建立文字样式“电气设备”，字体为“仿宋_GB2312”，文字高度为“3.5”，宽度比例为“1”。为了美观，可用单行文字命令一次性输入几行，然后再调整其位置。以图 3-77 为例说明如何生成文字符号。

(1)执行“单行文字”命令，生成几行文字。效果如图 3-77(a)所示。

(2)在“正交”模式下，执行“移动”命令，使文字分别对应隔离开关、避雷器、熔断器和电压互感器的图形符号。效果如图 3-77(b)所示。

(3)执行“直线”命令，绘制水平和竖直直线。然后执行“复制”命令，移动直线，形成文字框线效果如图 3-77(c)所示。

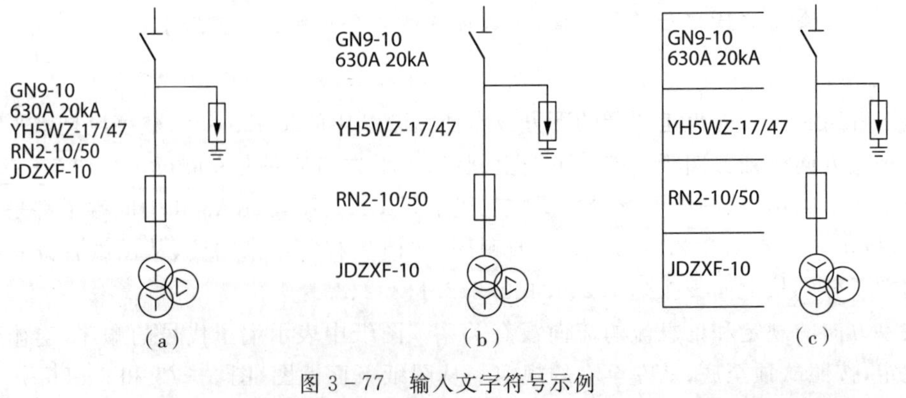

图 3-77 输入文字符号示例

【任务拓展】

字母代码的变化

我国字母代码的规范经过三个阶段，最早使用设备汉语拼音的简写或者英文的简写，例如断路器写为“DL”(DianLu)，电流互感器写为“CT”(Current Transformer)，电压互感器写为“PT”(Phase voltage Transformer)，这一阶段随意性较大；第二个阶段以《电气技术中的文字符号制定通则》(GB/T7159—1987)为标志，规定字符组成规律，分为基本文字符号和辅助文字符号，例如断路器写为“QF”，电流互感器写为“TA”，电压互感器写为“TV”，见附表1。该标准在2005年停用；第三阶段以《技术产品及技术产品文件结构原则字母代码 按项目用途和任务划分的主类和子类》(GB/T 20939—2007)为标志，根据ISO标准的规定，重新定义字符，分为主类符号和子类符号，例如断路器写为“QA”，电流互感器写为“BE”，电压互感器写为“BE”，见表3-5。第三阶段的代码规定正在逐渐推广，第二阶段的代码在教科书和实际工程中还在大量使用。

任务3.3　绘制电气主接线图

电气主接线主要是指在发电厂、变电所、电力系统中，为满足预定的功率传送和运行等要求而设计的、表明高压电气设备之间相互连接关系的传送电能的电路。用国家统一的电气图形符号、文字符号表示主接线中各电气设备相互连接顺序的图形就是电气主接线图。电气主接线图一般用单线图表示，即一根线就表示三相。但在三相接线不同的局部位置要用三线图表示，例如有电流互感器的部位。

【任务目标】

- 了解电气工程图的特点和线路表示法。
- 熟练拉伸、延伸对象。
- 熟练创建块、写块和插入块。
- 掌握绘制电气主接线图的方法。

【知识链接】

1. 电气工程图的特点

(1)从前面的分类可以看出，简图是电气工程图的主要形式。简图是采用图形符号和带注释的框来表示包括连接线在内一个系统或设备的多个部件或零件之间关系的图示形式。在工程中，为了正确安装元、器件，还存在各种详图，这些详图一般由产品厂家提供，各设计院和安装单位不绘制。

(2)元件和连接线是电气图描述的主要内容。电气装置主要由电气元件和电气连接线构成，由于对元件和连接线描述方法的不同，从而形成了电气图的多样性。

(3)绘制电气工程图，应正确放置元件符号。不同类型的图有不同的要求。有两种基本方法：

① 位置布局法

图形中元件符号的布置对应于该元件实际位置。从布局中可以看出元件的相对位置和导线的走向。例如:详图中的机械元件图、简图中的布置图。如图 3-78 所示。

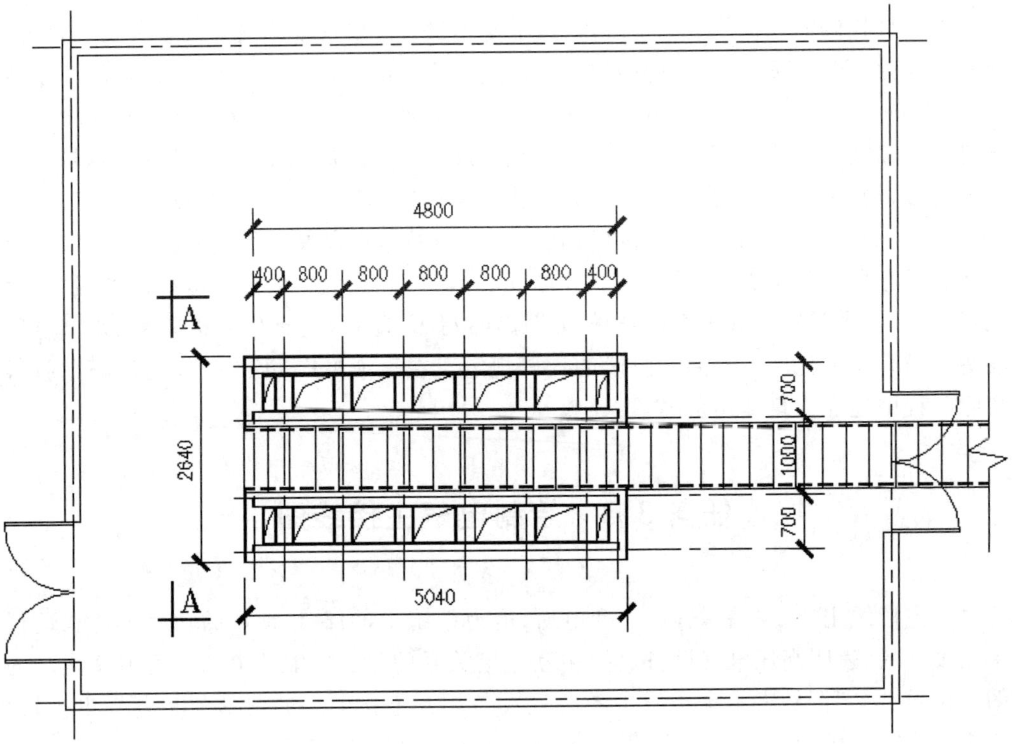

图 3-78 基础平面布置图

② 功能布局法

图形中元件符号的布置,只考虑它们所表示的元件之间的功能关系而不考虑实际位置。例如:概略图和电路图,如图 3-79 所示。布局时遵守的原则:

- 布局顺序应是从左到右或从上到下。
- 如果信息流或能量流从右到左或从上到下,以及流向对看图都不明显时,应在连接线上画开口箭头。开口箭头不应与其他符号相邻近。
- 在闭合电路中,前向通路上的信息流方向应该是从左到右或从上到下。反馈通路的方向则相反。
- 图的引入引出线最好画在图纸边框附近。

(4)图形符号、文字符号和项目代号是构成电气图的基本要素。一个电气系统、设备或装置通常由许多部件、组件、功能单元构成。这些部件、组件、功能单元被称为项目。项目一般用简单的符号表示,这些符号就是图形符号。为了方便使用者读图,通常每个图形符号都要有相应的文字符号。而在一个图上,为了区分同类设备,还必须加上设备编号,它与文字符号共同构成项目代号。

2. 线路的表示方法

线路的表示方法通常有多线表示法、单线表示法和混合表示法。

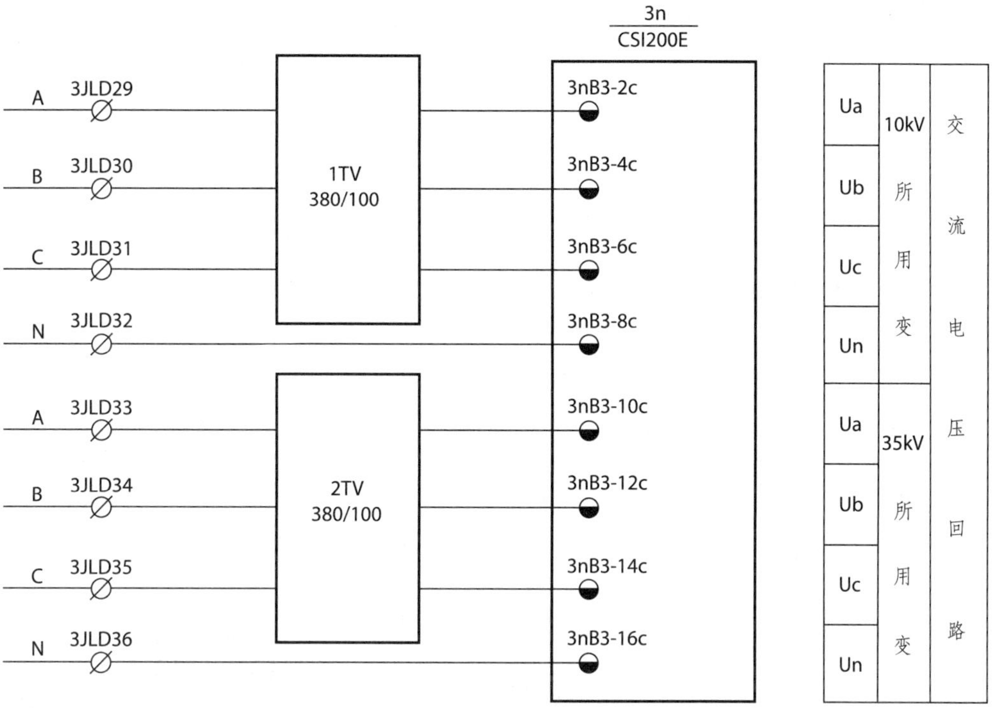

图3－79　交流电压回路内部端子接线图

(1)多线表示法

在电气工程图中，电气设备的每条连接线或导线各用一条图线表示，这种方法称为多线表示法。但若图线太多，出现的交叉点就会较多，反而不容易看懂图。多线表示法一般用于表示各相或各线内容的不对称及要详细表示各相和各线的具体连接方式的场合。如图3－80所示。

(2)单线表示法

在电气工程图中，电气设备的两条或两条以上的连接线或导线，只用一条线表示的方法称为单线表示法。这种表示法主要适用于三相电路或各线基本对称的电路图中，对于不对称部分在图中进行注释。如图3－81所示。

(3)混合表示法

在一个电气工程图中，一部分采用单线表示法，另一部分采用多线表示法，这种方法称为混合表示法。这种表示法既有单线表示法简洁、精炼的优点，又有多线表示法描述精确、充分的优点。如图3－82所示。

3. 拉伸对象

拉伸用于按规定方向和角度拉长或缩短实体比例。

(1)操作方法

① 在命令行中输入：STRETCH(快捷命令S)；

② 在下拉菜单中点击："修改"→"拉伸"；

③ 在"修改"工具栏单击按钮。

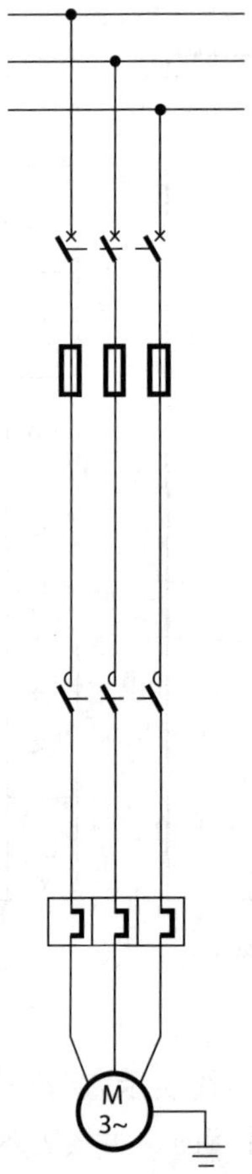

图 3－80　多线表示法

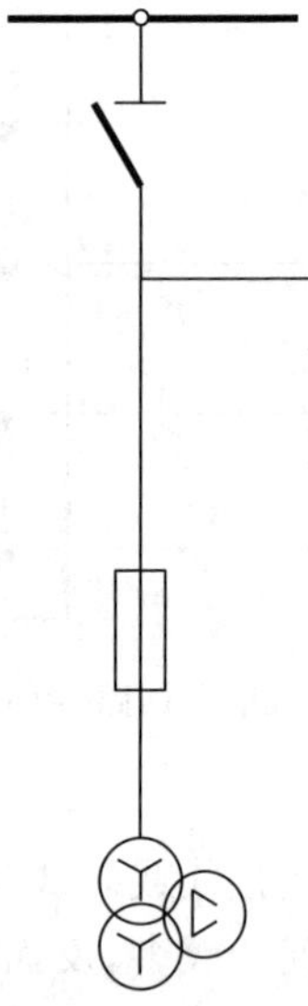

图 3－81　单线表示法

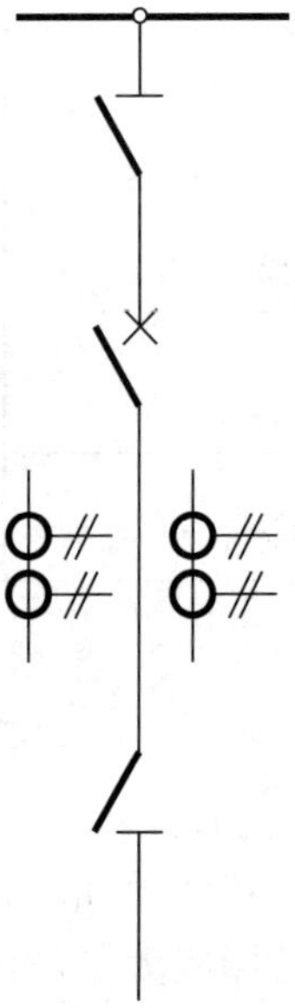

图 3－82　混合表示法

特别提示

拉伸命令在选择对象时，必须使用“交叉窗选”的方式进行选择，窗口以内部分才有拉伸效果。

(2)操作示例

把如图 3－83(a)所示的图形拉伸。

命令:STRETCH↙
以交叉窗口或交叉多边形选择要拉伸的对象...
选择对象:指定对角点:找到 2 个(鼠标交叉窗选，选择线段 AB)
选择对象:↙
指定基点或[位移(D)]<位移>:(鼠标拾取一点)
指定第二个点或<使用第一个点作为位移>:@20,0↙

效果如图 3－83(b)所示。

命令:STRETCH↙
以交叉窗口或交叉多边形选择要拉伸的对象...

选择对象：指定对角点：找到 1 个（鼠标交叉窗选，选择 B 点）

选择对象：↙

指定基点或[位移(D)]＜位移＞：（鼠标拾取一点）

指定第二个点或＜使用第一个点作为位移＞：@20,0 ↙

效果如图 3－83(c)所示。

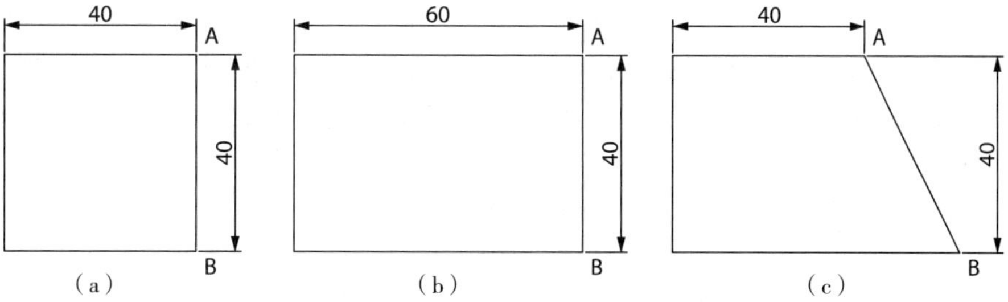

图 3－83　拉伸操作示例

4．延伸对象

延伸命令用于延长直线、圆弧和多段线等，需要先指定边界，然后再选择要被改变长度的对象。其操作过程与修剪命令很相似。

(1)操作方法

① 在命令行中输入：EXTEND(快捷命令 ED)；

② 在下拉菜单中点击："修改"→"延伸"；

③ 在"修改"工具栏单击 --/ 按钮。

(2)操作示例

修改如图 3－84(a)所示图形。效果如图 3－84(b)所示。

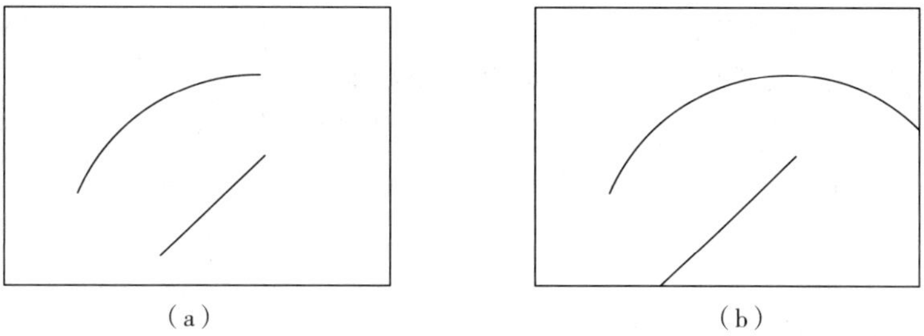

图 3－84　延伸操作示例

命令：EXTEND ↙

当前设置：投影 = UCS，边 = 无

选择边界的边 ...

选择对象或＜全部选择＞：指定对角点：找到 1 个（鼠标拾取矩形）

选择对象：↙

选择要延伸的对象，或按住 Shift 键选择要修剪的对象，或

[栏选(F)/窗交(C)/投影(P)/边(E)/放弃(U)]：（鼠标拾取圆弧上部）

选择要延伸的对象，或按住 Shift 键选择要修剪的对象，或

[栏选(F)/窗交(C)/投影(P)/边(E)/放弃(U)]:(鼠标拾取直线下部)
选择要延伸的对象,或按住 Shift 键选择要修剪的对象,或
[栏选(F)/窗交(C)/投影(P)/边(E)/放弃(U)]:↙

特别提示

向某方向延伸,应拾取要延伸对象在该方向的部分。

5. 创建图块

图块也称为块,是由一个或多个对象组成的对象集合,在该图形单元中,各实体可以具有各自的图层、线型、颜色等特性。在应用过程中,图块作为一个独立的整体对象来操作。

(1)操作方法

① 在命令行中输入:BLOCK(快捷命令 B);

② 在下拉菜单中点击:"绘图"→"块"→"创建";

③ 在"修改"工具栏单击按钮。

特别提示

使用 BLOCK 命令创建的图块只能在定义它的图形文件中调用,存储在图形文件内部,也被称为内部块。

(2)操作指导

命令:BLOCK↙

弹出如图 3-85 所示的对话框,通过该对话框内参数的设置即可创建图块。

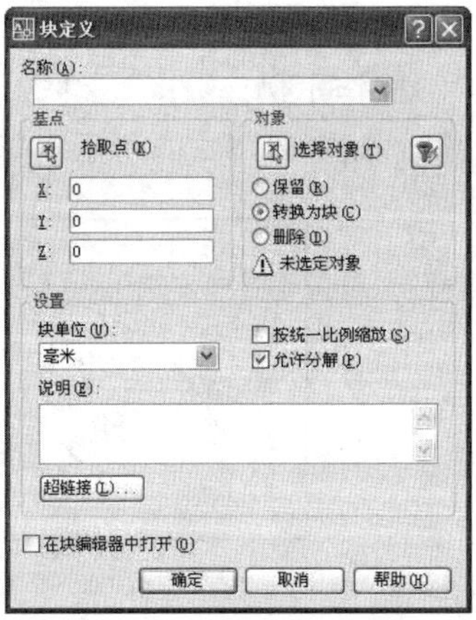

图 3-85 "块定义"对话框

参数说明:

① "名称"下拉列表:在该下拉列表框中指定图块的名称,也可选择已有的图块。

② "基点"选项组:设置块的插入点,默认为坐标原点,即(0,0,0)点。单击"拾取点"按钮,可返回绘图区拾取一点作为图块的插入基点;也可直接输入基点的坐标位置。

③ "对象"选择组:设置组成块的对象。单击"选择对象"按钮,可返回绘图区选择要定义图块的对象。

④ "保留"按钮:选中后,创建块后会在绘图窗口内保留组成块的图形对象。

⑤ "转换为块"按钮:选中后,创建块后在绘图窗口内保留组成块的对象,并把窗口内的对象组合成块。

⑥ "删除"按钮:选中后,创建块后在绘图窗口内删除组成块的图形对象。

⑦ "在块编辑器中打开"复选框:选中此复选框后,单击"块定义"对话框中的"确定"按钮,则在块编辑器中打开当前的块定义。

完成参数设置后,单击"确定"按钮即可。

6. 写块

在绘图过程中，不同的图形文件有大量相同或相似的内容，需要将图块以文件的形式保存到计算机中，可以方便地调用。

(1)操作方法

在命令行中输入：WBLOCK；

(2)操作指导

命令：WBLOCK↙

弹出如图3－86所示的对话框，通过该对话框内参数的设置即可将所选对象或以定义的图块以文件的形式保存到计算机中。

参数说明：

①“源”选项组：在该选项组中选择要保存在计算机中的对象。若选中“块”单选按钮，则可在后面的下拉列表框中选项已定义的图块的名称；若选中“整个图形”单选按钮，则将当前绘图区中所有图形以图块的形式保存在计算机中；若选中“对象”单选按钮，则将所选择对象以图块的形式保存在计算机中。

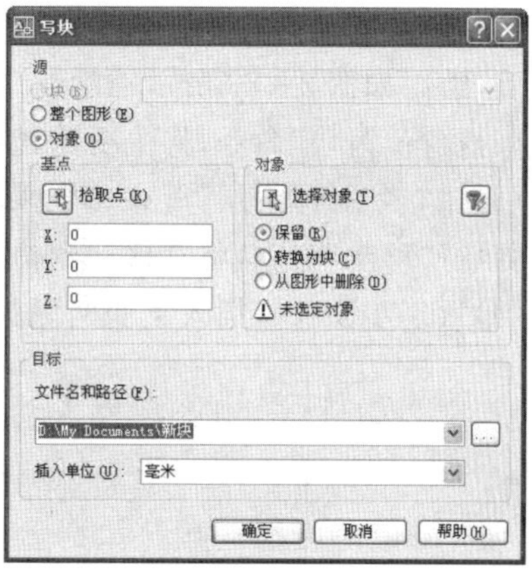

图3－86　“写块”对话框

②“基点”选项组：若在“源”选项组中选中“对象”单选按钮，则可指定图形插入的基点，操作方法与创建内部块相同。

③“对象”选项组：若在“源”选项组中选中“对象”单选按钮，则可指定要保存的对象，其操作方法与创建内部块相同。

④“文件名和路径”下拉列表：指定图块要保存的位置。

7. 插入图块

将已有图块插入到图形文件中。

(1)操作方法

① 在命令行中输入：INSERT(快捷命令 I)；

② 在下拉菜单中点击：“插入”→“块”；

③ 在“修改”工具栏单击按钮。

(2)操作指导

命令：INSERT↙

弹出如图3－87所示的对话框，通过该对话框即可将图块插入图形中。

参数说明：

①“名称”下拉列表：在该下拉列表中选择要插入图形中的图块名称。

②“浏览”按钮：单击该按钮，打开“选

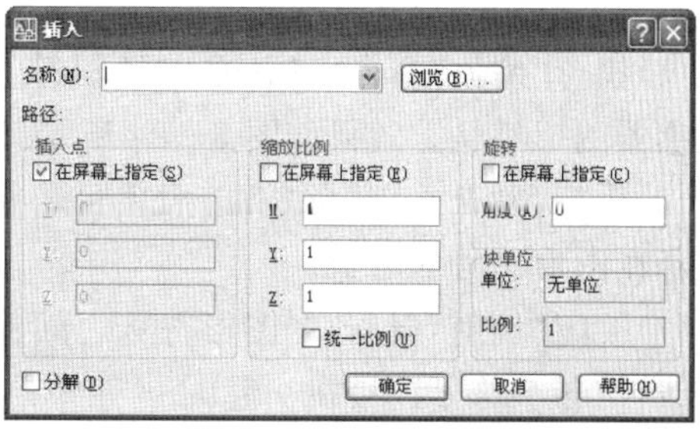

图3－87　“插入”对话框

择图形文件”对话框,可选择插入以文件形式保存的图块。

③ “插入点”选项组:若在“源”选项组中选中“对象”单选按钮,则可指定要保存的对象,其操作方法与创建内部块相同。

④ “文件名和路径”下拉列表:指定图块要保存的位置。

【任务实施】

电气主接线图适用功能布局法,所有符号没有具体位置的要求。这里为了方便初学者绘图,规定辅助线的距离。绘图步骤如下:

1. 绘制变压器支路

(1)建立“辅助”图层,颜色为“绿色”,线型为“DASHED2”,根据图 3-1 中主要支路位置及数目,绘制如图 3-88 所示辅助线。

(2)执行“写块”命令,将主要电气设备的图形符号保存在计算机中。

(3)建立“图符”图层,所有参数采用默认值。然后执行“插入块”命令,插入主变压器图块,再执行“移动”命令,将其移动到辅助线上合适的“最近点”。

(4)重复步骤(3),插入主变两侧其他设备的图块,所有图块均处于“图符”图层。

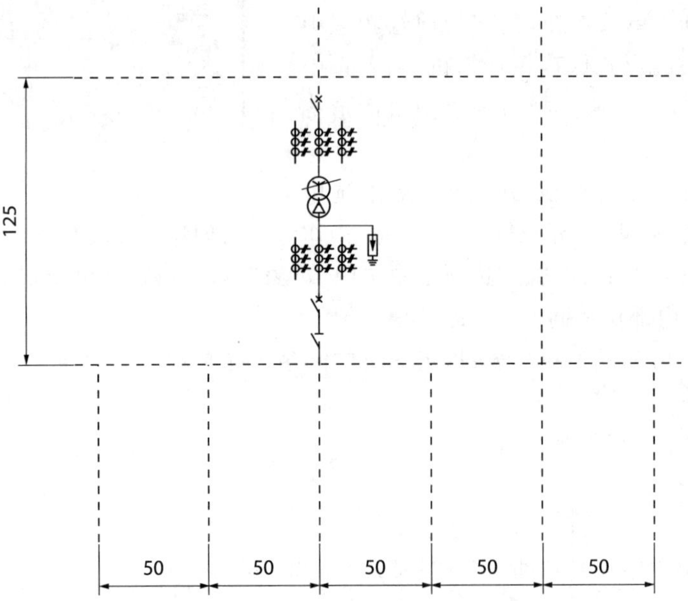

图 3-88　在辅助线上插入变压器支路图符

(5)执行“缩放”命令,将各个电气图符缩放到合适大小。然后执行“复制”命令,辅助电流互感器图形符号。效果如图 3-84 所示。

(6)执行“单行文字”命令,按照项目要求注释电气设备的文字符号。如果位置不够,可以注释在图形符号的右边。

(7)关闭“辅助”层,各个图形符号之间不一定完全相连,执行“直线”和“延伸”命令绘制连接线,使各个符号连接在一起。

(8)执行“复制”命令,复制出另一条主变支路。如图 3-89 所示。为了便于观察,此图是关闭“辅助”层后的效果。

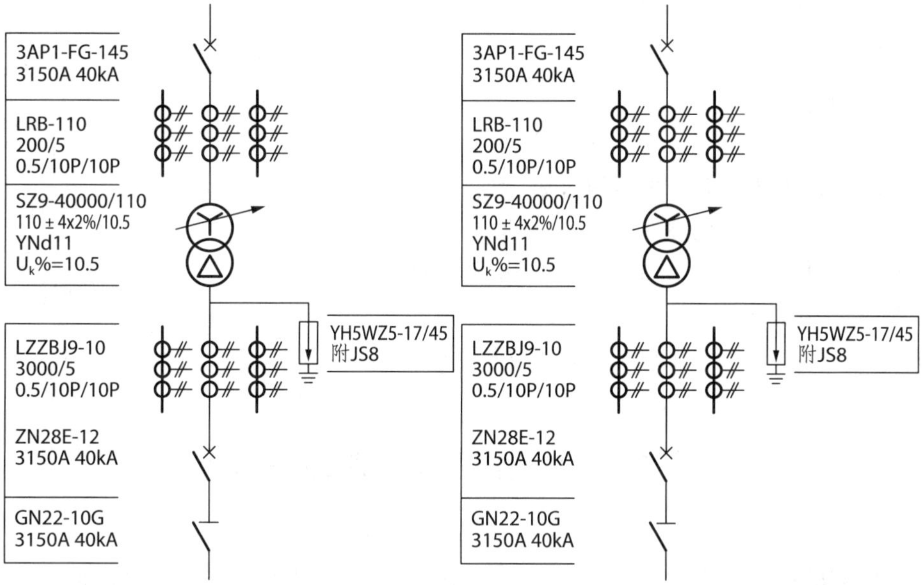

图 3-89　变压器支路绘制完成效果

2. 绘制 10kV 母线上所连接各线路

10kV 母线上所连接的线路包括厂用变压器支路、测量支路(电压互感器)和馈线支路，它们的绘制方法基本相同，这里以馈线支路为例说明绘制步骤。

(1)执行“插入块”命令，插入馈线支路上的电气设备图形符号。然后执行“直线”命令，将图块连接起来。

(2)执行“单行文字”命令，按项目要求注释电气设备的文字符号。

(3)执行“复制”命令，复制馈线支路，厂用变压器支路和测量支路可以在馈线支路的基础上修改。

3. 绘制 110kV 母线上所连接各线路

110kV 母线上所连接的出线包括进行支路和测量支路，它们的绘制方法与 10kV 母线上所连接线路的绘制方法基本相同，不再赘述。

4. 绘制母线

工程中 110kV 母线和 10kV 母线的截面积不一样，但是在主接线图中不做区分。

(1)执行矩形命令，绘制一个“100mm×2mm”的矩形。然后执行“移动”命令，捕捉矩形垂直边中点，移动到表示 10kV 母线的水平辅助线的“最近点”。

(2)该矩形长度不符合要求，执行“拉伸”命令，将矩形拉伸到合适长度。

(3)按照子任务 3.1.6 中介绍的方法完成母线绘制。

(4)重复上述步骤，绘制 110kV 母线。

至此图形与文字绘制完毕，最后关闭“辅助”层，用“修剪”和“延伸”命令对图形进行细节修改。

特别提示

AutoCAD 的文字不能显示"√‾‾"。要用直线或多段线命令绘制。

【任务拓展】

隔离开关的方向

在绘制与识读电气主接线图的时候，要特别注意隔离开关。隔离开关的主要用途是将检修部分与电源隔离，以保证检修人员的安全。凡要装设隔离开关处均应装有隔离开关，刀片端与电源不能相连。如图 3－90 所示，(a)是正确绘制，(b)是错误绘制。

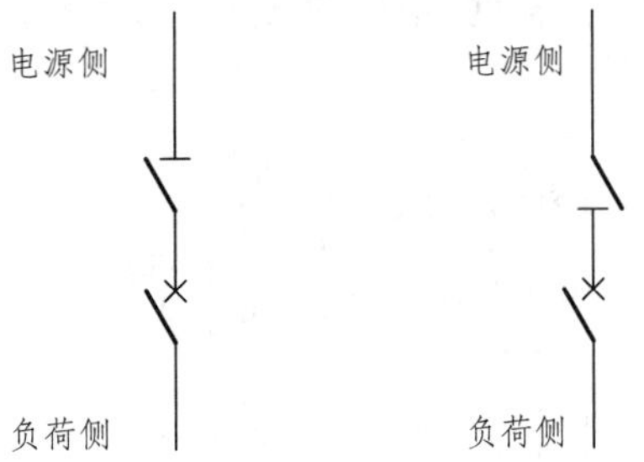

(a)　　(b)

图 3－90　隔离开关的位置

任务 3.4　作图技能训练(一)

计算机辅助设计绘图对于使用者命令使用的熟练程度和空间想象力要求很高。强化练习，有助于获取相关证书。

【任务目标】

- 强化 AutoCAD 作图命令的操作。
- 能绘制较复杂图形。

【任务实施】

1. 正多边形与填充

绘制图形：

- 框架绘制：在"0"图层绘制绘图区域的边框，设置线型为"ByLayer"，颜色为"黑色"，线宽为"0.4mm"；以坐标点(120，120)为圆心，绘制外接圆半径为"60mm"的正六边形，两顶点位于水平方向。
- 细节绘制：在"0"图层上绘制正六边形的内切圆，线宽为"0.25mm"，在"0"图层上，内切圆内，用正五边形绘制一个内接五角星，线宽为"0.4mm"并填充红色，完成效果如图 3－91(a)所示。

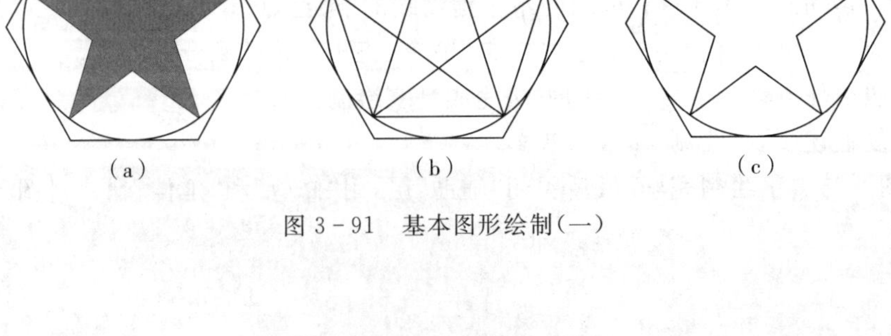
(a)　　(b)　　(c)

图 3－91　基本图形绘制(一)

绘图参考步骤：

(1)执行“正多边形”命令，绘制正六边形。选择线宽为“0.4mm”。

命令：POLYGON ↙
输入边的数目<4>：6 ↙
指定正多边形的中心点或[边(E)]：120,120 ↙
输入选项[内接于圆(I)/外切于圆(C)]<I>：I
(已知外接圆半径，故正多边形外接于圆)
指定圆的半径：60 ↙

(2)执行“圆”命令，绘制正六边形的内切圆。选择线宽为“0.25mm”。“捕捉”选择“最近点”。

命令：_circle 指定圆的圆心或[三点(3P)/两点(2P)/相切、相切、半径(T)]：_3p
(用相切、相切、相切画圆)
指定圆上的第一个点：_tan 到(鼠标捕捉正六边形边上一点)
指定圆上的第二个点：_tan 到(鼠标捕捉正六边形边上一点)
指定圆上的第三个点：_tan 到(鼠标捕捉正六边形边上一点)

(3)执行“正多边形”命令，绘制正五边形。

命令：POLYGON ↙
输入边的数目<6>：5 ↙
指定正多边形的中心点或[边(E)]：120,120 ↙
输入选项[内接于圆(I)/外切于圆(C)]<I>：I
指定圆的半径：(鼠标捕捉圆与上水平线交点)

(4)执行“直线”命令，绘制五角星。然后执行“修剪”命令，裁剪五角星内部连线。再执行“删除”命令，删除正五边形。如图3-91(c)所示。

(5)执行“图案填充”命令，填充五角星内部。“图案”选择“SOLID”，“样例”选择“红”。效果如图3-91(a)所示。

提示：若按下“线宽”按钮，会显示线宽，与图3-91不符。

2. 圆弧与多段线

绘制图形：

- 框架绘制：以坐标(100,100)为圆心，绘制一个半径为“120mm”的圆。
- 细节绘制：采用多段线，在圆内以点(100,60)为圆心，半径为“20mm”作半圆弧 *AB*；以点(100,80)为圆心，半径为“40mm”作半圆弧 *AC*；以点(100,140)为圆心，半径为“20mm”作半圆弧 *CD*；以点(100,120)为圆心，半径为“40mm”作半圆弧 *BD*；*A*、*D* 两点处线宽为“1mm”；*B*、*C* 两点处线宽为“7mm”；选用填充图案为“HONEY”，比例为“2:1”。效果如图3-92(a)所示。图中文字和尺寸不用标注。

绘图参考步骤：

(1)执行“圆”命令，用“圆心、半径径”绘制圆。

(2)执行“多段线”命令，绘制多段线属性的圆弧。通过计算可知，*A* 点是圆的下象限点，*D* 点是圆的上象限点。圆弧 *AB*、*AC*、*CD*、*BD* 均为半圆弧。

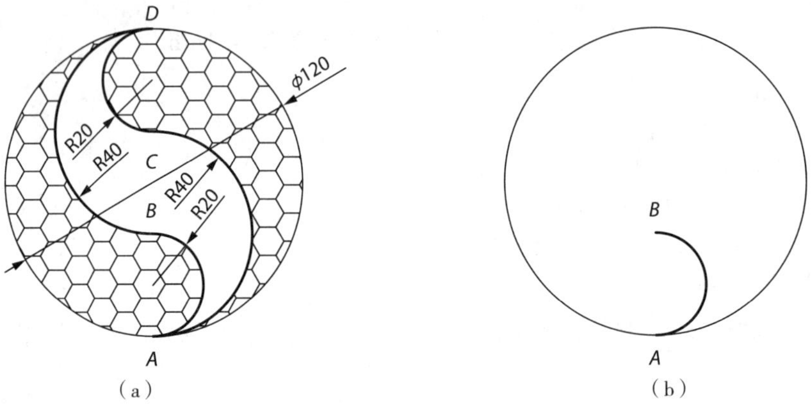

图 3-92 基本图形绘制(二)

命令:PLINE ↙

指定起点:(鼠标捕捉圆的下象限点)

当前线宽为 0.0000

指定下一个点或[圆弧(A)/半宽(H)/长度(L)/放弃(U)/宽度(W)]:W ↙

指定起点宽度<0.0000>:1 ↙

指定端点宽度<0.0000>:7 ↙

指定下一个点或[圆弧(A)/半宽(H)/长度(L)/放弃(U)/宽度(W)]:A ↙

指定圆弧的端点或

[角度(A)/圆心(CE)/方向(D)/半宽(H)/直线(L)/半径(R)/第二个点(S)/放弃(U)/宽度(W)]:CE ↙

指定圆弧的圆心:100,60 ↙(此处要点击命令行再输入数值)

指定圆弧的端点或[角度(A)/长度(L)]:A ↙

指定包含角:180 ↙

指定圆弧的端点或↙

[角度(A)/圆心(CE)/闭合(CL)/方向(D)/半宽(H)/直线(L)/半径(R)/第二个点(S)/放弃(U)/宽度(W)]:(得到如图 3-92b 中圆弧 AB)

其他圆弧均用该方法绘制,如果是顺时针绘制圆弧,角度应为"-180"。

(3)执行"图案填充"命令,按照要求选择填充样式和比例,采用"拾取点"的方式填充。

3. 圆弧与圆

(1)环境设置

● 建立新图层,设置图层名称为"中心线",线型名称为"CENTER2",颜色为红色,线宽为"0.3mm"。

(2)绘制图形

● 框架绘制:采用"0"图层,在绘图区域中以坐标(100,200)的点为圆心,作半径为"100mm"的圆;在水平方向上,相距"200mm"的位置处画直径为"50mm"的圆。

● 细节绘制:绘制一条相切于两圆的圆弧,圆弧半径为"150mm";绘制两圆的一条外公切线;绘制一个与圆弧和外公切线相切的圆,并通过两圆圆心连线的中点。在"中心线"图层上绘出各圆的中心线,中心线超出各圆的长度为"10mm"。完成效果如图 3-93 所示,图中尺寸不用标注。

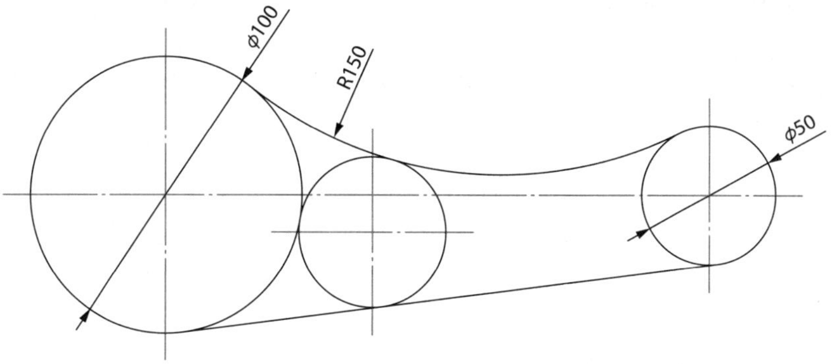

图 3-93　基本图形绘制(三)

绘图步骤:

(1)执行"图层"命令,建立"中心线"图层,按要求设置,并将其设置为当前图层。"对象捕捉"选择"端点""交点"。

(2)执行"直线"命令,绘制水平和竖直中心线。

命令:LINE↙
指定第一点:100,200↙
指定下一点或[放弃(U)]:@-60,0↙
指定下一点或[放弃(U)]:@295,0↙(得到水平中心线)
指定下一点或[闭合(C)/放弃(U)]:↙
命令:LINE
指定第一点:100,200↙
指定下一点或[放弃(U)]:@0,60↙
指定下一点或[放弃(U)]:@0,-120↙(得到垂直中心线)

(3)执行"删除"命令,删除两根长"60mm"的辅助线。

(4)执行"偏移"命令,将竖直中心线向右偏移"200mm"。

命令:OFFSET↙
当前设置:删除源=否　图层=源　OFFSETGAPTYPE=0
指定偏移距离或[通过(T)/删除(E)/图层(L)]<通过>:200↙
选择要偏移的对象,或[退出(E)/放弃(U)]<退出>:(鼠标拾取垂直中心线)
指定要偏移的那一侧上的点,或[退出(E)/多个(M)/放弃(U)]<退出>:
(鼠标在右边点一下)
选择要偏移的对象,或[退出(E)/放弃(U)]<退出>:↙

(4)将"0"图层设置为当前图层。执行"圆"命令,用"圆心、直径"方式绘制两个圆。

(5)执行"圆"命令,用"相切、相切、半径"方式绘制公切圆。然后执行"修剪"命令,裁剪不必要的圆弧。

(6)执行"直线"命令,绘制外公切线。效果如图 3-94(a)所示。

(7)执行"圆"命令,用"相切、相切、相切"绘制公切圆。切点分别拾取圆弧、直线和直径

“100mm”的圆。

(8)执行“偏移”命令，将水平和竖直中心线偏移，得到的直线通过公切圆的圆心。然后将公切圆向外偏移“10mm”。效果如图 3-94(b)所示。

(9)执行“修剪”命令，裁剪不必要的图线。然后执行“删除”命令，删除偏移得到的圆。效果如图 3-93 所示。

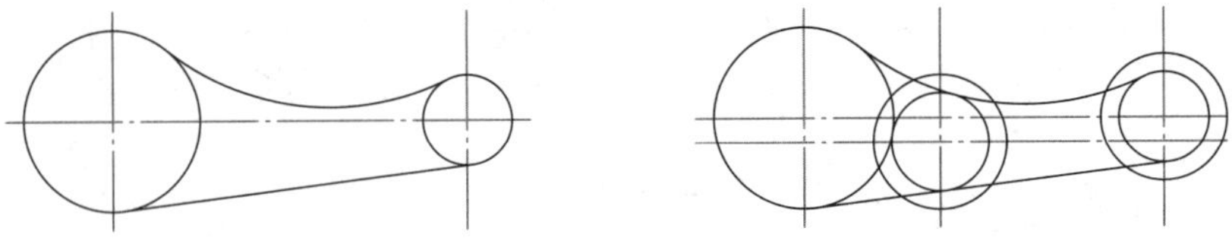

(a)　　(b)

图 3-94　图形绘制示例

4. 编辑多段线

绘制图形：

● 框架绘制：以点(100,100)为圆心，绘制一个半径为“20mm”的圆，再做一个半径为“60mm”的同心圆。

● 细节绘制：在外圆上的点 A 和点 B 之间作两圆弧，两圆弧相切于内圆，同样的方法作 C、D 两点之间的圆弧，将所作圆弧编辑为多段线，并使线段一端的宽度为“8mm”，另一端宽度为“1mm”。其余各圆弧均采用此设置。如图 3-95(a)所示。

绘图步骤：

(1)执行“圆”命令，用“圆心、半径”的方式绘制两个同心圆。

(2)绘制“圆弧”命令，绘制圆弧。“对象捕捉”选择“象限点”。

命令：ARC↙

指定圆弧的起点或[圆心(C)]：(鼠标捕捉 A 点)

指定圆弧的第二个点或[圆心(C)/端点(E)]：(鼠标捕捉内圆的象限点)

指定圆弧的端点：(鼠标捕捉 B 点)

所有圆弧均用此方法绘制。效果如图 3-95(b)所示。

(3)执行“多段线编辑”命令，将圆弧转换为多段线，并将其线宽编辑为“1mm”。

命令：PEDIT↙

选择多段线或[多条(M)]：(鼠标拾取圆弧 AB)

选定的对象不是多段线

是否将其转换为多段线？<Y>↙

输入选项[闭合(C)/合并(J)/宽度(W)/编辑顶点(E)/拟合(F)/样条曲线(S)/非曲线化(D)/线型生成(L)/放弃(U)]：W

指定所有线段的新宽度：1

输入选项[闭合(C)/合并(J)/宽度(W)/编辑顶点(E)/拟合(F)/样条曲线(S)/非曲线化(D)/线型生成(L)/放弃(U)]：↙

(4)执行“对象特性”命令，弹出“特性”选项卡。鼠标拾取圆弧 AB，在选项卡中，将“起始线段宽度”设置为“8mm”。效果如图 3－95(c)所示。

(5)重复步骤(3)和(4),修改其他圆弧。效果如图 3－95(a)所示。

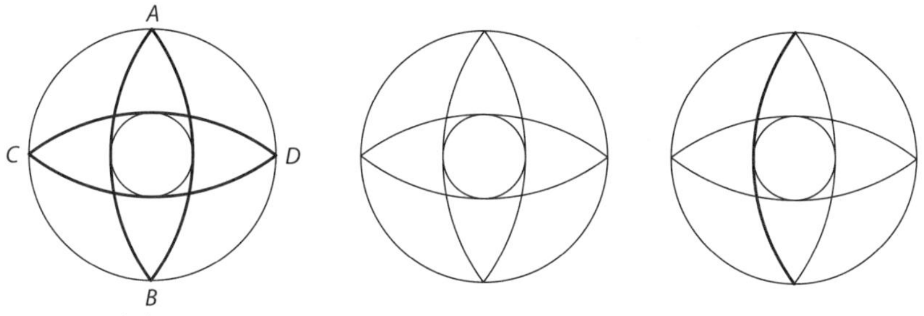

(a)　　(b)　　(c)

图 3－95　基本图形绘制(四)

学习小结

本项目为绘制电气主接线图及常用电气符号和文字符号。通过本项目的练习,作图人员应该掌握常用符号的绘制的方法,电气主接线图的构成规则,了解国家标准对于电气工程图的规定,能识读简单的电气主接线图。重点掌握相关绘图命令和修改命令,能熟练绘制图形。

职业技能知识点考核

1. 圆与图块

(1)建立文件夹

在 D 盘根目录下新建一个学生文件夹,文件夹的名称为学生学号。

(2)环境设置

- 运行软件,建立新模板文件,设置绘图区域为“200mm×200mm”幅面。
- 打开“栅格”观察绘图区域。

(3)绘图内容

- 框架绘制:以点(51.5,81.6)和点(123,131)为对角点作一矩形,使两条边水平,两条边垂直。以矩形的四个顶点为圆心作四个圆,使四个圆在矩形的中心点相交。
- 细节绘制:作一多段线,采用圆弧将各圆在正方形外的交点与矩形的顶点连接起来,圆弧宽度为“2mm”。将矩形构成的封闭区域创建成块,并命名为“方块”。完成效果如图 3－96 所示。

(4)保存文件

将完成的图形以“全部缩放”的形式显示,并以“Answer03－01.dwg”为文件名保存在学生文件夹中。

难点提醒:先绘制圆弧再修改为多段线。

2. 三角形与圆

(1)建立文件夹

在 D 盘根目录下新建一个学生文件夹,文件夹的名称为学生学号。

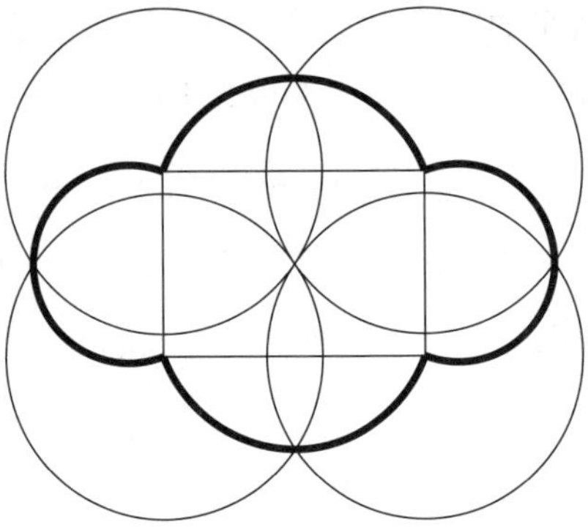

图 3－96　圆与图块

(2)环境设置

● 运行软件,建立新模板文件,设置绘图区域为“300mm×200mm”幅面。

● 打开“栅格”观察绘图区域。

(3)绘图内容

● 框架绘制:以点(150,80)为圆心,作一个半径为“50mm”的圆的内接正三角形;分别以三角形三边的中点为圆心,三角形边长的一半为半径,作三个相互相交的圆。

● 细节绘制

在三个圆相交的公共区域填充剖面线,图案为“GRAVEL”,比例为“0.5”。完成效果如图 3－97 所示。

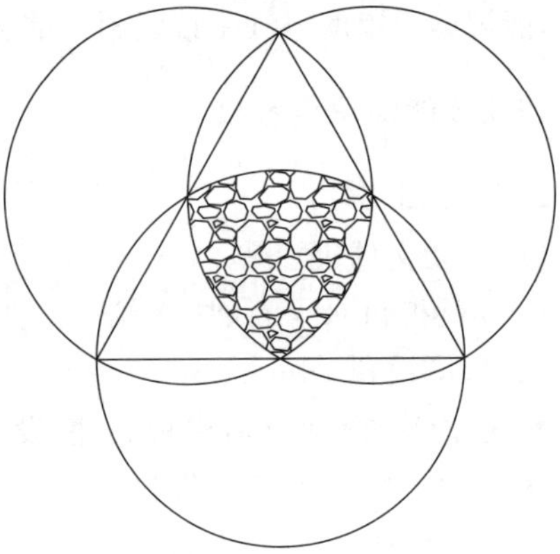

图 3－97　三角形与图

(4)保存文件:将完成的图形以“全部缩放”的形式显示,并以“Answer03－02.dwg”为文件名保存在学生文件夹中。

3. 圆的外切线

(1)建立文件夹

在 D 盘根目录下新建一个学生文件夹,文件夹的名称为学生学号。

(2)环境设置

● 运行软件,建立新模板文件,设置绘图区域为 300mm×300mm 幅面。

● 打开“栅格”观察绘图区域。

(3)绘图内容

过点 $A(45,155)$ 和点 $B(130,195)$ 作一条直线,过点 A 作直线 AC,已知直线 $AB=AC$,$\angle BAC=45°$;过点 B 和点 C 作一圆分别相切于直线 AB 和 AC。完成效果如图 3－98 所示。

(4)保存文件

将完成的图形以“全部缩放”的形式显示,并以“Answer03－03.dwg”为文件名保存在学生文件夹中。

难点提醒:直线 AB 和 AC 不是以水平轴为对称中心线,不能通过镜像得到。圆不能直接绘制,需要作辅助线找到圆心。

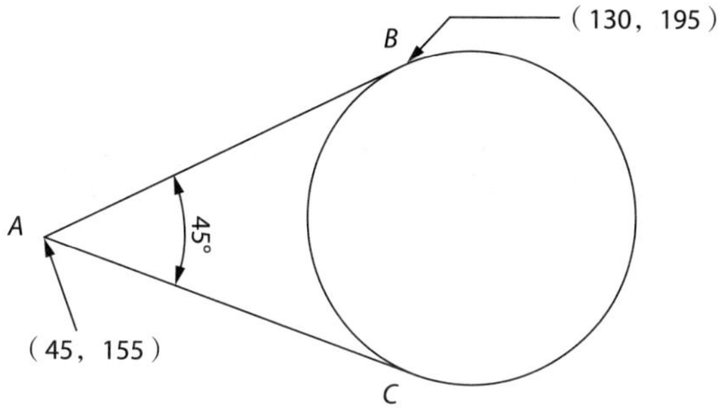

图 3-98 圆的外切线

4. 发电厂简易主接线图

(1)建立文件夹

在D盘根目录下新建一个学生文件夹,文件夹的名称为学生学号。

(2)绘图内容

绘制如图 3-99 所示发电厂主接线图,图符尺寸不作要求。

(3)保存文件

将完成的图形以“全部缩放”的形式显示,并以“Answer03-04.dwg”为文件名保存在学生文件夹中。

难点提醒:注意隔离开关刀片的位置。

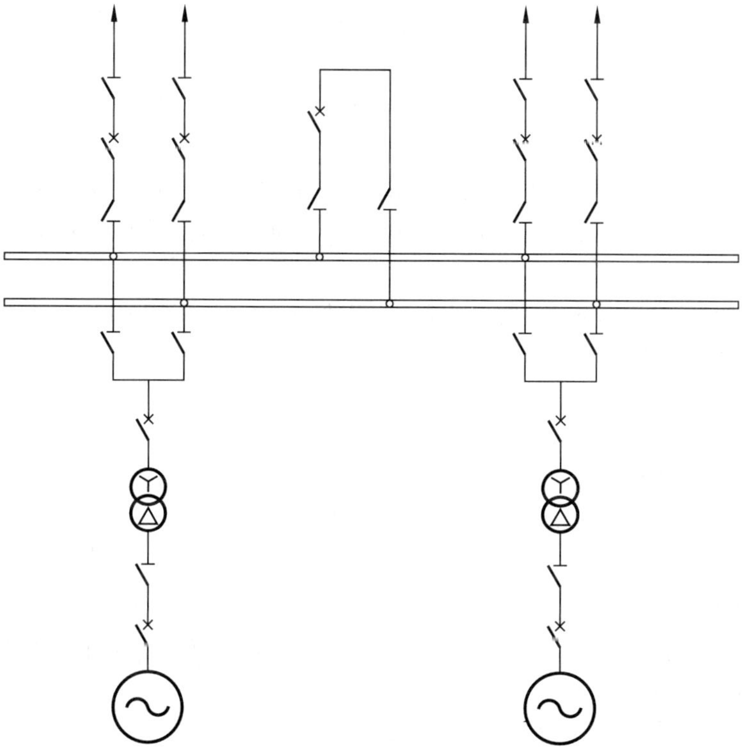

图 3-99 发电厂简易主接线图

项目 4　变电站总平面布置图和断面图

【项目描述】

(1)建立文件夹

在 D 盘根目录下新建一个学生文件夹,文件夹的名称为学生学号。

(2)环境设置

运行软件,使用默认模板建立新文件。

(3)绘图内容

如图 4-1 和图 4-2 所示。

● 按尺寸正确绘制电气图符。

● 按尺寸正确绘制总平面布置图和断面图。

● 建立文字样式“注释”,字体为“仿宋_GB2312”,文字高度“400”,宽度比例“1”,文字注释均采用该样式。

● 建立标注样式“标注”,“箭头”为“建筑标记”,全局比例为“100”,其余参数均采用默认值。所有标注均采用该样式。(为方便读图,图 4-1 和图 4-2 中标注作了适当调整,显示效果与设置值不同。)

● 图 4-1 中图框“名称”为“总平面布置图”,“学生姓名”为本人姓名,“日期”为作图日期,“* * 学校 * * 专业”“学生班级”“学生学号”据实填写,“图号”为“Pro4-1”。

● 图 4-2 中图框“名称”为“渡西线进线断面图”,“学生姓名”为本人姓名,“日期”为作图日期,“* * 学校 * * 专业”“学生班级”“学生学号”据实填写,“图号”为“Pro4-2”。

(4)保存文件

将完成的图形以“全部缩放”的形式显示,总平面布置图以“Pro4-1. dwg”为文件名,断面图以“Pro4-2. dwg”为文件名,分别保存在学生文件夹中。

【项目实施】

(1)点击桌面“我的电脑”,进入 D 盘,点击鼠标右键,选择“新建”→“文件夹”,输入学号。

操作参考:《计算机基础》课程教材。

(2)双击桌面 Autocad2007 软件图标,新建 CAD 文件。

操作参考:项目 1。

(3)绘制图框。

操作参考:把项目 2 绘制图形设置为图块,插入图纸,将块放大 100 倍,分解后修改文字。

(4)绘制电气图符。

操作参考:子任务 4.1.1、子任务 4.2.1。

(5)绘制文字标注。

操作参考:子任务 4.2.2。

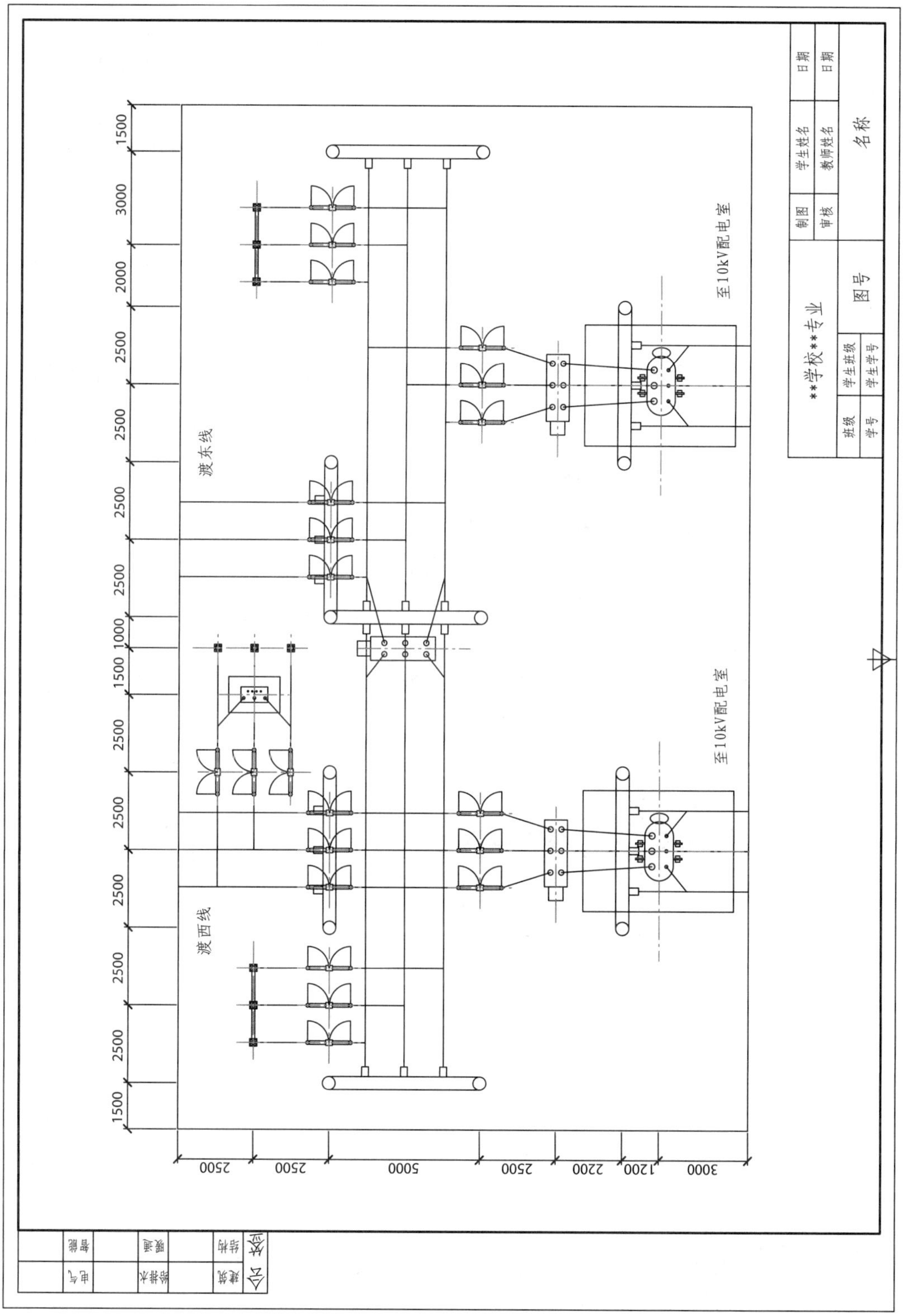

图4-1 总平面布置图示例

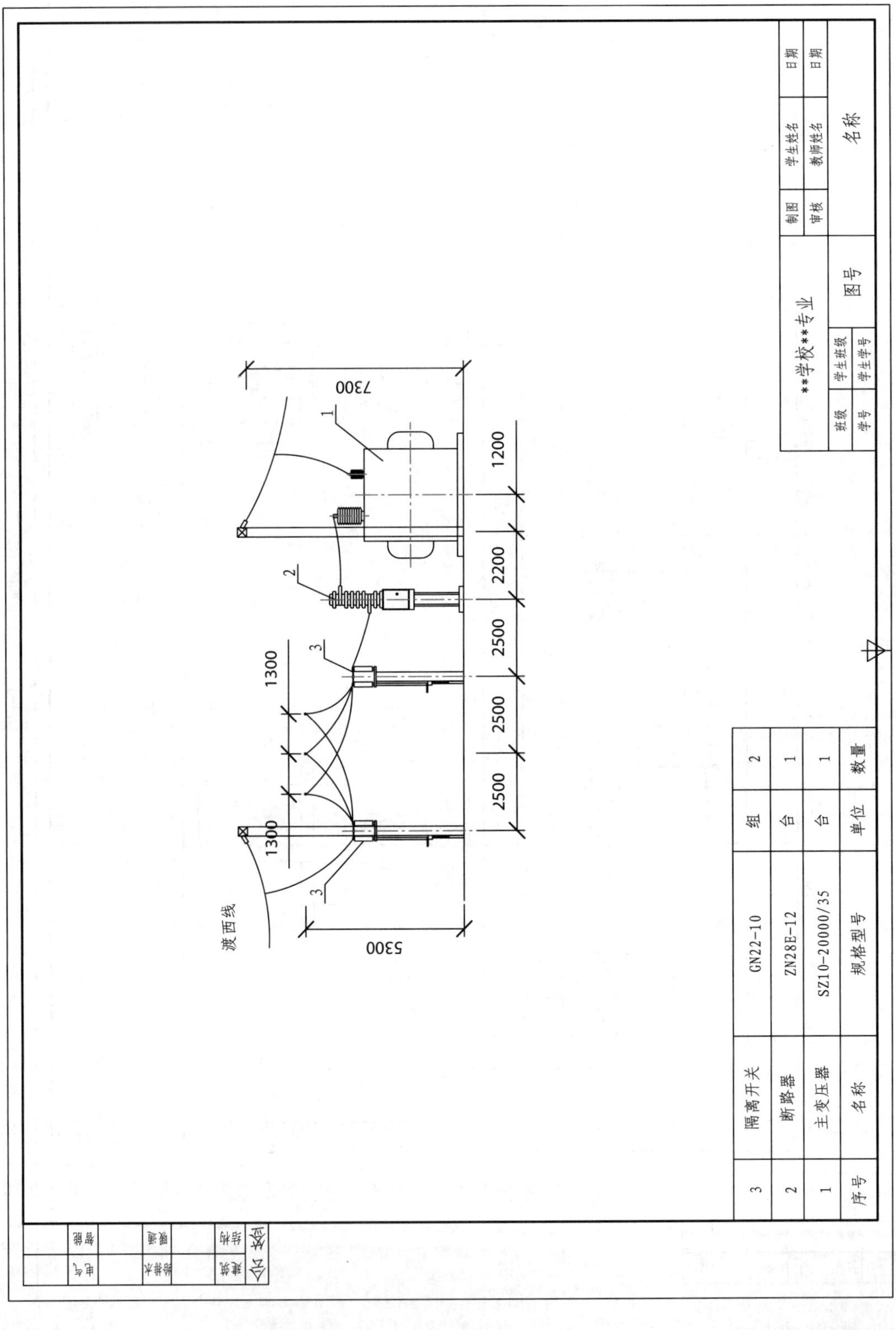

图4-2 变电站断面图示例

(6)绘制总平面布置图。

操作参考:子任务 4.1.2。总平面图移动至图框内合适位置。

(7)绘制断面图。

操作参考:子任务 4.2.2。断面图移动至图框内合适位置。设备清单表放于图框左下角。

(8)检查无误后,在命令行输入 Z↙ A↙,在菜单栏中选择“文件”→“另存为”,按项目要求操作。

操作参考:项目 1。

任务 4.1　绘制总平面布置图

施工人员要根据图纸确定电气设备基础安装位置,设备安装高度等工程参数。这类工程图纸适用于位置布局法。平面布置图是建筑物布置方案的一种平面图解形式,用以表示建筑物、构筑物、设施、设备等的相对平面位置。平面布置图可分为工厂总平面布置图、厂房平面布置图、车间平面布置图、设备平面布置图以及地下网络平面布置图等。本任务介绍某35kV 变电站高压侧总平面布置图的绘制方法。

子任务 4.1.1　绘制电气设备平面图形符号

【任务目标】

- 了解平面布置图的基本规定。
- 熟练绘制椭圆、构造线。
- 熟练按图示绘图。

【知识链接】

1. 平面布置图的三要素

平面布置图种类繁多,要点各不相同,但是有几个通用要素。

(1)方向

一般情况下,面向平面图,图的上方为北,下方为南,左方为西,右方为东。在有指向标的平面图上,指向标箭头指的方向即是北方。有时将风向和方向一起表示,称为风玫瑰。如图 4-3 所示。

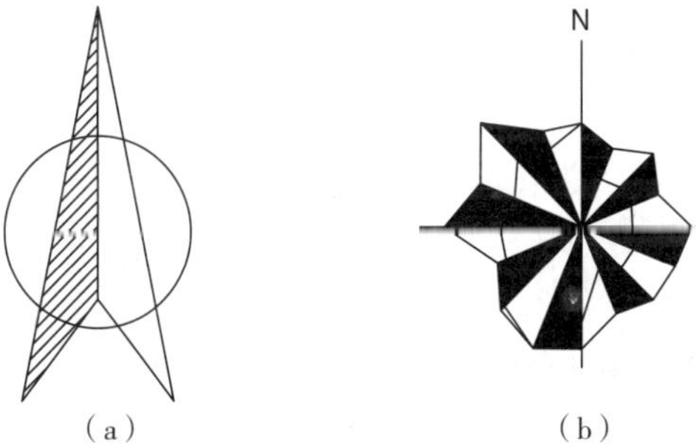

(a)　　(b)

图 4-3　方向标记与风玫瑰

(2)比例尺

比例尺是图上距离比实际距离缩小的程度，也叫缩尺。用公式表示就是：比例尺＝图上距离/实际距离。一般分子为 1，分母越大，地图的比例尺越小。

(3)图例

表示平面图上各种事物的图形符号。

2. 绘制椭圆

椭圆是一种特殊的圆，它的 X 轴与 Y 轴的比例不等于 1。在 AutoCAD 中，椭圆主要由中心、X 轴和 Y 轴共同确定。

(1)操作方法

① 在命令行中输入：ELLIPSE(快捷命令 EL)；

② 在下拉菜单中点击："绘图"→"椭圆/椭圆弧"；

③ 在"绘图"工具栏单击 或 按钮。

(2)操作指导

命令：ELLIPSE↙
指定椭圆的轴端点或[圆弧(A)/中心点(C)]：

绘图方式：

① 两轴绘制

先定义一条轴的两个端点，再确定另一条轴的半轴长度。此时用"轴端点"定位。

② 中心点和两端点绘制

先确定椭圆的中心点，然后确定一条轴的半轴长度与另一条轴的半轴长度即可。此时要分别用"中心点"和"轴端点"定位。

(3)操作示例

以点(40,105)和点(165.190)为对角点作一矩形。以矩形的中心点为中心，以矩形的两边长为长短轴作一椭圆，如图 4-4(a)所示。

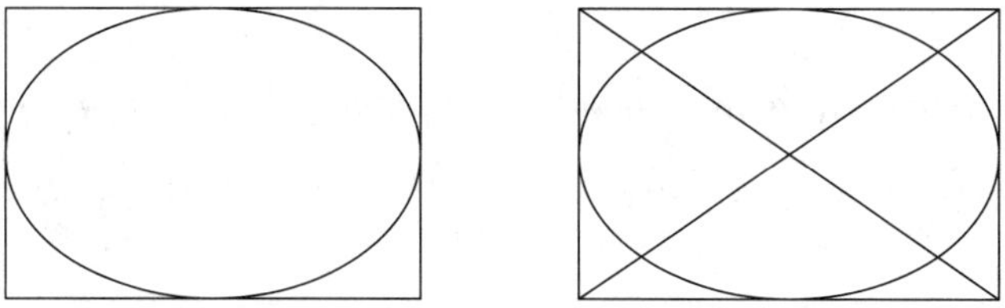

(a)　　(b)

图 4-4　椭圆绘制示例

① 两轴绘制

前提："对象捕捉"选择"中点"。

命令：RECTANG↙
指定第一个角点或[倒角(C)/标高(E)/圆角(F)/厚度(T)/宽度(W)]：40,105↙
指定另一个角点或[面积(A)/尺寸(D)/旋转(R)]：165,190↙(得到矩形)
命令：ELLIPSE↙

指定椭圆的轴端点或[圆弧(A)/中心点(C)]:(鼠标捕捉左边中点)
指定轴的另一个端点:(鼠标捕捉右边中点)
指定另一条半轴长度或[旋转(R)]:(鼠标捕捉上边中点)

② 中心点绘制

前提:"对象捕捉"选择"中点""端点""交点"。

绘制矩形,并绘制矩形的对角线,如图 4-4(b)所示。

命令:ELLIPSE↙
指定椭圆的轴端点或[圆弧(A)/中心点(C)]:C↙
指定椭圆的中心点:(鼠标捕捉对角线交点)
指定轴的端点:(鼠标捕捉右边中点)
指定另一条半轴长度或[旋转(R)]:(鼠标捕捉上边中点)
删除对角线。

3. 绘制构造线

在 AutoCAD 中,向两端无限延伸的直线被称为构造线。构造线可作为创建其他对象的参照,通常也称为参照线。构造线经常用来辅助作图,可以作为三视图的辅助作图线。

(1)操作方法

① 在命令行中输入:XLINE(快捷命令 XL);

② 在下拉菜单中点击:"绘图"→"构造线";

③ 在"绘图"工具栏单击按钮。

(2)操作指导

命令:XLINE↙
指定点或[水平(H)/垂直(V)/角度(A)/二等分(B)/偏移(O)]:

参数说明:

① 水平(H):创建一条通过指定点的水平构造线。

② 垂直(V):创建一条通过指定点的垂直构造线。

③ 角度(A):以指定的角度或参照某条已有的直线以一定角度创建一条构造线。

④ 二等分(B):创建角的平分线。

⑤ 偏移(O):创建平行于另一条直线对象的平行构造线。

(3)操作示例

以点(50,100)、(113,139)、(156,67)为顶点作三角形。作三角形三个角的角平分线,以交点为圆心作三角形的内切圆,如图 4-5(a)所示。

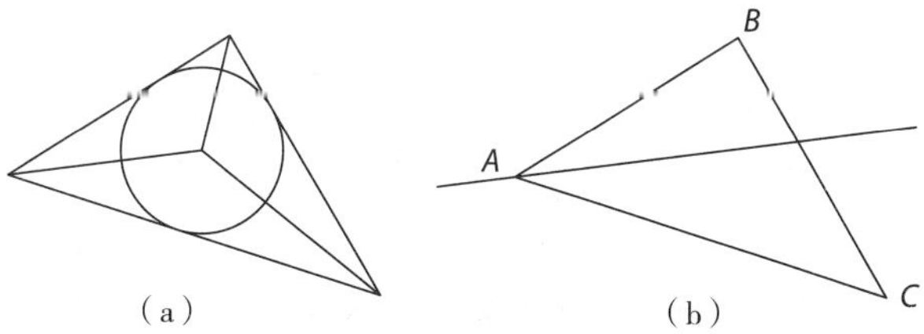

(a)　　(b)

图 4-5　构造线绘制示例

前提:"对象捕捉"选择"端点""垂足"。

① 执行"直线"命令,绘制三角形(不可以用"正多边形"命令)。

命令:LINE↙
指定第一点:50,100↙
指定下一点或[放弃(U)]:113,139↙
指定下一点或[放弃(U)]:156,67↙
指定下一点或[闭合(C)/放弃(U)]:C↙

(2)执行"构造线"命令,将内角二等分。效果如图 4-5(b)所示。

命令:XL↙
XLINE 指定点或[水平(H)/垂直(V)/角度(A)/二等分(B)/偏移(O)]:B↙
指定角的顶点:(鼠标捕捉 A 点)
指定角的起点:(鼠标捕捉 B 点)
指定角的端点:(鼠标捕捉 C 点)
指定角的端点:↙

(3)重复步骤(2)绘制其他角平分线,然后"修剪"命令,裁剪直线不必要的部分。

(4)执行"圆"命令,绘制内切圆。

命令:CIRCLE↙
指定圆的圆心或[三点(3P)/两点(2P)/相切、相切、半径(T)]:(鼠标捕捉交点)
指定圆的半径或[直径(D)]<1.0>:(鼠标捕捉三角形边上的垂足)

【任务实施】

在不同的设计阶段,设计深度不同,图形符号的详细程度也不同。附图 3 是某变电站平面的布置图,设计阶段为施工图阶段。各电气设备图形符号与设备外形尺寸一致。附图 5 是某型号隔离开关的安装图,图形非常复杂,必须有实物资料才能绘制。这种复杂的图形符号由设备生产厂家绘制完成,提供给设计院、安装单位和业主方。在没有确定设备生产厂家(设备型号没有确定)之前,平面布置图中的电气符号可以只绘制示意符号。本书绘制示意图,技术人员应熟知常用设备的示意图符。

设备的示意图符不必完全按其真实尺寸及形状绘制,但是图符的整体大小要与整个图形相匹配。国标中没有规定示意图符,因此同一种设备,工程中可能会有多种示意图符,不过外形区别不大。

对称物体或基本对称物体都有中心线(轴线),在作图中要先绘制中心线,再根据尺寸绘制图形。本任务需建立"中心线"图层,颜色"红",线型"CENTER"。所有中心线均处于"中心线"图层。

为方便后期修改,建立"设备"图层,颜色"白",线型"Continuous"。所有电气设备均绘制在该图层。

特别提示

当线段较长时,线型"CENTER"不易观察。输入命令"LTS",可以修改图纸全局线型比例因子,本任务可设置为"10"。

1. 绘制断路器

高压断路器参考尺寸如图 4-6 所示。

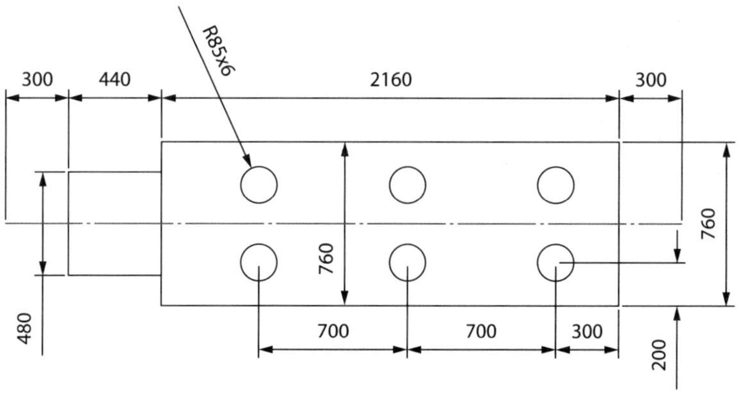

图 4-6　高压断路器参考尺寸

(1)将"中心线"图层设置为当前图层。执行"直线"命令,绘制水平中心线。

命令:LINE↙
指定第一点:(鼠标拾取一点)
指定下一点或[放弃(U)]:@3200,0↙
指定下一点或[放弃(U)]:↙

(2)将"设备"图层设置为当前图层。执行"矩形"命令,绘制"440mm×480mm"和"2160mm×760mm"的矩形。然后执行"移动"命令,将其移动至相应位置。效果如图 4-7 所示。代表断路器外壳。

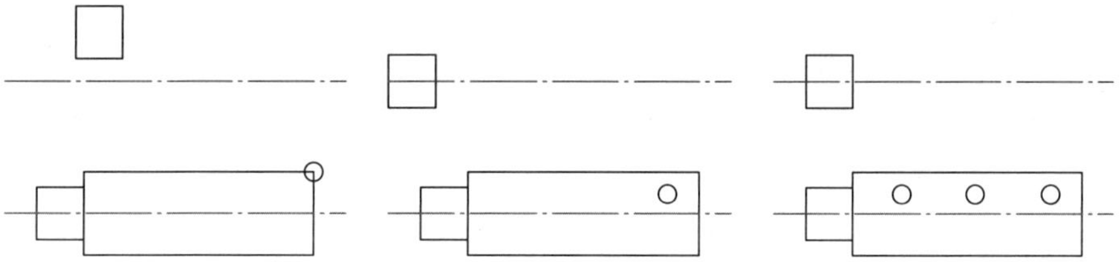

图 4-7　断路器绘制参考

命令:RECTANG↙
指定第一个角点或[倒角(C)/标高(E)/圆角(F)/厚度(T)/宽度(W)]:(鼠标拾取一点)
指定另一个角点或[面积(A)/尺寸(D)/旋转(R)]:@440,480↙
命令:MOVE↙
选择对象:指定对角点:找到 1 个(鼠标拾取矩形)
选择对象:↙
指定基点或[位移(D)]<位移>:(鼠标捕捉矩形左垂直边中点)
指定第二个点或<使用第一个点作为位移>:(鼠标捕捉中心线左端点)
命令:MOVE↙

选择对象:指定对角点:找到 1 个(鼠标拾取矩形)
选择对象:↙
指定基点或[位移(D)]<位移>:(鼠标拾取一点)
指定第二个点或<使用第一个点作为位移>:@300,0

(3)执行“圆”命令,绘制半径为“85mm”的圆。然后执行“移动”命令,将其移动至相应位置。代表断路器接线端子。

命令:CIRCLE↙
指定圆的圆心或[三点(3P)/两点(2P)/相切、相切、半径(T)]:
(鼠标捕捉大矩形右上角点)
指定圆的半径或[直径(D)]<22.0000>:85↙
命令:MOVE↙
选择对象:找到 1 个(鼠标拾取圆)
选择对象:↙
指定基点或[位移(D)]<位移>:(鼠标拾取一点)
指定第二个点或<使用第一个点作为位移>:@-300,-200↙

(4)执行“复制”命令,将圆复制两个,间距为“700mm”。然后执行“镜像”命令,将其以中心线为镜像中心镜像。

命令:COPY↙
选择对象:找到 1 个(鼠标拾取圆)
选择对象:↙
指定基点或[位移(D)]<位移>:(鼠标拾取一点)
指定第二个点或<使用第一个点作为位移>:@-700,0↙
指定第二个点或[退出(E)/放弃(U)]<退出>:@-1400,0↙
指定第二个点或[退出(E)/放弃(U)]<退出>:↙
命令:MIRROR↙
选择对象:指定对角点:找到 3 个(鼠标拾取三个圆)
选择对象:↙
指定镜像线的第一点:指定镜像线的第二点:(选择中心线为镜像线)
要删除源对象吗?[是(Y)/否(N)]<N>:↙

2. 绘制隔离开关

高压隔离开关参考尺寸如图 4-8 所示。

(1)将“中心线”图层设置为当前图层。执行“直线”命令,绘制一根水平中心线,一根垂直中心线,垂直中心线的中点应位于水平中心线上。由于中心线较多,可先不按尺寸绘制,图形绘制结束后再统一修改。

(2)将“设备”图层设置为当前图层。执行“矩形”命令,绘制“180mm×220mm”和“115mm×1300mm”的矩形,然后执行“移动”命令,将其移动至相应位置。再执行“修剪”命令,裁剪矩形。效果如图 4-9 所示,代表隔离开关动触头。

命令:TRIM↙
当前设置:投影=UCS,边=无

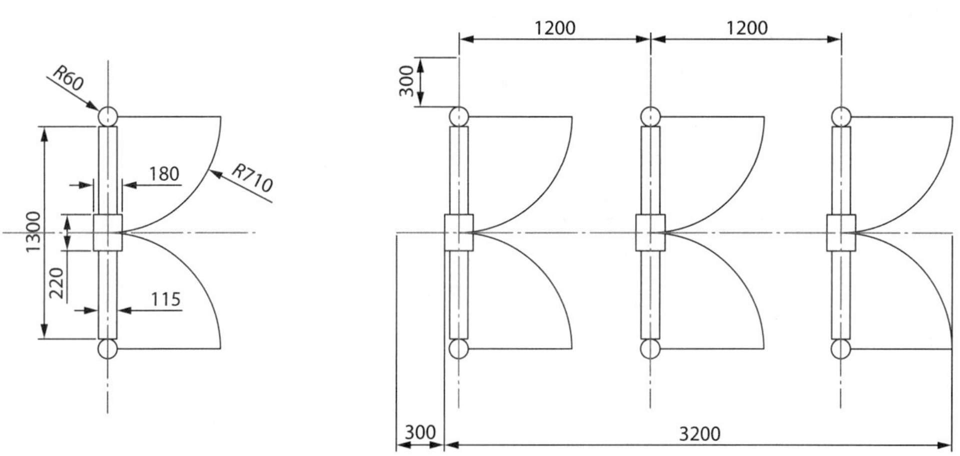

图 4-8 高压隔离开关参考尺寸

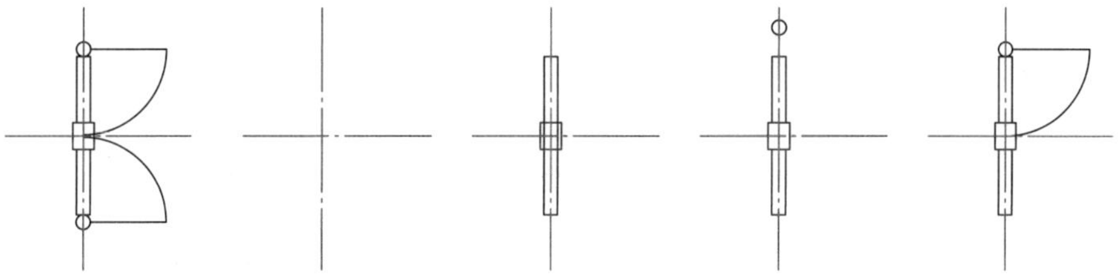

图 4-9 隔离开关绘制参考

选择剪切边... 选择对象或<全部选择>:找到 1 个(鼠标拾取小矩形)
选择对象:↙
选择要修剪的对象,或按住 Shift 键选择要延伸的对象,或
[栏选(F)/窗交(C)/投影(P)/边(E)/删除(R)/放弃(U)]:(鼠标拾取小矩形内部直线)
选择要修剪的对象,或按住 Shift 键选择要延伸的对象,或
[栏选(F)/窗交(C)/投影(P)/边(E)/删除(R)/放弃(U)]:↙

(3)执行“圆”命令。以垂直中心线上一点为圆心,绘制半径为“60mm”的圆。然后执行“移动”命令,将其移动至相应位置(捕捉圆的下象限点,移动到水平线的中点)。代表隔离开关的接线工具。

(4)执行“圆弧”命令。绘制 90°圆弧。然后执行“直线”命令,连接圆与圆弧。再执行“镜像”命令,以水平中心线为镜像线,将其上下镜像。代表动触头运行轨迹。

命令:ARC↙
指定圆弧的起点或[圆心(C)]:C↙
指定圆弧的圆心:(鼠标捕捉圆心)
指定圆弧的起点:(鼠标捕捉两条中心线交点)
指定圆弧的端点或[角度(A)/弦长(L)]:A↙
指定包含角:90↙

命令:L

LINE 指定第一点:(鼠标捕捉圆右象限点)

指定下一点或[放弃(U)]:(鼠标捕捉圆弧上端点)

指定下一点或[放弃(U)]:↙

以水平中心线为镜像线,把轨迹线镜像。

(5)执行“复制”命令,将绘制完成图形复制 2 个,组成三相隔离开关。

(6)执行“延伸”“修剪”等命令,修改中心线。

3. 绘制避雷器

避雷器参考尺寸如图 4-10 所示。

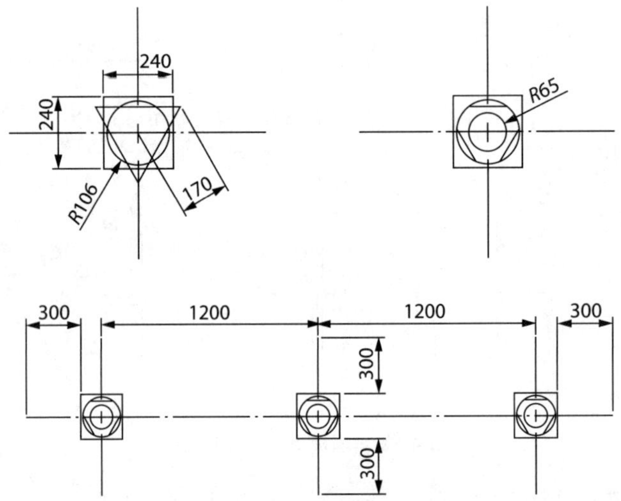

图 4-10 避雷器参考尺寸

(1)将“中心线”图层设置为当前图层。执行“直线”命令,绘制一根水平中心线,一根垂直中心线,两根中心线的中点应重合。

(2)将“设备”图层设置为当前图层。执行“矩形”命令,绘制“240mm×240mm”的矩形。然后执行“移动”命令,将其移动至相应位置。代表避雷器支撑钢板。

(3)执行“圆”命令,以中心线交点为圆心,绘制半径为“106mm”和“65mm”的同心圆。然后执行“正多边形”命令,绘制三角形。

命令:POLYGON↙

输入边的数目<4>:3↙

指定正多边形的中心点或[边(E)]:(鼠标捕捉中心线交点)

输入选项[内接于圆(I)/外切于圆(C)]<I>:I↙

指定圆的半径:170↙

(4)执行“镜像”命令,以水平中心线为镜像线,把三角形镜像。然后执行“修剪”命令,以半径“106mm”的圆为边界,裁剪三角形在圆外的部分,效果如图 4-10 所示。代表避雷器绝缘套管。

(5)执行“复制”命令，将绘制完成图形复制 2 个，组成三相避雷器。

(6)执行“延伸”、“修剪”等命令，修改中心线。

4. 绘制电压互感器

电压互感器参考尺寸如图 4－11 所示。

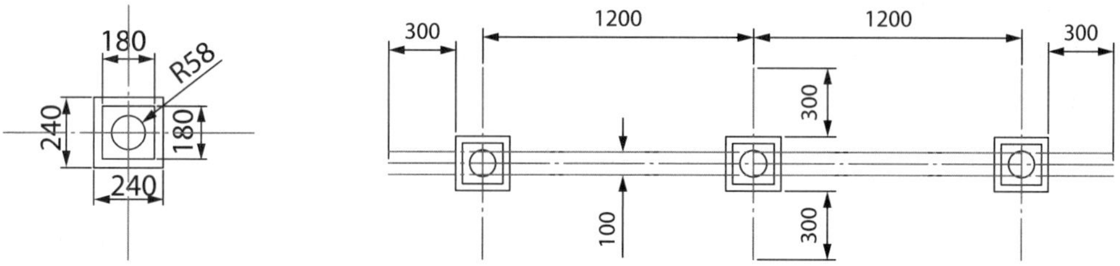

图 4－11　电压互感器参考尺寸

(1)将“中心线”图层设置为当前图层。执行“直线”命令，绘制一根水平中心线，一根垂直中心线，两根中心线的中点应重合。

(2)将“设备”图层设置为当前图层。执行“矩形”命令，绘制“240mm×240mm”和“180mm×180mm”的矩形。然后执行“移动”命令，将其移动至相应位置。代表电压互感器支撑钢板和外壳。

(3)执行“圆”命令，以中心线交点为圆心，绘制半径为“58mm”的圆。代表电压互感器连接金具。

(4)执行“复制”命令，将绘制完成图形复制 2 个，组成三相电压互感器。

(5)执行“延伸”“修剪”等命令，修改中心线。

(6)执行“偏移”命令，形成辅助线，然后执行“直线”命令，绘制矩形之间的连线。代表支撑架。

```
命令:OFFSET ↙
当前设置:删除源 = 否　图层 = 源　OFFSETGAPTYPE = 0
指定偏移距离或[通过(T)/删除(E)/图层(L)]<300.0000>:50 ↙
选择要偏移的对象,或[退出(E)/放弃(U)]<退出>:(鼠标拾取水平中心线)
指定要偏移的那一侧上的点,或[退出(E)/多个(M)/放弃(U)]<退出>:(鼠标点上方)
选择要偏移的对象,或[退出(E)/放弃(U)]<退出>:(鼠标拾取水平中心线)
指定要偏移的那一侧上的点,或[退出(E)/多个(M)/放弃(U)]<退出>:(鼠标点下方)
选择要偏移的对象,或[退出(E)/放弃(U)]<退出>:↙
```

(7)执行“删除”命令。删除偏移得到的辅助线。

5. 绘制主变压器

主变压器参考尺寸如图 4－12 所示。

(1)将“中心线”图层设置为当前图层。执行“直线”命令，绘制一根水平中心线，一根垂直中心线，两根中心线的中点应重合。

(2)将“设备”图层设置为当前图层。绘制“960mm×950mm”的矩形。然后执行“移动”命令，将其移动至相应位置。

(3)执行“圆”命令,以两点方式画圆,两点即矩形垂直边的两个端点。然后执行“修剪”命令,裁剪圆在矩形内的部分。效果如图 4-12 所示。

(4)执行“镜像”命令,以竖直中心线为镜像线,镜像圆弧。然后执行“修剪”命令,以圆弧为边界,裁剪矩形的边。代表变压器外壳。

(5)执行“矩形”命令,绘制 3 个矩形。执行移动命令,将其按尺寸放置。再执行“镜像”命令,以水平中心线为镜像线,镜像矩形。代表变压器的散热器。

(6)执行“圆”命令,绘制半径为“100mm”和“50mm”的圆。然后执行“复制”命令,将其各复制 2 个,间距为“500mm”。大圆代表高压侧接线套管(端子),小圆代表低压侧接线套管(端子)。

(7)执行“椭圆”命令,绘制一个长轴为“600mm”,短轴为“330mm”的椭圆。然后执行“移动”命令,将其放置于合适位置。代表储油器(油枕)。

(8)执行“矩形”命令,绘制“3900mm×5000mm”的矩形。代表变压器油坑边界。

(9)执行“延伸”“修剪”等命令,修改中心线。

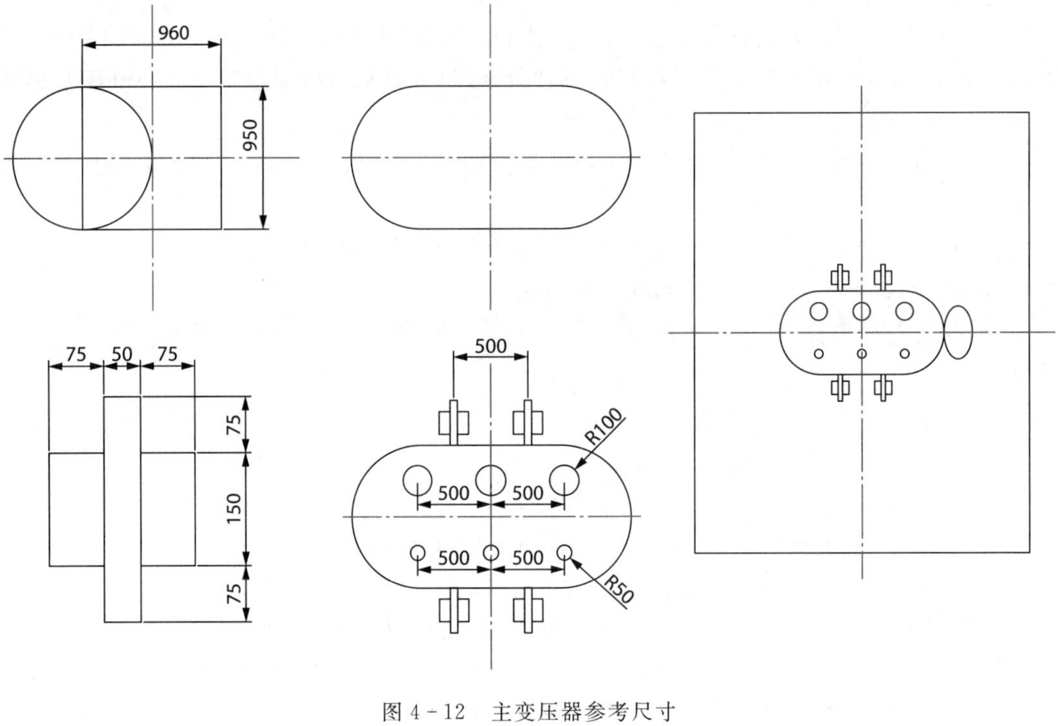

图 4-12 主变压器参考尺寸

6. 绘制厂用变压器

厂用变压器一般用干式变压器,参考尺寸如图 4-13 所示。

(1)将“中心线”图层设置为当前图层。执行“直线”命令,绘制一根水平中心线,一根垂直中心线,两根中心线的中点应重合。

(2)将“设备”图层设置为当前图层。执行“矩形”命令,绘制“500mm×880mm”的矩形。然后执行“移动”命令,将其移动至相应位置。代表变压器外壳。

(3)执行“圆”命令,绘制半径为“45mm”和“22mm”的圆。然后执行“复制”命令,将其各复制 2 个，大圆间距为“350mm”，小圆间距为“230mm”。再执行“移动”命令，将其移动至合适位置。代表接线套管(端子)。

(4)执行“矩形”命令，绘制“280mm×100mm”的矩形，执行“复制”命令，复制 5 个。

(5)执行“移动”移动命令，将其移动至合适位置。然后执行“镜像”命令，以竖直中心线为镜像线，镜像矩形。代表散热器。

(6)执行“矩形”命令，绘制“1160mm×1680mm”的矩形。然后执行执行“移动”移动命令，将其移动至合适位置。代表变压器基础边界。

(7)执行“延伸”“修剪”等命令，修改中心线。

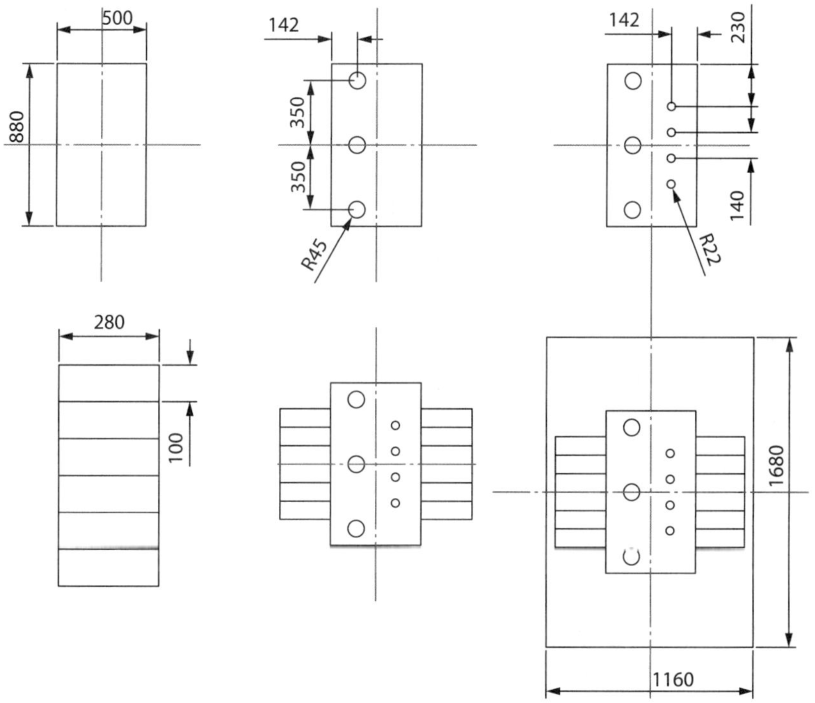

图 4－13　厂用变压器参考尺寸

【任务拓展】

修改快捷命令

AutoCAD 使用快捷命令画图，可以有效地提高作图速度。软件已经定义了不同命令的快捷命令，见附表 2。在工程中由于个人作图习惯的不同，可以自定义快捷命令。具体步骤如下：

(1)选择菜单栏“工具”→“自定义”→“编辑程序参数(acad. pgp)”。弹出如图 4－14 所示记事本。

(2)在记事本中找到要修改的内容，将左边的快捷命令修改为自己定义的快捷命令(注意不能和其他快捷命令重名)。

(3)关闭记事本，关闭 AutoCAD 软件，重新启动软件即可使用自定义命令。

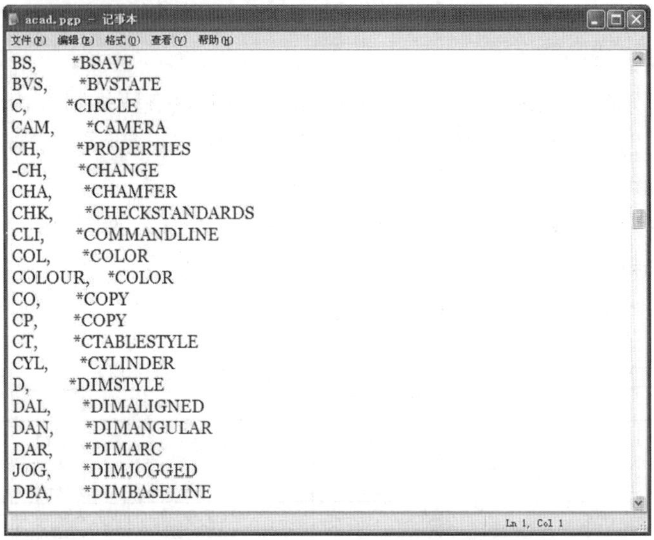

图 4-14 “acad.pgp”记事本

子任务 4.1.2 绘制总平面布置图

【任务目标】

- 掌握标注尺寸的原则。
- 熟练设置标注样式。
- 熟练标注对象尺寸。
- 熟练按图示绘图。

【知识链接】

1. 标注尺寸的原则

在图纸上，虽然可以用图样清楚地表达形体的形状和各部分的相互关系，但是还需注上足够的尺寸，才能明确形体的实际大小和各部分的相对位置。按照国家标准《机械制图　尺寸注法》(GB/T4458.4—2003)中的规定，标注尺寸要遵守以下规则：

(1)机件的真实大小应以图样上所标注的尺寸数值为依据，与图样的大小及绘图的准确性无关。

(2)图样中(包括技术要求和其它说明)的尺寸，以 mm 为单位，不需标注计量单位的符号或名称，如采用其他单位，则必须注明相应的计量单位符号。

(3)图样中所注的尺寸，为该图样所示机件的最后完工尺寸，否则应另加说明。

(4)机件的每一个尺寸，一般只标注一次，并应标注在反映该结构最清晰的图形上。

2. 尺寸的组成

一个完整的尺寸应包括 3 个要素(过去也称四要素，在新国标中“尺寸线”包括“尺寸线终端”)。如图 4-15 所示。

(1)尺寸界线

尺寸界线表示尺寸的起止。

① 尺寸界线一般用细实线画出，并应由图形的轮廓线、轴线或对称中心线处引出。也

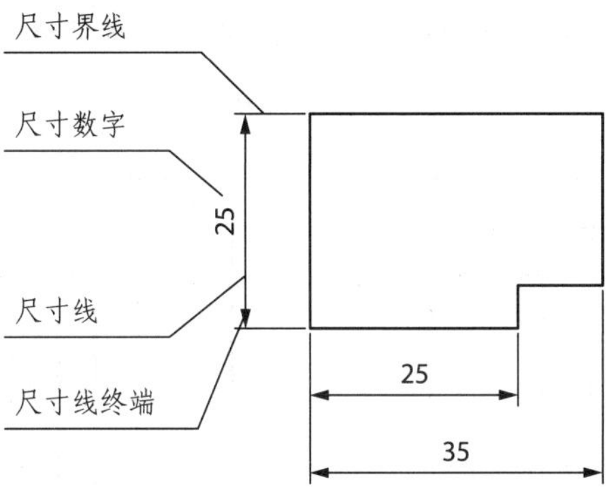

图 4 - 15　尺寸的组成

可利用轮廓线、轴线或对称中心线作尺寸界线。如图 4 - 16 所示。

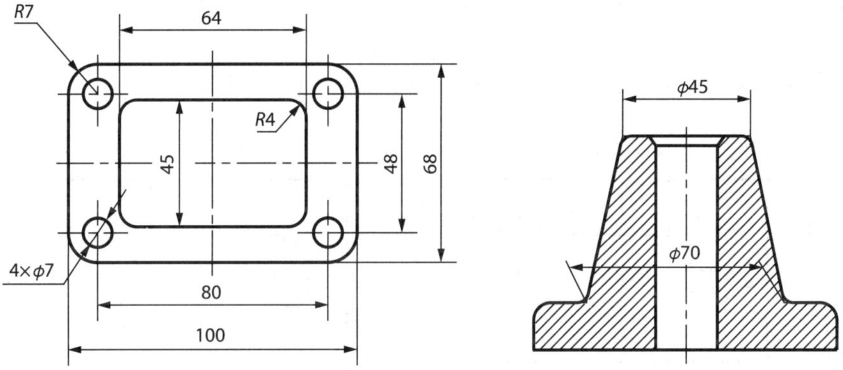

图 4 - 16　尺寸界线示例

② 尺寸界线一般应与尺寸线垂直。必要时才允许倾斜。

③ 在光滑过渡处标注尺寸时，必须用细实线将轮廓线延长，从它们的交点处引出尺寸界线。

(2)尺寸线

尺寸线表示标注尺寸的度量方向。

① 尺寸线用细实线绘制，其终端有箭头和斜线两种形式。箭头终端适用于各种类型的图样。斜线终端必须在尺寸线与尺寸界线相互垂直时才能使用。

《技术制图—尺寸和允许偏差—第 1 部分：一般原则》(ISO 129—1—2004)中规定，终端如图 4 - 17 所示。图中各种箭头没有特别的含义，在一份文件里面通常只能使用一种终端形式。圆的直径和圆弧半径的尺寸线终端应采用箭头形式。我国图纸中的尺寸线终端一般使用实心箭头和斜线。

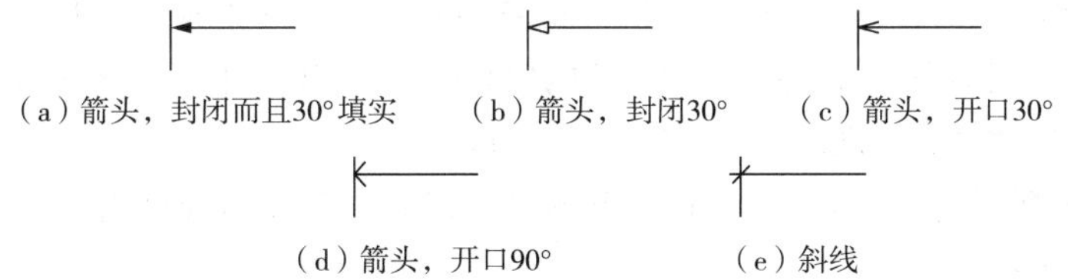

图 4 - 17　尺寸线的终端

② 在没有足够的位置画箭头或标注数字时，允许用圆点或斜线代替箭头。如图 4－18 所示。

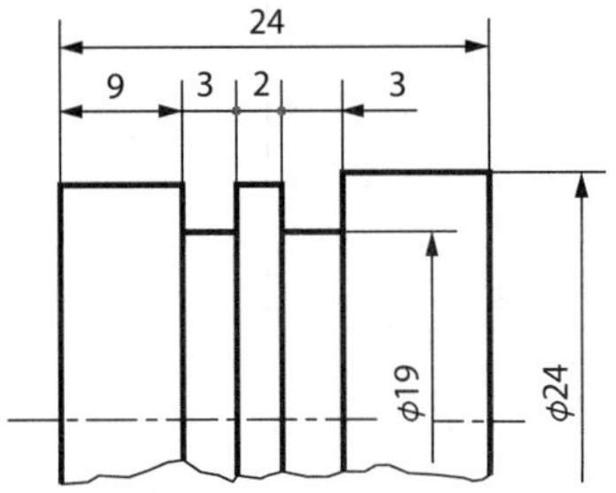

图 4－18　小尺寸的注法(一)

③ 尺寸线必须单独画出，不能用其他图线代替。一般也不得与其他图线重合或画在其延长线上。

④ 标注线性尺寸时，尺寸线必须与所标注的线段平行。如图 4－19 所示。

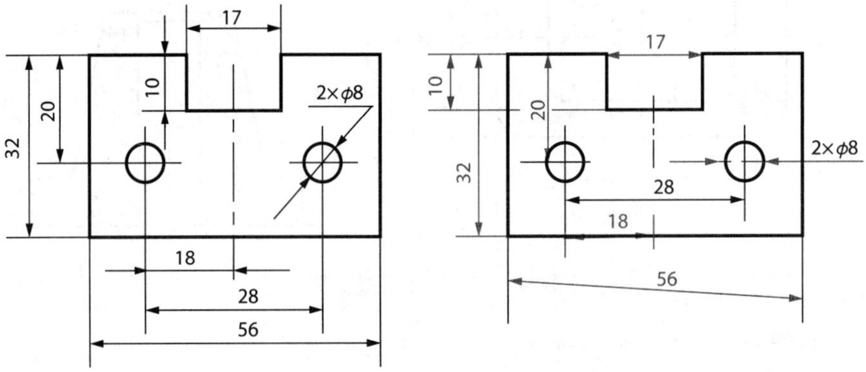

(a) 正确　　(b) 错误

图 4－19　标注尺寸示例

(3)尺寸数字

尺寸数字用来表示所注尺寸的数值，是图样中指令性最强的部分。要求注写尺寸时一定要认真仔细、字迹清楚，应避免可能造成误解的一切因素。

① 线性尺寸数字的注写位置：水平方向的尺寸，一般应注写在尺寸线的上方；铅垂方向的尺寸，一般应注写在尺寸线的左方；倾斜方向的尺寸一般应在尺寸线靠上的一方。也允许注写在尺寸线的中断处。

② 线性尺寸数字的注写方向：水平尺寸的数字字头向上；铅垂尺寸的数字字头朝左；倾斜尺寸的数字字头应有朝上的趋势。在不致引起误解时，对于非水平方向的尺寸，其尺寸数字可水平注写在尺寸线的中断处。如图 4－20 所示。

③ 任何图线都不得穿过尺寸数字。当不可避免时，应将图线断开，以保证尺寸数字的清晰。如图 4－21 所示。

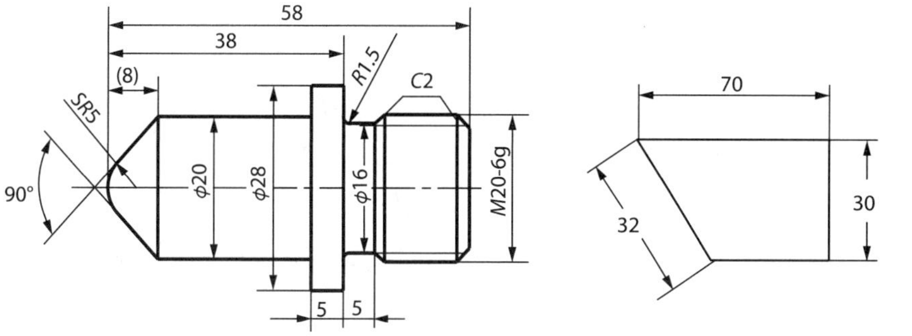

图 4－20　文字注写示例

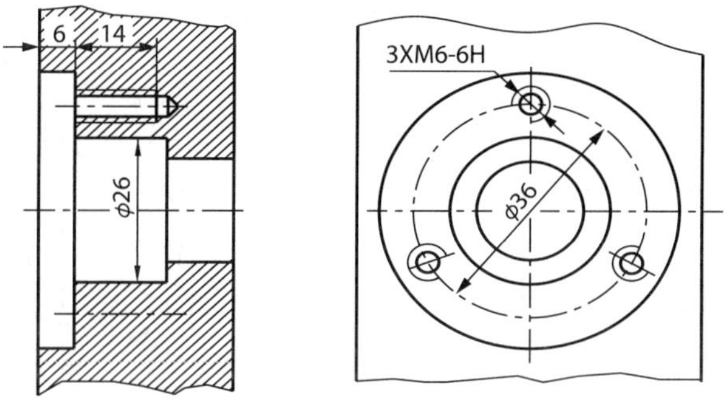

图 4－21　穿越文字图线样式

3. 特殊尺寸的标注

(1)直径与半径

标注直径时，应在尺寸数字前加注符号“*Φ*”，标注半径时应在尺寸数字前加注符号“*R*”。标注球面的直径或半径时，应在符号“*Φ*”或“*R*”前再加注符号“*S*”。直径半径标注的界限是以圆弧的大小为准，超过一半的圆弧，必须标注直径；小于一半的圆弧只能标注半径。如图 4－22所示。

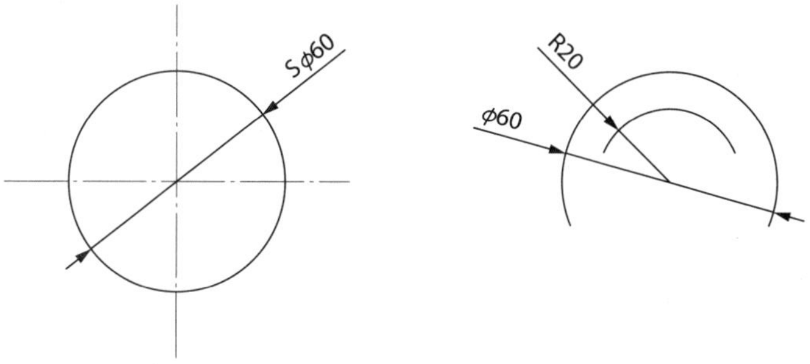

图 4－22　直径与半径标注示例

(2)角度

角度的数字一律写成水平方向，即数字铅直向上。一般注写在尺寸线的中断处，必要时，也可注写在尺寸线的附近或注写在引出线的上方。如图 4－23 所示。

(3)简化标注

为了简化绘图工作，并保证读图方便和不引起误解，可采用简化的标注方式。如图

4－24所示。

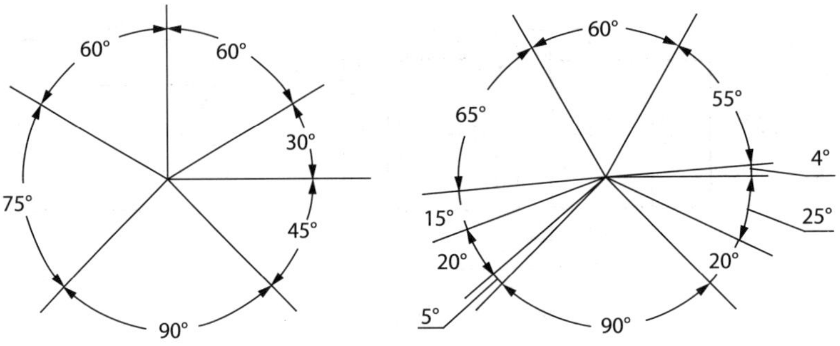

图 4－23　角度标注示例

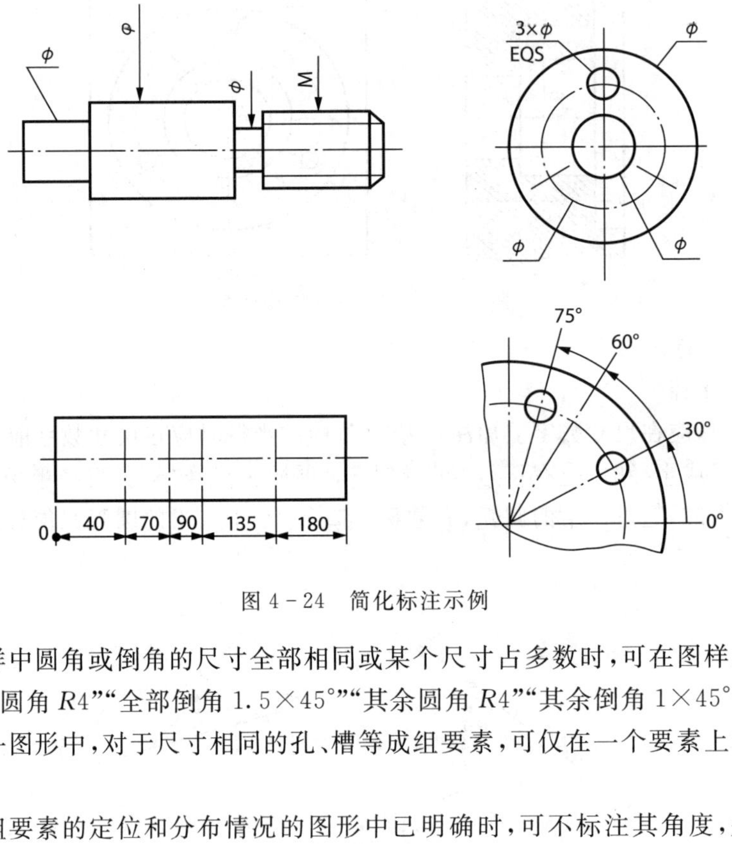

图 4－24　简化标注示例

① 若图样中圆角或倒角的尺寸全部相同或某个尺寸占多数时，可在图样空白处作总的说明，如“全部圆角 *R*4”“全部倒角 1.5×45°”“其余圆角 *R*4”“其余倒角 1×45°”等。

② 在同一图形中，对于尺寸相同的孔、槽等成组要素，可仅在一个要素上注出其尺寸和数量。

③ 当成组要素的定位和分布情况的图形中已明确时，可不标注其角度，并省略“均布”两字。

④ 在同一图形中具有几种尺寸数值相近而又重复的要素（如孔等）时，用采用标记（如涂色等）的方法，或采用标注字母的方法来区别。

⑤ 对不连续的同一表面，可用细实线连接后标注一次尺寸。

⑥ 由同一基准出发的尺寸，可以用坐标的形式列表标注。

特别提示

国际标准（ISO）和国内标准（GB）在标注尺寸方面有一定区别。本书因排版要求，未严格按照国标进行尺寸标注，请在阅读时注意。

4. 标注样式设置

在 AutoCAD 中，如果没有预先对尺寸样式进行设置，则标注尺寸为系统默认的标准样式（“ISO－25”）。根据应用领域的不同，标注的尺寸样式也不同，要使标注的尺寸符合要求，就必须先设置尺寸样式，即确定标注尺寸 3 个基本元素的大小及相互之间的关系，然后再用这个格式对图形进行标注，以满足不同标准的要求。

（1）操作方法

① 在命令行中输入：DIMSTYLE（快捷命令 D）；

② 在下拉菜单中点击：“格式”→“标注样式”；

③ 在“样式”工具栏单击按钮。

（2）操作指导

执行“标注样式”命令后，将弹出如图 4－25 所示的“标准样式管理器”对话框，利用该对话框可以修改或创建新标注样式。

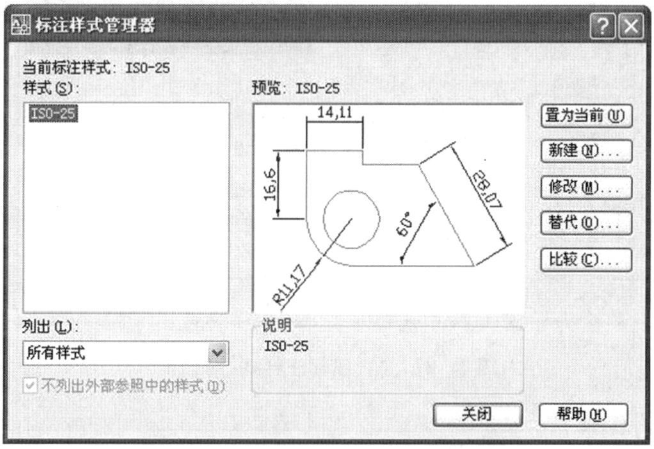

图 4－25　“标注样式管理器”对话框

参数说明：

① “新建”按钮：用于新建尺寸标注类型。单击该按钮将打开“创建新标注样式”对话框。如图 4－26 所示。

② “修改”按钮：用于修改尺寸标注类型。单击该按钮将打开“修改标注样式”对话框。

图 4－26　“创建新标注样式”对话框

③ “替代”按钮：替代当前尺寸标注类型。单击该按钮将打开“替代标注样式”对话框。

④ “比较”按钮：对已创建的标注样式进行比较。单击该按钮将打开“比较标注样式”对话框。该功能可以帮助用户快速地比较几个标注样式参数的不同。

⑤ “置为当前”按钮：将建立好的标注样式置为当前应用模式。

(3)操作示例

创建“比例 10”样式。新创建样式是基于“ISO－25”标注样式进行的。

① 执行“标注样式”命令，弹出“标注样式管理器”对话框。

② 单击“新建”按钮，打开如图 4－26 所示的“创建新标注样式”对话框。“新样式名”改为“比例 10”。点击“继续”按钮，弹出“新建标注样式”对话框。如图 4－27 所示。

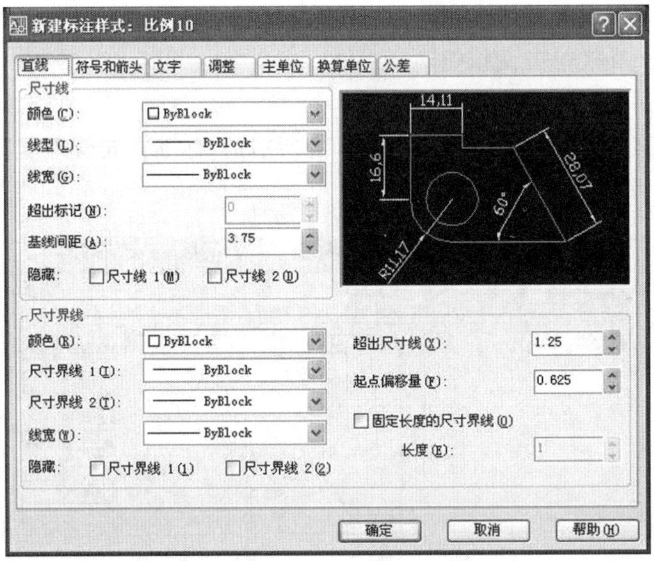

图 4－27 “新建标注样式”对话框

③ 修改“直线”选项卡。

在“直线”选项卡中可设置尺寸线、尺寸界线的格式和位置。

● “尺寸线”选项组可设置尺寸线的颜色、线型、线宽、超出标记及极限间距等属性。其中颜色、线型、线宽与常规图元的设置方法一致，这里不再赘述。

当尺寸线的终端采用建筑标记、倾斜、小点、积分或无标记等箭头样式时，使用“超出标记”选项控制超出尺寸界线的距离。效果如图 4－28 所示。

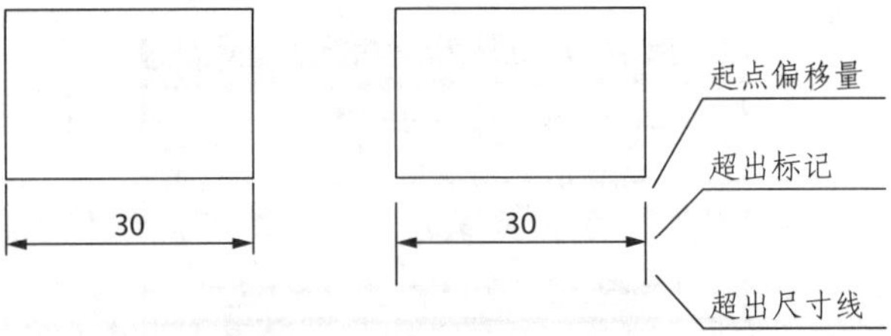

图 4－28 不同设置效果对比

“基线间距”文本框：进行基线标注时，设置两个尺寸线之间的距离。如图 4－29 所示。

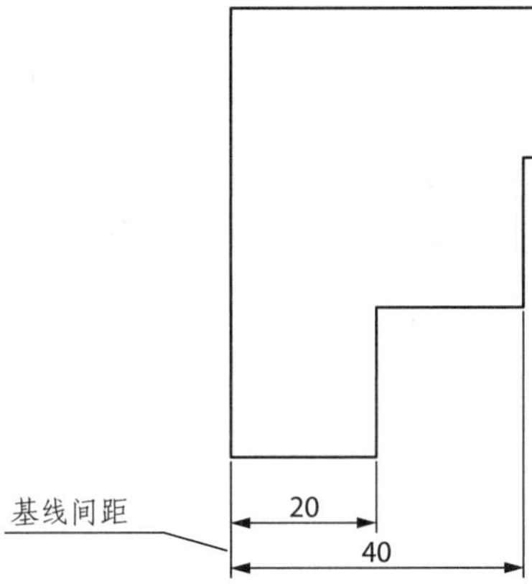

图 4 - 29　设置基线间距

"隐藏"复选框组:通过设置"尺寸线 1"和"尺寸线 2"复选框,可以选择隐藏尺寸线,如图 4 - 30 所示。图 4 - 30(a)是隐藏"尺寸线 1";图 4 - 30(b)是隐藏"尺寸线 2";图 4 - 30(c)是全部隐藏。

● "尺寸界线"选项组可设置尺寸界线的颜色、线宽、超出尺寸线的长度及起点偏移量等属性。其中颜色、线型、线宽的设置与尺寸线中设置相同。

"超出尺寸线"文本框可设置尺寸界线超过尺寸线的距离,效果如图 4 - 28 所示。

"起点偏移量"文本框可设置尺寸界线的起点与被标注图形定义点之间的距离,效果如图 4 - 28 所示。

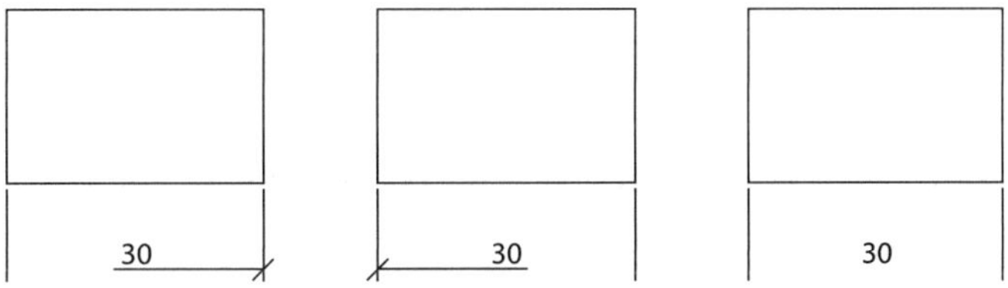

(a)　(b)　(c)

图 4 - 30　隐藏尺寸线效果示例

"隐藏"复选框组:通过设置"尺寸界线 1"和"尺寸界线 2"复选框,可以选择隐藏尺寸界线线,如图 4 - 31 所示。图 4 - 31(a)是隐藏"尺寸界线 1";图 4 - 31(b)是隐藏"尺寸界线 2";图 4 - 31(c)是全部隐藏。

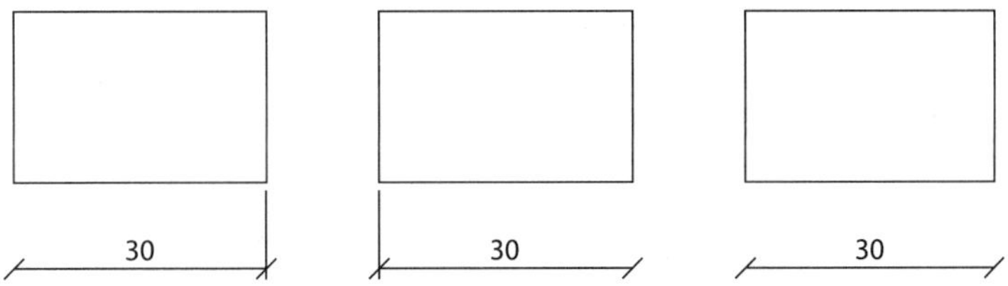

(a)　(b)　(c)

图 4 - 31　隐藏尺寸界线效果示例

④ 修改“符号和箭头”选项卡。

在“符号和箭头”选项卡中可设置箭头、圆心标记、弧长符号和折弯半径标注的格式和位置。如图 4-32 所示。

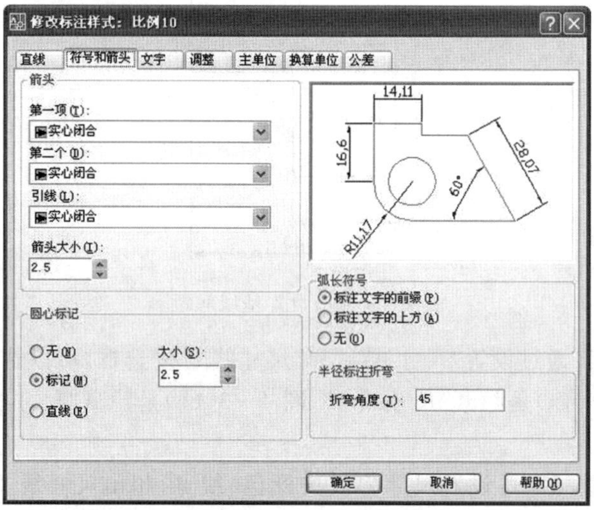

图 4-32　“符号和箭头”选项卡

● “箭头”选项组可设置尺寸线终端样式，AutoCAD 提供了 20 多种箭头样式，可在下拉列表中自由选择。在“箭头大小”文本框中可输入箭头的大小值。

“圆心标记”选项组可设置圆或圆弧的圆心标记类型及大小。效果如图 4-33 所示。图 4-33(a)是创建圆心标记，圆心标记的数值在“大小”文本框中输入；图 4-33(b)是无圆心标记；图 4-33(c)是圆心标记用直线(中心线)表示。

“弧长符号”选项组可设置在标注弧长时弧长符号的显示方式效果如图 4-34 所示。图 4-34(a)是选择“标注文字的前缀”；图 4-34(b)是选择“标注文字的上方”；图 4-34(c)是选择“无”。

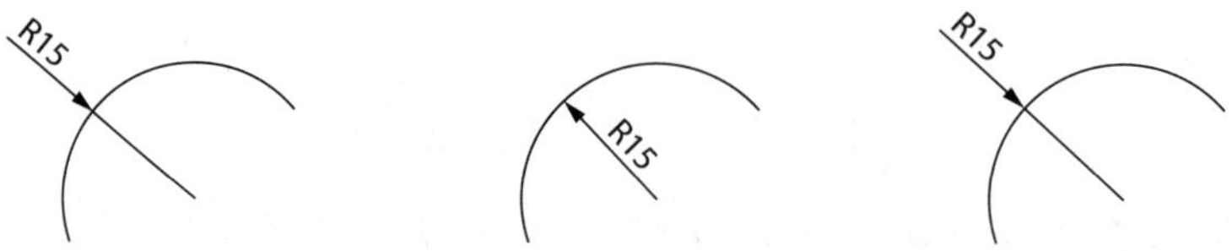

(a)　　(b)　　(c)

图 4-33　圆心标记效果示例

“半径标注折弯”选项组可设置标注圆弧半径时标注线的折弯角度大小。

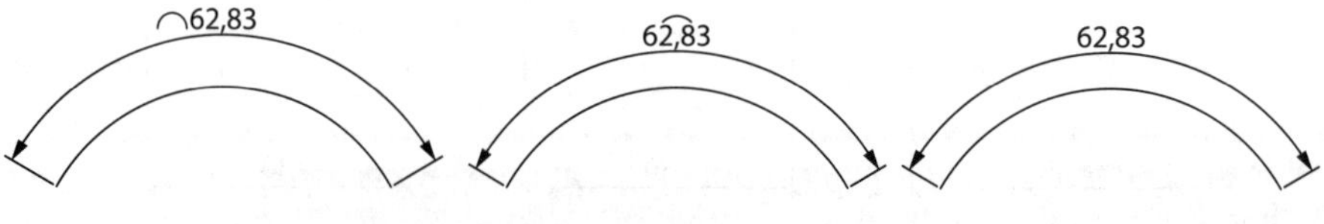

(a)　　(b)　　(c)

图 4-34　设置弧长符号示例

⑤ 修改“文字”选项卡。

在“文字”选项卡中可设置文字的外观、位置和对齐方式。如图 4－35 所示。

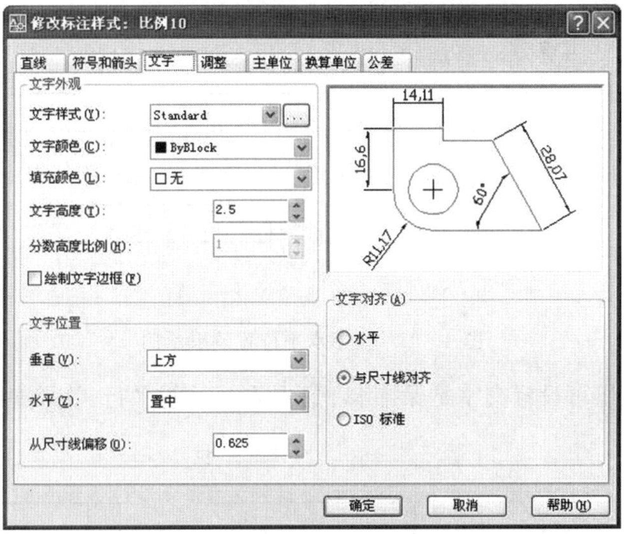

图 4－35　“文字”选项卡

● “文字外观”选项组可设置文字的观察样式，主要内容包括：

“文字样式”下拉列表：选择图形文件中已经创建的的文字样式。

“文字颜色”下拉列表：设置尺寸标注的文字颜色。

“填充颜色”下拉列表：设置尺寸标注的文字背景颜色。

“文字高度”文本框：设置尺寸标注的文字高度，如图 4－35 所示。

“绘制文字边框”复选框：设置尺寸标注的文字是否加边框。如图 4－36 所示。

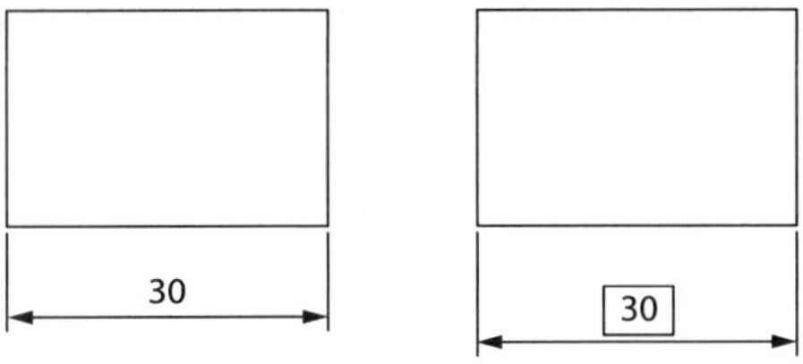

图 4－36　不同文字效果对比

● “文字位置”选项组可设置文字相对于尺寸线和尺寸界线的偏移位置，主要内容包括：

“垂直”下拉列表：设置尺寸标注中文字相对于尺寸线在垂直方向的位置。如图 4－36 所示，图 4－37(a)是选择“上方”；图 4－37(b)是选择“置中”；图 4－37(c)是选择“外部”。

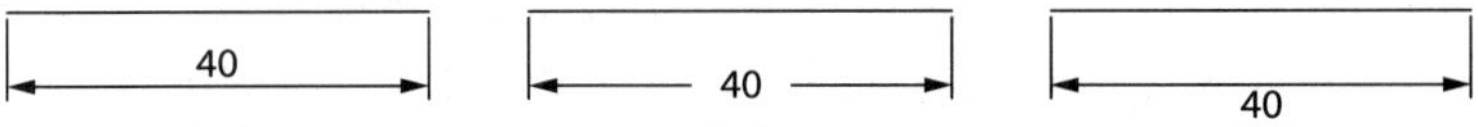

(a)　(b)　(c)

图 4－37　文字垂直位置效果示例

"水平"下拉列表：设置尺寸标注中文字相对于尺寸线和尺寸界线在水平方向的位置。如图 4-38 所示。图 4-38(a)是选择"置中"；图 4-38(b)是选择"第一条尺寸界线"；图 4-38(c)是选择"第二条尺寸界线"；图 4-38(d)是选择"第一条尺寸界线上方"；图 4-38(e)是选择"第二条尺寸界线上方"。

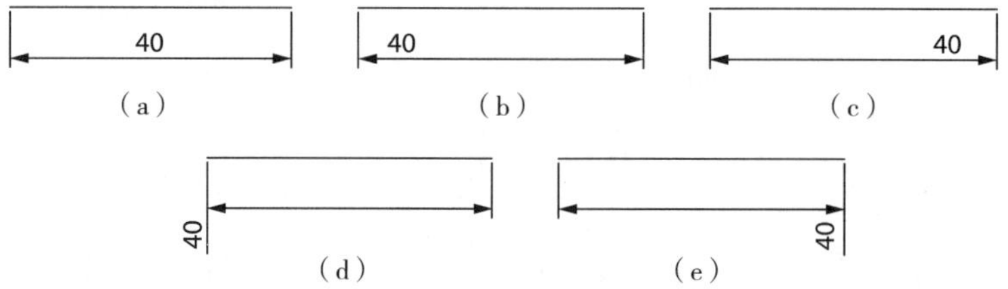

图 4-38　文字水平位置效果示例

● "对齐"选项组可设置文字是保持水平还是和尺寸线平行，效果如图 4-39 所示。

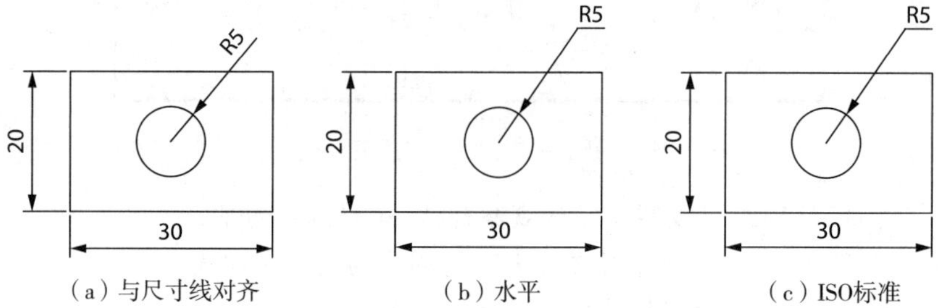

图 4-39　文字对齐效果示例

"水平"单选按钮：选中后无论尺寸标注为何种角度，尺寸标注的文字方向总是水平的。如图 4-39(b)所示。

"与尺寸线对齐"单选按钮：选中后无论尺寸标注为何种角度，尺寸标注的文字方向总是与尺寸线平行。如图 4-39(a)所示。

"ISO 标准"单选按钮：当文字在尺寸界线内时，文字与尺寸线对齐；当文字在尺寸界线外时，文字水平排列。如图 4-39(c)所示。

⑥ 修改"调整"选项卡。

在"调整"选项卡中可对标注的一些组成部分、文字位置、标注特性比例等参数进行设置。如图 4-40 所示。

● "调整"选项组可设定当尺寸界线之间没有足够的空间同时放置标注文字和箭头时，应从尺寸界线之间移出文字还是箭头。选项说明如下：

"文字或箭头(最佳效果)"单选按钮：选中时 AutoCAD 会对标注文本及箭头的放置位置综合考虑，当两条尺寸界线之间的距离仅够容纳文字时，将文字放在尺寸界线内，而箭头放在尺寸界线外；当尺寸界线之间的距离仅够容纳箭头时，将箭头放在尺寸界线内，而文字放在尺寸界线外；当尺寸界线之间的距离既不够放文字也不够放箭头时，文字和箭头都放在尺寸界线外。

"箭头"单选按钮：选中时首先把箭头放在尺寸界线外。

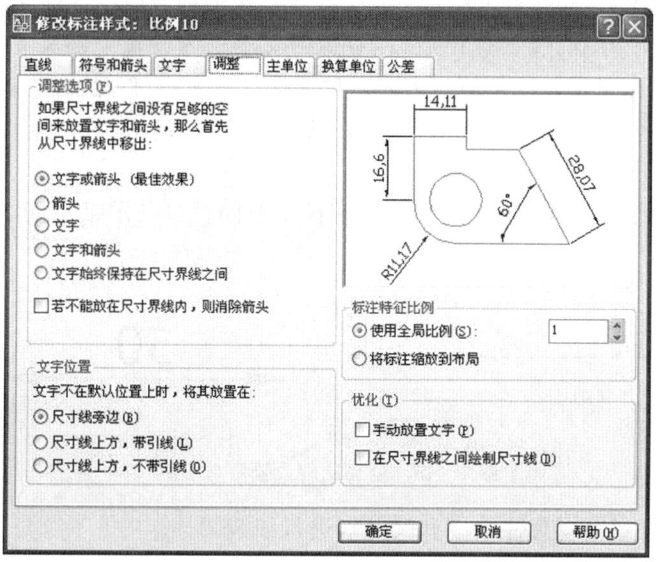

图 4－40　“调整”选项卡

“文字”单选按钮：选中时首先把文字放在尺寸界线外。

“文字和箭头”单选按钮：选中时文字和箭头都放在尺寸界线外。

“文字始终保持在尺寸界线之间”单选按钮：选中时始终将文字放在尺寸界线内。

“若不能放在尺寸界线内，则消除箭头”复选框：选中时如果尺寸界线之间没有足够空间，则消除箭头。

参考效果如图 4－41 所示。图 4－41(a)是选择“箭头”；图 4－41(b)是选择“文字和箭头”；图 4－41(c)是选择“文字始终保持在尺寸界线之间”；图 4－41(d)是选择“若不能放在尺寸界线内，则消除箭头”。

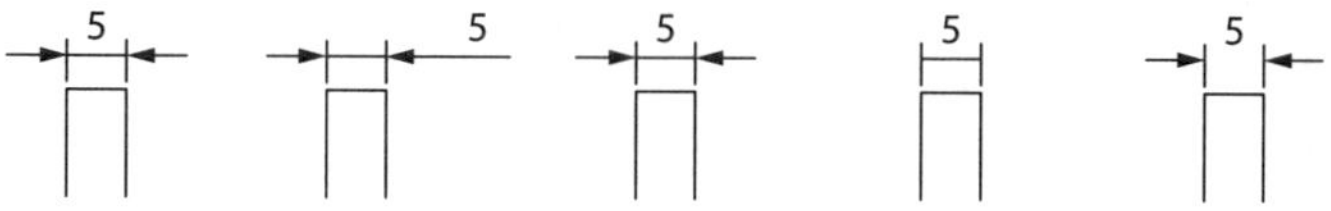

(a)　(b)　(c)　(d)　(e)

图 4－41　文字调整效果示例(一)

在标注半径时，为了达到效果，也要修改“调整效果”。如图 4－42 所示，图 4－42(a)是选择“文字”，图 4－42(b)是选择其他任意选项。

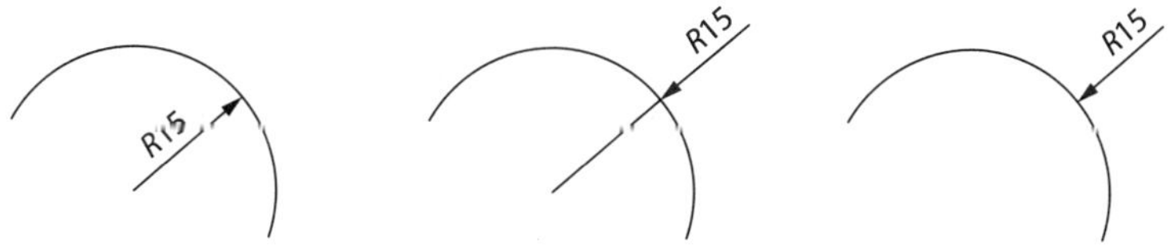

(a)　(b)　(c)

图 4－42　文字调整效果示例(二)

● “标注特性比例”选项组可通过设置全局比例来增加或减少各标注的大小。

“使用全局比例”单选按钮：选中后，在右边的文本框内设置全部尺寸标注缩放比例，该比例不改变尺寸的测量值。比例值越大表示尺寸标注越大，不仅是文字，其他所有参数都成比例变大。如图 4－43 所示，图 4－43(a)是设置全局比例为“1”；图 4－43(b)是设置全局比例为“3”。

“将标注缩放到布局”单选按钮：根据当前模型空间视口与图纸空间之间的缩放关系设置比例。

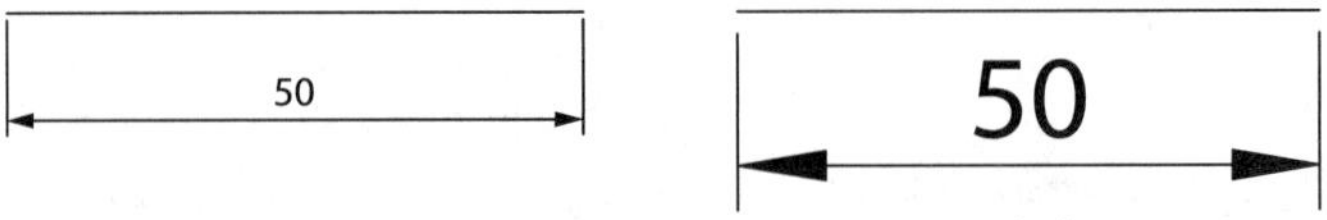

（a）　　（b）

图 4－43　全局比例设置效果示例

● “优化”选项组可对标注文字和尺寸线进行细节调整。

“手动放置文字”复选框：不选中，软件自动生成文字。选中后，每次标注需要用户设置文字放置的位置。

“在尺寸界线之间绘制尺寸线”复选框：选中后，不论尺寸界线距离多远，尺寸界线之间都绘制出尺寸线。不选中的效果如图 4－41(e)和图 4－42(c)所示。

⑦ 修改“主单位”选项卡。

在“主单位”选项卡中可控制标注文字的显示效果。如图 4－44 所示。

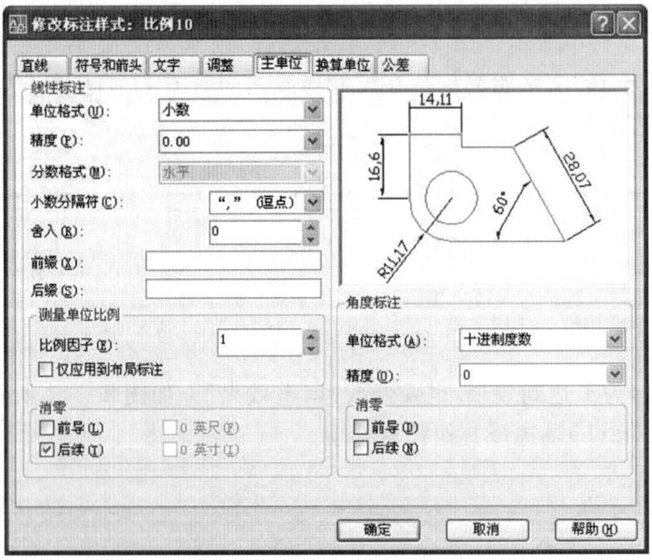

图 4－44　“主单位”选项卡

● “线性标注”选项组可设置线性标注数值的格式和精度。主要包括：

“单位格式”下拉列表：设置除角度标注之外所有尺寸标注类型的尺寸单位。通常标注多用“小数”。

"精度"下拉列表：设置除角度标注之外所有尺寸标注的精度，即精确到小数点后的位数。例如"3.200""3.20""3.2"。

"小数分隔符"下拉列表：设置小数的分隔符。例如"3,2""3.2""3 2"。

"舍入"文本框：设置除角度标注之外所有的尺寸测量值的四舍五入的位数及其具体数值。

"前缀"和"后缀"文本框：设置标注文字的前缀和后缀，在相应的文本框中输入字符即可。

"测量单位比例因子"选项组：在"比例因子"文本框中可以设置标注测量值的比例因子。例如某条线段长度为5mm，在"比例因子"中输入"100"，则 AutoCAD 会将测量值乘以 100，标注显示为 500mm。

"消零"选项组：设置是否显示尺寸标注中"前导"和"后继"的零。例如"0.500"如果选择"前导"，显示为".500"；如果选择"后继"，显示为"0.5"。

● "角度标注"选项组可设置角度标注的数值的格式和精度，设置方法与"线性标注"中的设置方法相同。

⑧ 修改"换算单位"选项卡。

在"换算单位"选项卡中可设置标注测量值中换算单位的显示效果。如图 4-45 所示。一般的标注都不修改该选项卡。

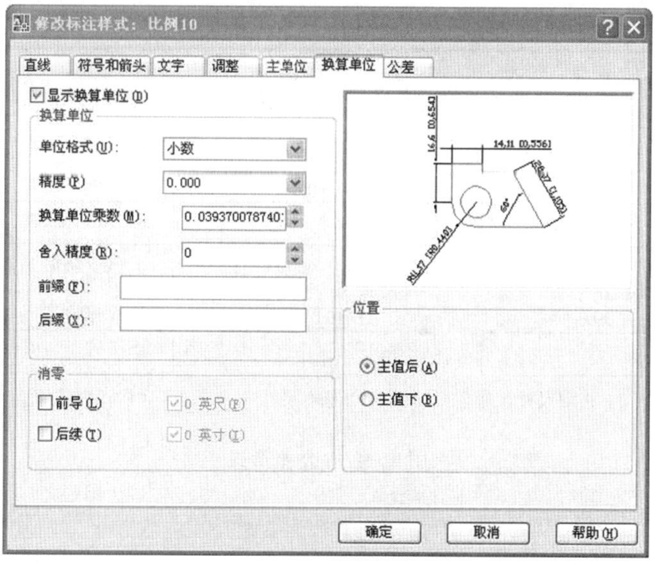

图 4-45　"换算单位"选项卡

⑨ 修改"公差"选项卡。

"公差"选项卡用来设置公差格式和换算公差等。如图 4-46 所示。

● "公差格式"选项组可设置公差标注的方式。不同的方式，可选择项目不同。

"方式"下拉列表：设置以哪种格式标注公差。不同的设置如图 4-47 所示。

"精度"下拉列表：设置公差的精确度。

“上偏差”和“下偏差”文本框：设置标注尺寸的上、下偏差。

“高度比例”文本框：设置公差文字的高度比例因子。

“垂直位置”下拉列表：设置公差文字相对于尺寸文字的位置，如图 4－47(f)所示。

“消零”选项组：控制是否输出前导零和后继零。

● “换算单位公差”选项组。当标注换算单位时，可设置换算单位精度和是否消零。

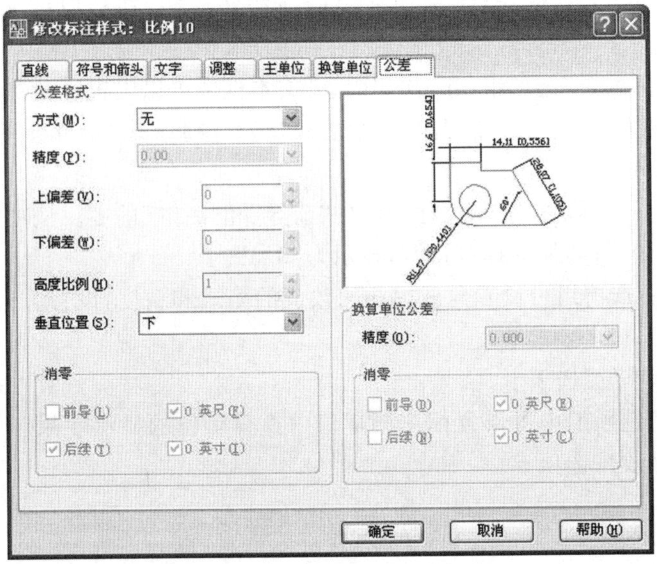

图 4－46 “公差”选项卡

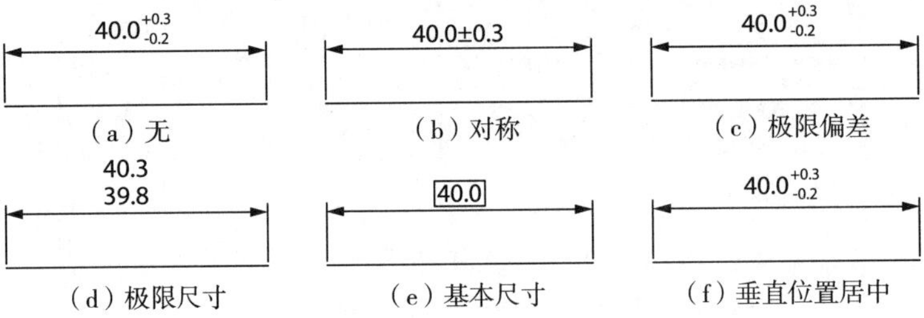

图 4－47 公差形式

特别提示

一张图纸中一般会涉及几种不同的标注样式，此时可建立不同的标注样式名，进行“新建”、“修改”或“替代”操作。使用某种标注样式时直接选择样式名，并“置为当前”。

5. 尺寸标注的类型

建立好尺寸标注格式后，可使用相应的标注命令对图形对象进行尺寸标注。以线性标注为例加以说明。

(1)操作方法

① 在命令行中输入：DIMLINEAR(快捷命令 DLI)；

② 在下拉菜单中点击："标注"→"线性"；

③ 在"标注"工具栏单击按钮。

(2)操作示例

前提：绘制一根水平直线，长度为 40。

命令：DIMLINEAR↙

指定第一条尺寸界线原点或<选择对象>：(鼠标捕捉直线左端点)

指定第二条尺寸界线原点：(鼠标捕捉直线右端点)

指定尺寸线位置或[多行文字(M)/文字(T)/角度(A)/水平(H)/垂直(V)/旋转(R)]：

(鼠标在适当位置点一下，指定尺寸线的位置)

标注文字 = 40.0(软件自动生成文字)

其他标注命令的操作方法与线性标注的操作方法相类似，这里不再赘述。各种标注的命令见表 4-1。其中图标需打开"标注"工具栏。

表 4-1　尺寸标注类型

名称	命令(英文)	快捷命令	图标	注释
线性标注	DIMLINEAR	DLI		标注水平或垂直方向上两点的直线距离
对齐标注	DIMALIGNED	DAL		创建平行于所选对象的直线型尺寸
弧长标注	DIMARC	DAR		标注圆弧或多段线的圆弧部分的弧长
坐标标注	DIMORDINATE	DOR		使用坐标系中相互垂直的 X 和 Y 坐标轴作为参考线，给定坐标值
半径标注	DIMDADIUS	DRA		用于标注圆或圆弧的半径尺寸
折弯标注	DIMJOGGED	DJO		指定位置为标注的原点，以此代替半径标注中圆或圆弧额中心点
直径标注	DIMDIAMETER	DDI		用于标注圆或圆弧的直径尺寸
角度标注	DIMANGULAR	DAN		用于测量角度
快速标注	QDIM	—		一次性选择多个对象创建标注
基线标注	DIMBASELINE	DBA		创建一系列由相同标注原点测量出来的标注
连续标注	DIMCONTINUE	DCO		标注同一方向上的线性尺寸或角度尺寸，共享公共的延伸线
引线标注	QLEADER	—		标注说明文字
公差标注	TOLERANCE	TOL		创建形位公差
圆心标注	DIMCENTER	DCE		标记圆或圆弧的圆心

特别提示

必须已有尺寸标注，才能使用基线标注或连续标注。若“圆心标记”设置为“无”，不能使用圆心标注。

【任务实施】

适用于位置布局法的电气工程图，所有设备必须精确定位，这样工程人员才能根据图形正确施工。

1. 绘制辅助定位线

(1)执行“图层”命令，建立“辅助”图层，颜色“绿”，线型“CENTER”。将该图层设置为当前图层。

(2)执行“构造线”命令，绘制水平和竖直的辅助线，然后执行“复制”或“偏移”命令，修改成如图 4-48 所示辅助定位线。

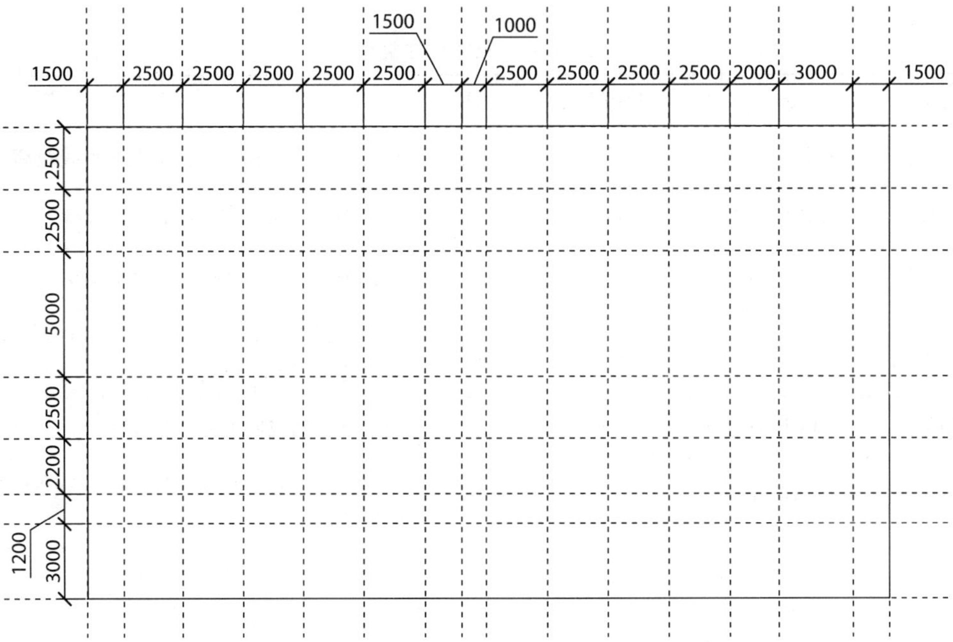

图 4-48 总平面布置图辅助定位线

2. 绘制门型架

(1)将“设备”图层设置为当前图层。(该图层设置见子任务 4.1.1。)

(2)执行“圆”命令，以辅助定位线交点为圆心，绘制半径为“213mm”的圆。然后执行“复制”命令，复制圆，两圆距离“5000mm”(圆心都在辅助定位线交点)。如图 4-49 所示。代表电线杆。

(3)执行“直线”命令，连接圆。然后执行“镜像”命令，镜像直线。代表钢构架。

命令:LINE↙

指定第一点:(鼠标捕捉左圆上象限点)

指定下一点或[放弃(U)]:(鼠标捕捉右圆上象限点)

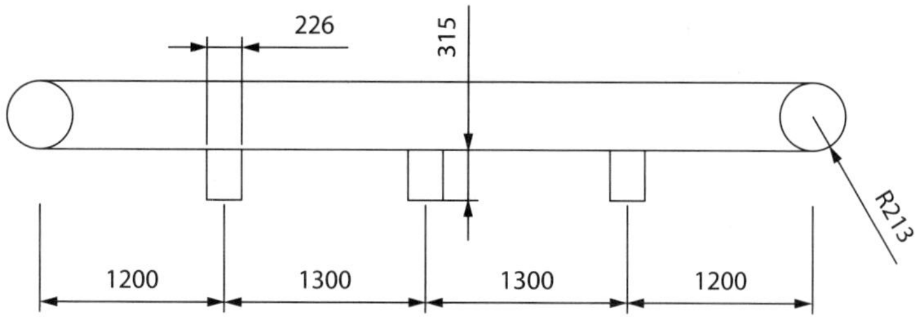

图 4-49 门型架示意图

指定下一点或[放弃(U)]:↙

命令:MIRROR↙

选择对象:指定对角点:找到 1 个(鼠标拾取直线)

选择对象:指定镜像线的第一点:指定镜像线的第二点:(以辅助线为镜像线)

要删除源对象吗?[是(Y)/否(N)]<N>:↙

(4)执行"矩形"命令,绘制"226mm×315mm"的矩形。然后执行"移动"命令,将其移动至合适位置。再执行"复制"命令,形成如图 4-48 所示图形,代表绝缘子串。

(5)执行"移动""旋转""镜像"等命令,将门型架放置于如图 4-50 所示位置。有的门型架两侧都有绝缘子串,把一侧的绝缘子串镜像到另一侧即可。

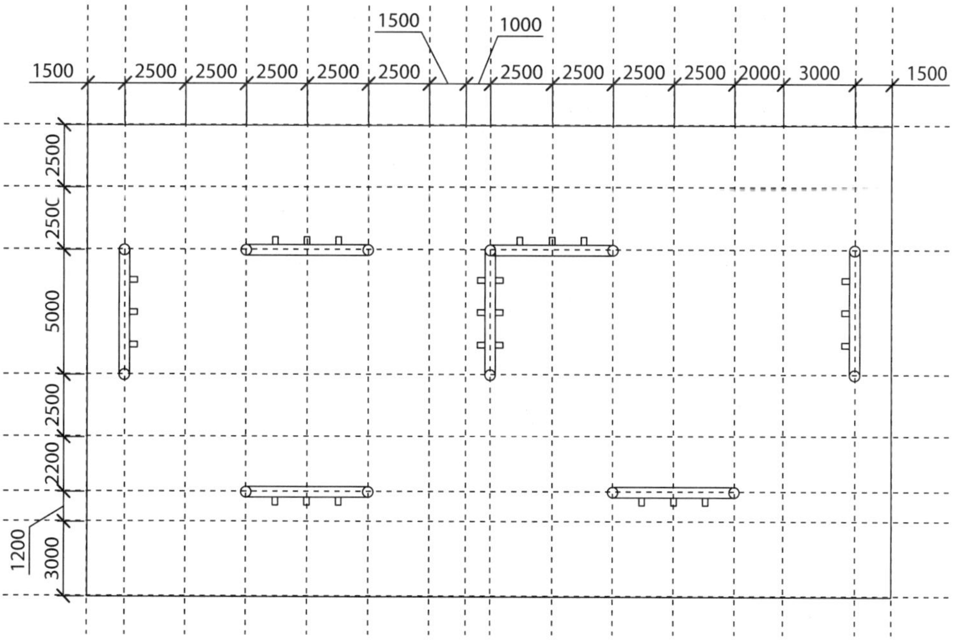

图 4-50 绘制门型架

3. 绘制变电站高压侧电气设备

(1)执行"移动"或"复制"命令,将子任务 4.1.1 中绘制的电气设备放置在如图 4-51 所示位置。

(2)执行"多段线"命令,绘制线宽为"20mm"的多段线。表示 35kV 母线和架空线路。

在实际工程中，母线与架空线路的截面积不同，但是在总平面布置图中一般不作区分，采用同样线宽表示。母线端点捕捉代表绝缘子串的小矩形的中点，架空线路端点捕捉代表各接线端子的圆的圆心。

(3)执行“复制”命令，将电气设备和线路复制到另一条支路上。

(4)执行“修剪”“延伸”“删除”等方法修改架空线路。效果如图 4-1 所示。

(5)执行“矩形”命令，以辅助线交点为对角点，绘制“33000mm×18900mm”的矩形。表示变电站户外墙体。

(6)执行“文字样式”命令，建立文字样式“注释”，字体为“仿宋_GB2312”，文字高度“400”，宽度比例“1”。

(7)执行“单行文字”命令，进行文字标注，内容见图 4-1。

(8)执行“标注样式”命令，建立标注样式“标注”，“箭头”为“建筑标记”，全局比例为“100”，其余参数均采用默认值。使用“线性标注”和“连续标注”，利用辅助定位线，对图形进行尺寸标注。

(9)关闭“辅助”图层。

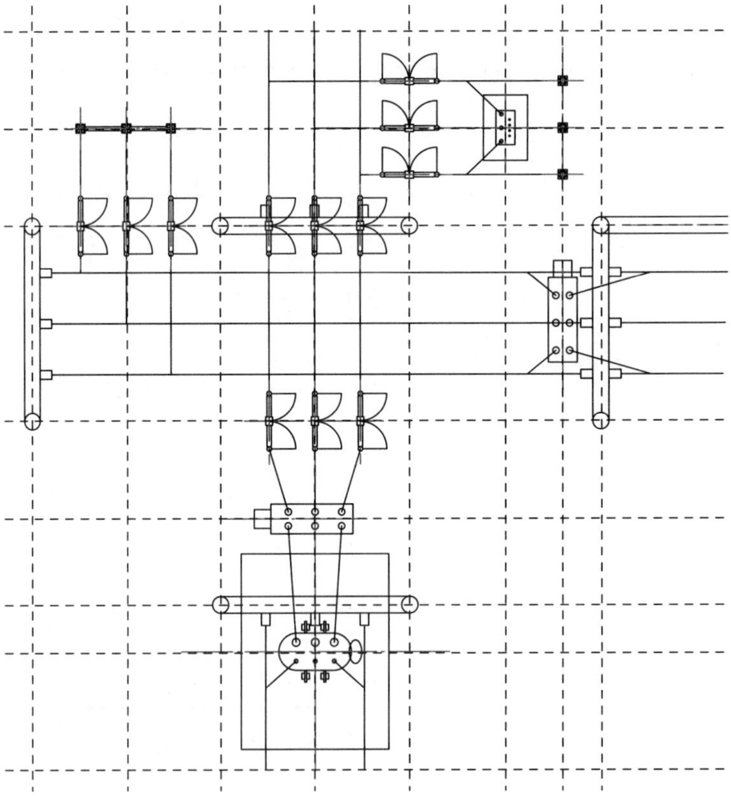

图 4-51　绘制 35kV 局部进线

【任务拓展】

1. 同一标注名称中的不同标注样式

在工程中，不同标注样式用不同的名称加以区别，但是在技能考证中会出现同一种标注名称，但是标注样式不同的情况。如图 4－52 所示，两个圆的直径标注都属于“圆心”标注样式，但是两者显示完全不同。有两种操作方法可以达到该效果。

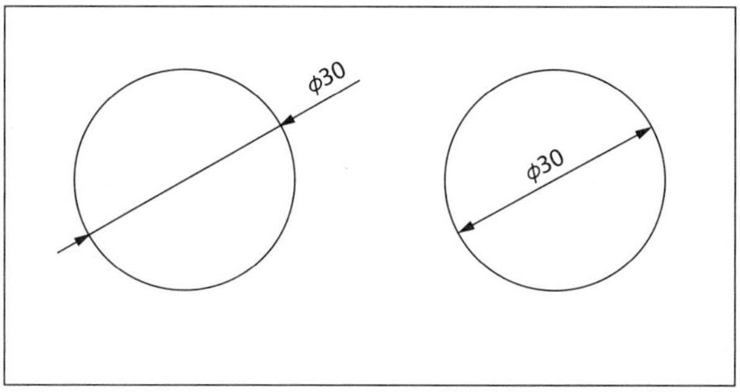

图 4－52　不同标注样式示例

(1)使用“样式替代”

在“圆心”标注样式设置完成后，先用“直径”标注一个圆。然后在“标注样式管理器”中点击“替代”按钮，生成如图 4－53 所示的“样式替代”。然后用“样式替代”对另一个圆进行标注。

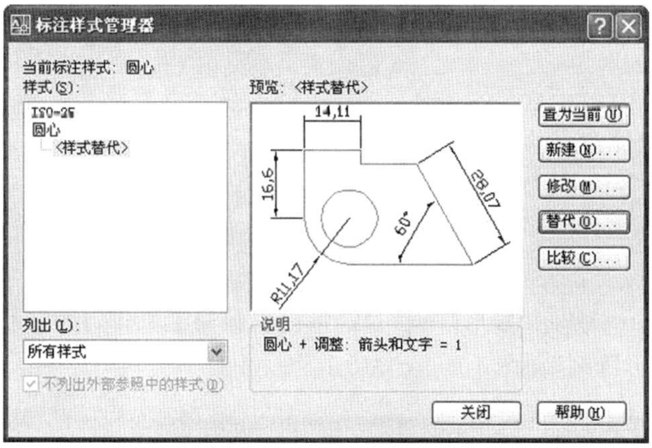

图 4－53　“样式替代”示例

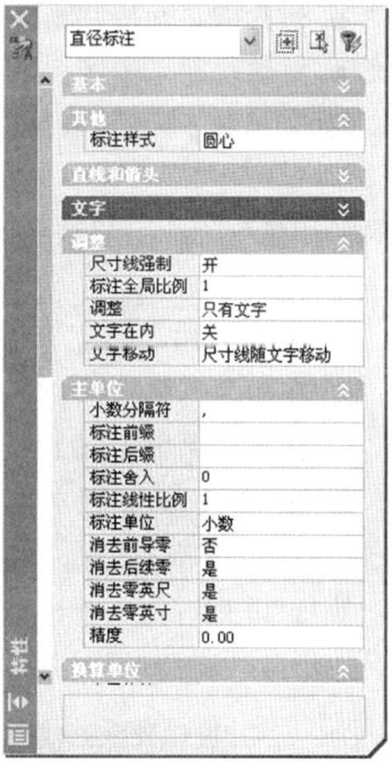

图 4－54　修改标注特性示例

(2)修改标注

先用“圆心”样式标注两个圆的直径。打开“特性管理器”，拾取一个直径标注，在“调整”中进行修改。如图 4－54 所示。

2. 非关联标注

之前所有的尺寸标注，标注的数值与被标注对象的数值相关联(相同或成倍数变化)，在有的图纸中会标注成如图 4－24 所示样式，没有数值而是用字符，这种标注称为非关联标注。非关联标注是在已完成尺寸标注的基础上修改得到的。

命令:EDIT↙
选择注释对象或[放弃(U)]:
(鼠标拾取一个尺寸标注,出现文字修改对话框,删除文字,输入字符 M)
选择注释对象或[放弃(U)]:↙

任务 4.2　绘制变电站断面图

假想用剖切面剖开物体后,仅画出该剖切面与物体接触部分的正投影,所得的图形称为断面图。变电站断面图可以认为是人站在不同的位置观察物体,所以同一个变电站会有多个断面图。本任务绘制渡西进线断面图(见图 4-1 注释),所有图形符号采用示意符号表示。

子任务 4.2.1　绘制电气设备立面图形符号

【任务目标】

- 熟练阵列对象。
- 熟练倒角和倒圆角。
- 熟练按图示绘图。

【知识链接】

1. 阵列对象

使用阵列命令可以快速地对图形对象进行多重复制,并且新生成图形按一定规律呈矩形或环形排列。

(1)操作方法

① 在命令行中输入:ARRAY(快捷命令 AR);

② 在下拉菜单中点击:"修改"→"阵列";

③ 在"修改"工具栏单击按钮。

(2)操作指导

执行"阵列"命令,弹出如图 4-55(a)所示"矩形阵列"对话框。在该对话框中,用户可以进行矩形阵列或环形阵列设置。"环形阵列"如图 4-55(b)所示。

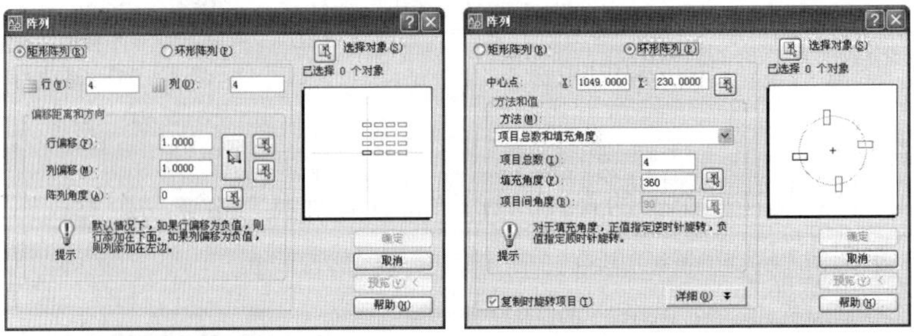

(a) 矩形阵列　　　　(b) 环形阵列

图 4-55　阵列参数对话框

参数说明：

① 矩形阵列参数：

● “行”“列”文本框：设置阵列的行数和列数。

● “行偏移”“列偏移”“阵列角度”文本框：设置阵列的两行、两列之间的距离和角度。

② 矩形阵列参数：

● “中心点”文本框：设置阵列的中心坐标。

● “项目总数”文本框：阵列的个数(包括源对象)。

● “填充角度”文本框：阵列的度数。如图 4-56(b)所示。

● “复制时旋转项目”复选框：选中时阵列生成对象按角度旋转，不选中的效果如图 4-56(c)所示。

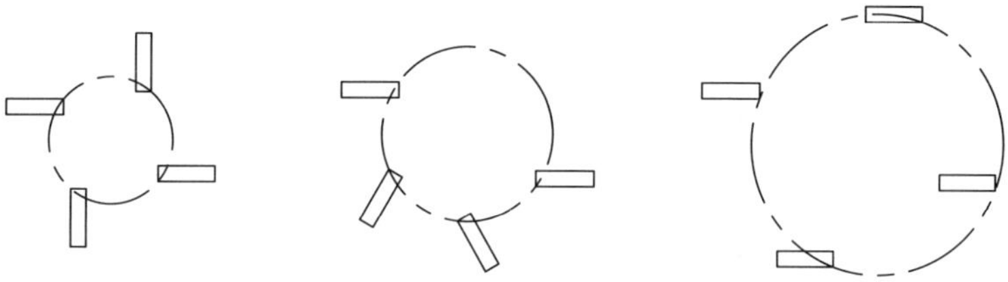

(a) 360° 环形阵列　(b) 180° 环形阵列　(c) 不旋转项目

图 4-56　阵列参数设置示例

特别提示

阵列中设置角度，正值为逆时针阵列，负值为顺时针阵列。

(3)操作示例

绘制如图 4-57(a)所示图形，修改为图 4-57(c)。

前提：“对象捕捉”选择“圆心”

命令：ARRAY↙

指定阵列中心点：(鼠标点击[图标]，在绘图界面捕捉大圆的圆心)

选择对象：指定对角点：找到 2 个(鼠标拾取两个小圆)

选择对象：(项目总数为 6，点击“确定”按钮，得到图 4-57b)

用“修剪”命令裁剪圆不必要的部分，得到图 4-57(c)。

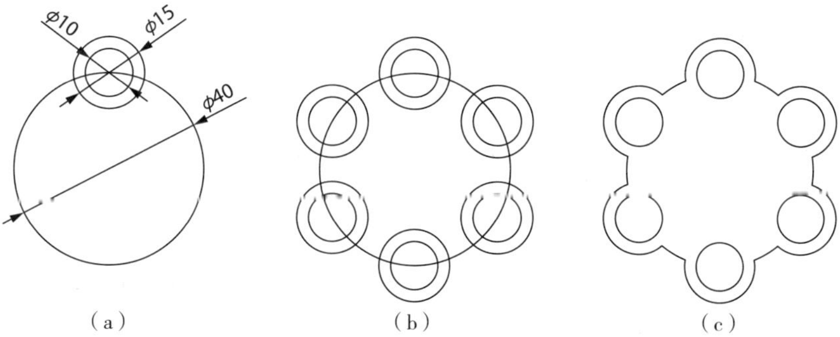

(a)　(b)　(c)

图 4-57　阵列操作示例

2. 倒角

为了去除零件上因机加工产生的毛刺，也为了便于零件装配，一般在零件端部做出倒角。倒角命令用于将两条非平行的直线或多段线做出有一定倾斜角度的边。

(1)操作方法

① 在命令行中输入:CHAMFER(快捷命令 CHA)；

② 在下拉菜单中点击:"修改"→"倒角"；

③ 在"修改"工具栏单击按钮。

(2)操作指导

命令:CHAMFER↙

("修剪"模式)当前倒角距离 1 = 0.0000,距离 2 = 0.0000

选择第一条直线或[放弃(U)/多段线(P)/距离(D)/角度(A)/修剪(T)/方式(E)/多个(M)]:(鼠标拾取一条直线)

选择第二条直线,或按住 Shift 键选择要应用角点的直线:(鼠标拾取另一条直线)

参数说明：

- 多段线(P):可对多段线一次性倒斜角。
- 距离(D):以距离的方式来确定倒角的边长。
- 角度(A):以指定长度与相连边的角度进行倒角。
- 修剪(T):倒角后是否保留原来的边。

(3)操作示例

绘制"60mm×50mm"的矩形，修改为如图 4－58 所示图形。

命令:CHAMFER↙

("修剪"模式)当前倒角距离 1 = 0.0000,距离 2 = 0.0000

选择第一条直线或[放弃(U)/多段线(P)/距离(D)/角度(A)/修剪(T)/方式(E)/多个(M)]:D↙

指定第一个倒角距离＜0.0000＞:15↙

指定第二个倒角距离＜15.0000＞:10↙

选择第一条直线或[放弃(U)/多段线(P)/距离(D)/角度(A)/修剪(T)/方式(E)/多个(M)]:

选择第二条直线,或按住 Shift 键选择要应用角点的直线:

命令:CHAMFER↙

("修剪"模式)当前倒角距离 1 = 15.0000,距离 2 = 10.0000

选择第一条直线或[放弃(U)/多段线(P)/距离(D)/角度(A)/修剪(T)/方式(E)/多个(M)]:A↙

指定第一条直线的倒角长度＜0.0000＞:10↙

指定第一条直线的倒角角度＜0＞:45↙

选择第一条直线或[放弃(U)/多段线(P)/距离(D)/角度(A)/修剪(T)/方式(E)/多个(M)]:

选择第二条直线,或按住 Shift 键选择要应用角点的直线:

3. 倒圆角

倒圆角是把工件的棱角切削成圆弧面的加工。倒圆角命令用于将两个对象用圆弧进行连接。

(1)操作方法：

① 在命令行中输入:FILLET(快捷命令 F)；

② 在下拉菜单中点击："修改"→"圆角"；

③ 在"修改"工具栏单击按钮。

(2)操作指导：

命令：FILLET↙

当前设置：模式 = 修剪，半径 = 0.0000

选择第一个对象或[放弃(U)/多段线(P)/半径(R)/修剪(T)/多个(M)]：

(鼠标拾取一条直线)

选择第二个对象，或按住 Shift 键选择要应用角点的对象：(鼠标拾取另一条直线)

参数说明：

- 多段线(P)：可对多段线一次性倒圆角。
- 半径(R)：可以设置圆角的半径大小。
- 修剪(T)：倒角后是否保留原来的边。

(3)操作示例：

把图 4-58 修改为如图 4-59 所示图形。

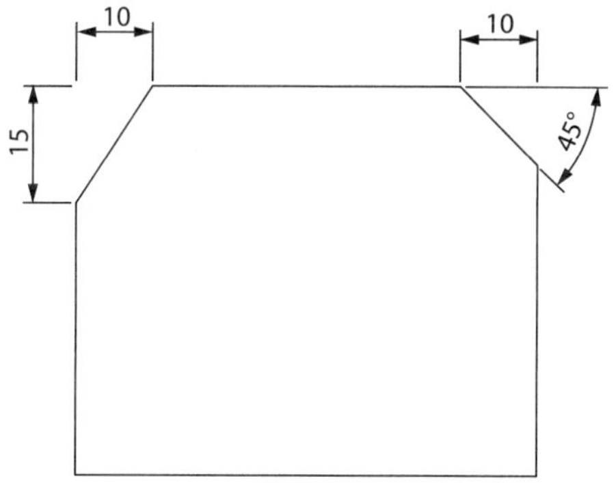

图 4-58 倒角操作示例

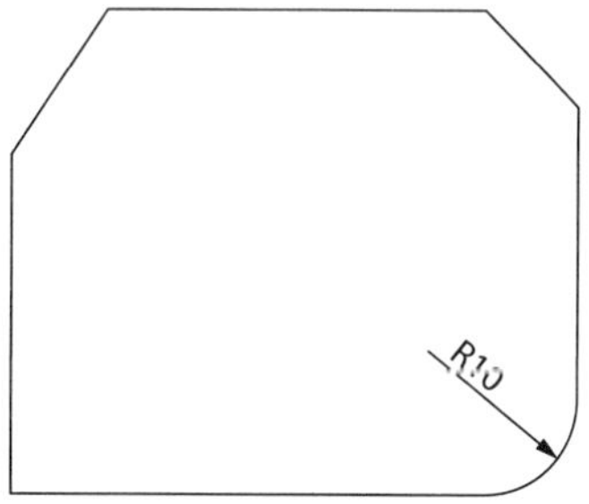

图 4-59 倒圆角操作示例

命令：FILLET↙

当前设置：模式 = 修剪，半径 = 0.0000

选择第一个对象或[放弃(U)/多段线(P)/半径(R)/修剪(T)/多个(M)]：R

指定圆角半径<0.0000>：10↙

选择第一个对象或[放弃(U)/多段线(P)/半径(R)/修剪(T)/多个(M)]：

选择第二个对象，或按住 Shift 键选择要应用角点的对象：

【任务实施】

执行"图层"命令，建立"中心线"图层，颜色"红"，线型"CENTER"。所有中心线均处于该图层。建立"设备"图层，颜色"白"，线型"Continuous"。所有电气设备均处于在该图层。

1. 绘制断路器

高压断路器参考尺寸如图 4-60(a)所示。

(1)将"中心线"图层设置为当前图层。执行"直线"命令，绘制竖直中心线。

(2)将"设备"图层设置为当前图层。执行"矩形"命令，绘制"845mm×150mm"的矩形，代表断路器的基础；绘制“665mm×160mm”的矩形，代表断路器安装支架。然后执行“直线”命令，绘制矩形之间的连接线，并执行“偏移”命令。代表竖直放置角钢。效果如图 4-60(b)所示。

(3)执行“矩形”命令，绘制“665mm×875mm”的矩形。然后执行“偏移”命令，将其向内偏移“20mm”。

(4)执行“圆”命令，绘制直径为“60mm”的圆。然后执行“移动”命令，将其移动到合适位置。效果如图 4-60(c)所示。

(5)执行“矩形”命令，绘制“550mm×100mm”和“370mm×100mm”的矩形。然后执行“移动”命令，将其放置在一起。效果如图 4-61(a)所示。

(6)执行“倒圆角”命令，将 2 个矩形的角都修改为圆角，其中上面的圆角半径为“40mm”，下面的圆角半径为“20mm”。效果如图 4-61(b)所示。

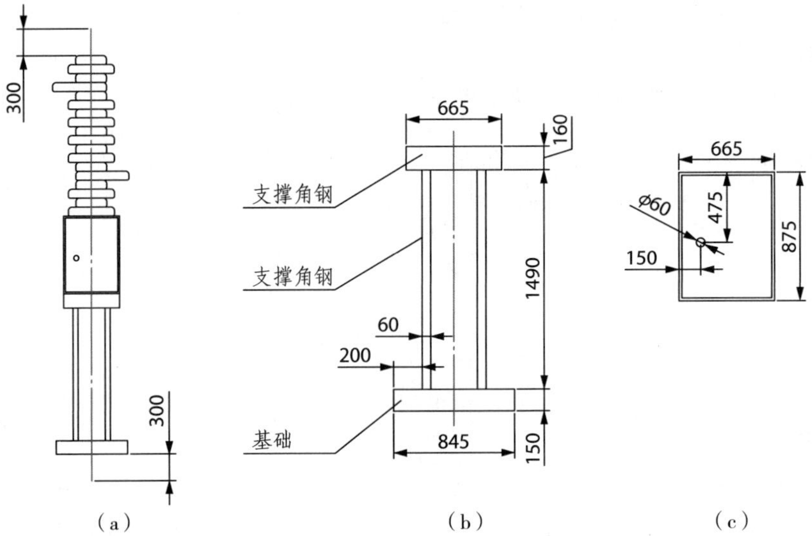

图 4-60　断路器参考尺寸

命令:FILLET ↙
当前设置:模式 = 修剪,半径 = 0.0000
选择第一个对象或[放弃(U)/多段线(P)/半径(R)/修剪(T)/多个(M)]:R
指定圆角半径<0.0000>:40 ↙
选择第一个对象或[放弃(U)/多段线(P)/半径(R)/修剪(T)/多个(M)]:
选择第二个对象,或按住 Shift 键选择要应用角点的对象:

(7)执行“阵列”命令，将修改后的两个矩形阵列。选择“矩形阵列”，行数“9”，列数“1”，行间距为“200”。如图 4-61(c)所示。

(8)执行“移动”命令，将一个矩形向左移动“90mm”。然后执行“拉伸”命令，将其向左拉伸“90mm”。代表引出接线端子排。

命令:MOVE ↙
选择对象:找到 1 个(鼠标拾取图 4-61d 中矩形)

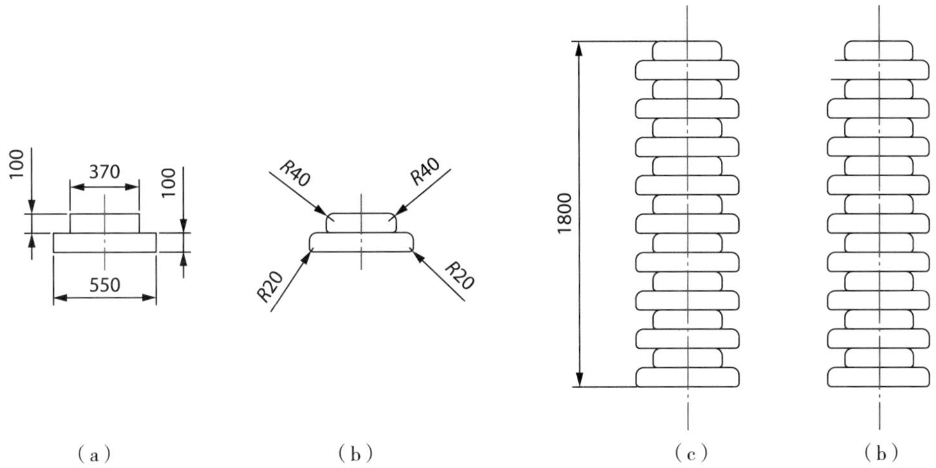

图 4－61　绝缘套管绘制参考

选择对象:↙
指定基点或[位移(D)]<位移>:
指定第二个点或<使用第一个点作为位移>:@90,0(矩形向右移动 90)
命令:STRETCH↙
以交叉窗口或交叉多边形选择要拉伸的对象...
选择对象:指定对角点:找到 1 个(鼠标交叉窗选矩形右边线)
选择对象:↙
指定基点或[位移(D)]<位移>:
指定第二个点或<使用第一个点作为位移>:@90,0

(9)重复步骤(8),绘制另一个引出线端子板,效果如图 4－61(d)所示。

(10)执行"移动"命令,把断路器支架、操作端子箱和绝缘套管组合在一起,构成短路器图形符号。

(11)执行"延伸""修剪"等命令,修改中心线。

2. 绘制隔离开关

高压隔离开关参考尺寸如图 4－62 所示。

(1)将"中心线"图层设置为当前图层。执行"直线"命令,绘制竖直中心线。

(2)将"设备"图层设置为当前图层。执行"直线"命令,绘制水平直线。然后执行"偏移"命令,将中心线向两侧各偏移"150mm"。将新生成直线的图层修改为"设备"图层。效果如图 4－63(b)所示。

(3)执行"修剪""延伸""复制"等命令,修改直线。效果如图 4－63(c)所示。

(4)执行"矩形"命令,绘制"660mm×60mm"的矩形。然后执行"移动"命令,以矩形下边的中点为基点,移动到支柱上边中点。效果

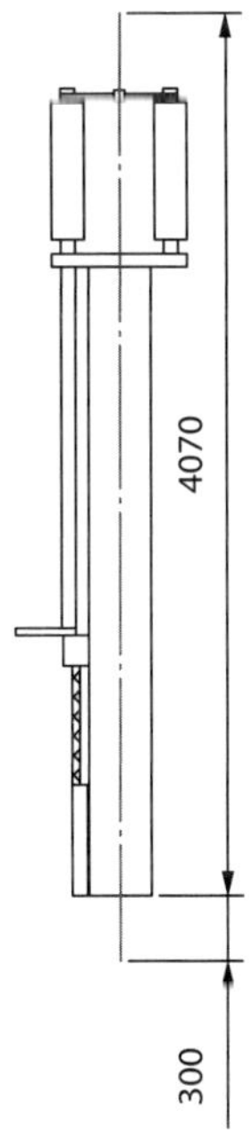

图 4－62　隔离开关参考样式

如图 4-63(d)所示,代表隔离开关安装支柱。

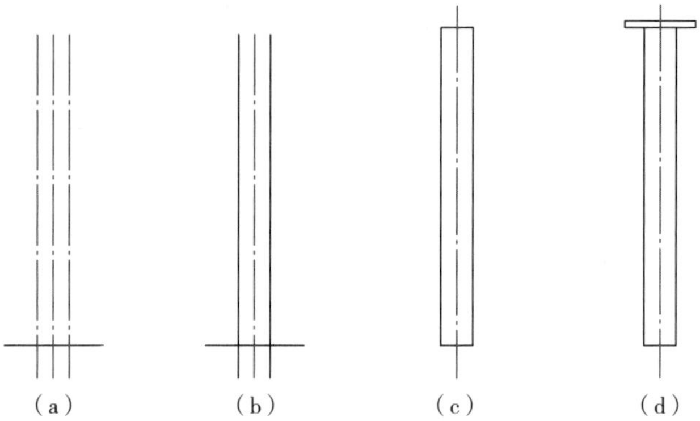

图 4-63　支柱绘制参考

(5)执行“矩形”命令,绘制“160mm×760mm”和“70mm×65mm”的矩形。然后执行“移动”命令,将其移动到合适位置。效果如图 4-64(a)所示。

(6)执行“分解”命令,分解小矩形。然后执行“延伸”命令,把小矩形位于大矩形内的水平线延伸。效果如图 4-64(b)所示。

(7)执行“镜像”命令,镜像大矩形内的图元。效果如图 4-64(c)所示。

(8)执行“修剪”命令,裁剪图形。效果如图 4-64(d)所示。代表隔离开关绝缘支柱。

(9)执行“复制”命令,复制图 4-64(d)。

(10)执行“矩形”命令,绘制“570mm×20mm”和“50mm×50mm”的矩形。然后执行“移动”命令,将其移动到合适位置。

(11)执行“直线”命令,绘制隔离开关触头的连接杆。执行“修剪”命令修改图形,效果如图 4-64(e)所示。

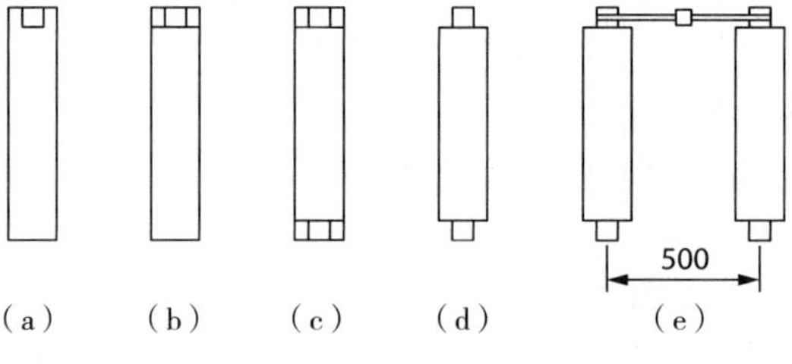

图 4-64　隔离开关绘制参考

(12)执行“直线”命令,绘制辅助定位线。然后执行“矩形”命令,绘制“75mm×510mm”的矩形。如图 4-65(a)所示,代表控制电缆的护套。

(13)执行“直线”命令,以矩形左上角点和上边中点为端点绘制两条垂直线。

(14)执行“矩形”命令,绘制“126mm×140mm”的矩形。然后执行“移动”命令,将其移动到合适位置。如图 4-65(b)所示。

(15)执行“修剪”命令,裁剪直线。然后执行“删除”命令,删去辅助定位线和不必要直线。

(16)执行“图案填充”命令,填充直线之间部分。填充图案名称“ANSI37”,比例为 20。效果如图 4 - 65(c)所示。

(17)执行“矩形”命令,绘制“300mm×33mm”的矩形。执行“移动”命令,将其移动到合适位置。代表隔离开关的控制电缆。

(18)执行“直线”命令,以矩形右上角点为端点绘制垂直线。执行“偏移”命令,将其向左偏移“70mm”。代表隔离开关的操作机构。

(19)执行“移动”命令,将操动机构和电缆移动到安装支柱处。效果如图 4 - 65(d)所示。然后执行“延伸”命令,将直线延伸至支柱钢板处。效果如图 4 - 62 所示。

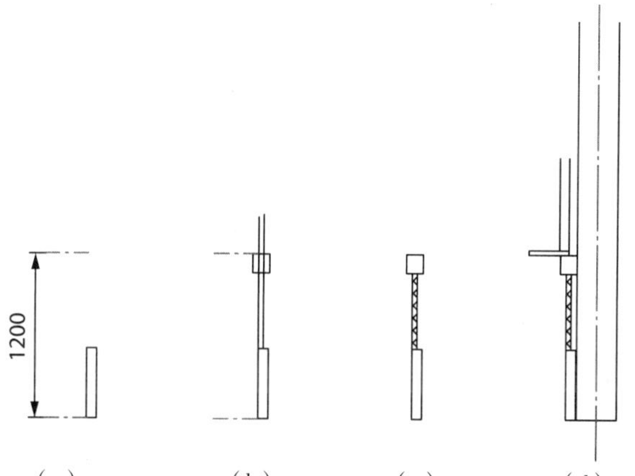

图 4 - 65　操动机构和电缆绘制参考

3. 绘制主变压器

主变压器参考尺寸如图 4 - 66 所示。

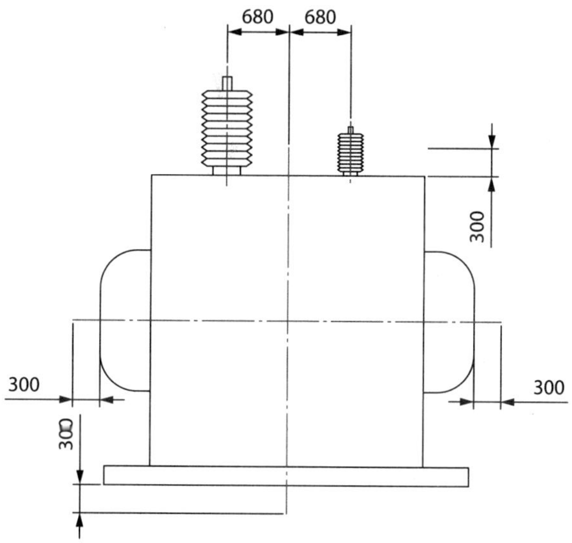

图 4 - 66　变压器参考尺寸

(1)将“中心线”图层设置为当前图层。执行“直线”命令,绘制竖直和水平中心线各一根。

(2)将“设备”图层设置为当前图层。执行“矩形”命令,绘制“3000mm×3100mm”的矩形。然后执行“移动”命令,将矩形中心点与中心线交点重合,代表变压器的油箱。

(3)执行“矩形”命令,绘制圆角半径为“400mm”的“1100mm×1500mm”的矩形。效果如图 4-67(a)所示。

```
命令:RECTANG↙
当前矩形模式:圆角 = 0.0000
指定第一个角点或[倒角(C)/标高(E)/圆角(F)/厚度(T)/宽度(W)]:F
指定矩形的圆角半径<400.0000>:400↙
指定第一个角点或[倒角(C)/标高(E)/圆角(F)/厚度(T)/宽度(W)]:(鼠标点一下)
指定另一个角点或[面积(A)/尺寸(D)/旋转(R)]:@1100,1500↙
```

(4)执行“直线”命令,绘制连接该矩形上下边中点的直线。然后执行“修剪”命令,以该直线为修剪边界,裁剪半个矩形。再执行“删除”命令,删除辅助直线。效果如图 4-67(b)所示,代表变压器的冷却管。

(5)执行“移动”命令,将半个矩形移动到合适位置。然后执行“镜像”命令,以竖直中心线为镜像线,镜像半个矩形。效果如图 4-67(c)所示。

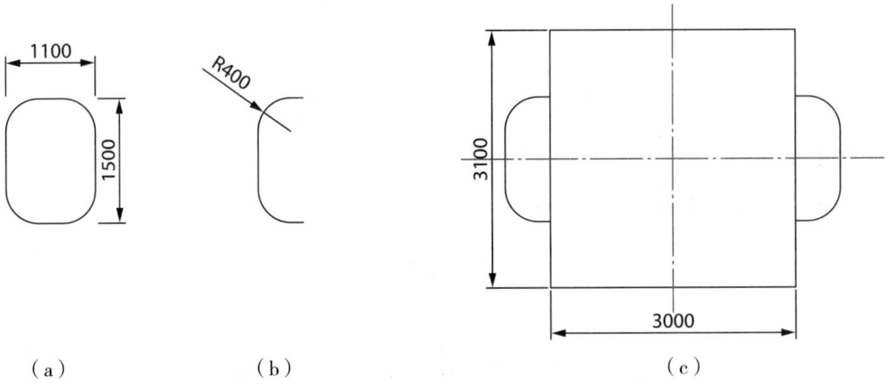

图 4-67 变压器油箱绘制参考

(6)将“中心线”图层设置为当前图层。执行“直线”命令,绘制一根较短的竖直中心线。

(7)执行“偏移”命令,将中心线向两侧偏移,形成辅助线。效果如图 4-68(a)所示。

(8)执行“直线”命令,捕捉中心线的交点,绘制绝缘子的裙边。然后执行“删除”命令,删除辅助线。效果如图 4-68(b)所示。

(9)执行“阵列”命令,阵列图形。选择“矩形阵列”,行数“10”,列数“1”,行间距为“80”。

(10)执行“矩形”命令,绘制“300mm×100mm”和“100mm×150mm”的矩形。然后执行“移动”命令,将它们放置在合适位置。效果如图 4-68(c)所示,代表变压器高压侧套管和引出线端子。

(11)执行“复制”命令,复制高压侧绝缘套管。然后执行“缩放”命令,将其缩小到“0.5”倍。代表变压器低压侧套管和引出端子。

(12)执行“矩形”命令,绘制“4000mm×200mm”的矩形。代表变压器基础。然后执行“移动”命令,将高、低压侧套管和变压器基础放置于合适位置。效果如图4-66所示。

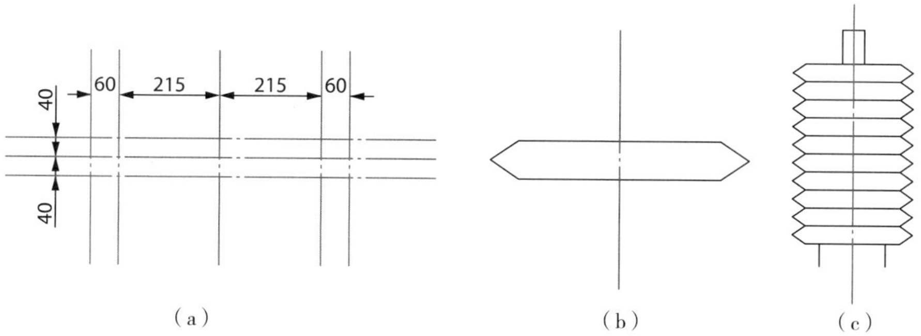

图4-68 绝缘套管绘制参考

子任务4.2.2 绘制渡西线进线断面图

【任务目标】

- 了解指引线和基准线。
- 掌握生成表格的方法。
- 熟练按图示绘图。

【知识链接】

1. 指引线和基准线

电气图的指引线和基准线应符合《技术制图 图样画法 指引线和基准线的基本规定》(GB/T4457.2—2003),指引线为细实线,它以明确的方式建立图形表达和附加的字母数字或文字说明之间的联系的线。指引线与要表达的物体形成一定的角度,不能与相邻的图形平行。两条或多条指引线可以共有一个起点。指引线不能穿过其他的指引线、基准线以及诸如图形符号或尺寸数值等。

指引线的末端在一个物体的轮廓内,可以采用一个点。如图4-69(a)所示。

指引线终止于表达零件的轮廓线或转角处、平面内部的管线和缆线、图表和曲线图上的图形时,可以采用实心箭头,如图4-69(b)所示。如果是几条平行线,允许用斜线代替箭头,如图4-70(a)所示。

指引线在另一条图线上,如尺寸线、对称线等,可以没有任务终止符号。如图4-69(c)所示,也可以用斜线,如图4-69(d)所示。

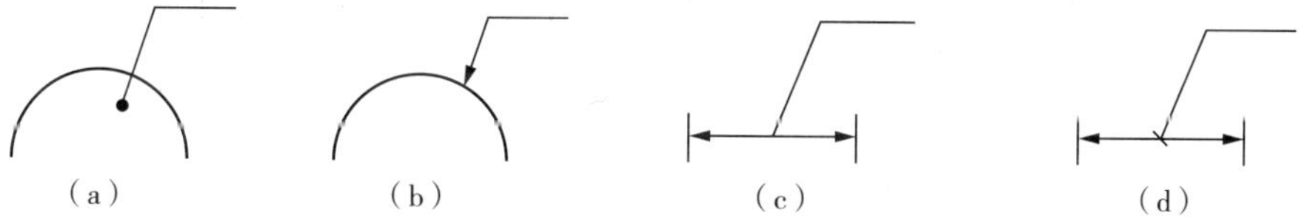

图4-69 指引线的示例

基准线是与指引线相连的水平或竖直的细实线,可在上方或旁边注解附加说明。指引线终点位于连接线上，应画基准线，如图 4－70(a)所示。在不适用基准线的情况下，也可省略基准线，如图 4－70(b)所示。基准线的长度可以画成 6mm，或者画成与注释说明同样长度。

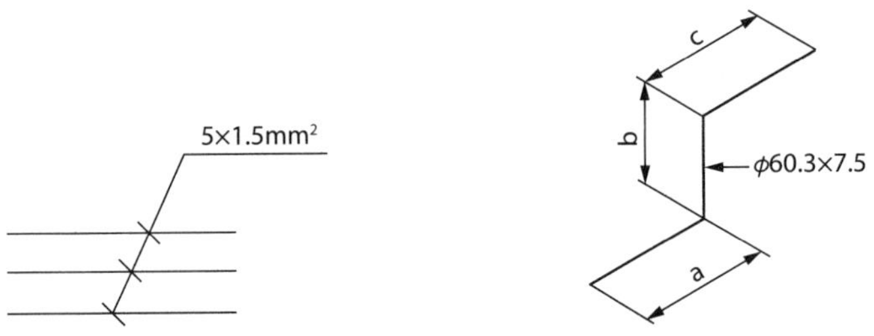

(a)　　　　(b)

图 4－70　指引线到连接线的使用示例

2. 夹点编辑

AutoCAD 为每种对象定义了一些特征点。在没有执行命令时，单击对象，会出现一个或多个蓝色的小方块，这就是对象的特征点，称之为夹点。在某一夹点上单击，则该夹点变成红色的实心小方块，称之为夹持点。选中夹持点后，单击鼠标右键，会弹出一个快捷菜单。如图 4－71 所示。菜单中提供了夹点编辑的所有功能供绘图人员选择，这些功能与相应的编辑命令相似。

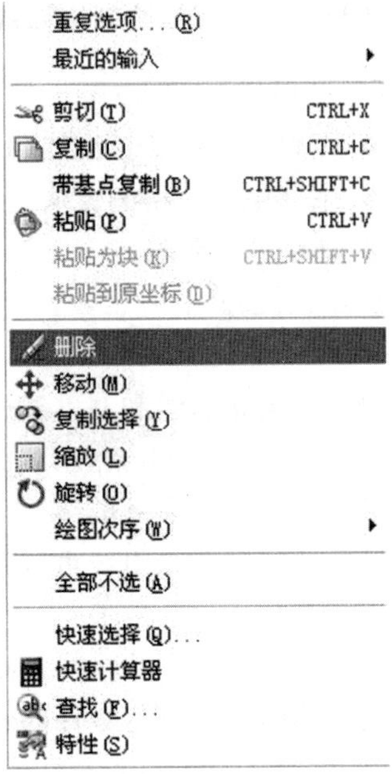

图 4－71　夹点编辑快捷菜单

在工程绘图中，夹点编辑多用于拉伸对象和移动对象，这两种操作不必使用快捷菜单，可以加快绘图速度。这里作简单介绍。

(1)用夹点拉伸对象

修改如图 4－72(a)所示图形，拉伸矩形 *AB* 边，使 *AB* 边水平移动至直线 *CD* 上，如图 4－72(b)所示。

前提："对象捕捉"选择"垂足"。

操作步骤：

① 鼠标拾取矩形(此时不要执行命令)，出现夹点，如图 4－72(a)所示。

② 按住"Shift"键，鼠标点击点 *A* 和 *B* 处的夹点，使点 *A* 和 *B* 都变成夹持点。

③ 松开"Shift"键，鼠标单击点 *A*，向右移动至直线 *CD* 上的"垂足"标记处，再单击鼠标左键，效果图 4－72(b)所示。

(2)用夹点移动对象。

修改如图 4－72(a)所示图形，移动圆，将圆心与点 *A* 重合，如图 4－72(c)所示。

前提："对象捕捉"选择"端点"。

操作步骤：

① 鼠标拾取圆(此时不要执行命令)，出现夹点。

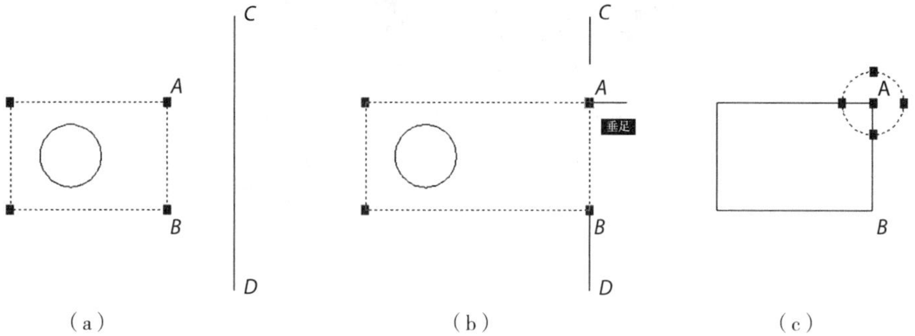

图 4－72　夹点编辑操作示例

② 鼠标点击圆心处夹点，使其变为夹持点。

③ 移动鼠标，捕捉点 A，单击鼠标左键，效果如图 4－72(c)所示。

3. 创建表格样式

电气工程图中，如果需要详细说明设备的型号和使用数量，一般在表格中进行注释。绘图人员可以使用直线和文字手动绘制表格，也可以使用软件自带命令自动创建表格。

(1)操作方法

① 在命令行中输入：TABLESTYLE(快捷命令 TS)；

② 在下拉菜单中点击："格式"→"表格样式"；

③ 在"样式"工具栏单击按钮。

(2)操作指导

执行"表格样式"命令后，弹出如图 4－73 所示的表格样式对话框。默认表格样式为"Standard"，可单击"修改"按钮对该表格样式的参数进行修改。

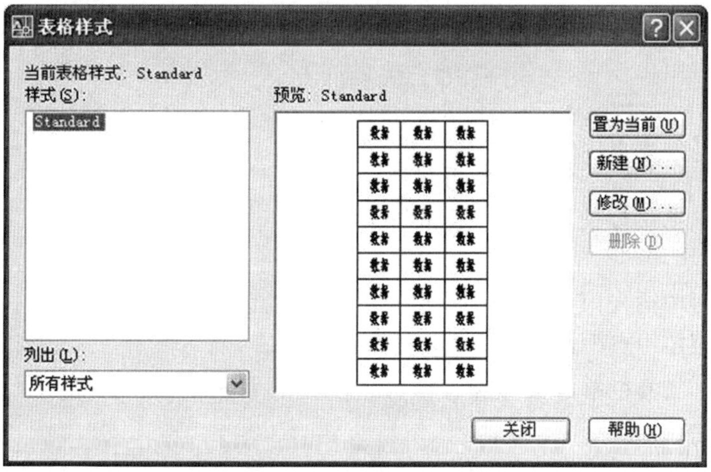

图 4－73　"表格"样式对话框

单击"新建"按钮，弹出如图 4－74 所示"创建新的表格样式"对话框，在"新样式名"文本框中指定新的表格样式名称。

图 4-74 “创建新的表格样式”对话框

单击“继续”按钮，弹出如图 4-75 所示“新建表格样式”对话框，在“数据”选项卡中可以设置表格及边框的特性，字列标题选项卡中可对表格列标题的个股参数进行设置，在“标题”选项卡中可对表格标题的各个参数进行设置。

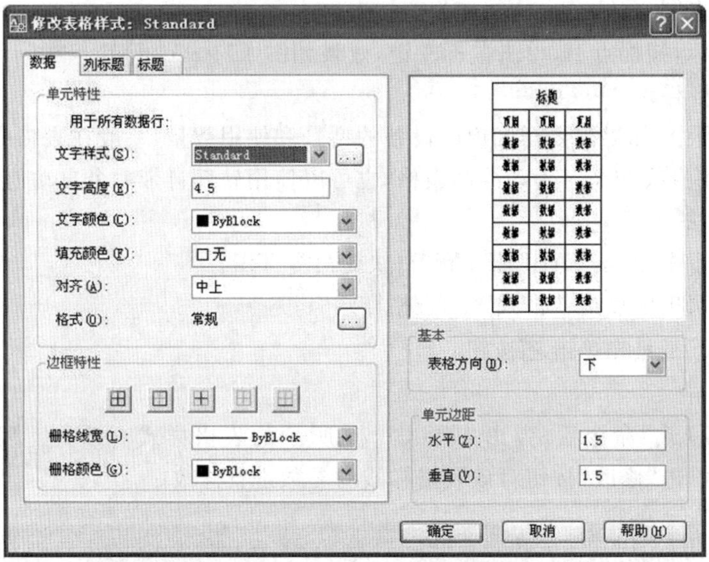

图 4-75 “新建表格样式”对话框

3. 插入表格

完成表格样式设置后，绘图人员可跟进表格颜色创建表格，并输入相应的表格内容。在插入表格时，首先将需要使用的表格样式置为当前。

(1)操作方法

① 在命令行中输入：TABLE；

② 在下拉菜单中点击：“绘图”→“表格”；

③ 在“样式”工具栏单击▦按钮。

(2)操作指导

执行“插入表格”命令后，弹出如图 4-76 所示的“插入表格”对话框。

参数说明：

- “表格样式名称”下拉列表：选择需要使用的表格样式名称。
- “插入方式”选择组：选中“指定插入点”单选按钮，可以在绘图窗口中的某点插入固

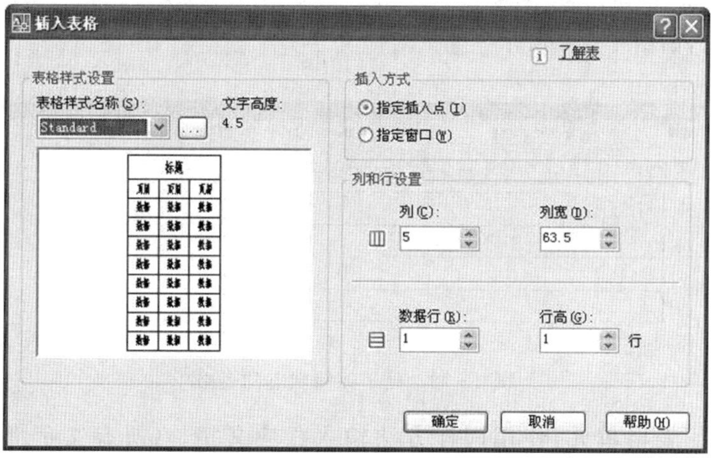

图 4 - 76　“插入表格”对话框

定大小的表格;选中“指定窗口”单选按钮,可以在绘图窗口中通过拖动表格边框创建任意大小的表格。

● “列和行设置”选项组:改变“列”“列宽”“数据行”和“行高”文本框中的数值来调整表格的外观大小。

(3)操作示例

生成如图 4 - 77(a)所示表格。

前提:建立文字样式“注释”,字体为“仿宋_GB2312”,文字高度为“400”,宽度比例为“1”。

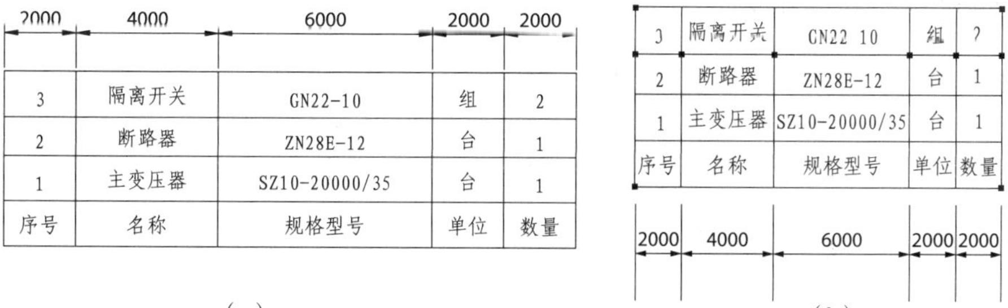

(a)　　(b)

图 4 - 77　绘制表格示例

① 命令:Table↙

弹出“插入表格”对话框。

② 选择“表格样式名称”后面的[...]按钮,打开表格样式对话框,如图 4 - 76 所示。新建表格样式“电气设备清单”,弹出“新建表格样式”对话框。

③ “数据”选项卡中,文字样式选择“注释”,对齐选择“正中”;“列标题”选项卡中,取消选中“包含页眉行”复选框;“标题”选项卡中,取消选中“包含标题行”复选框。

④ 单击“确定”按钮,回到“表格样式”对话框。单击“关闭”按钮,回到“插入表格”对话框。“表格样式名称”选择“电气设备清单”。在“插入方式”选项组中选中“指定插入点”单选按钮;在“列和行设置”选项组中分别设置“列”为“5”,“列宽”为“2000”,“数据行”为“4”。

⑤ 单击“确定”按钮，在绘图窗口中单击将绘制出一个表格，此时表格的最上面一行处于文字编辑状态，如图 4－78 所示。输入对应文字。

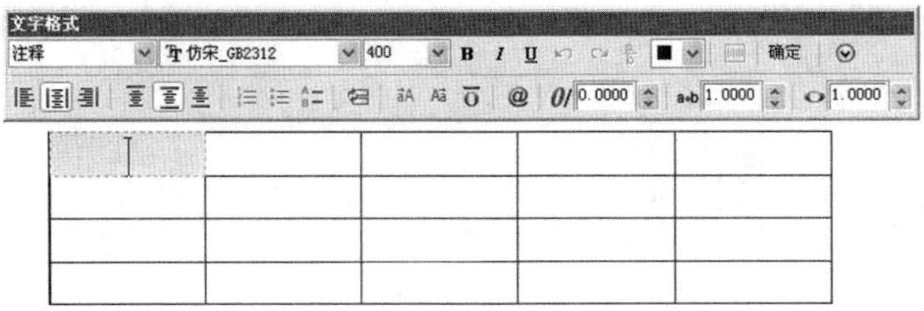

图 4－78　处于编辑状态的表格

⑥ 双击其他表格单元，使用同样方法输入相应文字。（所有文字都调整为“正中”对齐。）

⑦ 执行“直线”命令，绘制辅助定位线，单击表格，利用编辑夹点的方法调整表格。效果如图 4－75(b)所示。

【任务实施】

断面图的绘制与平面布置图的绘制方法相似，都需要精确定位。

1. 绘制辅助定位线

(1)执行“图层”命令，建立“辅助”图层，颜色“绿”，线型“CENTER”。将该图层设置为当前图层。

(2)执行“构造线”命令，绘制水平和竖直的辅助定位线。然后执行“复制”命令，修改图形。效果成如图 4－79 所示。

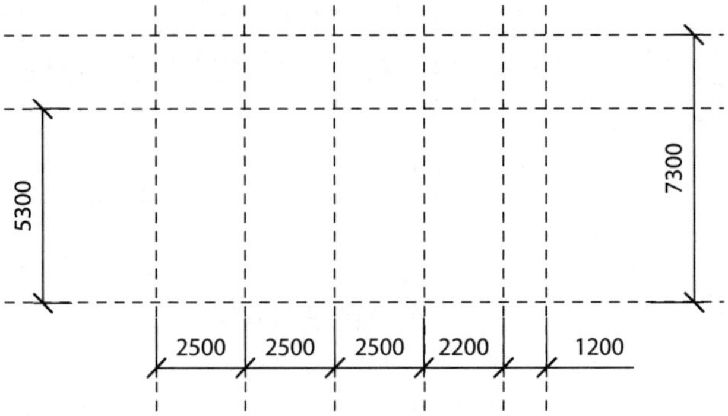

图 4－79　断面图辅助定位线

2. 绘制电线杆与钢构架

(1)将“设备”图层设置为当前图层。（该图层设置见子任务 4.2.1。）

(2)执行“偏移”命令，将辅助定位线向左右各偏移“150mm”，将新生成直线的图层修改为“设备”图层。然后执行“修剪”命令，修改图形。效果如图 4－80(c)所示电线杆。

(3)执行“矩形”命令，绘制“300mm×300mm”的矩形。然后执行“直线”命令，连接其对角线。效果如图 4－80(a)所示，代表钢构架。

(4)执行“移动”命令，将其放置于电线杆的顶部。效果如图 4-80(c)所示。

(5)执行“矩形”命令，绘制“257mm×113mm”的矩形。然后执行“旋转”命令，将其旋转30°。代表绝缘子串。

(6)执行“移动”命令，将绝缘子串放置于合适位置。

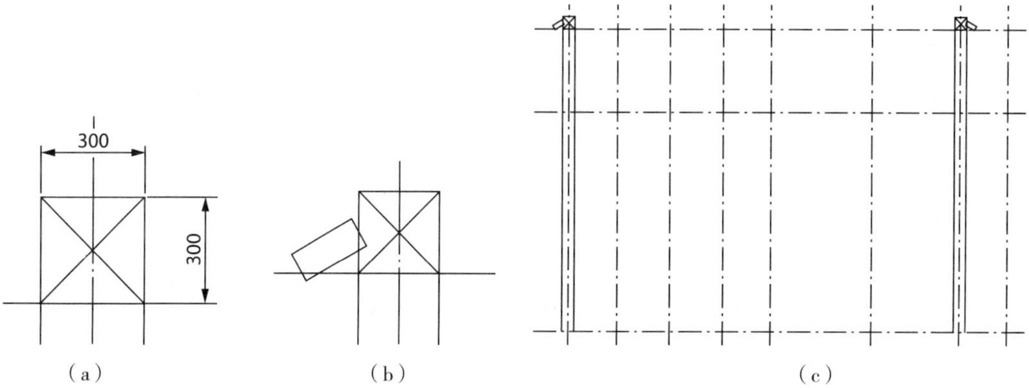

图 4-80　电线杆与钢构架绘制示意图

3. 绘制 35kV 电气设备

(1)执行“直线”命令，绘制水平直线。代表地面。然后执行“移动”和“复制”命令，将子任务 4.2.1 中绘制的电气设备放置在合适位置，效果如图 4-81 所示。(图 4-81 中“辅助”图层已关闭。)

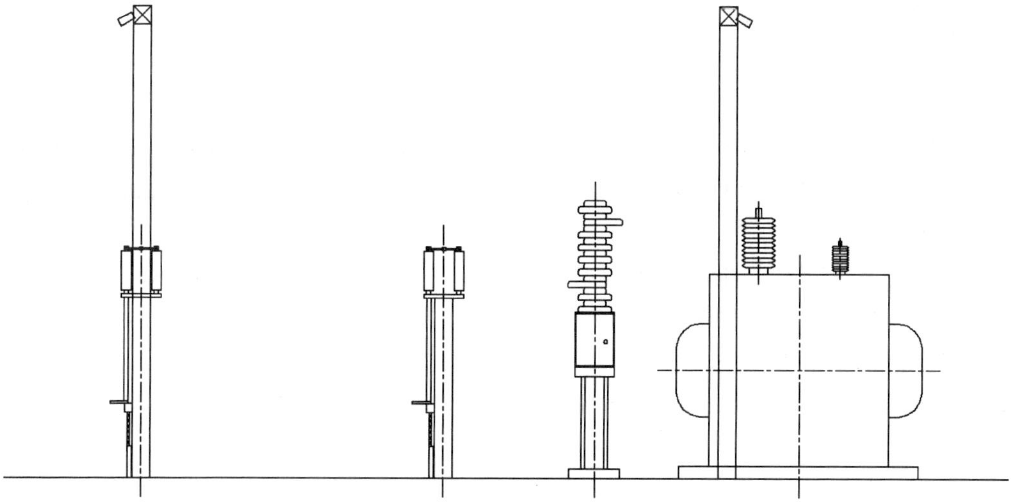

图 4-81　插入电气设备外形示意图

(2)执行“圆”命令，绘制半径为“30mm”的 3 个圆。代表母线与架空线路之间的连接金具。然后执行“移动”命令，将其放置于合适位置。

(3)执行“圆弧”命令，绘制 35kV 架空线路。然后执行“多段线编辑”命令，将所有圆弧的线宽修改为“20mm”。效果如图 4-82 所示。

命令:PEDIT↙

选择多段线或[多条(M)]:(鼠标拾取一段圆弧)

选定的对象不是多段线

是否将其转换为多段线? <Y>↙

输入选项[闭合(C)/合并(J)/宽度(W)/编辑顶点(E)/拟合(F)/样条曲线(S)/非曲线化(D)/线型生成(L)/放弃(U)]:W↙

指定所有线段的新宽度:20↙

输入选项[闭合(C)/合并(J)/宽度(W)/编辑顶点(E)/拟合(F)/样条曲线(S)/非曲线化(D)/线型生成(L)/放弃(U)]:↙

(4)执行"文字"样式命令,建立文字样式"注释",字体为"仿宋_GB2312",文字高度为"400",宽度比例为"1"。本图的文字标注均用该样式。

(5)执行"表格"命令,表格尺寸和内容如图 4-77 所示。

(6)执行"直线"命令,绘制一根水平直线,长度为"600mm"。

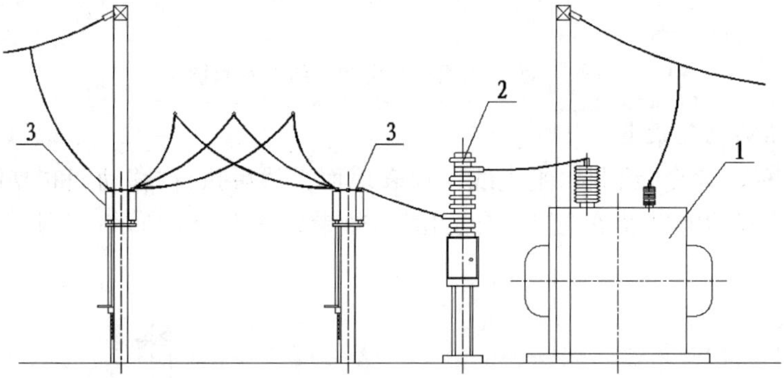

图 4-82 插入电气设备外形

(7)执行"单行文字"命令,生成文字"1"。然后执行"移动"命令,将文字移动至直线上方。

(8)执行"复制"命令,将文字和直线复制于合适位置。然后执行"文字编辑"命令,将文字分别修改为"2"和"3"。

(9)执行"直线"命令,将编号和电气设备连接起来。效果如图 4-82 所示。

(10)执行"标注样式命令",建立标注样式"标注","箭头"为"建筑标记",全局比例为"100",其余参数均采用默认值。

(11)执行"标注"命令,使用"线性标注"和"连续标注",利用辅助定位线,对图形进行尺寸标注。

(12)关闭"辅助"图层。

任务 4.3 作图技能训练(二)

【任务目标】

● 强化 AutoCAD 作图命令的操作。

- 熟练修改图形。
- 熟练修改标注样式。
- 熟练标注尺寸。

【任务实施】

1.“阵列”修改图形

(1)打开文件

将素材文件“项目 4 练习 1. dwg”复制到学生文件夹中,并打开该文件,原图如图 3－83(a)所示。

(2)图形编辑

- 采用“延伸”“阵列”“复制”“镜像”“修剪”“删除”等命令编辑图形,修改后效果如图 3－83(b)所示。

(3)属性设置

- 建立新图层,图层名称为“轮廓线”,颜色为“红色”,线型为“Continuous”,线宽为“0.5mm”,将大圆编辑在此图层上。
- 采用“多段线”编辑,将“星形”的外轮廓线编辑成线宽为“2mm”的多段线。
- 建立新图层,图层名称为“中心线”,颜色为“蓝色”,线型为“Center”,线宽为“0.2mm”,将所有中心线编辑在此图层上。

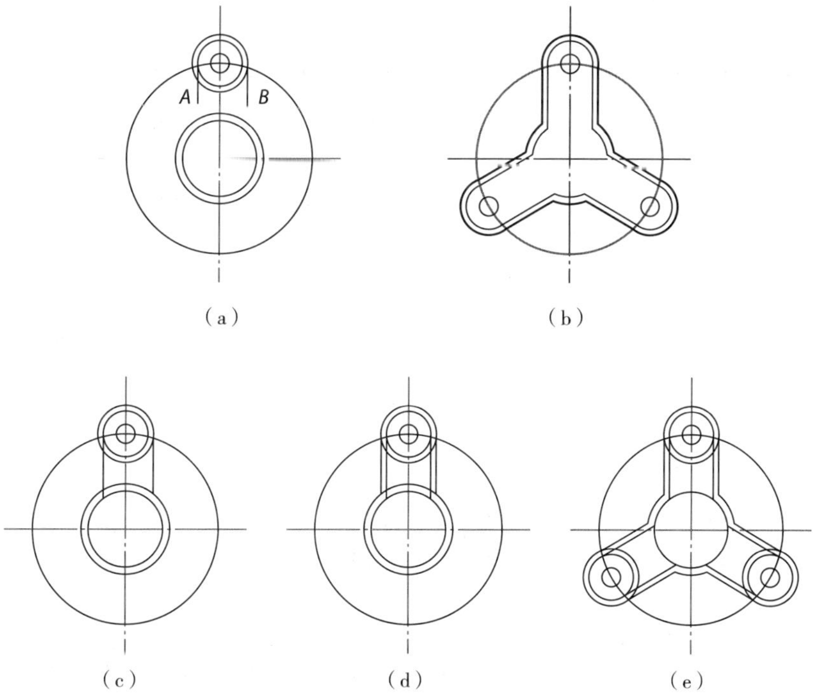

图 4－83　图形修改训练(一)

绘图参考步骤:

(1)执行“延伸”命令,将直线 A 和 B 延长,使其与中心圆相交。效果如图 3－83(c)所示。

命令:EXTEND↙
当前设置:投影 = UCS,边 = 无
选择边界的边...
选择对象或<全部选择>:找到 1 个(鼠标拾取最小的中心圆)
选择对象:
选择要延伸的对象,或按住 Shift 键选择要修剪的对象,或
[栏选(F)/窗交(C)/投影(P)/边(E)/放弃(U)]:(鼠标拾取直线 A)
选择要延伸的对象,或按住 Shift 键选择要修剪的对象,或
[栏选(F)/窗交(C)/投影(P)/边(E)/放弃(U)]:↙

(2)执行“镜像”命令,以竖直中心线为镜像线,镜像直线 A 和 B。效果如图 3 - 83(d)所示。

命令:MIRROR↙
选择对象:指定对角点:找到 2 个,总计 2 个(鼠标拾取两条直线)
选择对象:指定镜像线的第一点:指定镜像线的第二点:(选择垂直中心线为镜像线)
要删除源对象吗? [是(Y)/否(N)]<N>:↙(得到图 3 - 83d)

(3)执行“阵列”命令,环形阵列相应结构。效果如图 3 - 83(e)所示。

命令:ARRAY↙(选择“环形”阵列,项目总数“3”)
指定阵列中心点:(鼠标捕捉圆心)
选择对象:指定对角点:找到 7 个(鼠标拾取要阵列的结构,得到图 3 - 83e)

(5)执行“修剪”命令,裁剪多余线条。然后执行“删除”命令,删除不必要图线。

(6)执行“图层”命令,建立“轮廓线”和“中心线”图层,先选中要修改的图线,然后再更改图层。

(7)执行“多段线”编辑命令,将“星形”的外轮廓线编辑线宽为“2mm”。

命令:PEDIT↙
选择多段线或[多条(M)]:(鼠标拾取一条线)
选定的对象不是多段线
是否将其转换为多段线? <Y>↙
输入选项[闭合(C)/合并(J)/宽度(W)/编辑顶点(E)/拟合(F)/样条曲线(S)/非曲线化(D)/线型生成(L)/放弃(U)]:J
选择对象:
11 条线段已添加到多段线(鼠标拾取所有要编辑的线条)
输入选项[打开(O)/合并(J)/宽度(W)/编辑顶点(E)/拟合(F)/样条曲线(S)/非曲线化(D)/线型生成(L)/放弃(U)]:W↙
指定所有线段的新宽度:2↙
输入选项[打开(O)/合并(J)/宽度(W)/编辑顶点(E)/拟合(F)/样条曲线(S)/非曲线化(D)/线型生成(L)/放弃(U)]:↙

2.“拉伸”修改图形

(1)打开文件

将素材文件“项目 4 练习 2.dwg”复制到学生文件夹中,并打开该文件,原图如图 4 - 84

(a)所示。

(2)图形编辑

● 采用“拉伸”“修剪”“镜像”“填充”“删除”等命令编辑图形，修改后效果如图 4-84(b)所示。点 a 与 b 高度相同。

● 填充图案“ANSI31”，比例为“1”。

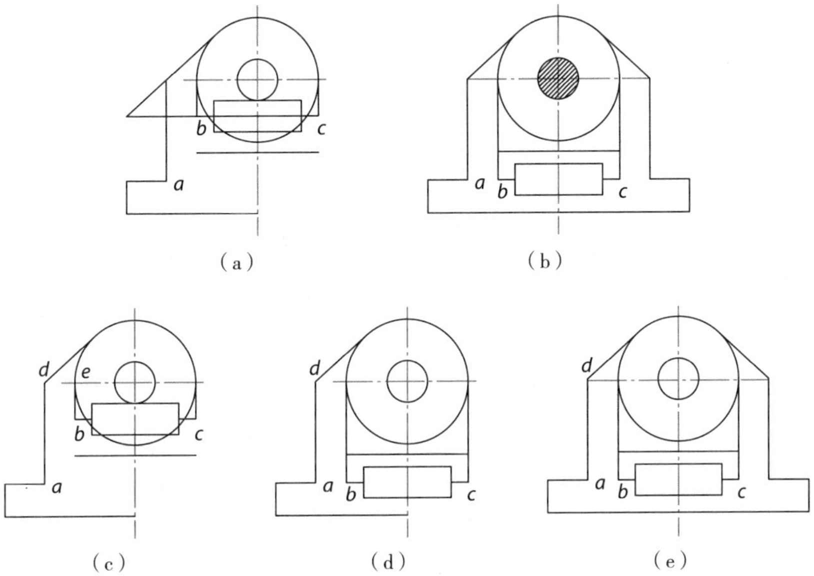

图 4-84　图形修改训练(二)

绘图参考步骤：

(1)执行“修剪”命令，以线段 da 为修剪边界，裁剪左边线条；以线段 eb 为修剪边界，裁剪左边线条；以矩形为修剪边界，裁剪矩形内的直线。效果如图 4-84(c)所示。

(2)执行“拉伸”命令，将点 b、c 和矩形拉伸至合适位置。效果如图 4-84(d)所示。

命令：STRETCH↙

以交叉窗口或交叉多边形选择要拉伸的对象...

选择对象：指定对角点：找到 12 个(鼠标交叉窗选线段 bc 和矩形)

选择对象：找到 3 个，删除 3 个，总计 9 个(按住 Shift 键，鼠标拾取不拉伸线条)

选择对象：↙

指定基点或[位移(D)]<位移>：(鼠标捕捉点 b)

指定第二个点或<使用第一个点作为位移>：.y(键盘输入)

于(鼠标捕捉点 a)

(需要 XZ)：@↙(键盘输入)

(3)执行“镜像”命令，以竖直中心线为镜像线，镜像图形。效果如图 4-84(e)所示。

(4)执行“延伸”命令，以线段 da 及其镜像后得到的线段为延伸边界，把水平中心线延长。

(5)执行“图案填充”命令，按照要求选择填充样式和比例，采用“选择对象”的方式填充小圆内部。

3. 修改标注样式

(1)打开文件

将素材文件“项目 4 练习 3. dwg”复制到学生文件夹中,并打开该文件。

(2)绘图要求

● 建立新图层,图层名称为“标注”,颜色为“绿色”,线型为“Continuous”。尺寸标注在该图层上。

● 标注样式选择“练习”。修改标注样式后,对图形进行尺寸标注。显示效果如图 4 - 85(b)所示。

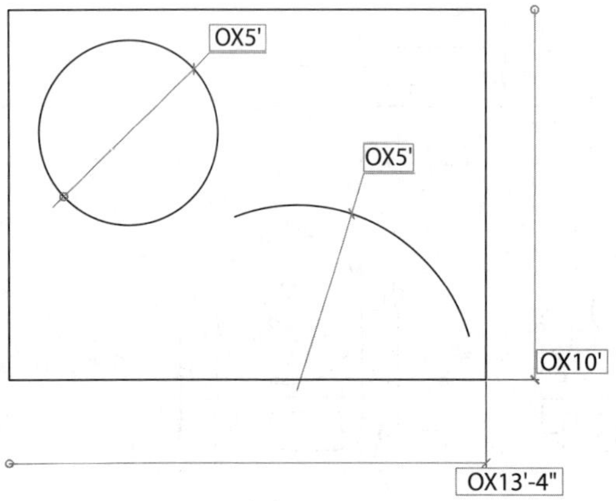

(a)

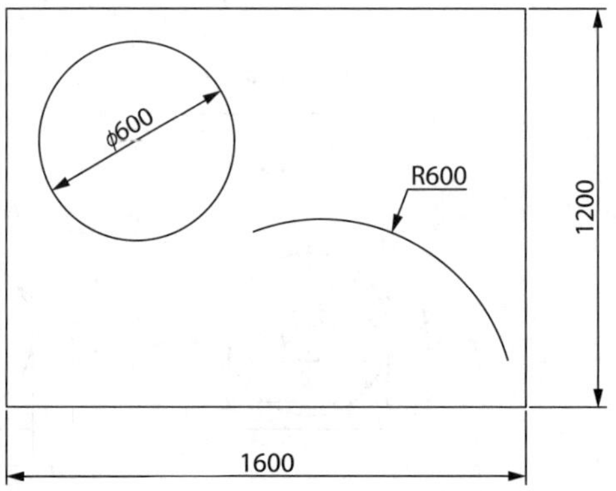

(b)

图 4 - 85 修改标注样式训练

绘图参考步骤:

前提:先测试标注样式,标注矩形、圆和圆弧的尺寸,如图 4 - 85(a)所示。与 4.85(b)有较大差距,需要修改标注样式。删除尺寸标注。

(1)执行“图层”命令,按要求建立“标注”图层,将该图层设置为当前图层。

(2)执行“标注样式”命令,修改标注样式内容。

命令:DIMSTYLE ↙

在弹出的“标注样式管理器”对话框中操作,新建标注样式“练习”,将其置为当前。

(3)单击“修改”按钮,弹出“修改标注样式”对话框。操作如下:

● “直线”选项卡:“尺寸线”颜色选择“ByBlock”;“尺寸界线”颜色选择“ByBlock”,不选择“隐藏尺寸界线 1”。

● “符号和箭头”选项卡:“箭头”第一项选择“实心闭合”,第二个选择“实心闭合”。

● “文字”选项卡:“文字外观”填充颜色选择“无”,不选择“绘制文字边框”;“文字位置”垂直选择“上方”,“水平”选择“置中”;“文字对齐”选择“与尺寸线对齐”。

● “调整”选项卡:“调整选项”选择“文字”;“标注特征比例”中全局比例为“2”;“优化”不选“手动放置文字”。

● “主单位”选项卡:“线性标注”单位格式选择“小数”,“精度”选择“0.00”;删去“前缀”字符;“测量单位”比例因子为“10”。

(4)标注样式“练习”修改完毕后,执行“标注”命令,标注矩形长与高的尺寸,圆的直径尺寸。

(5)执行“标注样式”命令,建立“样式替代”。

命令:DIMSTYLE ↙

在弹出的“标注样式管理器”对话框中单击“样式替代”按钮,在对话框中操作如下:

- “符号和箭头”选项卡:“圆心标记”选择“无”。
- “文字”选项卡:“文字对齐”选择“ISO 标准”。
- “调整”选项卡:“调整选项”选择“文字或箭头(最佳效果)”;“优化”不选“在尺寸界线之间绘制尺寸线”。

(7)执行“标注”命令,标注圆弧的半径尺寸。

4. 尺寸标注

(1)打开文件

将素材文件“项目 4 练习 4. dwg”复制到学生文件夹中,并打开该文件。建立尺寸标注图层,图层名称为“DIM”,颜色为“红色”,线型为“Continuous”,线宽采用默认值。

(2)标注样式设置

标注样式选择“ISO－25”,全局比例为“0. 9”。

(3)精确标注尺寸

按图 4－86 所示的尺寸要求标注,并将所有标注编辑在“DIM”图层上。

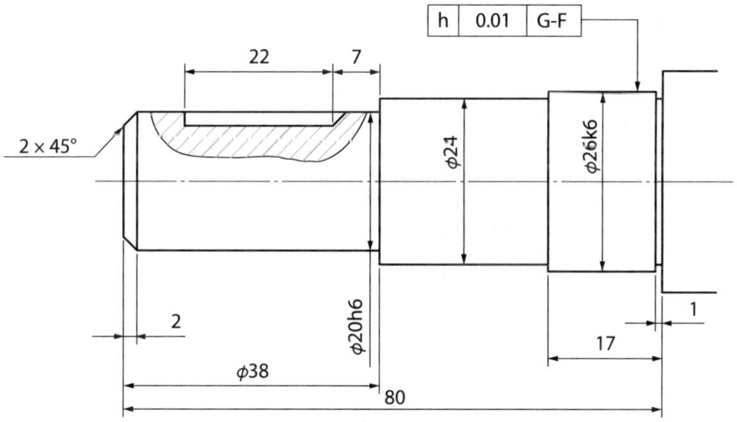

图 4－86　尺寸标注训练

绘图参考步骤:

尺寸标注比较简单,这里只说明几个绘图的难点。

(1)增加前缀与后缀

命令:DDEDIT ↙

选择注释对象或[放弃(U)]:(选择文字“20”,在前面输入“%%c”,后面输入 h6)

其他前缀与后缀均按此方法输入。

(2)引线文字标注

命令:QLEADER ↙

指定第一个引线点或[设置(S)]<设置>:S↙

在弹出的对话框中,“注释”选项卡选择“多行文字”,如图 4 - 87(a)所示;“附着”选项卡选择“最后一行加下划线”。如图 4 - 87 所示所示。单击“确定”按钮。

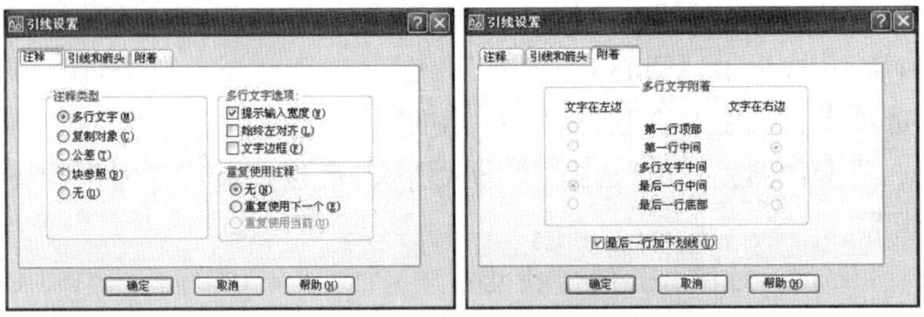

(a)　　　　　　　　(b)

图 4 - 87　引线设置

指定第一个引线点或[设置(S)]<设置>:(鼠标拾取一点)
指定下一点:(鼠标拾取一点)
指定下一点:(该点与上一点处于水平线上)
指定文字宽度<0>:↙
输入注释文字的第一行<多行文字(M)>:2×45%%d↙(×用输入法中小键盘输入)
输入注释文字的下一行:↙

(3)引线公差标注

命令:QLEADER↙
指定第一个引线点或[设置(S)]<设置>:S↙
在弹出的对话框中,“注释”选项卡选择“公差”,见图 4 - 87(a)。
指定第一个引线点或[设置(S)]<设置>:(鼠标拾取一点)
指定下一点:(该点与上一点处于垂直线上)
指定下一点:(该点与上一点处于水平线上)
在弹出对话框中输入文字即可。

学习小结

本项目绘制变电站总平面布置图和断面图。通过本项目的练习,作图人员应该掌握常用电气设备外观符号的绘制的方法,能识读简单的平面布置图和断面图。了解位置布局法图形的绘制规则。重点掌握相关绘图命令和修改命令,能正确标注图形尺寸。

职业技能知识点考核

1. 修改图形考核(一)
(1)建立文件夹
在 D 盘根目录下新建一个学生文件夹,文件夹的名称为学生学号。

（2）打开文件

将素材文件“项目 4 考核 1. dwg”复制到学生文件夹中，并打开该文件。原图如图 4－88（a）所示。

（3）图形编辑

采用“延伸”“修剪”“镜像”“阵列”“删除”和“旋转”等命令编辑图形。

（4）属性设置

● 将轮廓线编辑为线宽为“1mm”的封闭多段线。然后将多段线所围区域生成名为“轮廓块”的图块。

● 图中尺寸不用标注。

完成后的效果如图 4－88（b）所示。

（5）保存文件

将完成的图形以“全部缩放”的形式显示，并以“Answer04－01. dwg”为文件名保存在学生文件夹中。

难点提醒：先修剪后阵列。

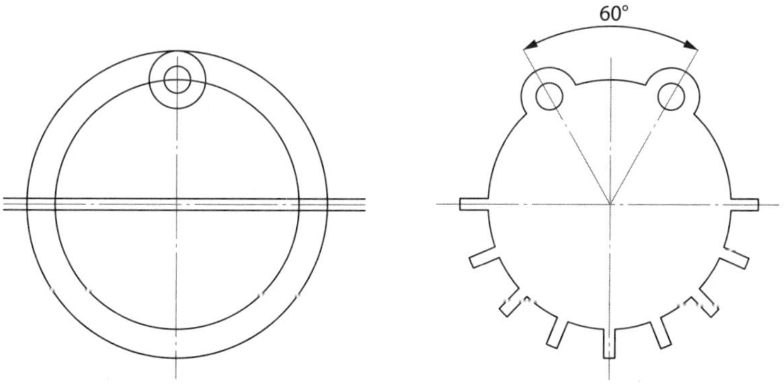

（a）　（b）

图 4－88　修改图形考核（一）

2. 修改图形考核（二）

（1）建立文件夹

在 D 盘根目录下新建一个学生文件夹，文件夹的名称为学生学号。

（2）打开文件

将素材文件“项目 4 考核 2. dwg”复制到学生文件夹中，并打开该文件。原图如图 4－89（a）所示

（3）图形编辑

● 采用“延伸”“修剪”“阵列”“删除”和“移动”等命令编辑图形，其中内孔均布齿数为 9 个。

● 采用“镜像”和“阵列”等命令编辑小孔，在相应的圆周上均布 8 个小孔，并适当延伸水平中心线，使水平中心线超出大圆的距离与垂直中心线超出大圆的距离相等。

（4）属性设置

● 将内圈的齿形编辑为线宽为“1mm”的封闭多段线。

● 建立新图层，图层名称为“中心线”，颜色为“红色”，线型为“Center2”，线宽默认，将所有中心线编辑在该图层上。

完成后的效果如图 4-89(b)所示。

(5)保存文件

将完成的图形以“全部缩放”的形式显示，并以“Answer04-02.dwg”为文件名保存在学生文件夹中。

难点提醒：水平中心线的延伸边界可以通过偏移大圆得到。

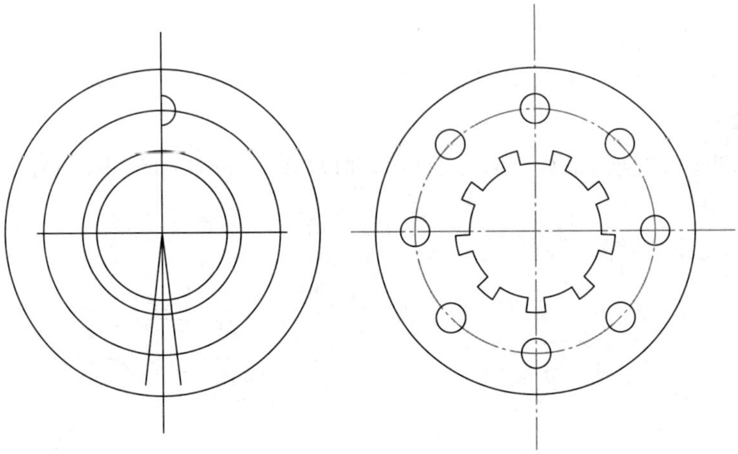

(a)　　(b)

图 4-89　修改图形考核(二)

3. 修改图形考核(三)

(1)建立文件夹

在 D 盘根目录下新建一个学生文件夹，文件夹的名称为学生学号。

(2)打开文件

将素材文件“项目 4 考核 3.dwg”复制到学生文件夹中，并打开该文件。原图如图 4-90(a)所示。

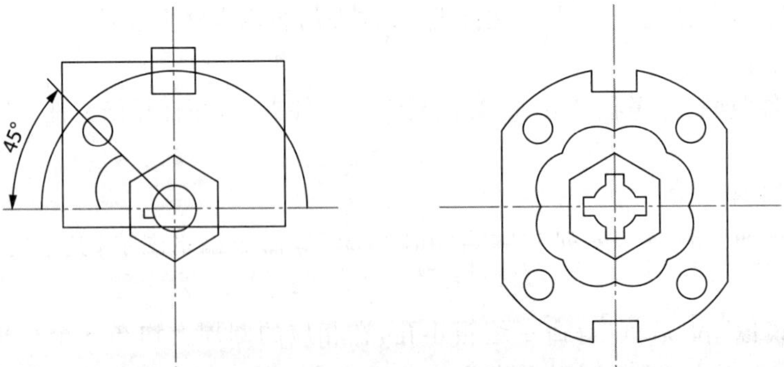

(a)　　(b)

图 4-90　修改图形考核(三)

(3)图形编辑

- 采用“分解”命令分解图中的图块，对分解后的图形进行编辑。
- 采用“镜像”命令编辑完成图中所有的对称结构。
- 采用“打断”“修剪”“阵列”“删除”“旋转”和“移动”等命令编辑图形。
- 采用“阵列”命令将中间的小孔编辑为有四个键槽的轮毂孔形状。删除图形中角度的标注。

(4)属性设置

- 将完成图形的外轮廓线编辑为线宽为“2.5mm”的封闭多段线，将中间的圆弧连接线也编辑为线宽为“1mm”的封闭多段线，内部的六边形编辑为线宽为“1.8mm”的多段线。
- 将中心线延伸到图形外部，超出长度为“10mm”。

完成后的效果如图 4-90(b)所示。

(5)保存文件

将完成的图形以“全部缩放”的形式显示，并以“Answer04-03.dwg”为文件名保存在学生文件夹中。

难点提醒：中心线的修改不是用“延伸”命令，而是用“修剪命令”。

4. 尺寸标注

(1)打开文件

将素材文件“项目4考核4.dwg”复制到学生文件夹中，并打开该文件。建立尺寸标注图层，图层名称为“DIM”，颜色为“红色”，线型为“Continuous”，线宽为“0.3mm”。

(2)标注样式设置

新建样式名为“标准”的标注样式，文字高度为“4”，字体名称为“txt.shx”，字体颜色为“蓝色”，倾斜角度为“15°”，箭头大小为“3.5”，尺寸界线超出尺寸线为“2.5”，起点偏移量为“0”，调整为“文字或箭头(最佳效果)”，其余参数采用默认设置。

(3)精确标注尺寸

按如图 4-91 所示的尺寸要求标注，并将所有标注编辑在“DIM”图层上。

(4)保存文件

将完成的图形以“全部缩放”的形式显示，并以“Answer04-04.dwg”为文件名保存在学生文件夹中。

难点提醒：使用样式替代标注半径尺寸。

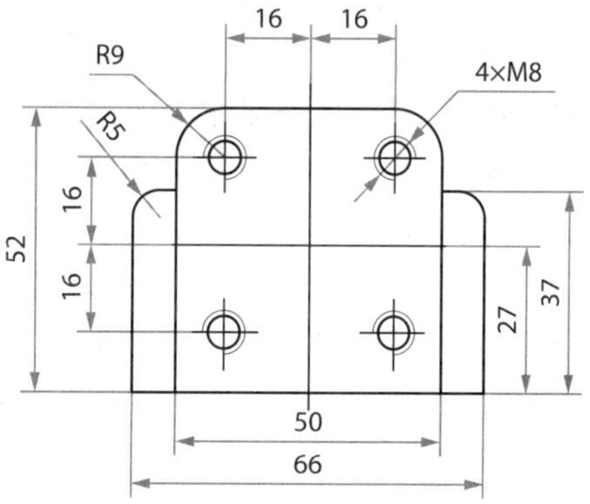

图 4-91 尺寸标注考核

项目 5　建筑电气工程图

【项目描述】

(1)建立文件夹

在 D 盘根目录下新建一个学生文件夹,文件夹的名称为学生学号。

(2)环境设置

运行软件,使用默认模板建立新文件。

(3)绘图内容

如图 5-1 和图 5-2 所示。

● 按图示正确高压配电接线图。

● 按尺寸正确绘制变电站照明平面图。

● 建立文字样式“开关柜说明”,字体为“仿宋_GB2312”,文字高度“4”,宽度比例“1”,文字注释均采用该样式。

● 建立标注样式“标注”,“箭头”为“建筑标记”,全局比例为“100”,其余参数均采用默认值。所有标注均采用该样式。

● 图 5-1 中图框“名称”为“高压开关柜配电接线图”,“学生姓名”为本人姓名,“日期”为作图日期,“* *学校 * *专业”“学生班级”“学生学号”据实填写,“图号”为“Pro5-1”。

● 图 5-2 中图框“名称”为“变电站照明平面图”,“学生姓名”为本人姓名,“日期”为作图日期,“* *学校 * *专业”“学生班级”、“学生学号”据实填写,“图号”为“Pro5-2”。

(4)保存文件

将完成的图形以“全部缩放”的形式显示,总平面布置图以“Pro5-1.dwg”为文件名,断面图以“Pro5-2.dwg”为文件名保存在学生文件夹中。

【项目实施】

(1)点击桌面“我的电脑”,进入 D 盘,点击鼠标右键,选择“新建”→“文件夹”,输入学号。

操作参考:《计算机基础》课程教材。

(2)双击桌面 Autocad2007 软件图标,新建 CAD 文件。

操作参考:项目 1。

(3)绘制图框。

操作参考:把项目 2 绘制图形设置为图块,插入该块,分解后修改文字。(图 5-2 的图框应放大 80 倍。)

(4)绘制电气图符并生成图块。

操作参考:子任务 5.1.2、子任务 5.2.1、子任务 5.2.2。

(5)绘制表格和文字符号。

操作参考:子任务 5.1.1。

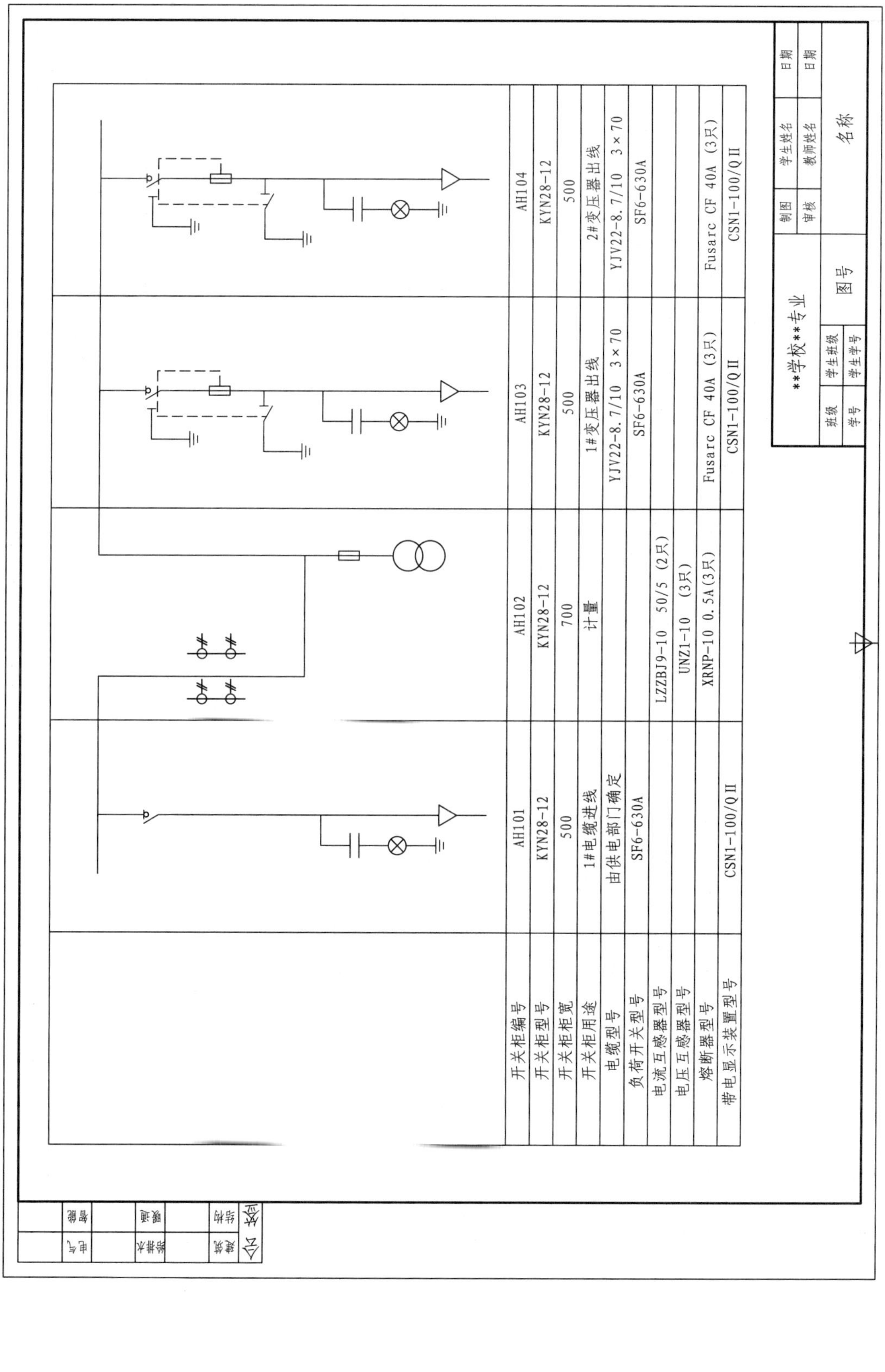

图5-1 高压开关柜配电接线图示例

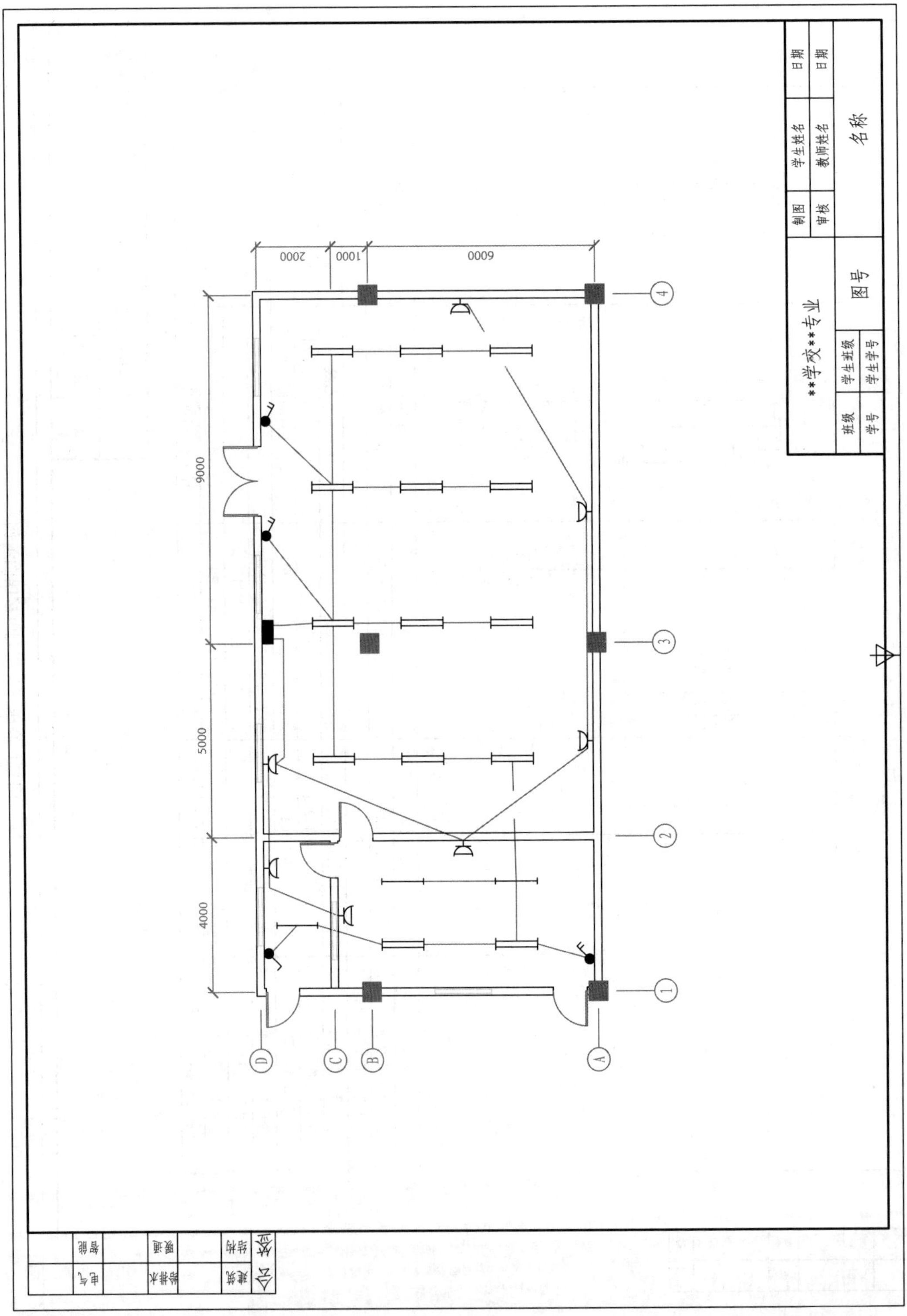

图5-2 变电站照明平面图示例

(6)绘制高压开关柜配电接线图。

操作参考:子任务5.1.3。

(7)绘制变电站照明平面图。

操作参考:子任务5.2.2。

(8)检查无误后,在命令行输入Z↙ A↙,在菜单栏中选择“文件”→“另存为”,按项目要求操作。

操作参考:项目1。

任务5.1 绘制高压开关柜接线图

建筑电气工程图包括建筑照明平面图、建筑弱电平面图、配电系统图、计量系统图、电话系统图、共用电视天线系统图等。这些图形的表现方式各具特点。本书因篇幅限制,仅介绍高压开关柜接线图和照明平面图的绘制。

子任务5.1.1 绘制开关柜表格

【任务目标】

● 了解高压开关柜的工作原理。

● 熟练按尺寸绘图。

● 熟练文字标注。

【知识链接】

开关柜(switch cabinet)是一种电气设备,开关柜外线先进入柜内主控开关,然后进入分控开关,各分路按其需要设置。如仪表、自控、电动机磁力开关,各种交流接触器等。开关柜主要作用是在电力系统进行发电、输电、配电和电能转换的过程中,进行开合、控制和保护用电设备。开关柜内的部件主要有断路器、隔离开关、负荷开关、操作机构、互感器以及各种保护装置等组成。通常将电压等级AC1000V以上的开关柜称为高压开关柜(有时也将AC1000V—10kV开关柜称为中压柜),将电压等级AC1000V以下的开关柜称为低压开关柜。主要适用于发电厂、变电站、石油化工、冶金轧钢、轻工纺织、厂矿企业和住宅小区、高层建筑等各种不同场合。

高压开关柜全型号如图5-3所示。

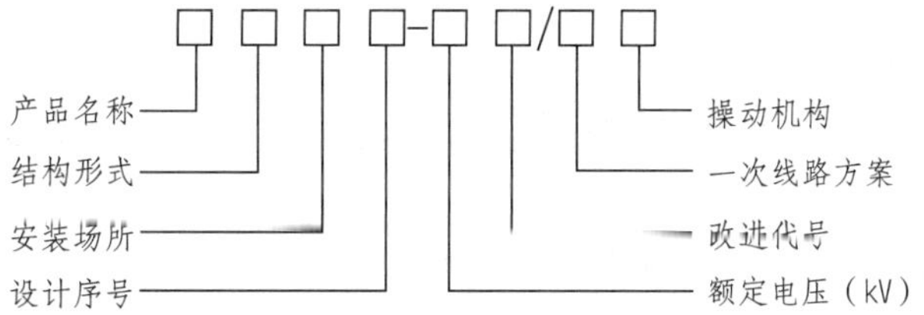

图5-3 高压开关柜全型号含义

参数说明:

● 产品名称:K铠装式,J间隔式,X箱型,H环网式;

● 结构形式：G 固定式，Y 移开式；

● 安装场所：N 户内，W 户外；

● 改进代号：A 第一次改进，B 第二次改进；

● 操动机构：S 手动操作，D 电磁操作，T 弹簧操作，Z 重锤操作，Q 气动操作，Y 液压操作。

示例 KYN28－12：铠装移开式户内安装高压开关柜，额定电压 12kV。

【任务实施】

(1)绘制高压开关柜布局

高压开关柜接线图中，不绘制开关柜外形的具体尺寸。各个开关柜之间的相对位置代表了实际安装位置，因此开关柜编号和内部元器件不可以错位。

综合运用“直线”“偏移”和“复制”等命令，绘制如图 5－4 所示表格。

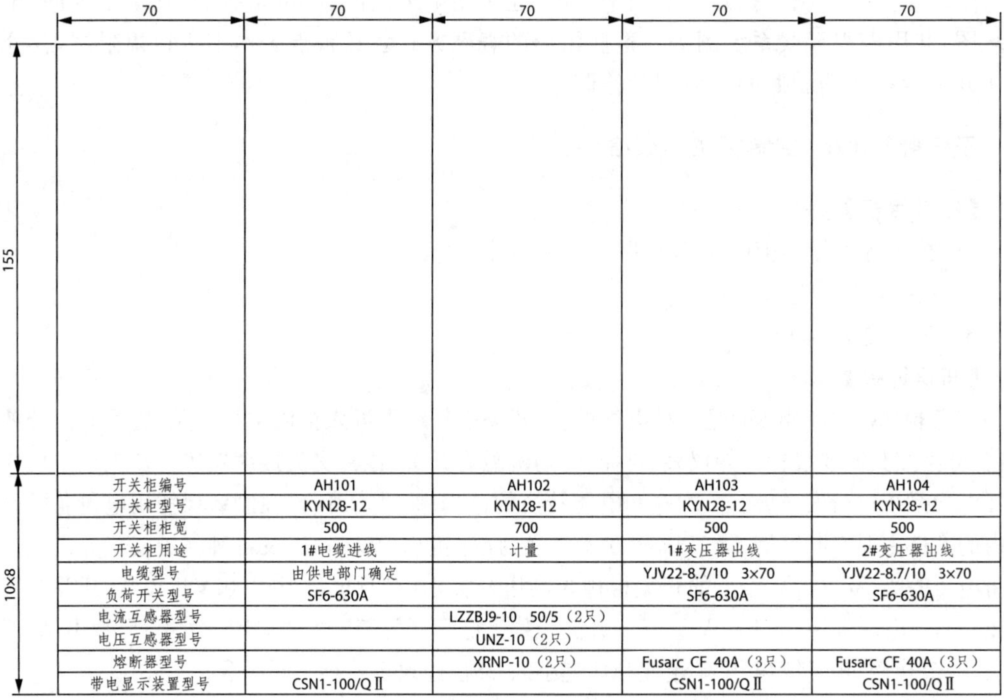

开关柜编号	AH101	AH102	AH103	AH104
开关柜型号	KYN28-12	KYN28-12	KYN28-12	KYN28-12
开关柜柜宽	500	700	500	500
开关柜用途	1#电缆进线	计量	1#变压器出线	2#变压器出线
电缆型号	由供电部门确定		YJV22-8.7/10 3×70	YJV22-8.7/10 3×70
负荷开关型号	SF6-630A		SF6-630A	SF6-630A
电流互感器型号		LZZBJ9-10 50/5（2只）		
电压互感器型号		UNZ-10（2只）		
熔断器型号		XRNP-10（2只）	Fusarc CF 40A（3只）	Fusarc CF 40A（3只）
带电显示装置型号	CSN1-100/QⅡ		CSN1-100/QⅡ	CSN1-100/QⅡ

图 5－4 绘制发电机图形符号

(2)添加文字注释

① 新建文字样式“开关柜说明”，字体为“仿宋_GB2312”，文字高度为“4”，宽度比例为“1”，倾斜角度为 0。

② 执行“多行文字”命令，输入如图 5－4 所示文字。

子任务 5.1.2 设计线路结构图

【任务目标】

● 巩固基础绘图技巧。

● 熟练绘制开关柜主要电气元件。

【任务实施】

1. 绘制负荷开关图形符号

负荷开关是介于断路器和隔离开关之间的一种开关电器，具有简单的灭弧装置，能切断额定负荷电流和一定的过载电流，但不能切断短路电流。

负荷开关的图形符号可以在隔离开关的图形符号基础上修改得到。

前提：已绘制项目3中介绍的隔离开关图形符号，并且该图形符号已经生成外部块。“对象捕捉”选择“象限点”“交点”。

(1)执行“插入块”命令，插入隔离开关图形符号的图块。然后执行“分解”命令将其分解分解为独立图元。效果如图5-5(a)所示。

(2)执行“圆”命令，绘制一个半径为“0.8mm”的圆。然后执行“移动”命令，以圆的上象限点为基点，将其移动到直线的交点处。效果如图5-5(b)所示。

(3)执行“写块”命令，将负荷开关图形符号生成外部块。

(a)隔离开关图符　(b)负荷开关图符

图5-5　负荷开关绘制示例

2. 绘制带电显示装置图形符号

高压带电显示器装置一般安装在进线母线、断路器、主变、开关柜、GIS组合电器及其它需要显示是否带电的地方，防止电气误操作。实现方法是在高压绝缘子内浇筑一个电容，并通过电容降压得到的电压来点亮指示灯，从而使得指示灯同需要显示是否带电的装置同步，起到带电指示的作用。

带电显示装置由电容器和灯组合而成。

前提：选择正交模式，“对象捕捉”选择“象限点”“中点”“端点”。

(1)执行“圆”命令，绘制一个半径为“3mm”的圆。效果如图5-6(a)所示。然后执行“直线”命令，以圆的象限点为端点，绘制水平和垂直的直线各一根。效果如图5-6(b)所示。再执行“旋转”命令，以直线的中点为基点，将两根直线旋转45°，得到灯的图形符号。效果如图5-6(c)所示。

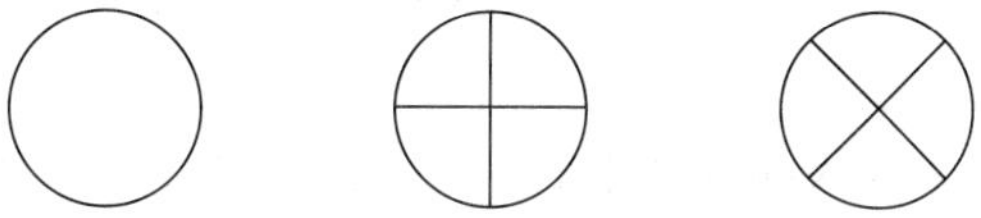

(a)　(b)　(c)

图5-6　灯绘制示例

(2)执行“直线”命令，依次绘制长度为“10mm”的竖直直线，长度为“8mm”的水平直线。然后执行“移动”命令，以水平直线的中点为基点，将其移动到竖直直线下端点处。效果如图

5-7(a)所示。

(3)执行“镜像”命令，将两条直线水平镜像，得到电容图形符号。效果如图 5-7(c)所示。

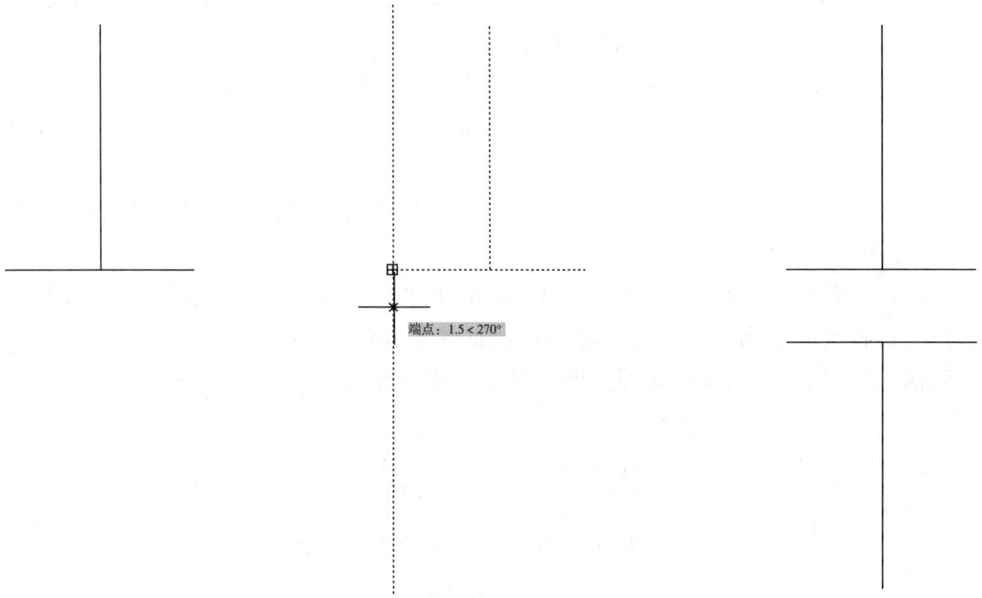

(a)　　(b)　　(c)

图 5-7　电容绘制示例

命令:MIRROR↙

选择对象:指定对角点:找到 2 个(鼠标拾取直线)

选择对象:指定镜像线的第一点:1.5↙

(鼠标捕捉直线左端点,向下移动,出现辅助线后,键盘输入 1.5)

指定镜像线的第二点:(鼠标水平移动,点一下)

要删除源对象吗?[是(Y)/否(N)]<N>:↙

(4)执行“移动”命令，以灯图形符号上象限点为基点，移动到电容图形符号的下端点。效果如图 5-8(a)所示。

(5)执行“直线”命令，以灯图形符号下象限点为起点，绘制长度为“10mm”的竖直直线。

(6)执行“插入块”命令，插入接地图形符号的图块。然后执行“缩放”命令，将其缩小至合适比例。再执行“移动”命令，以接地图形符号的中点为基点，将其移动至直线的下端点。效果如图 5-8(b)所示。

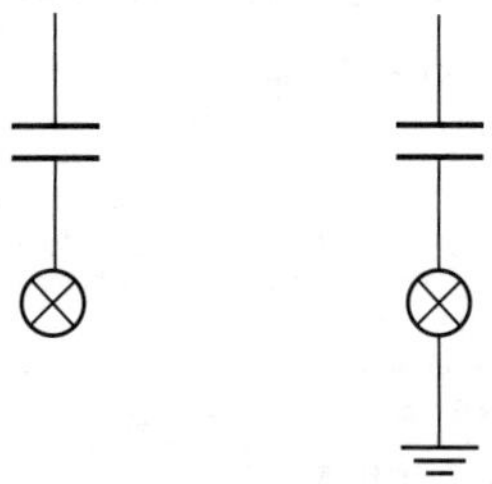

(a)　　(b)

图 5-8　带电显示装置绘制示例

3. 绘制进线柜电气图

进线柜电气图可以在负荷开关的基础上逐步绘制。

前提:选择正交模式,“对象捕捉”选择“中点”“端点”。

(1)执行“插入块”命令,插入负荷开关图形符号的图块。

(2)执行“直线”命令,以负荷开关图形符号下端点为起点,依次绘制长度为“30mm”、“20mm”和“40mm”的竖直直线。以 C 为起点,绘制长度为“10mm”的水平直线,效果如图 5 -9(a)所示。

(3)执行“复制”命令,将带电显示装置的电气图符复制到合适位置。效果如图 5-9(b)所示。

(4)执行“正多边形”命令,绘制边长为“7mm”的三角形,以多段线编辑的方法,将其线宽设置为“0.3mm”。然后执行“移动”命令,以三角形上边中点为基点,将其移动至点 D。

(5)执行“直线”命令,以三角形下顶点为起点,绘制长度为“10mm”的竖直直线。效果如图 5-9(c)所示。(该直线代表引出电缆,三角形代表电缆终端头。)

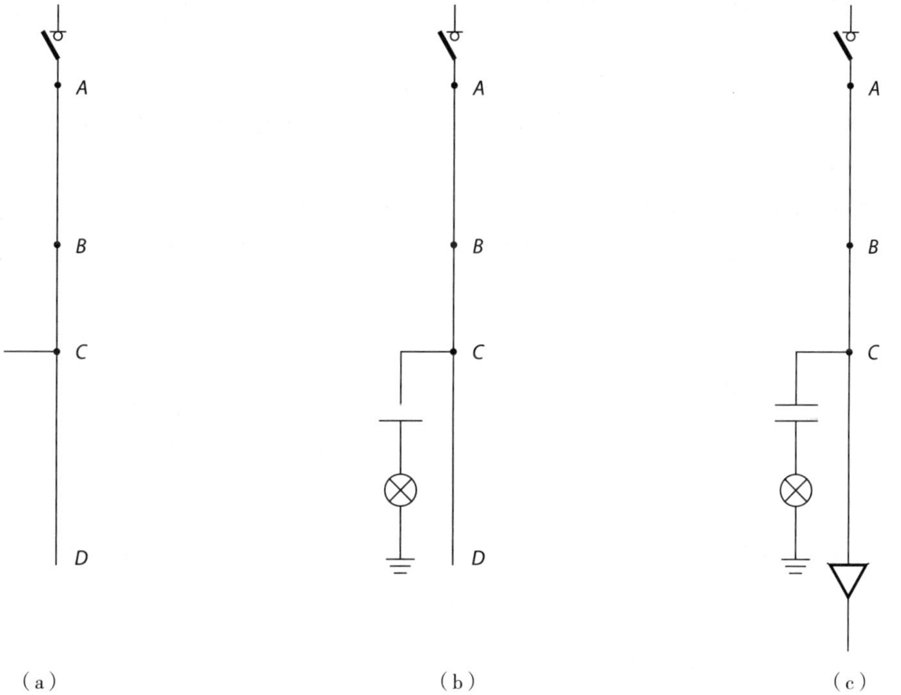

图 5-9 进线柜电气图绘制示例

4. 绘制计量柜电气图

计量柜内电气设备为电流互感器和电压互感器,直接插入相关图块即可。

前提:“对象捕捉”选择“中点”“端点”。

(1)执行“直线”命令,依次绘制长度为“50mm”“40mm”和“50mm”的直线,其中长“40mm”的直线为水平直线,其他直线为竖直直线。继续执行“直线”命令,以左边竖直直线的中点为起点,向左和向右各绘制长度为“7.5mm”的直线。效果如图 5-10(a)所示。

(2)执行“插入块”命令,插入电流互感器图形符号的图块,执行“复制”命令。效果如图 5-11(a)所示。

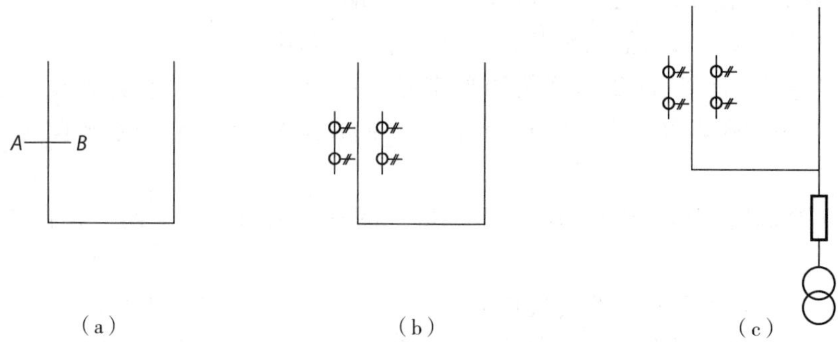

图 5-10　计量柜电气图绘制示例

(3)执行“移动”命令，以点 C 为基点，将电流互感器图形符号移动到点 A。执行“复制”命令，以点 A 为基点，将其复制到点 B。执行“删除”命令，删除直线 AB。效果如图 5-10(b)所示。

(4)执行“直线”命令，绘制长度为“30mm”的竖直直线，执行“矩形”命令，绘制线宽为“0.3mm”的矩形。然后执行“移动”命令，以矩形中心点为基点，将其移动到直线中点。效果如图 5-11(b)所示。

(5)执行“插入块”命令，插入电压互感器图形符号的图块。删除不必要图元。效果如图 5-11(c)所示。然后执行移动命令，以圆上象限点为基点，移动至直线端点。效果如图 5-10(c)所示。

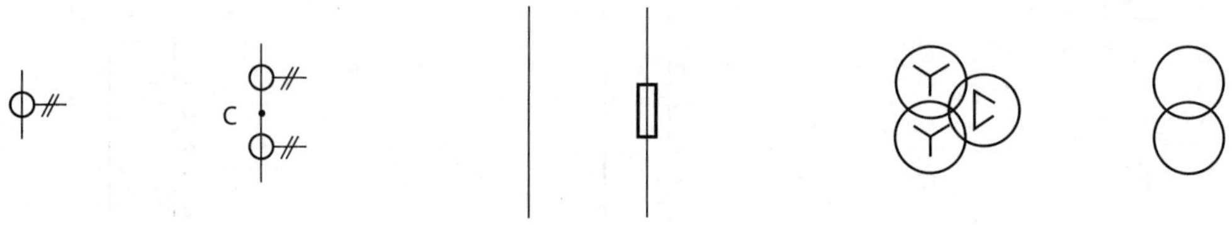

(a) 电流互感器　　(b) 熔断器　　(c) 电压互感器

图 5-11　计量柜电气元件绘制示例

5. 绘制变压器出线柜电气图

1#变压器出线柜与 2#变压器出线柜的电气接线图完全相同，在进线柜电气图的基础上修改即可。

前提：已绘制进线柜电气图，“对象捕捉”选择“中点”“端点”。

(1)执行“旋转”命令，将图 5-9(a)中点 A 以上图形以点 A 为基点旋转 90°。效果如图 5-12(a)所示。

命令：ROTATE↙

UCS 当前的正角方向：ANGDIR = 逆时针　ANGBASE = 0

选择对象：指定对角点：找到 5 个(鼠标拾取图元)

选择对象：↙

指定基点：(鼠标捕捉点 A)

指定旋转角度，或[复制(C)/参照(R)]<270>:C↙

旋转一组选定对象。

指定旋转角度，或[复制(C)/参照(R)]<270>:90↙

(2)删除不必要图元。执行移动命令，将复制得到的图形移动“@4,8”。效果如图5-12(b)所示。

(3)执行“直线”命令，向左绘制长度为“5mm”的水平直线和“13mm”的竖直直线。效果如图5-12(c)所示。

(4)执行“插入块”命令，插入接地图形符号的图块。然后执行“缩放”命令，将其缩小至合适大小。

(5)执行“移动”命令，以接地图形符号的上边中点为基点，将其移动至直线端点。效果如图5-12(d)所示。

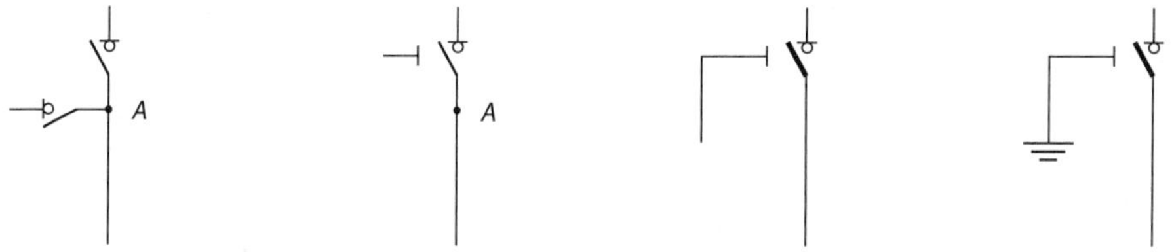

(a) (b) (c) (d)

图5-12 负荷开关接地绘制示例

(6)执行“复制”命令，将图5-11(b)中熔断器，以直线上端点为基点，移动至点A。效果如图5-13(a)所示。

(7)执行“插入块”命令，插入隔离开关图形符号的图块。执行“旋转”命令，将其旋转90°，再执行“镜像”命令，以竖直线为镜像线，将其镜像。

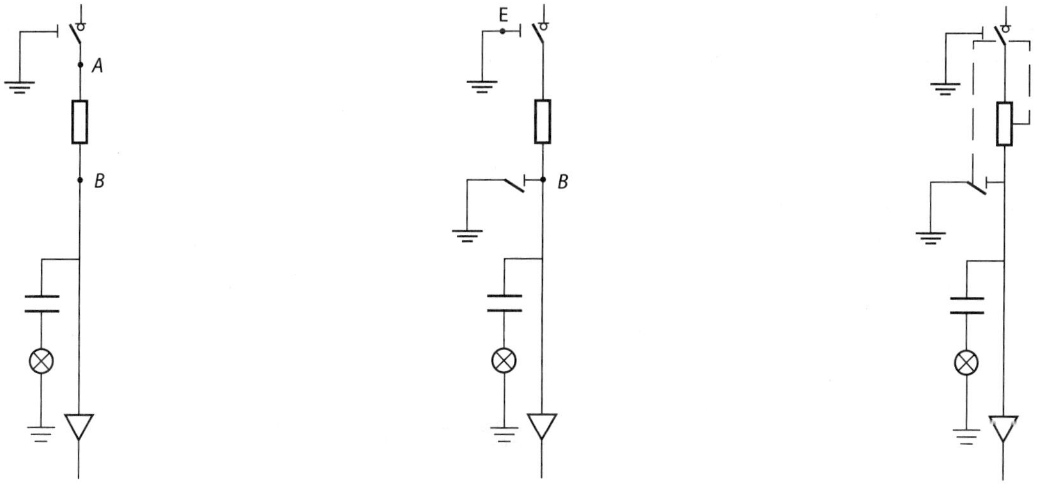

(a) (b) (c)

图5-13 变压器出线柜电气图绘制示例

(8)执行“移动”命令,将隔离开关图形符号以右端点为基点,移动至点 B。再执行“复制”命令,将点 E 左边图形复制到合适位置。如图 5-13(b)所示。

(9)执行“直线”命令,依次绘制长度为“5mm”“21mm”“15mm”和“40mm”的直线。然后执行“修剪”命令,裁剪长度为“40mm”的直线超出隔离开关刀闸的部分。将以上直线的线型设置为“DASHED2”,效果如图 5-13(c)所示。(虚线表示机械联锁。)

子任务 5.1.3　绘制开关柜接线图

【任务目标】

- 巩固基础绘图技巧。
- 能正确绘制完整电气图。

【任务实施】

(1)执行“移动”和“复制”命令,将之前绘制各开关柜的电气图放置于表格中合适位置。完成后的效果如图 5-14 所示。

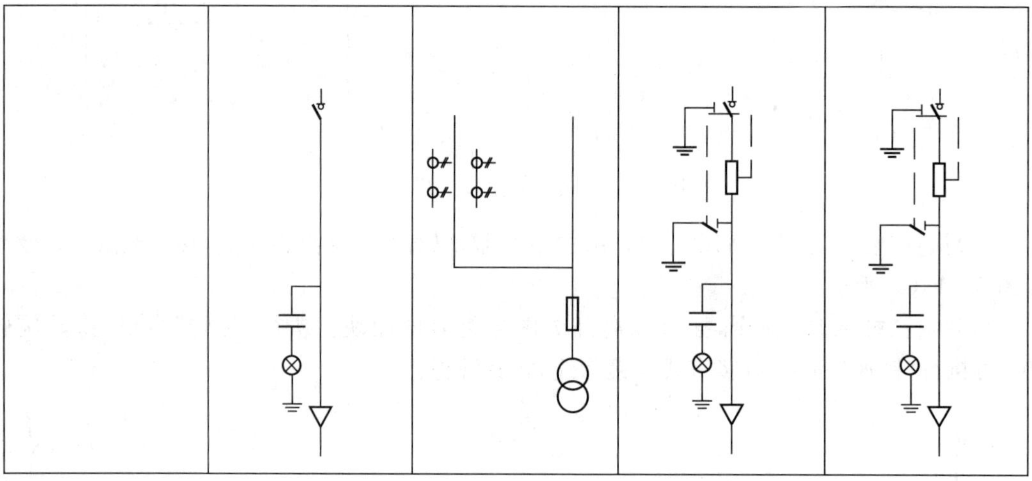

图 5-14　开关柜电气支路绘制示例

(2)执行“多段线”命令,绘制线宽为“1.5mm”的多段线(表示开关柜之间的联络小母线)。然后执行“延伸”命令,将各支路与多段线连接。执行“修剪”命令,裁剪不必要的多段线。完成后的效果如图 5-15 所示。

(3)执行“插入”命令,插入项目 2 绘制的图框。执行“移动”命令,将开关柜接线图移动至图框内合适位置。完成后的效果如图 5-1 所示。

任务 5.2　绘制建筑照明平面图

本任务通过绘制某建筑物室内变电站,简单介绍有关建筑平面图的基本知识和绘图技巧,并在建筑平面图的基础上绘制照明平面图。

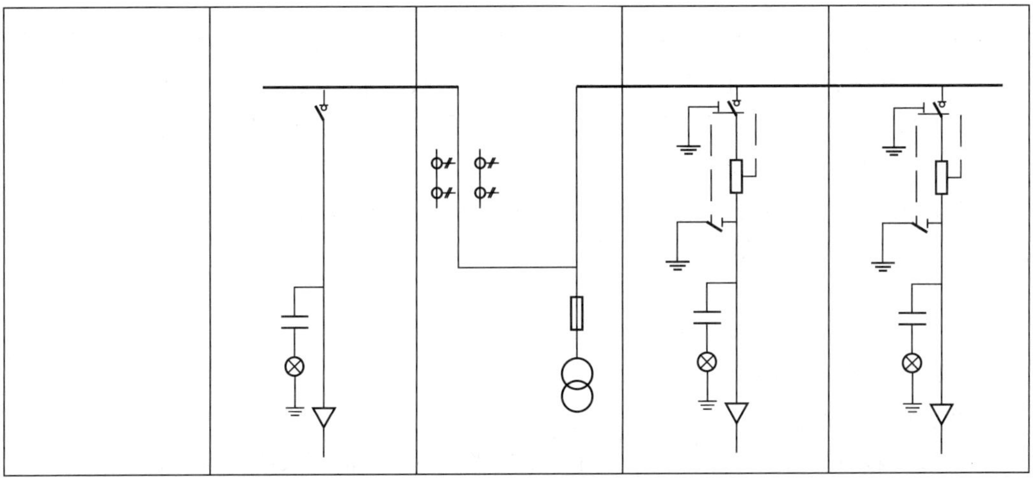

图 5－15　开关柜联络母线绘制示例

子任务 5.2.1　绘制建筑平面图

建筑平面图是将建筑物或构筑物的墙、门窗、楼梯、地面及内部功能布局等建筑情况，以水平投影方法和相应的图例所组成的图纸。

建筑平面图作为建筑设计、施工图纸中的重要组成部分，它反映建筑物的功能需要、平面布局及其平面的构成关系，是决定建筑立面及内部结构的关键环节。其主要反映建筑的平面形状、大小、内部布局、地面、门窗的具体位置和占地面积等情况。电力、照明和电信布置图通常都在建筑平面图上完成。所以说，建筑平面图是绘制建筑电气工程图的重要依据。

【任务目标】

- 了解建筑平面图的绘制规则。
- 熟练绘制“多线”。
- 掌握图块属性的定义方法。

【知识链接】

1. 建筑平面图的规范要求

建筑工程图的绘制规则与电气工程图的绘制规则有所不同，本书仅简单介绍，不作深入讨论。作图人员可以参考《房屋建筑制图统一标准》(GB/T50001－2010)和《建筑制图标准》(GB/T50104－2010)中的规定。

(1)图线线型和线宽适用对象

① 点画线：轴线等。

② 细实线：门、窗、及其分隔线、水斗及雨水管、高差线、家具洁具电气图块、尺寸线、延伸线、标高符号、索引符号、填充等。

③ 中实线：门窗洞、楼梯梯段及栏杆扶手、可见的女儿墙压顶、泛水、尺寸起止符号等。

④ 粗实线：剖切到的墙体轮廓、剖切符号、详图符号等。

实线的线宽比例一般约为 1∶2∶4。

(2)定位轴线

建筑平面图上定位轴线的编号宜标注在图样的下方与左侧。横向编号应用阿拉伯数字,从左至右顺序编写;竖向编号应用大写拉丁字母,从下至上顺序编写。拉丁字母的 I、O、Z 不得用作轴线编号。如字母数量不够使用,可增用双字母或单字母加数字注脚,如 AA、BA……YA 或 A1、B1……Y1。

较复杂的平面图中定位轴线也可采用分区编号,编号的注写形式应为"分区号-该分区编号",分区号采用阿拉伯数字或大写拉丁字母表示。

2. 建筑平面图的绘图步骤

绘制建筑平面图的大致步骤如下:

(1)设置或调用绘制建筑平面图用的样板文件。

(2)绘制中心轴线。

(3)绘制墙线:执行"多线"命令,不同厚度的墙采用不同的多线线型及比例。

(4)修改墙线:执行"编辑多线"命令,常用到角点结合、T 型打开、十字合并等功能。

(5)开门洞:偏移复制轴线以定位门洞的位置,裁剪墙线。绘制或插入门图形图块。

(6)开窗洞,绘制或插入窗图形图块。

(7)绘制阳台、楼梯。

(8)修改、补画细节部分。

(9)标注文本、标注尺寸、标注轴号。

3. 设置多线样式

(1)操作方法

① 在命令行中输入:MLSTYLE;

② 在下拉菜单中点击:"格式"→"多线样式"。

(2)操作示例

创建"测试"多线样式。

执行"多线样式"命令:

① 弹出"多线样式"对话框,如图 5-16 所示。

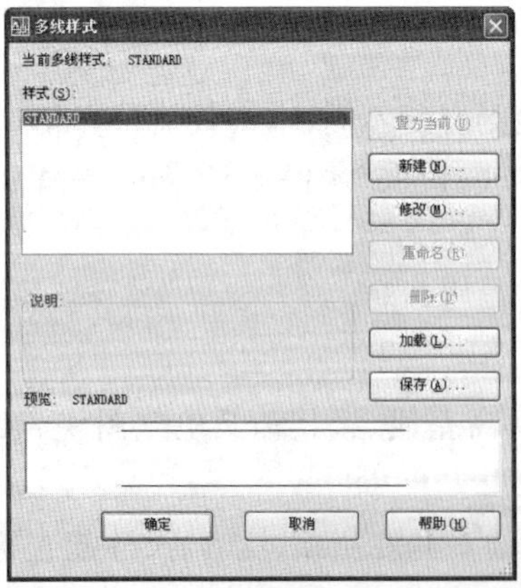

图 5-16 "多线样式"对话框

图 5-17 "创建新的多线样式"对话框

② 单击“新建”按钮，打开“创建新的多线样式”样式对话框，输入“测试”。如图 5－17 所示。

③ 单击“继续”按钮，弹出如图 5－18 所示的对话框。

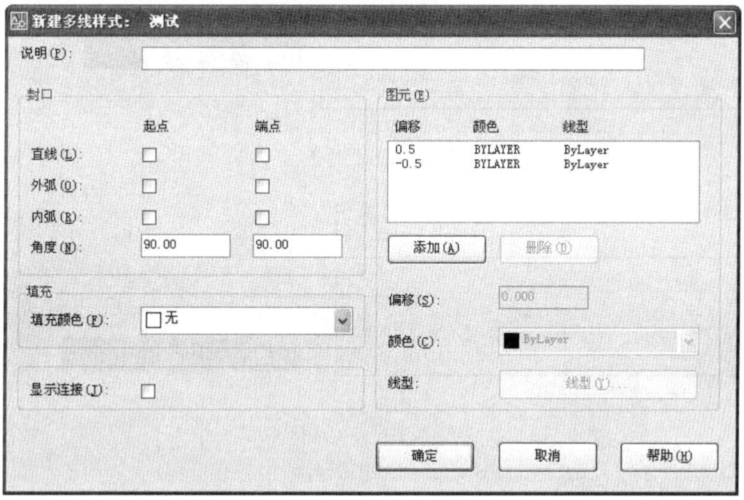

图 5－18　“新建多线样式：测试”对话框

在该对话框中，绘图人员可以设置多线的封口方式（如内弧、外弧、角度等）、图元数量（直线的数目）、偏移量、线型、颜色等。

④ 若使用“测试”样式绘制多线，在图 5－16 所示对话框中将“测试”样式置为当前。

⑤ 若要修改“测试”样式属性，在图 5－16 所示对话框中单击“修改”按钮，弹出“修改多线样式”对话框，操作与前述相同。

特别提示

创建多重平行线，最多由 16 条直线段组成。

4. 绘制多线

(1)操作方法

① 在命令行中输入：MLINE（快捷命令 ML）；

② 在下拉菜单中点击：“绘图”→“多线”。

(2)操作说明

命令：MLINE↙

当前设置：对正 = 上，比例 = 1.00，样式 = 测试

指定起点或[对正(J)/比例(S)/样式(ST)]：J↙

输入对正类型[上(T)/无(Z)/下(B)]＜上＞：B↙

当前设置：对正＝下，比例＝1.00，样式＝测试

参数说明：

● 对正(J)：用于指定多线的对正方式。选择该选项后，可调整多线的对正类型。各对正类型的多线如图 5－19 所示。

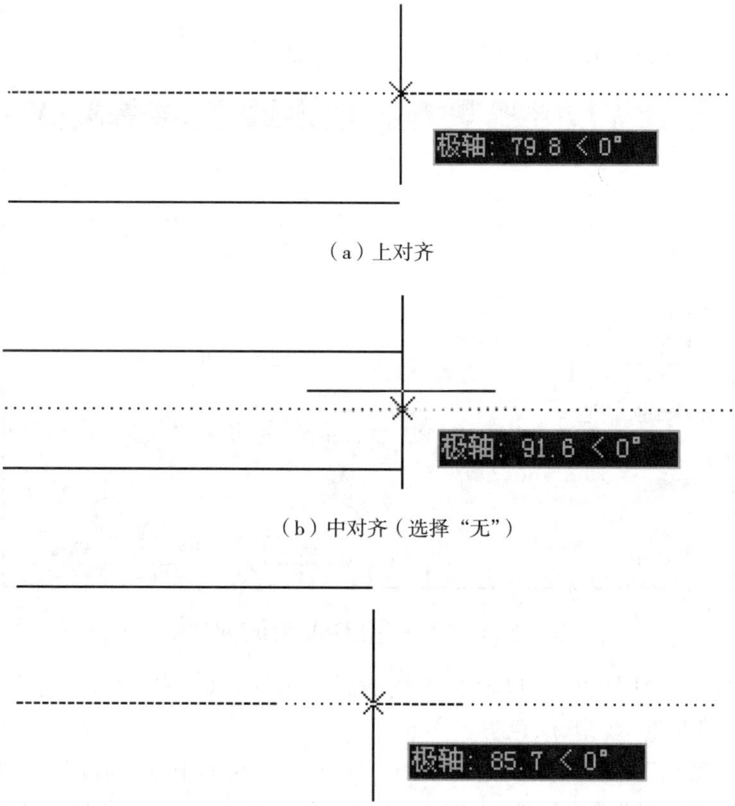

（a）上对齐

（b）中对齐（选择“无”）

（c）下对齐

图 5-19　不同的多线对正样式

- 比例(S):用于设置多线宽度。
- 样式(ST):用于指定多线样式,默认样式为“置为当前”的样式。

(3)操作示例

绘制如图 5-20 所示图形。

前提:按尺寸绘制轴线。“对象捕捉”选择“交点”。已创建“测试”多线样式。

命令:MLINE↙
当前设置:对正 = 上,比例 = 1.00,样式 = 测试
指定起点或[对正(J)/比例(S)/样式(ST)]:S↙
输入多线比例<1.00>:20↙
当前设置:对正 = 无,比例 = 20.00,样式 = STANDARD
指定起点或[对正(J)/比例(S)/样式(ST)]:J↙
输入对正类型[上(T)/无(Z)/下(B)]<上>:Z↙
当前设置:对正 = 无,比例 = 20.00,样式 = 测试
指定起点或[对正(J)/比例(S)/样式(ST)]:(鼠标捕捉交点)
指定下一点:(鼠标捕捉交点)
指定下一点或[放弃(U)]:(鼠标捕捉交点)

指定下一点或[闭合(C)/放弃(U)]:(鼠标捕捉交点)

指定下一点或[闭合(C)/放弃(U)]:C↙(多线首尾闭合)

特别提示

不设置对正或比例,多线的对正会继承之前的设置形式。

5. 编辑多线

多线绘制完毕后,有时不能满足绘图人员的要求,需要对它进行修改。多线编辑命令是专门用于对多线进行编辑的命令。

(1)操作方法

① 在命令行中输入:MLEDIT;

② 在下拉菜单中点击:“修改”→“对象”→“多线”。

(2)操作说明

执行“编辑多线”命令,弹出“多线编辑工具”对话框,该对话框中的各个图像按钮形象地说明了编辑多线的方法,如图5-21所示。绘图人员根据需要自行选择。

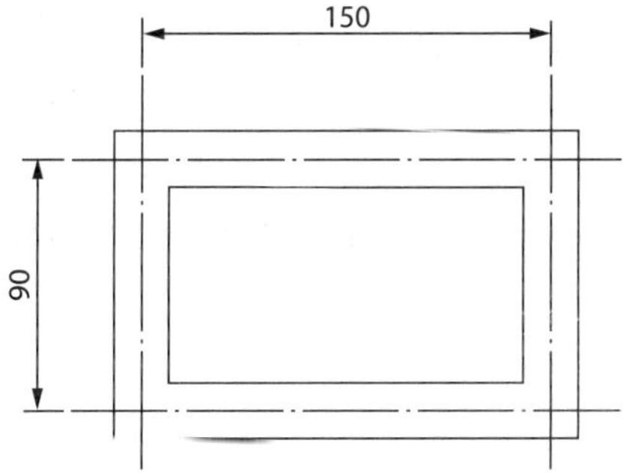

图5-20 多线绘制示例

图5-21 “多线编辑工具”对话框

6. 定义块属性

在绘制较复杂的工程图时,常需要插入多个带有不同名称或附加属性的图块,若对图块逐个进行文本标注,会降低绘图人员的工作效率。此时可以为图块定义属性,在插入图块的时候,为图块指定相应的属性值即可。

(1)操作方法

① 在命令行中输入:ATTDEF(快捷命令ATT);

② 在下拉菜单中点击:“绘图”→“块”→“定义属性”。

(2)操作说明

执行“定义块属性”命令,弹出“属性定义”对话框。如图5-22所示。通过该对话框即可定义图块的属性。

图5-22 “属性定义”对话框

主要参数说明:

① “属性”选项组：用于设置块的属性。

● “标记”文本框用于输入属性的标记，作为属性的标识符，属性标记可以标记出空格和“!”号之外的任意字符。

● “提示”文本框用于输入插入块时系统显示的提示信息。

● “值”文本框用于输入属性的默认值。

② “插入点”选项组：用于设置属性值的插入点，用户可以选中“在屏幕上指定”复选框，利用鼠标在绘图区选择某一点，也可以直接输入坐标值。

③ “文字选项”选项组：用于设置属性文字的格式，包括对齐、文字样式、高度及旋转角度等选项。

④ “锁定块中位置”复选框：用于锁定属性在块中的位置。

(3)操作示例

绘制轴号图块。

前提：按尺寸绘制圆和直线。如图 5－23(a)所示。“对象捕捉”选择“端点”“圆心”。

命令：ATTDEF↙

在弹出的对话框(如图 5－22 所示)中，在“标记”文本框中输入“X”，在“提示”文本框中输入“输入竖直轴号”，在“值”文本框中输入“1”。在“对正”下拉列表框中选择“正中”选项，在“高度”按钮后的文本框中输入“200”，其余参数采用默认值。

单击“确定”按钮，返回绘图区，鼠标捕捉到圆心点一下即可。如图 5－23(b)所示。

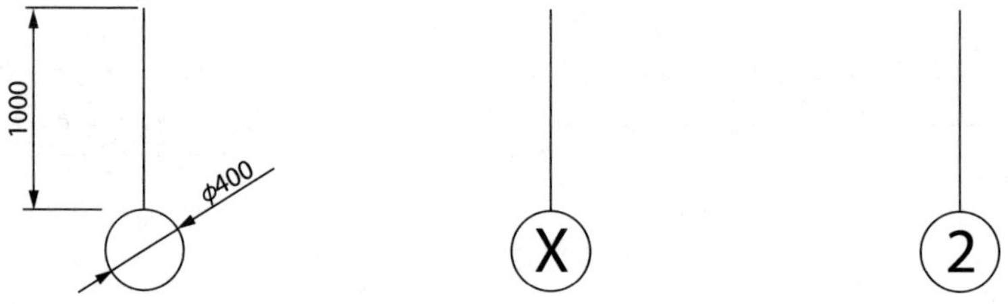

(a) (b) (c)

图 5－23 轴号图块绘制示例

命令：BLOCK↙

弹出“块定义”对话框，设置如图 5－24 所示。(对象不可以选择“转换为块”)

在“基点”选项组中单击“拾取点”按钮，返回作图区，命令行提示：

指定插入基点：↙(鼠标左键捕捉直线上端点)

在“名称”下拉列表中输入“轴号”，单击“选择”对象按钮，返回作图区，命令行提示：

选择对象：指定对角点，找到 3 个(鼠标拾取直线、圆和文字)

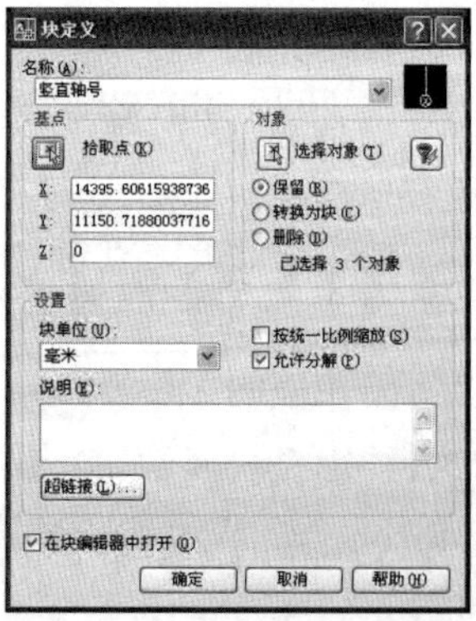

图 5－24 “块定义”对话框

选择对象:↙

命令:INSERT↙

弹出如图 5-25 所示对话框。在“名称”下列表中选择“竖直轴号”,单击“确定”按钮,命令行提示:

指定插入点或[基点(B)/比例(S)/X/Y/Z/旋转(R)]:(鼠标左键点一下)

输入属性值

输入竖直轴号＜1＞:2↙(得到图 5-23c)

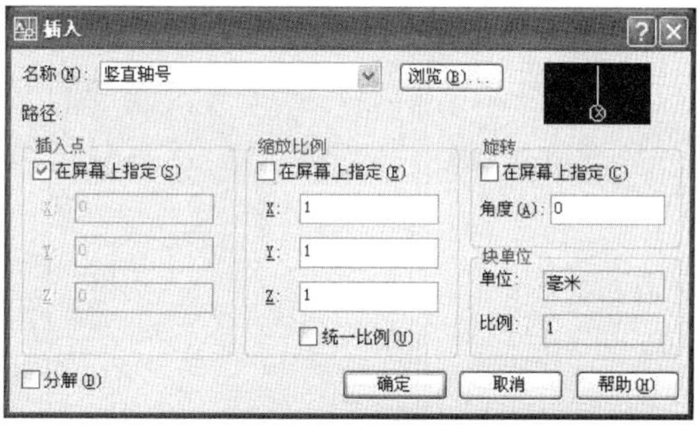

图 5-25 “插入”对话框

【任务实施】

1. 绘制定位轴线

(1)执行“图层”命令,建立“轴线”图层,颜色为“红色”,线型为“CENTER”,其余参数采用默认值。将其设置为当前图层。

(2)执行“构造线”命令,绘制定位轴线。然后执行“对象特性”命令,将轴线的线型比例设置为“20”。效果如图 5-26 所示。

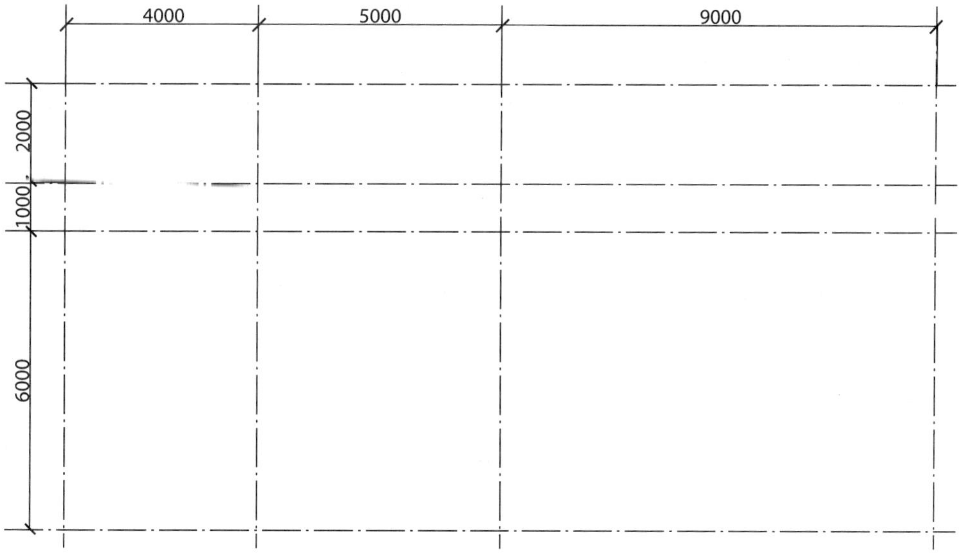

图 5-26 轴线绘制示例

2. 绘制墙体

(1)执行“多线样式”命令。建立“墙体”多线样式,其中有图元两个,偏移量为“100”和“-100”。将其置为当前。

(2)执行“图层”命令,建立“WALL”图层,颜色为“白色”,线型为“Continuous”,其余参数采用默认值。将其设置为当前图层。

(3)执行“多线”命令,绘制墙体。

(4)执行“编辑多线”命令,对墙体进行适当修改。效果如图 5-27 所示。

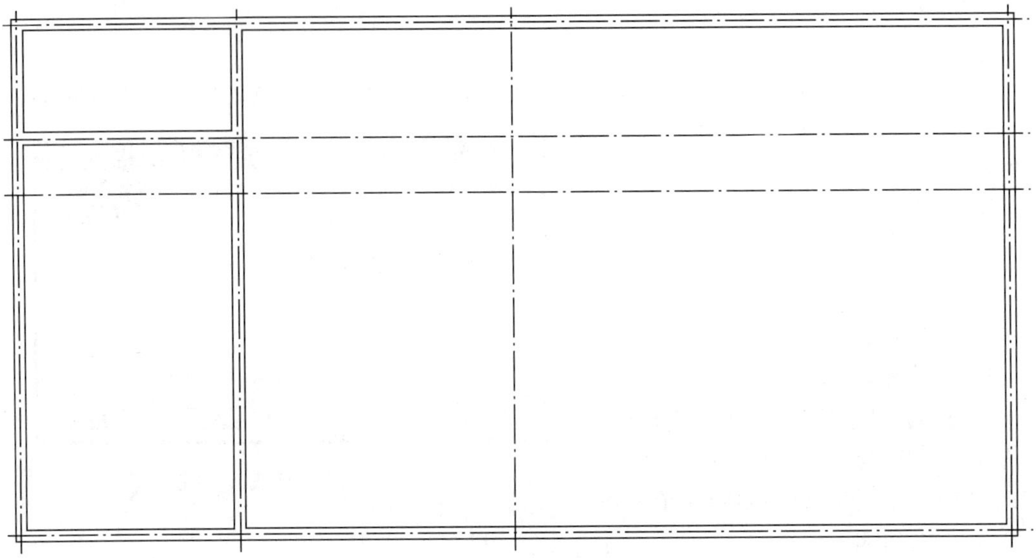

图 5-27 墙体绘制示例

3. 绘制支柱

(1)执行“图层”命令,建立“DQ”图层,颜色为“绿色”,线型为“Continuous”,其余参数采用默认值。将其设置为当前图层。

(2)执行“矩形”命令,绘制“500mm×500mm”的矩形。然后执行“填充”命令,对矩形内部进行填充,填充图案为“SOLID”。

(3)执行“移动”和“复制”命令,将代表支柱的矩形放置到合适位置。效果如图 5-28 所示。

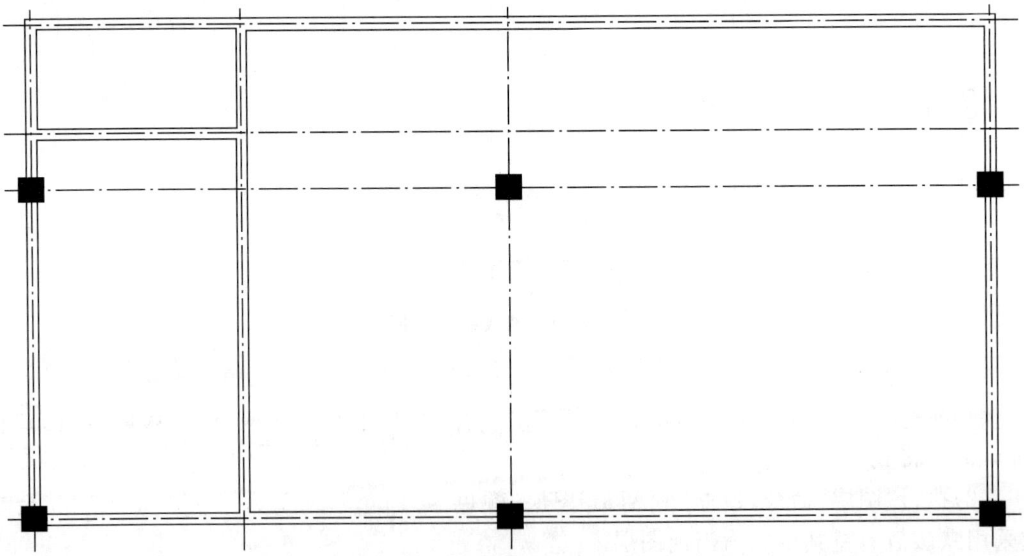

图 5-28 支柱绘制示例

4. 绘制门

(1)执行“图层”命令,建立“DOOR”图层,颜色为“绿色”,线型为“Continuous”,其余参数采用默认值。将其设置为当前图层。

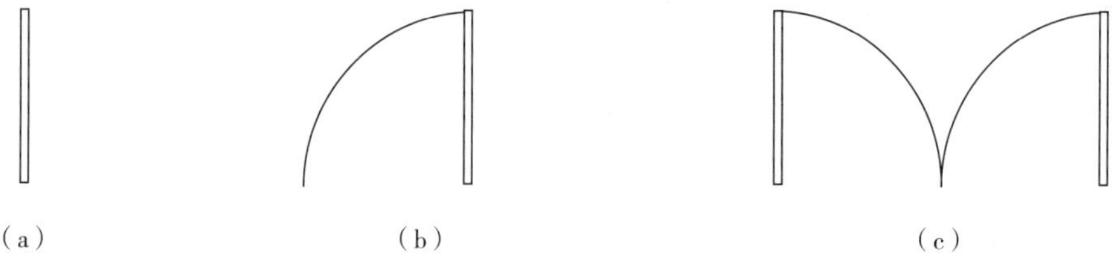

图 5-29　门图形符号绘制示例

(2)执行“矩形”命令,绘制“40mm×900mm”的矩形。然后执行“圆弧”命令,用“起点、圆心、角度”的方法绘制圆弧。得到单开门的图形符号。绘制效果如图 5-29(b)所示。

(3)执行“镜像”命令,将单开门的图形符号左右镜像,得到双开门的图形符号。效果如图 5-29(c)所示。

(4)执行“移动”和“复制”命令,将代表相关图形符号放置到合适位置。其中单开门的门板距墙 50mm。效果如图 5-30(a)所示

(5)执行“直线”命令,绘制辅助线。效果如图 5-30(b)所示。然后执行“修剪”命令裁剪墙线和辅助线。效果如图 5-30(c)所示。

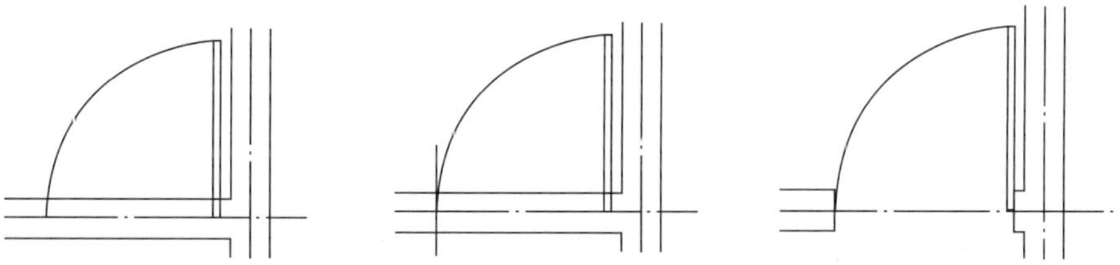

图 5-30　门与墙绘制示例

(6)将所有门与墙线均用上述方法修改。效果如图 5-31 所示。

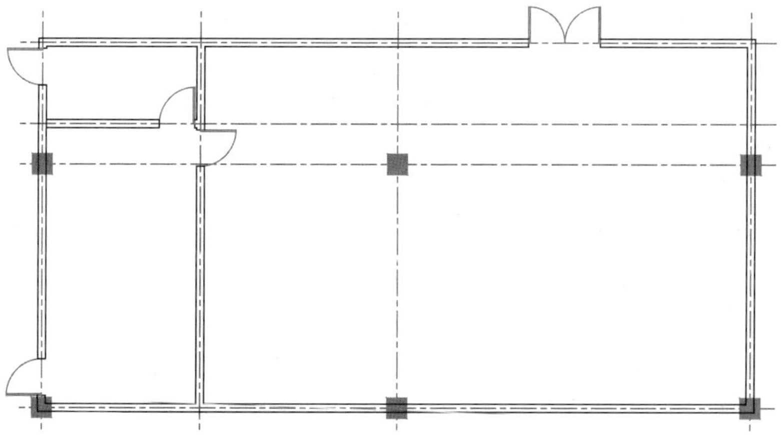

图 5-31　门绘制示例

5．绘制窗

（1）执行“图层”命令，建立“WINDOW”图层，颜色为“黄色”，线型为“Continuous”，其余参数采用默认值。将其设置为当前图层。

（2）执行“多线样式”命令。建立“窗户”多线样式，其中有图元 4 个，偏移量为“100”“50”“－50”和“－100”；起点和端点均用“直线”封口。将其置为当前。

（3）执行“多线”命令，绘制长度为“1500mm”的多线。然后执行“移动”“复制”“旋转”命令，将其放置于合适位置。绘制效果如图 5－32 所示。

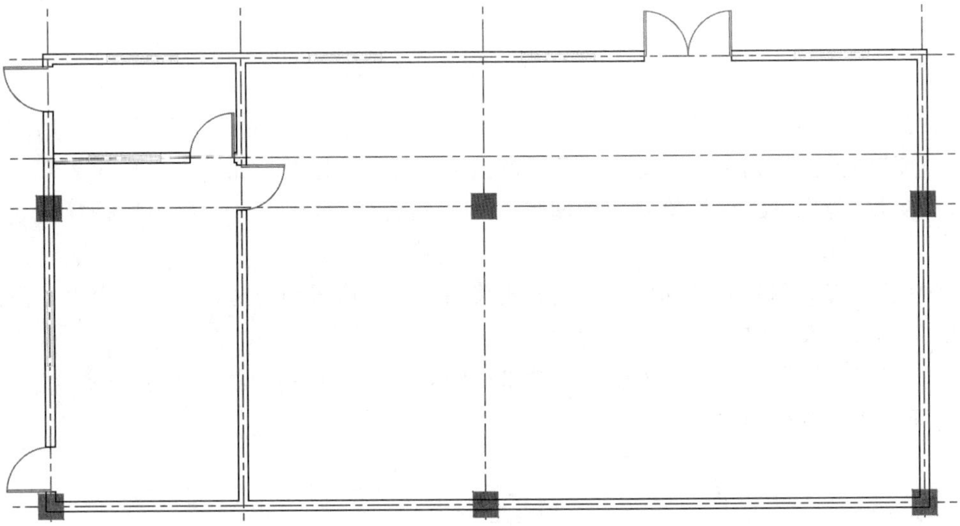

图 5－32　窗绘制示例

6．标注

（1）执行“图层”命令，建立“DIM”图层，颜色为“绿色”，线型为“Continuous”，其余参数采用默认值。将其设置为当前图层。

（2）执行“标注样式”命令，建立标注样式“标注”，“箭头”为“建筑标记”，全局比例为“100”，其余参数均采用默认值。

（3）执行“标注”命令，标注图形尺寸。效果如图 5－33 所示。

（4）执行“定义块属性”和“创建块”命令，创建“竖直轴号”和“水平轴号”图块。然后执行“插入块”命令，依次插入块。绘图效果如图 5－33 所示。

【任务拓展】

特性匹配

在工程制图中，有时会出现大量图元需要统一修改样式的情况，如果依次修改工作量很大，可以利用特性匹配的方法一次性修改。

（1）绘图方法

在“绘图”工具栏单击 按钮。

（2）操作示例

单击 按钮，出现拾取框，点击作为源对象的图元，再点击要修改的图元，两者的特性会

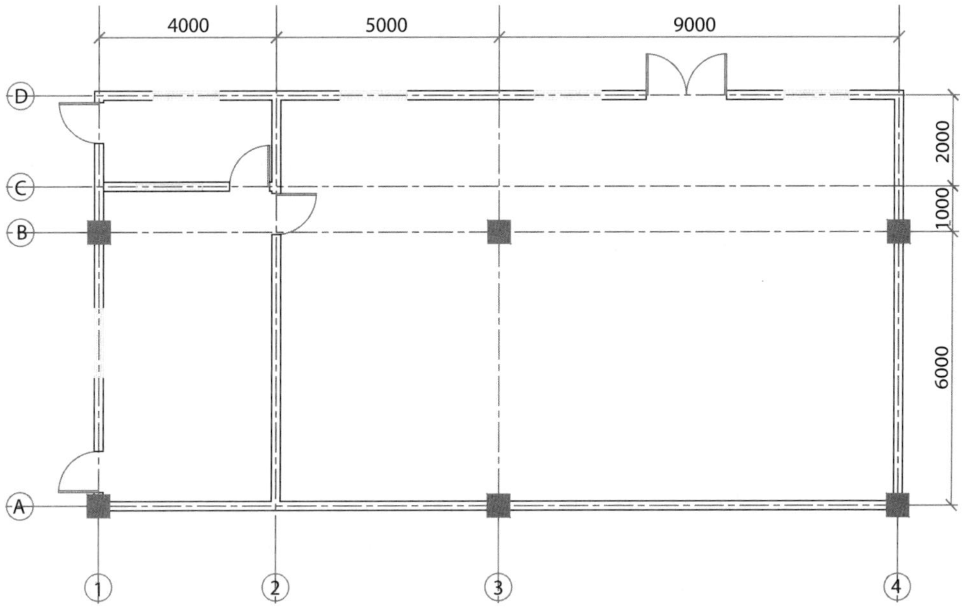

图 5－33　建筑平面图绘制示例

变得一致。修改文字的样式，可以利用已有的文字，通过特性匹配的方式统一修改。如图5－34(a)所示。图线对象也可以利用特性匹配修改，但是不改变大小和形状，只改变图层、比例、颜色、线型、线宽等属性。如图 5－34(b)所示。(多段线编辑得到的线宽不能改变。)

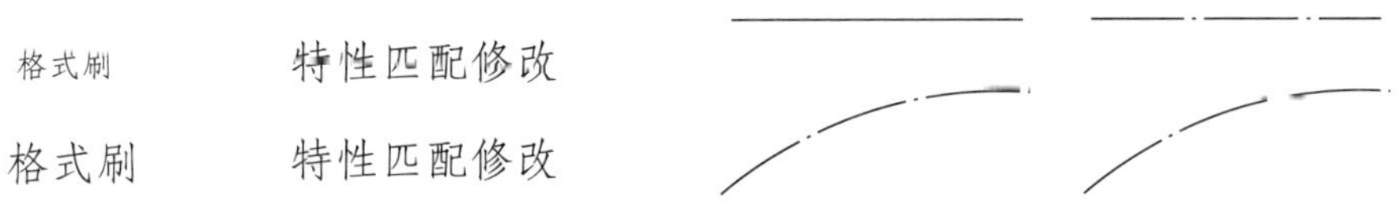

(a)　　　　　　　　　　(b)

图 5－34　特性匹配绘图示例

子任务 5.2.2　绘制建筑照明平面图

照明平面图是建筑平面图上绘制的实际配电布置图，安装照明电气线路及用电设备需根据照明平面图进行。照明平面图是照明电气施工的关键图纸，是照明电气施工的重要依据。

【任务目标】

- 了解照明平面图的概念。
- 熟练绘制建筑电气图符。

【知识链接】

1. 照明平面图的概念

照明平面图主要用来表示电源进户装置的引入位置、规格、穿管管径和敷设方；照明配电箱在房屋内的位置、数量和型号；供电线路网中各条干线、支线的位置和走向，敷设方式和部位，各段导线的数量和规格等；照明灯具、控制开关、电源插座等的数量、种类、安装、位置和相互连接关系。

照明平面图属于布置图，但是并不严格遵循位置布局法。所有电气元件图形符号在图中的位置仅表示该元件安装的大概位置，具体安装位置与安装尺寸见土建图纸；各电气元件间供电线路仅表示连接关系，不表示实际线路走向，施工中按预制板孔径大小和走向敷设。

2. 照明平面图中的连接导线

为方便作图与识图，照明平面图中的连接导线采用单线绘制，但是要标明导线的根数，多根导线的表示方法见图 3-41，工程制图中的连接导线绘制见附图 6。本任务为简化绘图，所有连接导线未标明根数。

在连接导线时，为减少失误造成的重复工作，宜按干线顺序逐条绘制，而每条干线宜从头至尾连接完毕，再绘制支线。所有导线绘制完毕，再执行“打断”命令将导线的交叉部分打断。

3. 照明平面图与实际接线图的区别

电气照明平面图与实际接线图上的表示法有一定的区别。在布置灯具及放线时，“相线进开关，零线进灯头，”这是最基本的知识。但仅知道这些还不够，还要知道灯具与灯具之间的放线根数。如果图纸上已标注出导线根数的话，在安装时即可据此放线；如果没有标注根数(实际工程制图中，2 根导线一般不做标注)，则需要电工独立思考来完成放线工作。若是穿暗管敷设，更要慎重，以免少穿、漏穿导线，给施工造成困难。图 5-35 说明了照明平面图与实际接线图导线根数的区别。

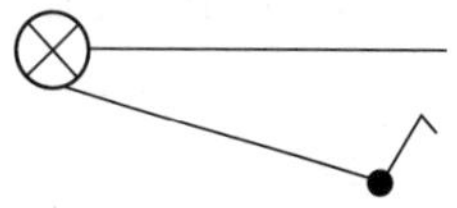

(a) 照明平面图

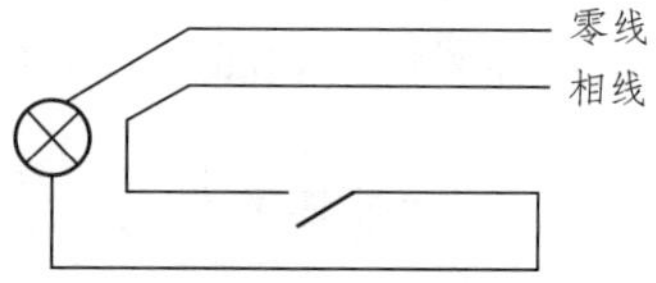

(b) 实际接线图

图 5-35 一个开关控制一盏灯示例

【任务实施】

1. 绘制开关图形符号

灯开关有多种形式，常用按钮开关，也有拉线开关，图形符号没有区别。在描述开关性质时会用到“联”(或“极”)，指的是同一个开关面板上有几个开关按钮；“控”，指的是其中开关按钮的控制方式，一般分为“单控”和“双控”两种。例如“单联单控”指的是一个开关控制一组灯源；“双联单控”指一个面板上有两个单控的开关，而且这两个开关都是单向控制灯具的；“单联双控”指的是有两个有一定距离的开关同时控制一组灯源。

(1)执行“圆”命令，绘制一个半径为“180mm”的圆。

(2)执行“直线”命令，以圆的上象限点为起始点，绘制如图 5-36(a)所示的图形。

(3)执行“图案填充”命令，对圆内部进行填充，填充图案为“SOLID”。效果如图 5-36(b)所示。

(4)执行“旋转”命令，以圆心为基点，将图形旋转“-45°”，完成单联单控开关的绘制。效果如图 3-36(c)所示。

(5)执行"复制"命令,复制单联单控开关图形符号。然后执行"移动"命令,将短斜线复制"@150<－135",完成双联单控开关的绘制。效果如图 3－36(d)所示。

(6)执行"创建块"命令,将两个图形符号分别生成图块。

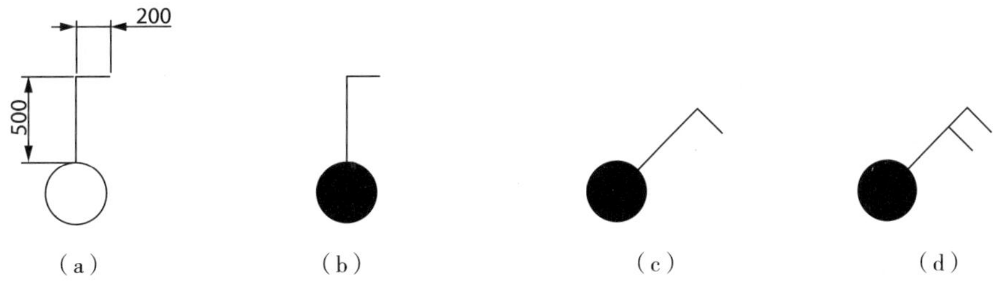

图 5－36　开关绘制示例

2. 绘制灯图形符号

工程中灯常用白炽灯和荧光灯,本任务只用荧光灯,绘制方法比较简单,可参考图 5－37 所示尺寸绘制,绘制完成后生成图块。

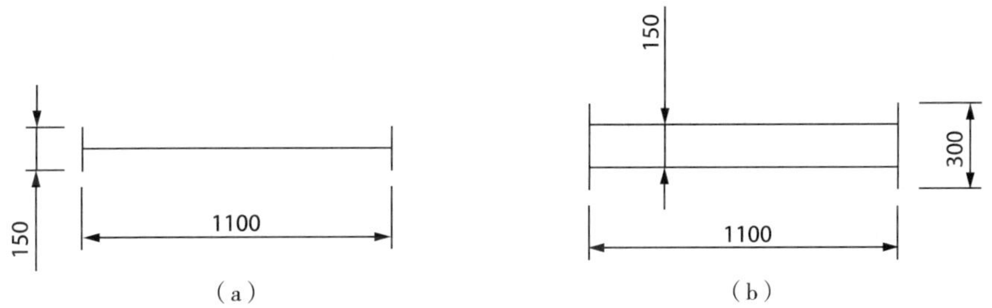

图 5－37　荧光灯绘制示例

3. 绘制插座图形符号

(1)执行"圆"命令,绘制一个半径为"250mm"的圆。

(2)执行"直线"命令,绘制圆的水平直径。

(3)执行"偏移"命令,将直线向上偏移"50mm"。效果如图 5－38(a)所示。

(4)执行"修剪"和"删除"命令,裁剪不必要的部分。效果如图 5－38(b)所示。

(5)执行"直线"命令,绘制长度为"400mm"的水平直线。然后执行"移动"命令,以其中点为基点,将其移动到半圆的上象限点。效果如图 5－38(c)所示。

(6)执行"直线"命令,以半圆的上象限点为基点,绘制长度为"150mm"的竖直直线。完成插座的绘制。效果如图 5－38(d)所示。

(7)执行"创建块"命令,将两个图形符号分别生成图块。

图 5－38　插座绘制示例

4. 绘制配电箱图形符号

执行“矩形”命令，绘制“600mm×300mm”的矩形。然后执行“填充”命令，对矩形内部进行填充，填充图案为“SOLID”。

5. 放置图形符号

将前面绘制的电气设备图形符号插入到建筑平面图中(如果没有创建图块，可以复制图形符号)。插入符号的位置并不要求十分精确。

(1)执行“打开”命令，打开建筑平面图所在文件。

(2)将“轴线”“WALL”“DQ”“DOOR”“WINDOW”“DIM”图层锁定。这些图层上的图元均不可操作。

(3)执行“图层”命令，建立“设备”图层，所有参数采用默认值。将其设置为当前图层。

(4)执行“插入块”命令，把电气设备图形符号对应的图块插入图纸。

(5)执行“复制”“旋转”“镜像”“缩放”等命令，将图块依次放置到合适位置。效果如图5-39 所示。

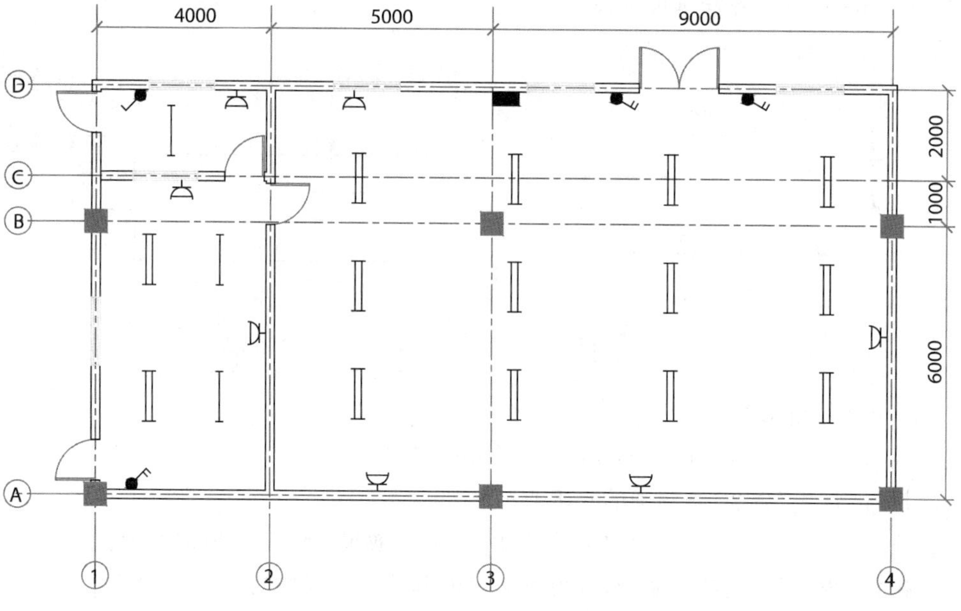

图 5-39 插入设备图形符号示例

(6)执行“图层”命令，建立“导线”图层，颜色为“绿色”，线型为“Continuous”，其余参数采用默认值。将其设置为当前图层。

(7)执行“多段线”命令，绘制线宽为“50mm”的多段线，将各个电气设备连接起来。其中插座是一条支路，荧光灯是另一条支路，控制开关应与荧光灯相连。

(8)执行“打断”命令，将与电气设备交叉的连接导线，以及相互交叉的连接导线打断，从而区分不同支路。效果如图 5-40 所示。

【任务拓展】

CAD 图形插入 Office 文件

Office 系列软件是工程中最常用的文字处理软件，有时在其中要插入图形。一般要求

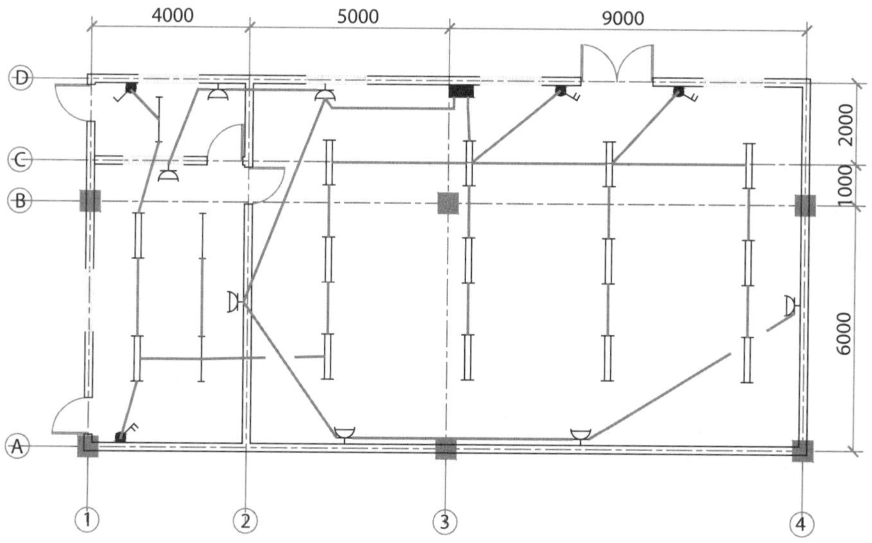

图 5 - 40　连接导线示例

该图形为白底色（与纸的颜色一致），而 AutoCAD 在绘图过程中多用黑底色。需要先修改再插入图形。

在菜单栏中选择“工具”→“选项”，在“显示”选项卡中点击“窗口元素”选项组中的“颜色”按钮，在对应选项卡中将“二维模型空间”的背景颜色改为“白”，则 AutoCAD 背景显示为白色。如图 5 - 41 所示。然后用键盘上的截屏键（Print Screen）截屏或在使用 QQ 的时候点击“Ctrl＋Alt＋A”截屏，然后将图片复制到 Word 文件中即可，如图 5 - 42 所示。

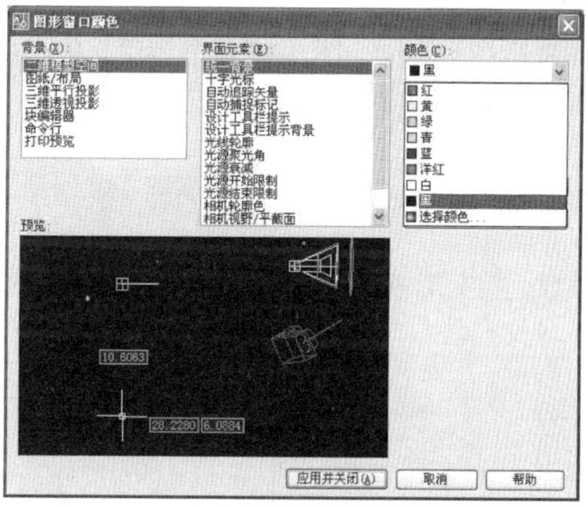

图 5 - 41　修改图形窗口颜色

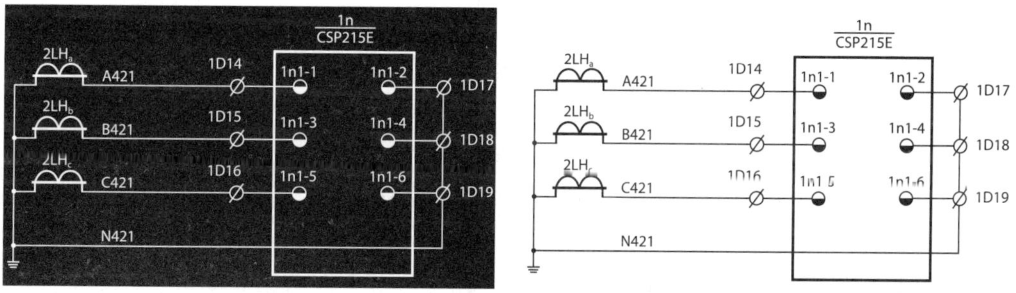

图 5 - 42　图形窗口颜色对比

任务 5.3　作图技能训练(三)

【任务目标】

- 强化 AutoCAD 作图命令的操作。
- 能绘制较复杂图形。

【任务实施】

1. 绘制复杂图形训练(一)

(1)图层设置:建立绘图区域,根据图 5－43 所示的图形大小,设置绘图区域为“150mm×150mm”幅面,图形必须绘制在设置的绘图区域内。分别以“轮廓线”和“中心线”为名称建立两个图层,其中“轮廓线”图层的线型为“Continuous”,颜色为“白色”;“中心线”图层的线型为“CENTER2”,颜色为“红色”。其余参数采用默认值。

(2)图形绘制:根据如图 5－43 所示的结构尺寸在相应的图层上进行图层的绘制。

(3)图形属性:将图中的外轮廓线设置为线宽“0.5mm”的多段线,要求轮廓线连接平滑。中心线超出外轮廓线“10mm”。

(4)绘图比例:绘图比例设置为“1∶1”(不标注尺寸和图中文字)。绘图和编辑方法不限,使用的辅助线在绘图后删除。

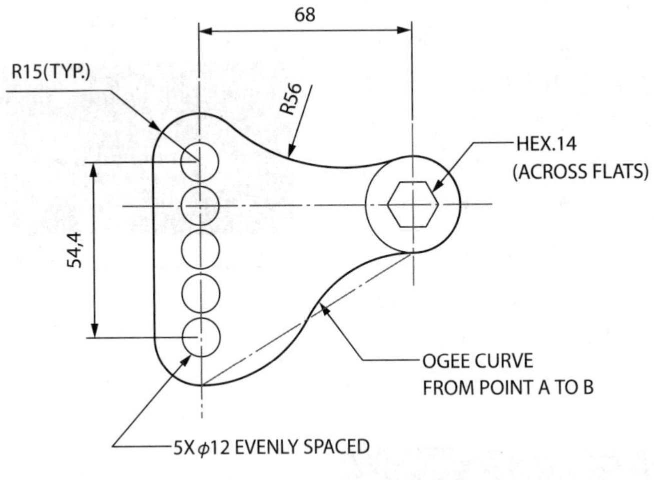

图 5－43　复杂图形训练(一)

绘图参考步骤:

图中参数说明:“R15(TYP.)”表示未标注的圆或圆弧的半径尺寸均为 15mm;“HEX.14(ACROSS FLATS)”表示对边距离为 14mm 的六角形;“5×Φ12 EVENLY SPACED”表示 5 个直径为 12mm 的圆,圆心均分所在直线;“OGEE CURVE FROM POINT A TO B”表示从 A 点至 B 点的双曲线。

(1)执行“图形界限”命令,左下角“0,0”,右上角“150,150”。

(2)执行“图层”命令,建立“中心线”图层,线型为“CENTER2”,颜色为“红色”。建立“轮廓线”图层，线型为“Continuous”，颜色为“白色”。

(3)将“中心线”图层设置为当前图层。执行直线命令，绘制水平和竖直中心线(可先不确定长度，在最后修改)。

(4)将“轮廓线”图层设置为当前图层。绘制正六边形。

命令:POLYGON↙

输入边的数目<4>:6↙

指定正多边形的中心点或[边(E)]:(鼠标捕捉中心线交点)

输入选项[内接于圆(I)/外切于圆(C)]<C>:C↙(已知对边距离要用相切的形式)

指定圆的半径:7↙

(5)执行“圆”命令，绘制一个直接为“12mm”的圆。然后执行“阵列”命令，以“矩形阵列”的形式，行数“5”，列数“1”，行偏移量“13.6”，阵列该圆。效果如图5-44(a)所示。

(6)执行“移动”命令，以第二个圆的圆心为基点，将5个圆移动到中心线左边交点上。效果如图5-44(b)所示。

(7)执行“圆”命令，分别以第一个和第五个圆的圆心，以及中心线右边交点为圆心，绘制三个半径为“15mm”的圆。

(8)将“中心线”图层设置为当前图层。以半径“15mm”圆的下象限点为起始点绘制倾斜中心线。

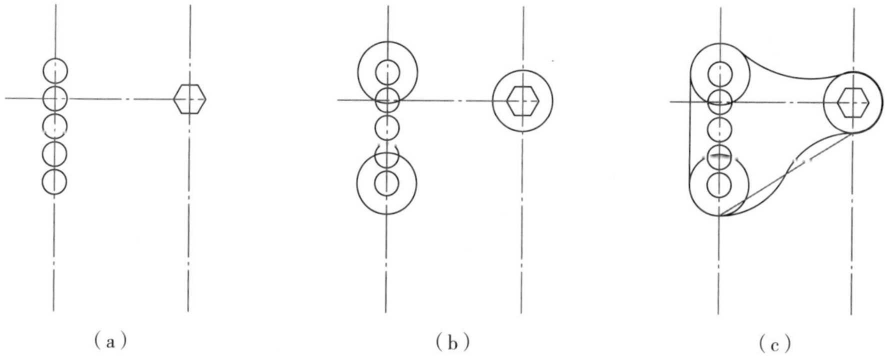

图5-44 绘图参考示例(一)

(9)将“轮廓线”图层设置为当前图层。执行“多段线”命令，绘制双曲线。

命令:PLINE↙

指定起点:(鼠标捕捉点A)

当前线宽为0.0000

指定下一个点或[圆弧(A)/半宽(H)/长度(L)/放弃(U)/宽度(W)]:A

指定圆弧的端点或

[角度(A)/圆心(CE)/方向(D)/半宽(H)/直线(L)/半径(R)/第二个点(S)/放弃(U)/宽度(W)]:D

指定圆弧的起点切向:(鼠标在水平方向右侧点一下)

指定圆弧的端点:(鼠标捕捉直线AB的中点)

指定圆弧的端点或

[角度(A)/圆心(CE)/闭合(CL)/方向(D)/半宽(H)/直线(L)/半径(R)/第二个点(S)/放弃(U)/宽度

(W)]:(鼠标捕捉点 B)

指定圆弧的端点或

[角度(A)/圆心(CE)/闭合(CL)/方向(D)/半宽(H)/直线(L)/半径(R)/第二个点(S)/放弃(U)/宽度(W)]:↙

(10)执行“圆角”命令,绘制半径为“56mm”的公切圆弧。

命令:FILLET↙

当前设置:模式 = 修剪,半径 = 0.0000

选择第一个对象或[放弃(U)/多段线(P)/半径(R)/修剪(T)/多个(M)]:R↙

指定圆角半径<0.0000>:56↙

选择第一个对象或[放弃(U)/多段线(P)/半径(R)/修剪(T)/多个(M)]:

选择第二个对象,或按住 Shift 键选择要应用角点的对象:

(11)执行“直线”命令,绘制圆的竖直公切线。

(12)执行“圆弧”命令,用“起点、圆心、端点”的方法,绘制圆弧。效果如图 5-44(c)所示(图中圆弧以粗线表示)。

(13)执行“修剪”命令,裁剪圆不必要的部分。

(14)执行“多段线编辑”命令,将外轮廓线结合为一个整体,线宽“0.5mm”。

(15)执行“偏移”命令,将外轮廓线向外偏移“10mm”。

(16)执行“修剪”和“延伸”命令,修改中心线。

(17)删除不必要图线。

2. 绘制复杂图形训练(二)

(1)图层设置:建立绘图区域,根据如图 5-45 所示的图形大小,设置绘图区域为“420mm×297mm”幅面,图形必须绘制在设置的绘图区域内。

● 建立名称为“轮廓线”的图层,线型为“Continuous”,其余参数采用默认值。

● 建立名称为“中心线”的图层,颜色为“红色”,线型为“CENTER2”,线宽为“0.05mm”其余参数采用默认值。

(2)图形绘制:根据图 5-45 所示的结构尺寸绘制图形,使用剖面线对图中部分区域进行填充,图案为“ANSI31”,填充比例为“1:2”。

(3)图形属性:将所有轮廓线编辑为线宽“1mm”的多段线,并将轮廓线编辑在“轮廓线”图层上,将中心线编辑在中心线图层上,中心线超出轮廓线“20mm”,显示所绘制图形的“线宽”。

(4)绘图比例:绘图比例设置为“1:1”(不标注尺寸和图中文字)。绘图和编辑方法不限,使用的辅助线在绘图后删除。

3. 绘图参考步骤

绘图选择“正交”模式。

(1)执行“图层”命令,建立“中心线”图层,线型为“CENTER2”,颜色为“红色”,线宽为“0.05mm”。建立“轮廓线”图层,线型为“Continuous”,颜色为“白色”。

(2)执行“直线”命令,绘制一根水平中心线和若干长度为“50mm”的竖直中心线。效果如图 5-46(a)所示。

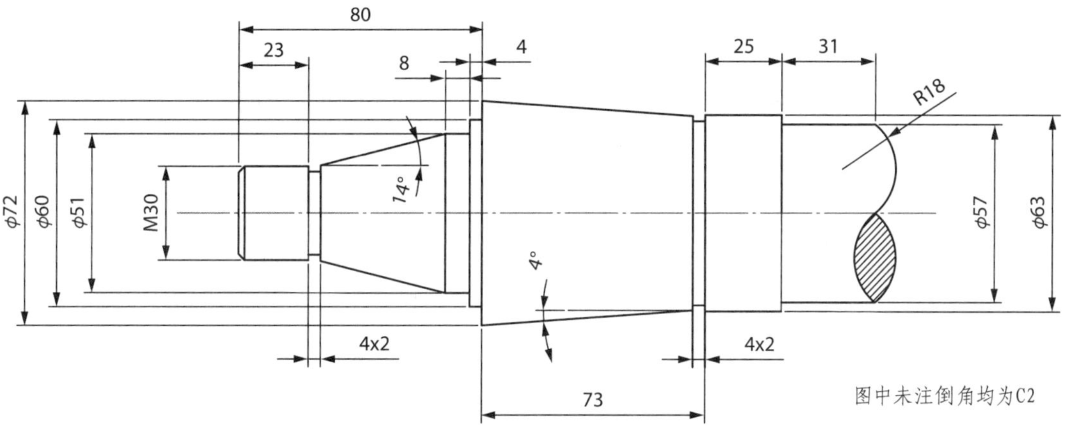

图 5-45 复杂图形训练(二)

(3)执行“多段线”命令,绘制线宽为“1mm”的竖直多段线,多段线长度和位置如图 5-46(b)所示。

(4)执行“多段线”命令,绘制线宽为“1mm”的水平多段线。效果如图 5-46(c)所示。

(5)执行“复制”命令,将水平中心线向上复制“25.5mm”。然后执行“旋转”命令,将其旋转“14°”。效果如图 5-47(a)所示。

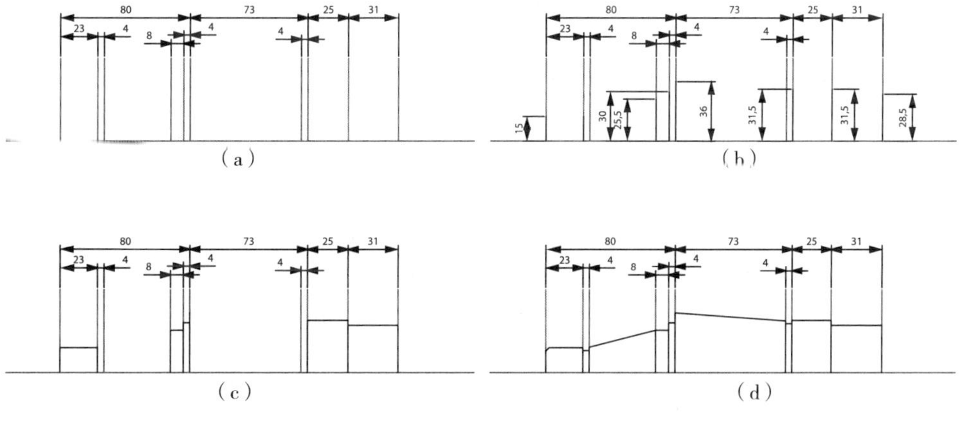

图 5-46 绘图参考示例(二)

(6)执行“多段线”命令,绘制线宽为“1mm”的斜线。效果如图 5-47(b)所示。

(7)执行“多段线”命令,绘制线宽为“1mm”的竖直多段线和水平多段线。在执行“移动”命令,将水平多段线向下移动“2mm”。效果如图 5-47(c)所示。

(8)重复步骤(5)(6)(7),绘制倾斜角度为“4°”的斜线和相应的线条。效果如图 5-46(d)所示。

(9)执行“圆弧”命令,以“起点、端点、半径”的方法,绘制半径为“18mm”的圆弧。然后执行“多段线编辑”命令,将其线宽修改为“1mm”。

(10)执行“镜像”命令。将水平中心线上方图形镜像到下方。重复执行“镜像”命令,将圆弧左右镜像。效果如图 5-47(d)所示。

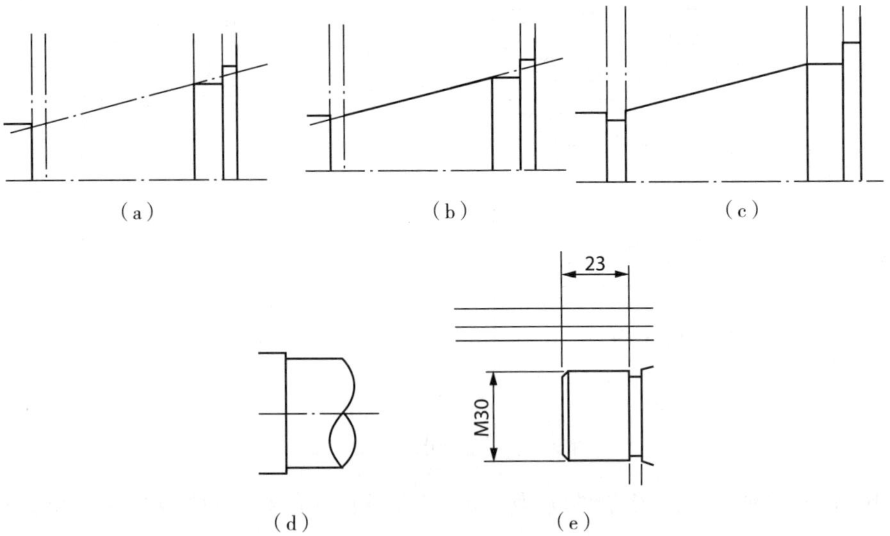

(a)　(b)　(c)　(d)　(e)

图 5-47　细节绘制参考示例

(11)执行“填充”命令。填充圆弧之间部分，图案为“ANSI31”，填充比例为“0.5”。

(12)执行“倒角”命令。分别作出长度为“2mm”的 2 个倒角。然后执行“多段线”命令，连接新出现的端点。效果如图 5-47(e)所示。

命令：CHAMFER↙
(“修剪”模式)当前倒角距离 1 = 0.0000，距离 2 = 0.0000
选择第一条直线或[放弃(U)/多段线(P)/距离(D)/角度(A)/修剪(T)/方式(E)/多个(M)]：D↙
指定第一个倒角距离＜0.0000＞：2↙
指定第二个倒角距离＜0.0000＞：2↙
选择第一条直线或[放弃(U)/多段线(P)/距离(D)/角度(A)/修剪(T)/方式(E)/多个(M)]：
选择第二条直线，或按住 Shift 键选择要应用角点的直线：

(13)执行“偏移”命令。将水平两侧图形向外偏移“20mm”。然后执行“修剪”命令，裁剪水平中心线。

(14)执行“删除”命令。删除不必要的图元。

学习小结

本项目通过某高层建筑室内变电站的高压开关柜和建筑照明平面图，详细介绍了建筑电气工程图的绘制步骤和方法。通过本项目的练习，作图人员应该掌握建筑电气常用符号的绘制的方法，能够熟练设计线路的结构。

职业技能知识点考核

1. 绘制复杂图形(一)

(1)图层设置：建立绘图区域，根据图 5-48 所示的图形大小，设置绘图区域为“50mm×

50mm”幅面,图形必须绘制在设置的绘图区域内。

● 建立名称为“轮廓线”的图层,线型为“Continuous”,其余参数采用默认值。

● 建立名称为“中心线”的图层,颜色为“红色”,线型为“CENTER”,其余参数采用默认值。

(2)图形绘制:根据图 5-48 所示的结构尺寸绘制图形。中心线超出轮廓线“0.5mm”,圆心坐标为(30,20)。

(3)图形属性:将所有外轮廓线编辑为一个整体,是线宽“0.1mm”的多段线,并将轮廓线编辑在“轮廓线”图层上,将中心线编辑在中心线图层上。

(4)绘图比例:绘图比例设置为“1∶1”(不标注尺寸和图中文字)。绘图和编辑方法不限,使用的辅助线在绘图后删除。

(5)保存文件:将完成的图形以“全部缩放”的形式显示,并以“Answer05-01.dwg”为文件名保存在学生文件夹中。

难点提醒:中心线的线型比例应设置为“0.03”。

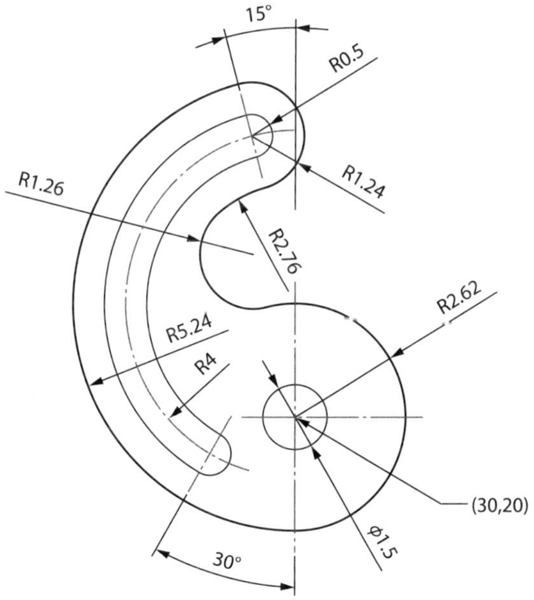

图 5-48　技能知识点绘制

2. 低压配电柜接线图

(1)建立文件夹

在 D 盘根目录下新建一个学生文件夹,文件夹的名称为学生学号。

(2)环境设置

● 运行软件,建立新模板文件,设置绘图区域为“300mm×200mm”幅面。

● 打开“栅格”观察绘图区域。

(3)图形绘制

● 文字注释均采用默认“Standard”样式。

● 文字大小和图形符号尺寸不作要求。完成后效果如图 5-49 所示。

(4)保存文件

将完成的图形以“全部缩放”的形式显示,并以“Answer05-02.dwg”为文件名保存在学生文件夹中。

难点提醒:抽屉式断路器图形符号如图 5-50 所示。

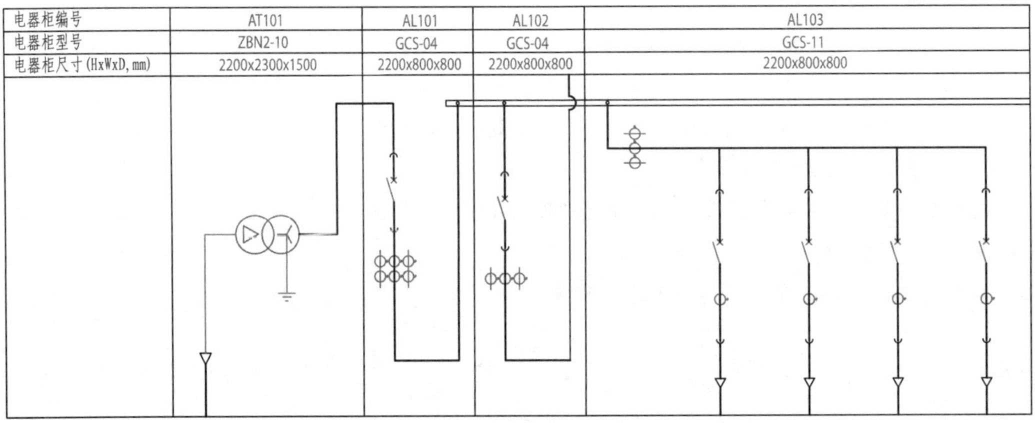

图 5-49 三角形与图

图 5-50 抽屉式断路器绘制示例

3. 楼梯

(1)建立文件夹

在 D 盘根目录下新建一个学生文件夹,文件夹的名称为学生学号。

(2)环境设置

● 运行软件,建立新模板文件,设置绘图区域为竖装 A4 幅面。

● 打开“栅格”观察绘图区域。

(3)图层设置

● 建立名称为“墙线”的图层,线型为“Continuous”,颜色为“白色”,其余参数采用默认值。

● 建立名称为“中心线”的图层,线型为“CENTER2”,颜色为“蓝色”,其余参数采用默认值。

● 建立名称为“轮廓线”的图层,线型为“Continuous”,颜色为“红色”,其余参数采用默认值。

● 建立文字样式“说明”,字体为“仿宋_GB2312”,文字注释均采用该样式。

(4)图形绘制

● 框架绘制:以多线样式,以点(20,20)为左下角和起点,绘制宽度为“10mm”的建筑外墙。该图形位于“墙线”图层。

● 细节绘制:根据图 5-51 所示的尺寸结构绘图,在“轮廓线”图层上画出楼梯的结构形状。台阶间的宽度为“10mm”,中间的扶手栏宽度为“2mm”,画出门的结构;在“中心线”的图层上绘制出墙体的中心线,表示出楼梯的上下方向并用文本标出,文字高度为“15”,文字位于“0”图层上。图中未注明尺寸部分可自行绘制,尺寸不必标注。中心线超出墙线“10mm”。

(5)保存文件

将完成的图形以“全部缩放”的形式显示,并以“Answer05 - 03. dwg”为文件名保存在学生文件夹中。

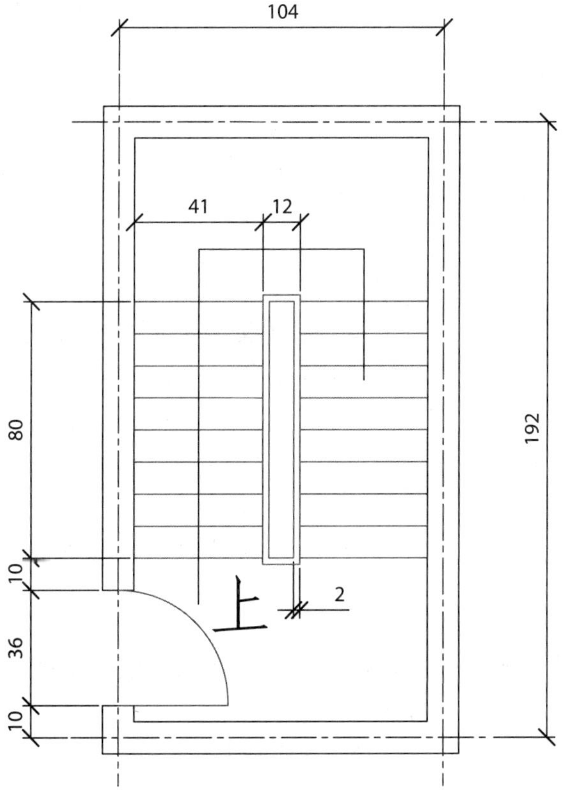

图 5 - 51　圆的外切线

项目6　二次电气原理图

【项目描述】

(1)建立文件夹

在D盘根目录下新建一个学生文件夹，文件夹的名称为学生学号。

(2)环境设置

运行软件，使用默认模板建立新文件。

(3)绘图内容

如图6-1和图6-2所示。(为方便读图，图6-2中文字未按规定样式显示。)

- 正确绘制电气图符。
- 正确绘制二次电气图。
- 建立文字样式“电气设备”，字体为“仿宋_GB2312”，文字高度“4”，宽度比例“1”。文字注释均采用该样式。(为方便读图，图6-2中文字未按规定样式显示。)
- 修改图中部分文字，“学生姓名”为本人姓名，“日期”为作图日期，“＊＊学校＊＊专业”“学生班级”“学生学号”据实填写。图6-1“名称”为“电机正、反转原理图”，“图号”为“Pro6-1”；图6-2无图框。

(4)保存文件

将完成的图形以“全部缩放”的形式显示，电机正、反转原理图以“Pro6-1.dwg”为文件名，双电源供电电机展开图以“Pro6-2.dwg”为文件名，分别保存在学生文件夹中。

【项目实施】

(1)点击桌面“我的电脑”，进入D盘，点击鼠标右键，选择“新建”→“文件夹”，输入学号。

操作参考：《计算机基础》课程教材。

(2)双击桌面Autocad2007软件图标，新建CAD文件。

操作参考：项目1。

(3)绘制图框

操作参考：把项目2绘制图形设置为图块，插入该块，分解后修改文字。

(4)绘制电气图符并生成图块。

操作参考：子任务6.1.1、子任务6.1.2、子任务6.2.1。

(5)绘制电机正、反转原理接线图。

操作参考：子任务6.1.3。

(6)绘制双电源供电电动机展开图。

操作参考：子任务6.2.2。

(7)检查无误后，在命令行输入Z↙ A↙，在菜单栏中选择“文件”→“另存为”，按项目要求操作。

操作参考：项目1。

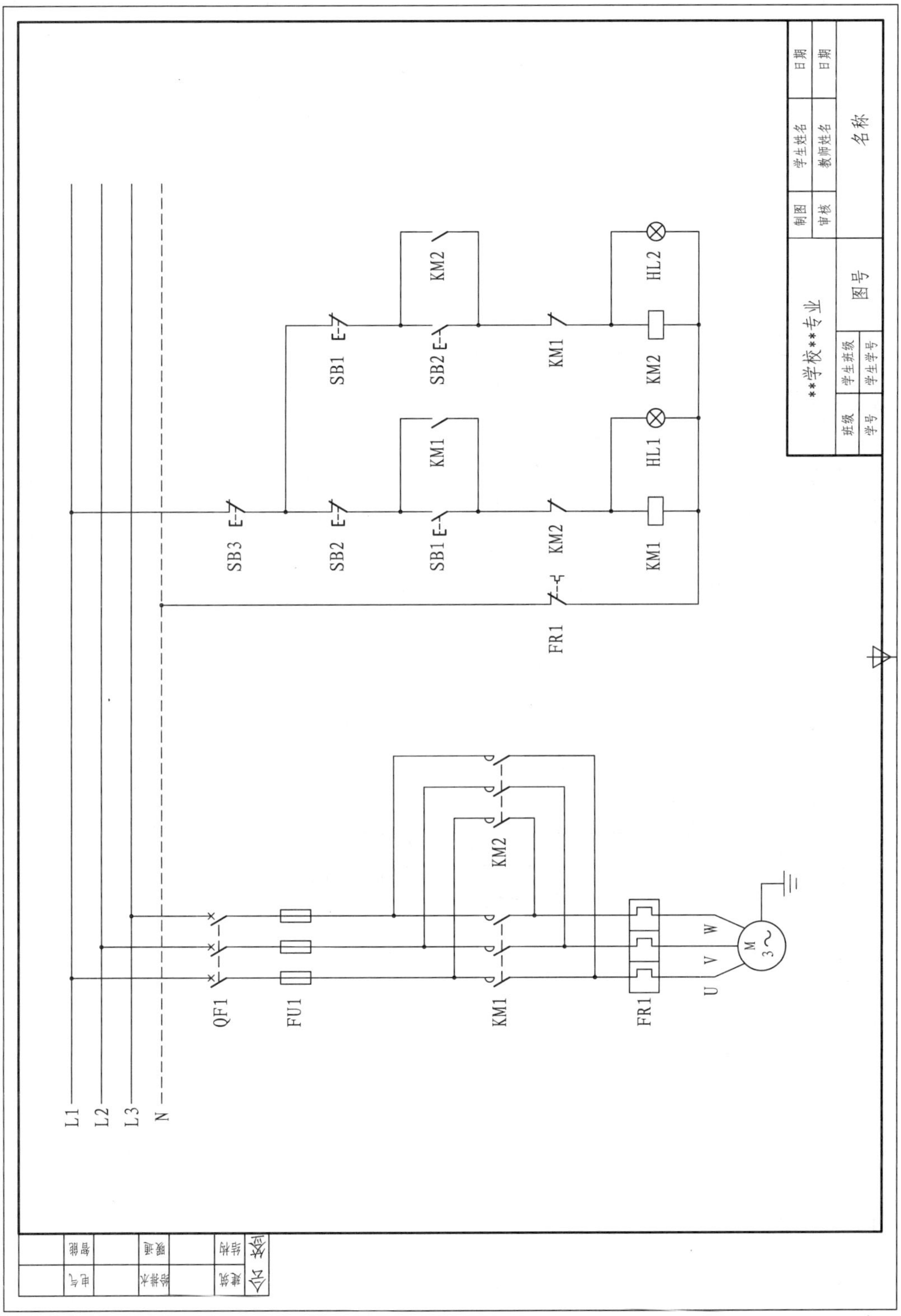

图6-1 电机正、反转控制归总式原理图

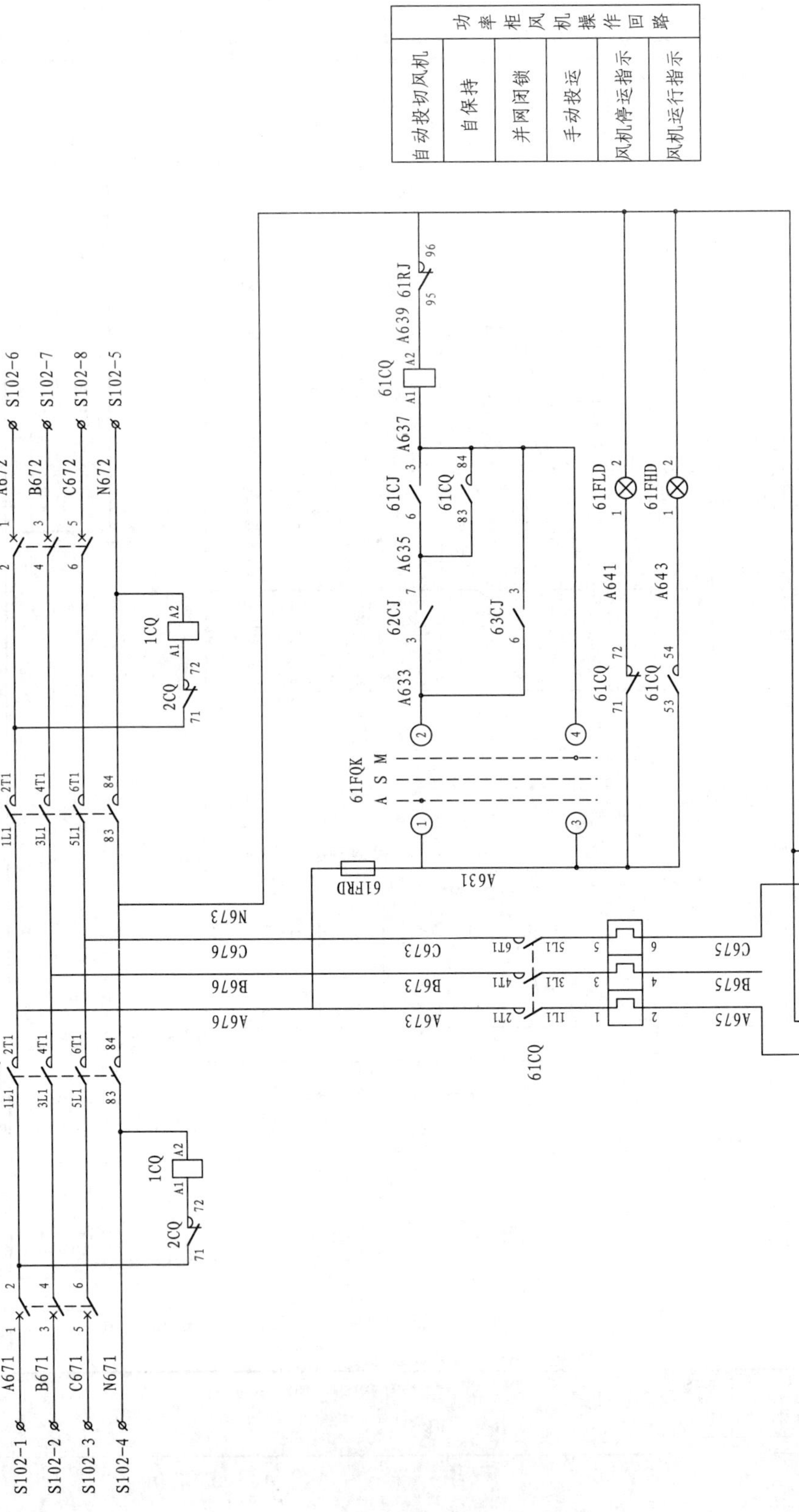

图6-2 双电源供电电动机控制展开式原理图

任务6.1 绘制三相异步电动机正、反转控制原理接线图

电力系统的二次回路是个非常复杂的系统。为了便于设计、制造、安装、调试及运行维护，通常在图纸上使用图形符号及文字符号按一定规则连接，从而对二次回路进行描述。这类图纸我们称之为二次回路接线图。图形符号是其中最重要的组成部分。

子任务6.1.1 绘制一次电气设备图形符号

【任务目标】

- 了解一次回路与二次回路的区别。
- 熟练绘制电动机和热继电器图形符号。

【知识链接】

一次回路与二次回路

在电力系统中，通常根据电气设备的作用将其分为一次设备和二次设备。一次设备是指直接用于生产、输送、分配电能的电气设备，包括发电机、电力变压器、断路器、隔离开关、母线、电力电缆和输电线路等，是构成电力系统的主体；二次设备是用于对电力系统及一次设备的工况进行监察、测量、控制、保护和调节的辅助设备，包括测量仪表、一次设备的控制、运行情况监视信号以及自动化监控系统、继电保护和安全自动装置、通信设备等。

由一次设备相互连接构成发电、输电、配电或进行其他生产的称为一次回路，也称为一次接线、主回路；二次设备之间的相互连接的回路统称为二次回路，也称为二次接线、辅助回路，它是确保电力系统安全生产、经济运行和可靠供电不可缺少的重要组成部分。

二次回路通常包括用以采集一次系统电压、电流信号的交流电压回路、交流电流回路，用以对断路器、隔离开关及电动机等设备进行操作的控制回路，用以对发电机励磁回路、主变压器分接头进行控制的调节回路，用以反映一、二次设备运行状态、异常及故障情况的信号回路，用以供二次设备工作的电源系统等。

【任务实施】

1. 电动机图形符号

电动机的图形符号与发电机的图形符号基本一致，一般通过文字符号加以区别。其图形符号可以在发电机的图形符号基础上修改得到。

前提：已绘制项目3中介绍的发电机图形符号，并且该图形符号已经生成外部块。

(1)执行“插入块”命令，插入发电机图形符号的图块。然后执行“分解”命令，将其分解。效果如图6-3(a)所示。

(2)执行“缩放”命令，将其缩小为“0.4”倍。重复该命令，将表示“交流”的圆弧再缩小为“0.5”倍。效果如图6-3(b)所示。

(3)建立文字样式“注释”，字体为“仿宋_GB2312”，文字高度“4”，宽度比例“1”。

(4)执行“单行文字”命令，分别标注文字“3”和“M”。

(5)执行“移动”命令，将文字和表示“交流”的圆弧放置于合适位置。然后执行“多段线”编

辑命令，将圆形(不是圆，而是两根半圆弧)的宽度编辑为“0.5mm”。效果如图 6-3(c)所示。

(6)执行“创建块”命令，将该图形符号生成图块。

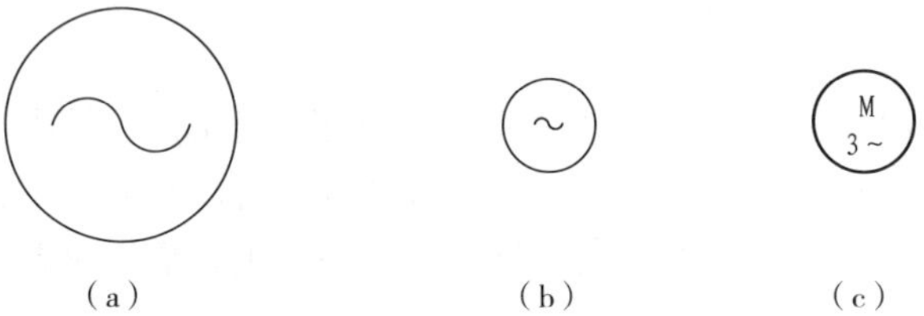

图 6-3　三相交流电动机绘制示例

2. 热继电器图形符号

(1)执行“直线”命令，绘制如图 6-4 所示的直线。

(2)执行“矩形”命令，绘制“15mm×10mm”的矩形。

(3)执行“移动”命令，将直线移动到图示位置。该图形上下对称。

(4)执行“多段线编辑”命令，按图示编辑线宽为“0.5mm”。

(5)执行“创建块”命令，将该图形符号生成图块。

特别提示

电动机一次回路一般都要装设热继电器，它主要用于防止电机过载，与过电流保护的性质不同。

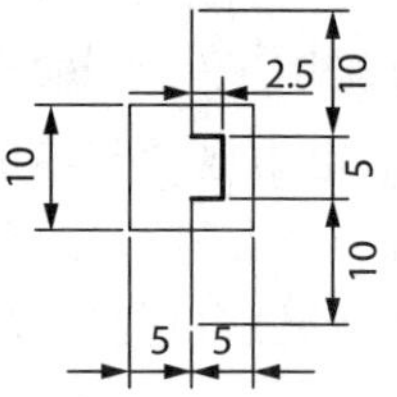

图 6-4　热继电器绘制示例

3. 其他一次电气设备图形符号

一次电气设备图形符号还包括断路器、熔断器、主触点、接地等，其中主触点的图形符号的绘制方法在二次电气设备图形符号中介绍。其他设备的图形符号在项目 3 中已经绘制，这里不再重复。

子任务 6.1.2　绘制二次电气设备图形符号

【任务目标】

● 熟练绘制常用触点图形符号

● 熟练绘制常用按钮开关图形符号。

● 熟练绘制主触点图形符号。

【知识链接】

1. 元器件表示法

某个项目可能由多个符号组合而成，需要确定其表示方法。

(1)集中表示法

表示一个项目的复合符号在一起表示。如图 6-5 所示，继电器项目符号为—K1，其绕组线圈和两个常开触点集中在一起。多用于比较简单的电路。

(2)半集中表示法

元件中，功能上有联系的各部分的符号，在简图中展开布置，采用虚线表示的连接符号将功能上有联系的各部分的符号连接起来，清晰地表示电路布局。常用于表示具有机械功能联系的元件。如图 6－6 所示。

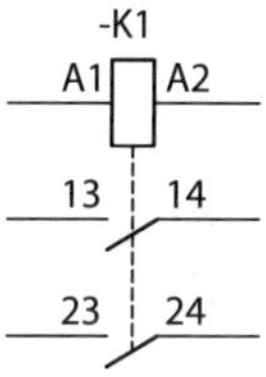

图 6－5　元器件集中表示法

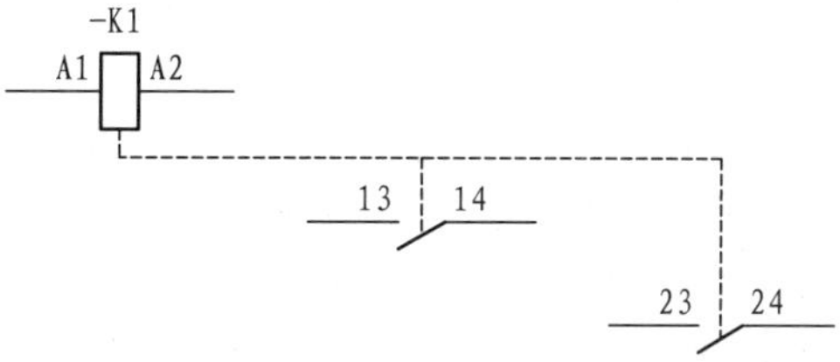

图 6－6　元器件半集中表示法

(3)分开表示法

元件中，功能上有联系的各部分的符号分散于图上，如图 6－7 所示。各部分采用元件的同一个参照代号表示为同一元件。

(4)分立表示法

元件中，具有独立功能的各组成部分之间，如不存在功能性连接或联系，则这些组成部分的符号可以分开示于图上。如图 6－8 所示。

以上各种表示法可以相互组合使用。

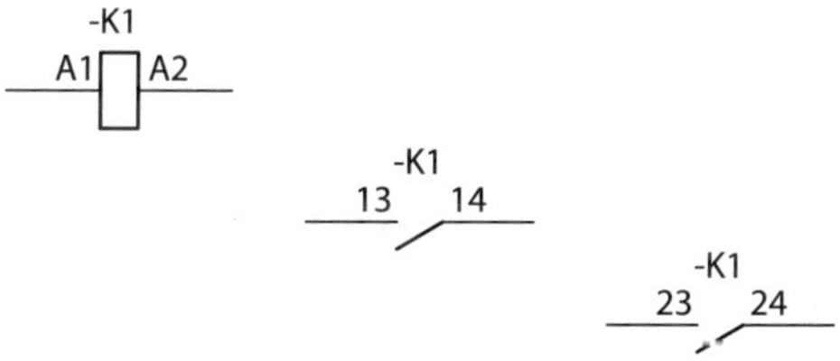

图 6－7　元器件分开表示法

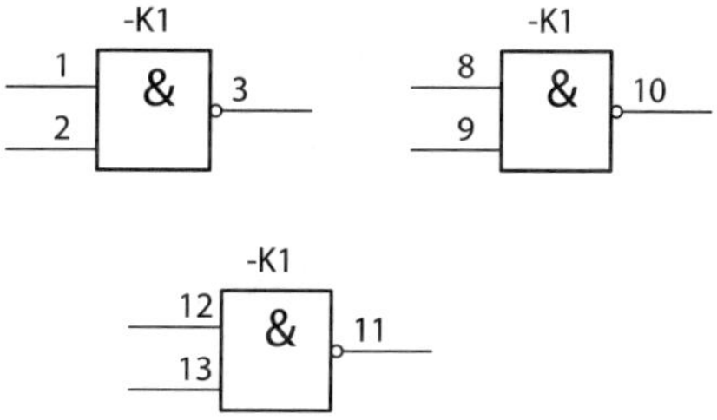

图 6－8　元器件分立表示法

2. 触点图形符号的取向

单独的触点图形符号没有方向要求，但是复杂二次回路图中触点数目非常多，为了方便技术人员读图，国标对于触点图形符号在图纸中的取向做出规定：当元件受激时，水平连接线的触点动作向上，垂直连接线的触点动作向右。如图 6－9(b)所示。

(a) 错误的触点取向　　(b) 正确的触点取向

图 6－9　触点取向

【任务实施】

1. 触点图形符号

接触器(继电器)的触点，是指处于常开或常闭状态的接触机构。基本触点的图形符号可以在隔离开关的图形符号基础上修改得到。有附加功能触点的图形符号可以在基本触点的图形符号基础上绘制得到。

前提：已绘制项目 3 中介绍的隔离开关图形符号，并且该图形符号已经生成外部块。

(1)执行“插入块”命令，插入隔离开关图形符号的图块。然后执行“分解”命令，将其分解。

(2)执行“删除”命令,将水平线删去,效果如图 6-10(a)所示。该图形符号表示“常开触点(动合触点)”。

(3)执行“复制”命令,复制常开触点图形符号。然后执行“镜像”命令,将其左右镜像。

(4)执行“直线”命令,以竖直直线的下端点为起点,绘制长度为“4mm”的水平直线。然后执行“拉伸”命令,将斜线以其倾斜方向,向右上拉伸“1mm”。效果如图 6-10(b)所示。该图形符号表示“常闭触点(动断触点)”。

(5)执行“复制”命令,复制常闭触点图形符号。

(6)执行“直线”命令,以斜线中点为起点,向右绘制长度为“6mm”的水平直线。然后执行“对象特性”命令,将其线型设置为“DASHED2”,线型比例为“0.5”。

(7)执行“多段线”命令,绘制线宽为“0.5mm”的多段线,长度均为“1.5mm”。然后执行“移动”命令,将其移动到合适位置。效果如图 6-10(c)所示。该图形符号表示“热继电器的常闭触点”。

(8)执行“创建块”命令,将各个图形符号分别生成图块。

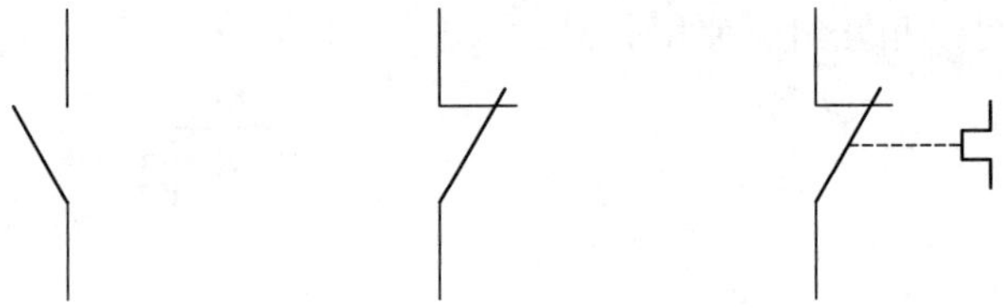

(a)常开触点　　(b)常闭触点　　(c)热继电器常闭触点

图 6-10　触点绘制示例

2. 按钮开关图形符号

按钮是一种常用的控制电器元件,常用来接通或断开“控制电路”(其中电流很小),从而达到控制电动机或其他电气设备运行目的的一种开关。一个按钮中会有多个触点。按钮开关的图形符号是按钮与触点图形符号的组合。可以在触点图形符号的基础上绘制。

(1)执行“插入块”命令,插入常开触点图形符号的图块。然后执行“分解”命令,将其分解。

(2)执行“直线”命令,以斜线中点为起点,向左绘制长度为“6mm”的水平直线。然后执行“对象特性”命令,将其线型设置为“DASHED2”,线型比例为“0.5”。

(3)执行“多段线”命令,绘制线宽为“0.5mm”的多段线,水平线长度均为“1.5mm”,竖直线长度为“4mm”。

(4)执行“移动”命令,以竖直线的中点为基点,将多段线移动到虚线的左端点。效果如图 6-11(a)所示。该图形符号表示“常开型按钮开关”。

(5)执行“插入块”命令,插入常闭触点图形符号的图块。然后执行“分解”命令,将其分解。

(6)执行“复制”命令,将绘制的多段线和虚线复制到合适位置。效果如图 6-11(b)所示。该图形符号表示“常闭型按钮开关”。

(7)执行“创建块”命令，将各个图形符号分别生成图块。

（a）常开型按钮开关　　（b）常闭型按钮开关

图 6－11　按钮开关图形符号绘制示例

3. 主触点图形符号

以上触点均适用于二次回路，触点能承受的电流较小。在一次回路中，触点要开断较大电流，需要带有一定的灭弧能力，这种触点称为主触点。主触点分为常开型和常闭型。

(1)执行“插入块”命令，插入常开触点图形符号的图块。然后执行“分解”命令，将其分解。

(2)执行“圆弧”命令，用“起点、端点、半径”的方式绘制圆弧。

```
命令:_arc 指定圆弧的起点或[圆心(C)]:(鼠标捕捉直线下端点)
指定圆弧的第二个点或[圆心(C)/端点(E)]:_e(软件自动生成)
指定圆弧的端点:@0,3↙
指定圆弧的圆心或[角度(A)/方向(D)/半径(R)]:_r 指定圆弧的半径:1.5↙
```

(3)执行“镜像”命令，将圆弧左右镜像。然后执行“多段线编辑”命令，将其宽度编辑为“0.5mm”。效果如图 6－12(a)所示，该图形符号表示常开型主触点。

(4)执行“插入块”命令，插入常闭触点图形符号的图块。然后执行“分解”命令，将其分解，重复(2)和(3)。效果如图 6－12(b)所示，该图形符号表示常闭型主触点。

（a）常开型主触点　　（b）常闭型主触点

图 6－12　主触点图形符号绘制示例

4. 其他二次电气设备图形符号

二次电气设备图形符号还包括灯和继电器驱动线圈。灯的图形符号在项目 5 中已经绘制。(继电器驱动线圈绘制方法很简单，这里不单独说明。)

子任务 6.1.3　绘制电机正、反转原理接线图

【任务目标】

- 掌握二次回路图纸分类。
- 掌握绘制归总式电气原理图的一般原则。

● 了解读图规则。

● 掌握电气原理图的绘图技巧。

【知识链接】

1. 二次回路图纸的分类

按图纸的作用，二次回路的图纸可分为原理图和安装图。原理图是体现二次回路工作原理的图纸，按其表现的形式又可分为归总式原理图及展开式原理图。安装图按其作用又分为屏面布置图及安装接线图。

归总式原理接线图简称原理图。原理图中元件以整体的形式表示，例如继电器线圈和触点画在一起。这样看起来比较直观，便于形成清晰的概念，叙述动作原理易于掌握。这种接线的缺点是，如果元件较多时，接线互相交叉显得零乱，而且元件端子及连线均无标号，使用就不方便，因此原理图多见于教科书，工程图纸不用这种画法。

展开式原理接线图简称展开图。展开图中二次设备的交流和直流回路、电流和电压回路、继电器等电器的线圈和触点，按动作先后顺序和工作原理，分别画在所属电路中，同样表明继电保护、信号系统和操作控制等系统的接线和动作原理。一般在图的右侧，会有文字说明回路的作用，可以进一步帮助了解回路的动作过程。虽然初学者对展开式原理接线图需要有一个熟悉过程，但这种图条理清晰，接线清楚，便于在施工和运行中使用。因此，工程图纸中几乎都用这种画法。

屏面布置图是加工制造屏柜和安装屏柜上设备的依据。上面每个元件的排列、布置，是根据运行操作的合理性，并考虑维护运行和施工的方便来确定的，因此应按一定的比例绘制并标注尺寸。见附图 7。

安装接线图是以屏面布置图为基础，以原理图为依据而绘制成的接线图。它标明了屏柜上各个元件的代表符号、顺序号，以及每个元件引出端子之间的连接情况，它是一种指导屏柜上配线工作的图纸。为了配线方便，在安装接线图中对各元件和端子排都采用相对标号法进行标号，用以说明这些元件间的相互连接关系。见附图 8。

2. 绘制归总式电气原理图的一般原则

(1)绘制主电路

一次电路是电气控制线路中大电流通过的部分，包括从电源到电机之间相连的电器元件；一般由组合开关、主熔断器、接触器主触点、热继电器的热元件和电动机等组成。绘制一次电路时，应依规定的电气图形符号用粗实线画出需要控制、保护等用电设备，并依次标明相关的文字符号。

(2)绘制二次电路

二次电路是控制线路中除主电路以外的电路，其流过的电流比较小。二次电路包括控制电路、照明电路、信号电路和保护电路。其中控制电路是由按钮、接触器和继电器的线圈及辅助触点、热继电器触点、保护电器触点等组成。无论简单或复杂的控制电路，一般均是由各种典型电路(如延时电路、联锁电路、顺控电路等)组合而成，用以控制主电路中受控设备的“起动”“运行”“停止”使主电路中的设备按设计工艺的要求正常工作。对于简单的控制电路，只要依据主电路要实现的功能，结合生产工艺要求及设备动作的先、后顺序依次分析，仔细绘制。对于复杂的控制电路，要按各部分所完成的功能，分割成若干个局部控制电路，然后与典型电路相对照，找出相同之处，本着先简后繁、先易后难的原则逐个画出每个局部环节，再找到各环节的相互关系。

3. 读图规则

识读电气控制电路图一般方法是先看一次电路，再看二次电路，并用二次电路的回路去研究一次电路的控制程序。

(1)识读一次电路的步骤

① 看清一次电路中用电设备。用电设备指消耗电能的用电器具或电气设备，看图首先要看清楚有几个用电器，它们的类别、用途、接线方式及一些不同要求等。

② 要弄清楚用电设备是用什么电器元件控制的。控制电气设备的方法很多，有的直接用开关控制，有的用各种启动器控制，有的用接触器控制。

③ 了解一次电路中所用的控制电器及保护电器。前者是指除常规接触器以外的其他控制元件，如电源开关(转换开关及空气断路器)、万能转换开关。后者是指短路保护器件及过载保护器件，如空气断路器中电磁脱扣器及热过载脱扣器的规格、熔断器、热继电器及过电流继电器等元件的用途及规格。一般来说，对一次电路作如上内容的分析以后，即可分析二次电路。

④ 看电源。要了解电源电压等级，是380V还是220V，是从母线汇流排供电还是配电屏供电，还是从发电机组接出来的。

(2)识读二次电路的步骤

这里以控制回路为例加以说明。

分析控制电路。根据主电路中各电动机和执行电器的控制要求，逐一找出控制电路中的其他控制环节，将控制线路"化整为零"，按功能不同划分成若干个局部控制线路来进行分析。如果控制线路较复杂，则可先排除照明、显示等与控制关系不密切的电路，以便集中精力进行分析。

① 看电源。首先，看清电源的种类，是交流还是直流。其次，要看清二次电路的电源是从什么地方接来的，及其电压等级。电源一般是从主电路的两条相线上接来，其电压为380V。也有从主电路的一条相线和一零线上接来，电压为单相220V；此外，也可以从专用隔离电源变压器接来，电压有140、127、36、6.3V等。辅助电路为直流时，直流电源可从整流器、发电机组或放大器上接来，其电压一般为24、12、6、4.5、3V等。辅助电路中的一切电器元件的线圈额定电压必须与辅助电路电源电压一致。否则，电压低时电路元件不动作；电压高时，则会把电器元件线圈烧坏。交直流回路共存时，因为交流回路较简单，所以一般"看完交流，看直流"，先看二次接线图的交流回路，以及电气量变化的特点，再由交流量的"因"查找出直流回路的"果"。

② 了解控制电路中所采用的各种继电器、接触器的用途，如采用了一些特殊结构的继电器，还应了解他们的动作原理。

③ 根据二次电路来研究一次电路的动作情况。结合一次电路中的要求，可以分析二次电路的动作过程。

控制电路总是按动作顺序画在两条水平电源线或两条垂直电源线之间的。因此，可从左到右或从上到下来进行分析。对复杂的二次电路，在电路中整个二次电路构成一条大回路，在这条大回路中又分成几条独立的小回路，每条小回路控制一个用电器或一个动作。当某条小回路形成闭合回路有电流流过时，在回路中的电器元件(接触器或继电器)则动作，把用电设备接入或切除电源。在二次电路中一般是靠按钮或转换开关把电路接通的。对于控制电路的分析必须随时结合一次电路的动作要求来进行，只有全面了解一次电路对控制电路的要求以后，才能真正掌握控制电路的动作原理，不可孤立地看待各部分的动作原理，而应注意各个动作之间是否有互相制约的关系，如电动机正、反转之间应设有联锁等。

④ 研究电器元件之间的相互关系。电路中的一切电器元件都不是孤立存在的而是相互联系、相互制约的。这种互相控制的关系有时表现在一条回路中，有时表现在几条回路中。“线圈对应查触头，触头连成一条线”。找出继电器的线圈后，再找出与其相应的触头所在的回路，一般由触头再连成另一回路；此回路中又可能串接有其它的继电器线圈，由其它继电器的线圈又引起它的触头接通另一回路，直至完成二次回路预先设置的逻辑功能。

⑤ 研究其他电气设备和电器元件。如整流设备、照明灯等，“上下左右顺序看，屏外设备接着连”。主要针对展开图、端子排图及屏后设备安装图。原则上由上向下、由左向右看，同时结合屏外的设备一起看。

【任务实施】

1. 绘制一次回路

(1)执行“图层”命令，建立“辅助线”图层，颜色为“绿色”，线型为“DASHED2”，其余参数采用默认值。并将其设置为当前图层。

(2)执行“直线”命令，绘制水平和竖直辅助线。效果如图 6-13 所示。

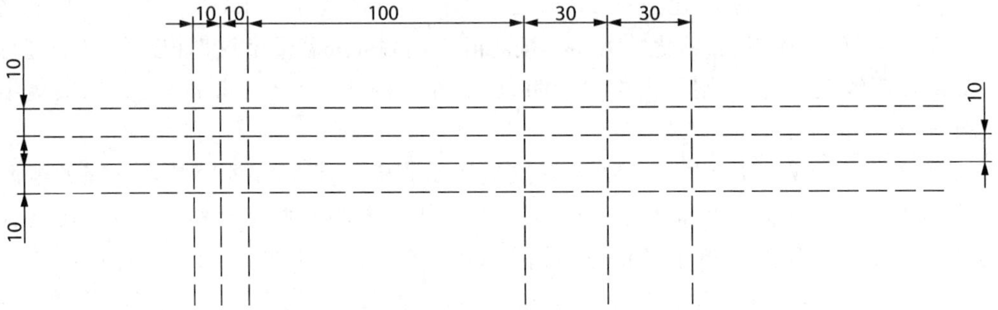

图 6-13　电机正、反转电路辅助线绘制示例

(3)执行“图层”命令，建立“电气”图层，颜色为“白色”，线型为“Continuous”，其余参数采用默认值。并将其设置为当前图层。

(4)执行“插入块”命令，将需要的一次电气设备图形符号的图块插入到本图纸。然后执行“缩放”命令，将其缩小到合适大小。

(5)执行“矩形”命令，绘制“4mm×10mm”的矩形，线宽为“0.5mm”。

(6)执行“移动”和“复制”命令，将图块和矩形放置于合适位置。隐藏辅助线后的图形效果如图 6-14(a)所示。

(7)执行“直线”命令，绘制 A、B、C、N 进线，将各个电气设备连接起来。然后将 N 线和机械连锁的直线修改线型为“DASHED2”。

(8)执行“圆环”命令，绘制内径为“0mm”，外径为“2mm”的圆环，然后执行“复制”命令，将其放置于各条线路的交点处。隐藏辅助线后的图形效果如图 6-14(b)所示。(也可以不绘制圆点，对于读图要求更高。)

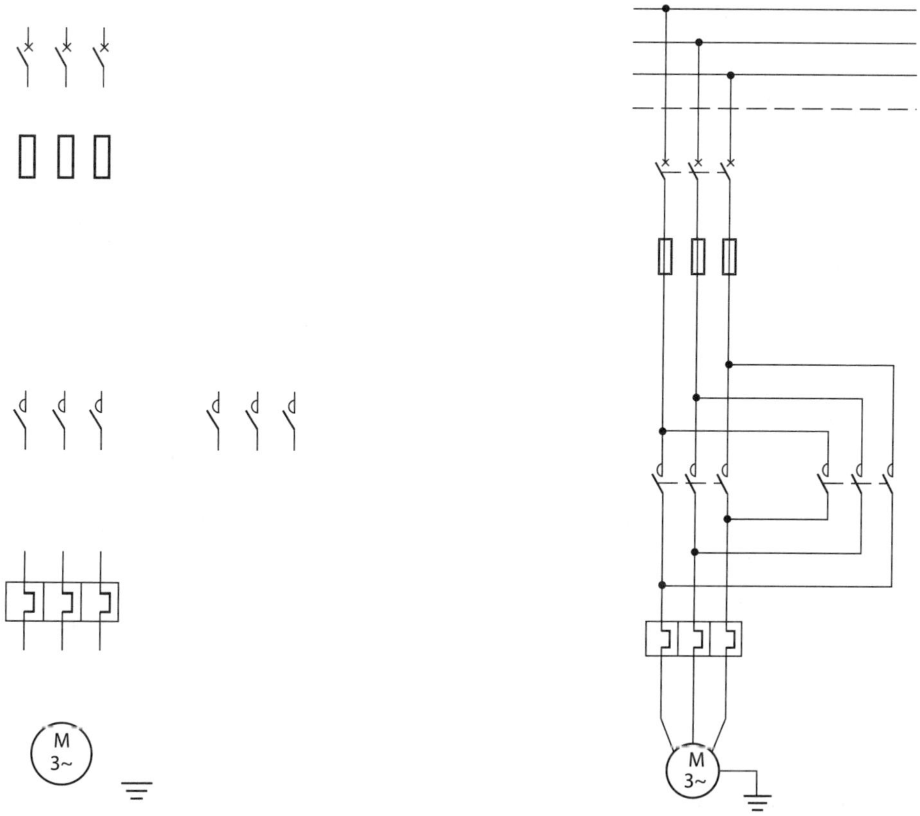

(a)隐藏辅助线的一次设备　　(b)隐藏辅助线的一次回路

图 6-14　一次回路绘制示例

2. 绘制二次回路

(1)执行“插入块”命令，将需要的二次电气设备图形符号的图块插入到本图纸。然后执行“缩放”命令，将其缩小到合适大小。

(2)执行“矩形”命令，绘制“9mm×5mm”的矩形，线宽为“0.5mm”。

(3)执行“移动”和“复制”命令，将图块和矩形放置于合适位置。隐藏辅助线后的图形效果如图 6-15(a)所示。

(4)执行“直线”命令，将各个电气设备连接起来。

(5)执行“复制”命令，将控制回路向右复制“60mm”。隐藏辅助线后的图形效果如图 6-15(b)所示。

(6)执行“复制”命令，将之前绘制的圆环放置于各条线路的交点处。

3. 完成绘图

(1)建立文字样式“电气设备”，字体为“仿宋_GB2312”，文字高度“4”，宽度比例“1”。文

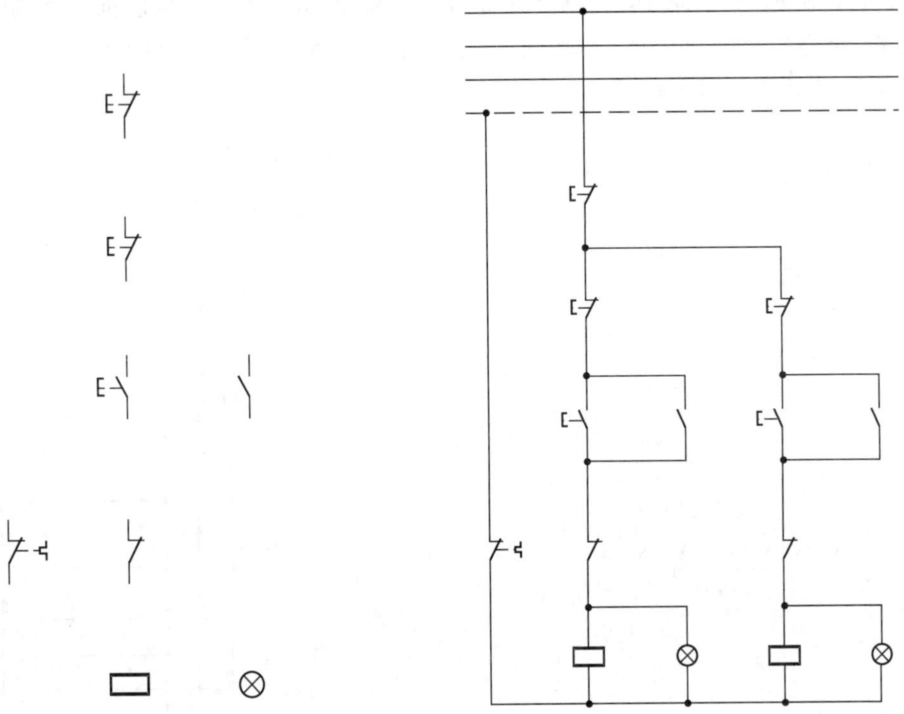

(a) 隐藏辅助线的部分二次设备　　(b) 隐藏辅助线的二次回路

图 6-15　二次回路绘制示例

字注释均采用该样式。

(2)执行“单行文字”命令,按如图 6-1 所示的内容进行文字标注。

(3)关闭“辅助线”图层。

【任务拓展】

1. 识读电机正、反转控制原理图

通常按钮 SB1、SB2 为自复位按钮,按钮 SB3 为自锁按钮。

(1)正向启动

合上空气开关 QF1,按下启动按钮 SB1,正向接触器 KM1 线圈得电吸合,KM1 的主触点和自锁辅助触点闭合,三相电源 L1、L2、L3 按 U—V—W 相序接入电动机,电动机正向启动并开始运行,HL1 指示灯亮。同时与接触器 KM2 线圈串联的 KM1 和 SB2 的常闭辅助触点断开,防止接触器 KM2 线圈同时得电。按钮 SB1 并联的 KM1 常开触点闭合,即使松开 SB1,KM1 线圈保持有电状态,保证电动机持续运行。

(2)停止

按下停止按钮 SB3,接触器 KM1 线圈失电,KM1 的主触点、辅助触点复位,HL1 指示灯灭,电动机停止运行。

(3)反向启动

按下启动按钮 SB2,反向接触器 KM2 线圈得电吸合,KM2 的主触点和自锁辅助触点闭合,三相电源 L1、L2、L3 按 W—V—U 相序接入电动机,电动机反向启动并开始运行,HL2

指示灯亮。同时与接触器 KM1 线圈串联的 KM1 和 SB2 的常闭辅助触点断开，防止接触器 KM1 线圈同时得电。按钮 SB2 并联的 KM2 常开触点闭合，即使松开 SB2，KM2 线圈保持有电状态，保证电动机持续运行。

(4)过载保护

因某种原因，发电机一次回路中电流过大(超过额定电流)，线路开始剧烈发热，热继电器 FR1 动作，常闭触点断开，控制回路继电器全部失电，指示灯灭，继电器 KM1(或 KM2)主触点复归，电动机停止运行。

特别提示

接触器(继电器)辅助触点相互制约的关系称为“互锁”。接触器(继电器)通过自身的常开触点使线圈总是处于得电状态的现象称为“自锁”。

2. 围框

在简图中，在功能或结构上属于同一项目的，可用细点画线有规则的封闭围成围框。围框应该有规则的形状，并且围框线不应与任何元件符号相交，必要时，为了图面清楚，也可以采用不规则的围框形状。围框不是图纸中必须存在的符号，对于较为复杂的图样，有围框有助于理解原理。

如图 6-16 所示，围框内有两个接触器 K1 和 K2，每个接触器分别有两对触点，用一个围框表示这两个接触器的作用关系会更加清楚，且具有互锁功能。围框的作用在这里就很明显。

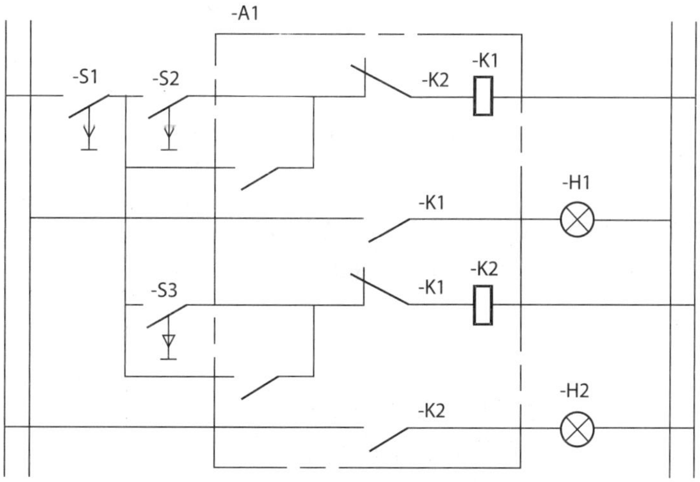

图 6-16　围框示例

任务 6.2　绘制双电源供电电动机控制展开接线图

单电源供电的电动机，一旦电源发生故障，电动机将停止运行。在重要场合，电动机需要不间断运行，此时应用双电源向电动机供电。本任务绘制励磁功率柜内双电源供电的风扇展开式原理图。

子任务 6.2.1　绘制电气图形符号

【任务目标】

- 熟练绘制端子图形符号。
- 熟练绘制转换开关图形符号。

【任务实施】

1. 端子图形符号

端子多指接线终端，又叫接线端子。其作用主要是传递电信号或导电用。端子接线图一律采用细线条绘制。

（1）执行"直线"命令，绘制长度为"4mm"的水平直线。

（2）执行"圆"命令，以水平直线的中点为圆心，绘制半径为"1mm"的圆。效果如图 6-17(a)所示。

（3）执行"旋转"命令，以水平直线的中点为基点，将直线旋转 45°。效果如图 6-17(b)所示。

（4）执行"创建块"命令，将端子图形符号生成图块。

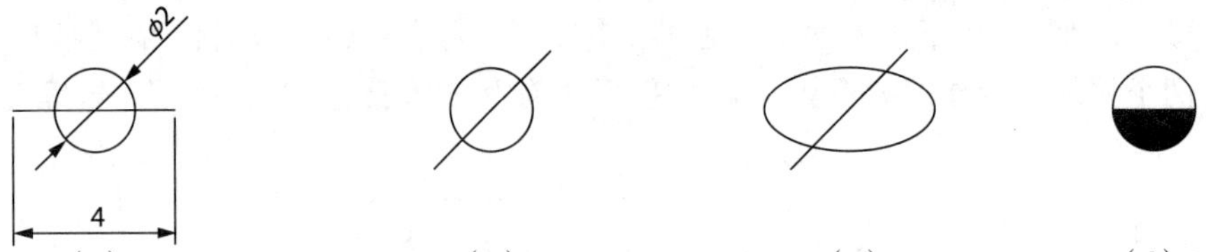

图 6-17　端子图形符号绘制示例

特别提示

容易引起混淆时，可以采用多种方法识别设备接线端子和特定导线线端。图 6-17(c)和(d)是端子的另外两种图形符号(非国标)。

2. 转换开关图形符号

转换开关是一种可供两路或两路以上电源或负载转换用的开关电器。它由多节触头组合而成，在电气设备中，多用于非频繁地接通和分断电路，接通电源和负载，测量三相电压以及控制小容量异步电动机的正反转和星一三角起动等。

（1）执行"直线"命令，绘制三根长度为"60mm"的竖直直线，直线间距"6mm"。然后将直线的线型修改为"DASHED2"。

（2）执行"圆"命令，绘制 4 个半径为"3mm"的圆，圆之间的距离如图 6-18 所示。

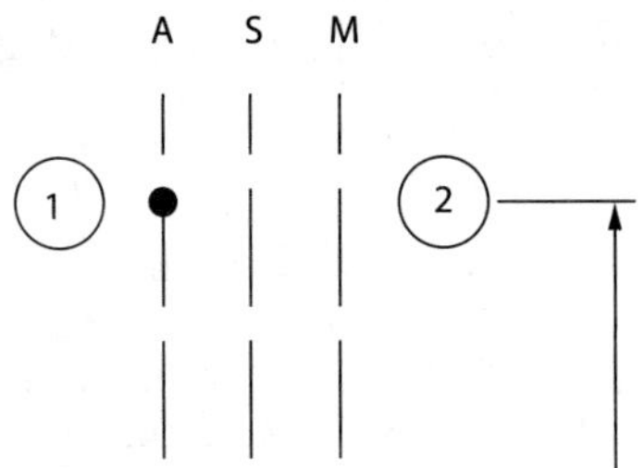

图 6-18　转换开关图形符号绘制示例

（3）执行"单行文字"命令，进行文字标注，字体为

“仿宋_GB2312”，文字高度“3”，宽度比例“0.8”，采用“正中”对正形式。

(4)执行“圆环”命令，绘制内径为“0mm”，外径为“2mm”的圆环，然后执行“复制”命令，将其放置于图 6-18 所示位置。

本图形符号不必生成图块。当转换开关的旋转把手指向“A”，触点 1-2 接通；当旋转把手指向“M”，触点 3-4 接通；当旋转把手指向“S”，无触点接通，此时处于“空位”。

子任务 6.2.2 绘制双电源供电电动机展开图

【任务目标】

- 掌握绘制展开式电气原理图的一般原则。
- 掌握电气展开图的绘图技巧。

【知识链接】

1. 绘制展开式电气原理图的一般原则

(1)主回路采用粗实线，控制回路采用细实线绘制。

(2)主回路垂直布置在图的左方或上方，控制回路水平线布置在图的右方或下方。

(3)控制回路采用水平线绘制，并且尽量减少交叉，尽可能按照动作的顺序排列，这样便于阅读。

(4)全部电器触点是在开关不动作时的位置绘制。

(5)同一电气设备元件的不同位置，线圈和触点均采用同一文字符号说明。

(6)每一接线回路的右侧一般应有简单文字说明，并分别说明各个电气设备元件的作用。

(7)在变配电站的高压侧，控制回路采用直流操作或交流操作电源，一般采用小母线供电方式，并采用固定的文字符号区分各个小母线的种类和用途。

(8)为了安装接线及维护检修方便，在展开式原理图中，将每一回路及电气设备元件之间的连接相应标号，并按用途分组。

2. 二次回路标号

(1)标号的作用

二次设备数量多，相互之间连接复杂。要将这些二次设备连接起来就需要数量庞大的二次连线或二次电缆。按二次连接线的性质、用途和走向为每一根线按一定规律分配一个唯一的标号，就可以把纷繁复杂的二次线一一区分开来。

按线的性质、用途来进行标号称为回路标号法，按线的走向按设备端子进行标号叫相对标号法。

(2)回路标号法

① 回路标号法原则

凡是各设备间要用控制电缆经端子排进行联系的，都要按回路原则进行标号。某些在屏顶上的设备与屏内设备的连接，也要经过端子排，此时屏顶设备可看作是屏外设备，在其连接线上同样按回路标号原则给予相应的标号。换句话说，就是不在一起的二次设备之间的连接线就应使用回路标号。

② 回路标号作用

在二次回路图中，用得最多的就是展开式原理图，在展开式原理图中的回路标号和安装接线图端子排上电缆芯的标号是一一对应的，这样看到端子排上的一个标号就可以在展开图上找到这一标号的回路；同样，看到展开图上的某一回路，可以根据这一标号找到其连接在端子排上的各点，从而为二次回路的检修、维护提供极大的方便。

（3）回路标号的基本方法

① 用 4 位或 4 位以下的数字组成，需要标明回路的相别或某些主要特征时，可在数字标号的前面（或后面）增注文字或字母符号。

② 按等电位的原则标注，即在电气回路中，连于一点上的所有导线均标以相同的回路标号。

③ 电气设备的接点、线圈、电阻、电容等元件所间隔的线段，即视为不同的线段，一般给予不同的标号；当两段线路经过常闭触点相连，虽然平时都是等电位，但一旦触点断开，就变为不等电位，所以经常闭触点相连的两段线路也要给予不同标号。对于接线图中不经过端子而在屏内直接连接的回路，可不标号。

④ 不同用途的直流回路，使用不同的数字范围。例如跳闸回路用 133、233、333、1133、2133、3133 等；合闸回路用 103、203、303 等；保护回路用 0101—0999。

⑤ 不同用途的交流回路，使用不同的数字组，在数字组前加大写的英文字母来区别其相别。例如 A 相用 A11、B 相用 B11、C 相用 C11；电流回路用 A111 - A119；电压回路用 B611 - B619。

（4）相对标号法。

相对标号常用于安装接线图中，供制造、施工及运行维护人员使用。当甲、乙两个设备需要相互连接时，在甲设备的接线柱上写上乙设备的标号及具体接线柱的标号，而在乙设备的接线柱上写上甲设备的标号及具体接线柱的标号，这种相互对应标号的方法称为相应标号法。如附图 8 所示。

① 相对标号的作用

回路标号可以将不同位置的二次设备通过标号连接起来，对于同一屏内或同一箱内的二次设备，相隔距离近，相互之间的连线多，回路多，采用回路标号很难避免重号，而且不便查线和施工，这时就只有使用相对标号：先把本屏或本箱内的所有设备顺序标号，再对每一设备的每一个接线柱进行标号，然后在需要接线的接线柱旁协商对端接线柱标号，以此在表达每一根连线。

② 设备标号

● 以罗马数字和阿拉伯数字组合的标号，多用于屏（箱）内设备数量较多的安装图。罗马数字表示安装单位标号，阿拉伯数字表示设备顺序号，例如端子排编为Ⅰ，二次设备由上而下顺序编为Ⅰ1、Ⅰ2、Ⅰ3…。这种标号方式便于查找设备，但缺点是不够直观。

● 直接编设备文字符号（与展开图相一致的设备文字符号）。用于屏（箱）内设备数量较少的安装图。现代二次设备都集成在相应箱体内，整面屏上除箱体外就只有空气开关、按钮、压板和端子排了，所以二次设备大多采用这种标号方式。

③ 设备接线柱标号

每个设备在出厂时对其接线柱都有明确标号，在绘制安装接线图时就应将这些标号按其排列关系、相对位置表达出来，以求得图纸和实物的对应。

把设备标号和接线柱标号加在一起，每一个接线柱就有了唯一的相对标号。例如1FZK-3、Ⅰ1-7、D101-15等。

【任务实施】

1. 绘制一次回路

(1)执行“图层”命令，建立“辅助线”图层，颜色为“绿色”，线型为“DASHED2”，其余参数采用默认值。并将其设置为当前图层。

(2)执行“直线”命令，绘制水平和竖直辅助线。效果如图6-13所示。

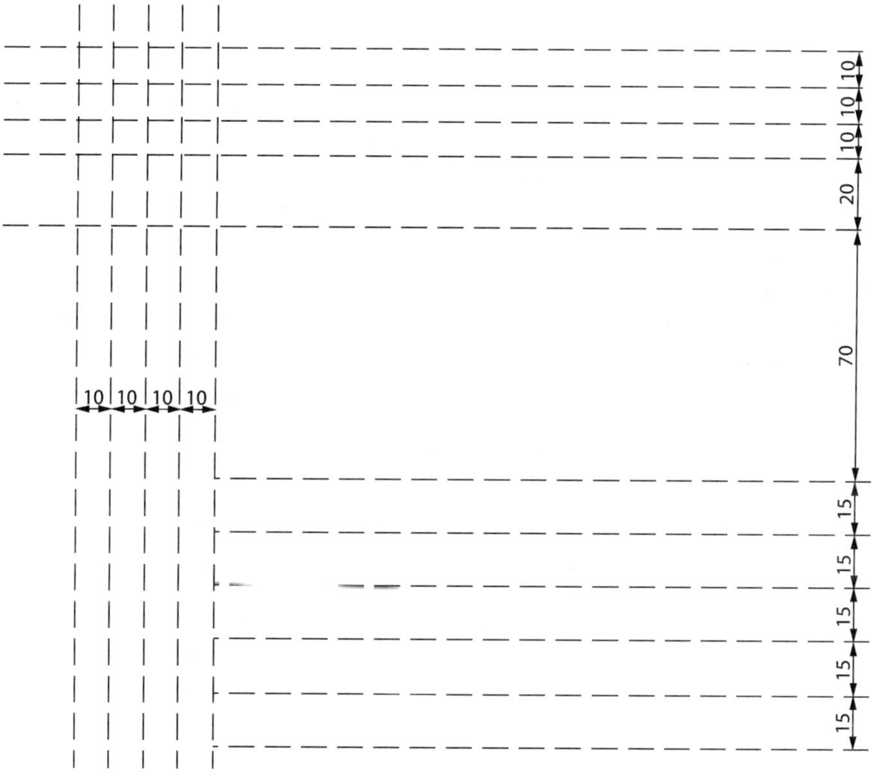

图6-19　双电源供电电机电路辅助线绘制示例

(3)执行“图层”命令，建立“电气”图层，颜色为“白色”，线型为“Continuous”，其余参数采用默认值。并将其设置为当前图层。

(4)执行“插入块”命令，将需要的一次电气设备图形符号的图块插入到本图纸。然后执行“缩放”命令，将其缩小到合适大小(电动机的图形符号需要简单修改)。

(5)执行“矩形”命令，绘制“4mm×10mm”的矩形，线宽为“0.5mm”。

(6)执行“移动”和“复制”命令，将图块和矩形放置于合适位置。隐藏辅助线后的图形效果如图6-20所示(本图仅是示意，与电气设备具体位置不符)。

(7)执行“直线”命令，绘制A、B、C、N进线，将各个电气设备连接起来。然后将机械连锁的直线修改线型为“DASHED2”。

(8)执行“圆环”命令，绘制内径为“0mm”，外径为“2mm”的圆环，然后执行“复制”命令，将其放置于各条线路的交点处。隐藏辅助线后的图形效果如图6-2所示。

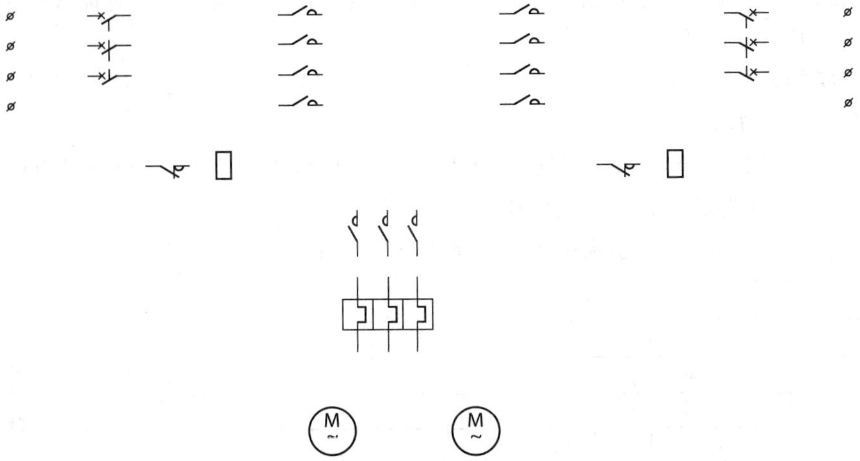

图 6-20　一次电气设备位置示意

2. 绘制二次回路

(1)执行“插入块”命令,将需要的二次电气设备图形符号的图块插入到本图纸。然后执行“缩放”命令,将其缩小到合适大小。

(2)执行“矩形”命令,绘制“9mm×5mm”的矩形,线宽为“0.5mm”。

(3)执行“移动”和“复制”命令,将图块和矩形放置于合适位置。隐藏辅助线后的图形效果如图 6-21 所示。

(4)执行“直线”命令,将各个电气设备连接起来。隐藏辅助线后的图形效果如图 6-2 所示。

(5)执行“复制”命令,将之前绘制的圆环放置于各条线路的交点处。

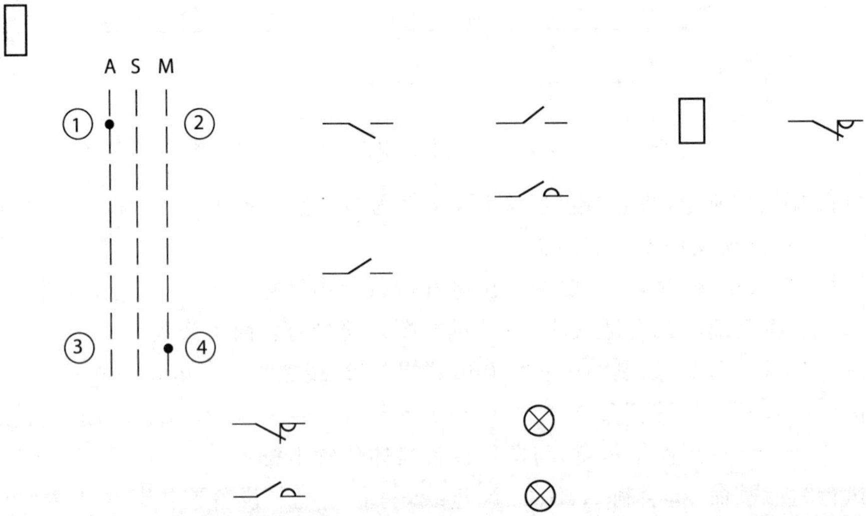

图 6-21　二次电气设备位置示意

3. 完成绘图

(1)建立文字样式“电气设备”,字体为“仿宋_GB2312”,文字高度“4”,宽度比例“1”。文字注释均采用该样式。

(2)执行“单行文字”命令,按图 6 - 2 所示的内容进行文字标注。图形符号的文字符号如图 6 - 22 所示。为方便技术人员读图,设备标号和回路标号的文字高度为“4”,接线柱标号的文字高度为“3”。

(3)执行“直线”命令,绘制图 6 - 2 中右下角的表格。执行“多行文字”命令,按图 6 - 2 所示的内容进行文字标注。该表格说明风机操作回路各部分作用,方便技术人员读图。

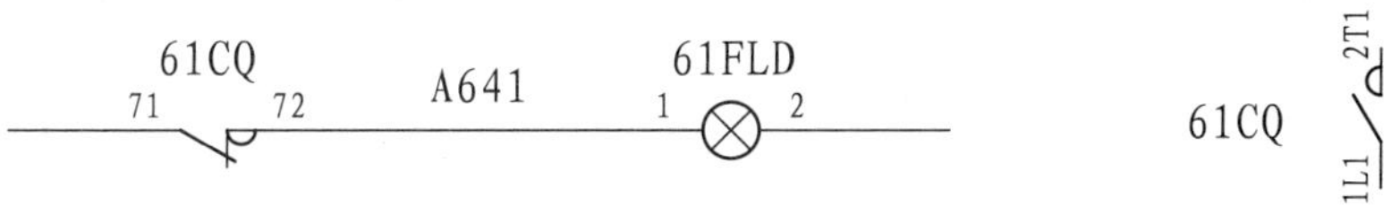

图 6 - 22　标号示例

任务 6.3　作图技能训练(四)

【任务目标】

- 强化 AutoCAD 作图命令的操作。
- 能绘制较复杂图形。

【任务实施】

1. 绘制复杂图形训练(三)

(1)图层设置:建立绘图区域,根据图 6 - 23 所示的图形大小,设置绘图区域为竖装 A4 幅面,图形必须绘制在设置的绘图区域内。

- 建立名称为“轮廓线”的图层,线型为“Continuous”,其余参数采用默认值。
- 建立名称为“中心线”的图层,颜色为“红色”,线型为“CENTER2”,线宽为“0.05mm”,其余参数采用默认值。

(2)图形绘制:根据图 6 - 23 所示的结构尺寸在相应的图层上进行图形的绘制。中心线超出外轮廓线“5mm”。

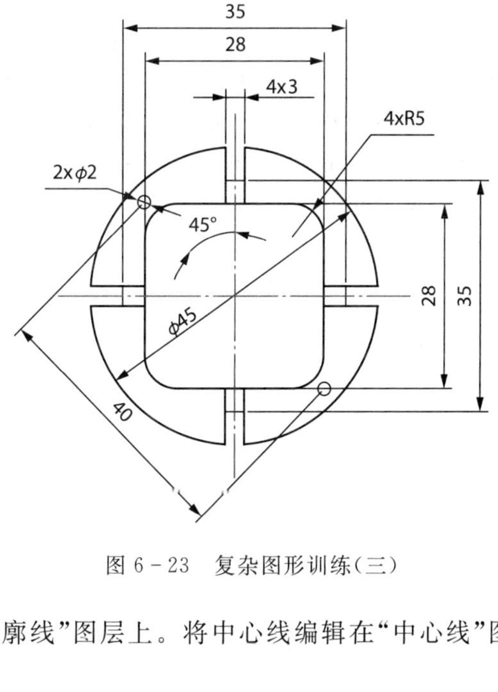

图 6 - 23　复杂图形训练(三)

(3)图形属性:将所有轮廓线编辑为线宽“0.5mm”的多段线,将轮廓线编辑在“轮廓线”图层上。将中心线编辑在“中心线”图层上。显示绘制图形的“线宽”。

(4)绘图比例:绘图比例设置为"1:1"(不标注尺寸)。绘图和编辑方法不限,使用的辅助线在绘图后删除。

绘图参考步骤:

(1)执行"图形界限"命令,左下角"0,0",右上角"210,297"。

(2)执行"图层"命令,建立"中心线"图层,线型为"CENTER2",颜色为"红色"。建立"轮廓线"图层,线型为"Continuous"。

(3)将"中心线"图层设置为当前图层。执行"直线"命令,绘制水平和竖直中心线(可先不确定长度,在最后修改)。然后执行"圆"命令,以中心线交点为圆心,绘制直径为"40mm"的圆。再执行"旋转"命令,将水平中心线旋转 45°。效果如图 6-24(a)所示。

```
命令:ROTATE↙
UCS 当前的正角方向:ANGDIR = 逆时针   ANGBASE = 0
选择对象:找到 1 个(鼠标拾取水平中心线)
选择对象:↙
指定基点:(鼠标捕捉中心线交点)
指定旋转角度,或[复制(C)/参照(R)]<0>:C↙
旋转一组选定对象。
指定旋转角度,或[复制(C)/参照(R)]<0>:-45↙
```

(4)将"轮廓线"图层设置为当前图层。执行"圆"命令,绘制直径为"45mm"的圆。

(5)执行"偏移"命令,将圆向外偏移"5mm"。然后执行"修剪"命令,将中心线在圆外的部分裁剪。再删除偏移产生的圆。

(6)执行"圆"命令,以圆中心线和倾斜中心线的交点为圆心,绘制两个直径为"2mm"的圆。然后删除圆中心线。效果如图 6-24(b)所示。

(7)执行"矩形"命令,绘制圆角为"5mm",边长为"28mm×28mm"的矩形。然后执行"移动"命令,将其中心与中心线交点重合。效果如图 6-24(c)所示。

(8)执行"偏移"命令,将水平中心线向上偏移"17.5mm",将竖直中心线向左和向右各偏移"1.5mm"。然后执行"修剪"命令,裁剪不必要部分。效果如图 6-24(d)所示。

(9)将修剪得到的线条置于"轮廓线"图层。

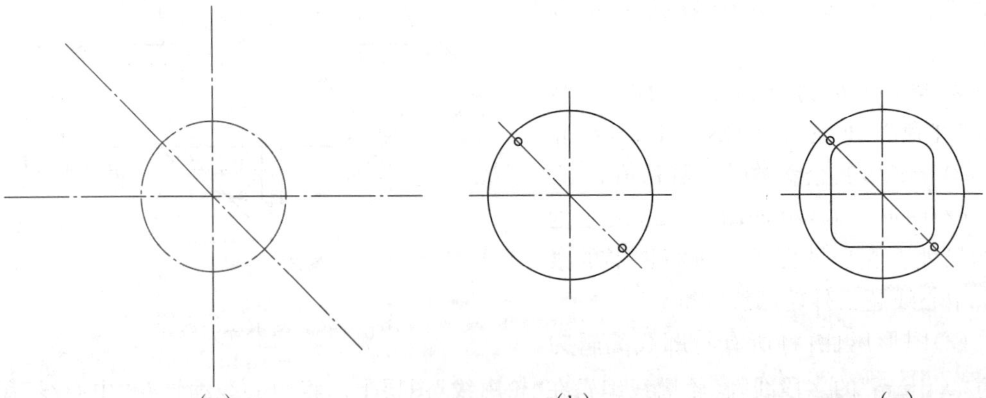

(a) (b) (c)

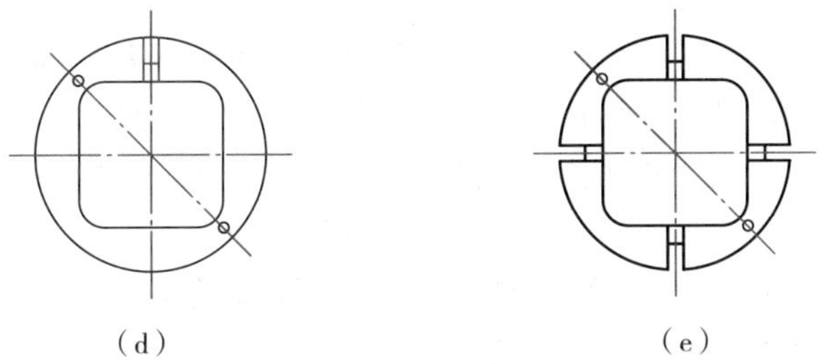

图 6-24　绘图参考示例(三)

(10)执行“阵列”命令，将修剪得到的直线环形阵列，阵列中心是中心线的交点，阵列项目总数“4”，填充角度“360”。

(11)执行“修剪”命令，裁剪圆不必要的部分。

(12)执行“多段线编辑”命令，将轮廓线的线宽编辑为“0.5mm”。效果如图 6-24(e)所示。

(13)执行“对象特性”命令，将中心线的线型比例设置为“0.3”。

(14)删除不必要图线。

2. 绘制复杂图形训练(四)

(1)图层设置：建立绘图区域，根据图 6-25 所示的图形大小，自行设置绘图区域尺寸，图形必须绘制在设置的绘图区域内。

● 建立名称为“L1”的图层，颜色为“红色”，线型为“CENTER”，线宽为“0.05mm”其余参数采用默认值。

● 建立名称为“L2”的图层，颜色为“白色”，其余参数采用默认值。

(2)图形绘制：根据图 6-25 所示的结构尺寸绘制图形，中心线的左交点坐标为“−45，30”。中心线超出轮廓线“0.2mm”。

(3)图形属性：将所有轮廓线编辑为线宽“0.05mm”的多段线，并将轮廓线编辑在“轮廓线”图层上，将中心线编辑在中心线图层上。显示所绘制图形的“线宽”。

(4)绘图比例：绘图比例设置为“1∶1”(不标注尺寸)。绘图和编辑方法不限，使用的辅助线在绘图后删除。

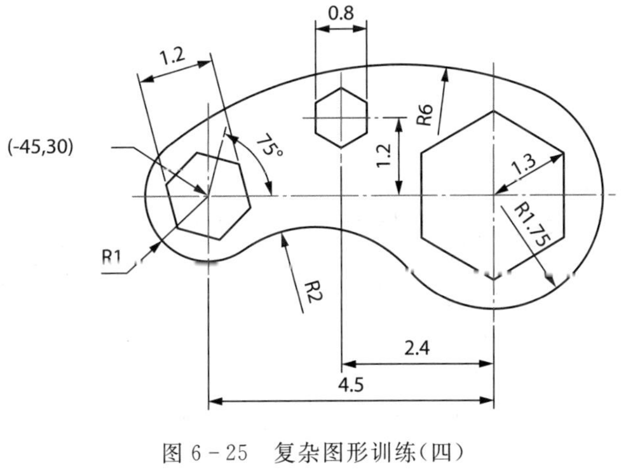

图 6-25　复杂图形训练(四)

绘图参考步骤：

(1)执行“图层”命令，建立“L1”图层，线型为“CENTER”，颜色为“红色”，线宽为“0.05mm”。建立“L2”图层，线型为“Continuous”，颜色为“白色”。

(2)将“L1”图层设置为当前图层。执行“直线”命令，绘制水平和竖直中心线。效果如图 6－26(a)所示。

(3)将“L2”图层设置为当前图层。执行“正多边形”命令，以中心线交点为中心，绘制三个正六边形。其中已知对边距离的正六边形用“外切于圆”的方法；已知端点与圆心距离的正六边形用“内接于圆”的方法。效果如图 6－26(b)所示。

(4)执行“旋转”命令，以正多边形中心为基点，各旋转相应角度。效果如图 6－26(c)所示。

(5)执行“圆”命令，将水平中心线交点为圆心，绘制半径“1mm”和“1.75mm”的圆。然后绘制它们的公切圆，公切圆的半径为“6mm”和“2mm”(此处不可以用“圆角”命令)。效果如图 6－26(d)所示。

(6)执行“修剪”命令，裁剪圆不必要的部分。

(7)执行“多段线编辑”命令，将外轮廓线编辑为一个整体，修改线宽为“0.05mm”。将正六边形的线宽也修改为“0.05mm”。

(8)执行“偏移”命令，将轮廓线向外偏移“0.2mm”。然后执行“修剪”命令，裁剪中心线。效果如图 6－26(e)所示。

(9)执行“对象特性”命令，将中心线的线型比例设置为“0.01”。

(10)执行“图形界限”命令，在图形的左下角和右上角各用鼠标左键选取一点(没有要求具体的图形界限，可以不用输入精确坐标)。

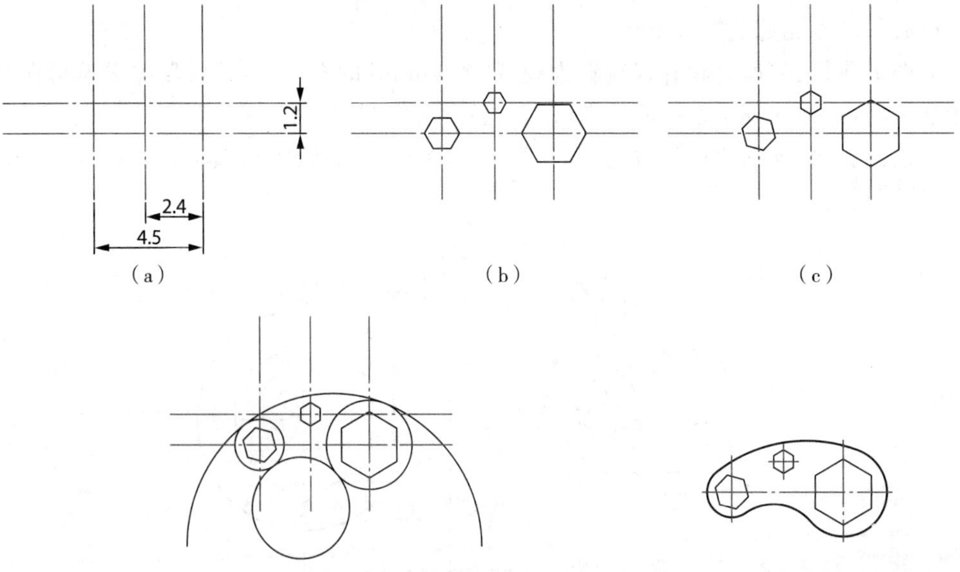

图 6－26　绘图参考示例(四)

学习小结

本项目通过对三相异步电动机正、反转控制原理图的绘制和双电源供电电动机控制展开接线图绘制，对二次回路原理图的绘制步骤进行了详细介绍。包括绘制电气图形符号，绘制主电路和控制电路。同时通过视读电动机正、反转原理图，介绍二次控制原理图的读图方法。通过本项目的练习，作图人员应该掌握绘制二次电气原理图的步骤，能识读常用的二次原理图；初步掌握展开图的绘制方法，根据展开图的文字说明，自行分析展开图的动作原理。

职业技能知识点考核

1. 绘制复杂图形(二)

(1)图层设置：建立绘图区域，根据图 6－27 所示的图形大小，设置绘图区域为“10mm×10mm”幅面，图形必须绘制在设置的绘图区域内。

● 建立名称为“轮廓线”的图层，线型为“Continuous”，其余参数采用默认值。

● 建立名称为“中心线”的图层，颜色为“红色”，线型为“CENTER2”，其余参数采用默认值。

(2)图形绘制：根据图 6－27 所示的结构尺寸绘制图形。中心线超出轮廓线“0.5mm”。

(3)图形属性：将所有外轮廓线编辑为一个整体，是线宽“0.05mm”的多段线，并将轮廓线编辑在“轮廓线”图层上，将中心线编辑在中心线图层上。

(4)绘图比例：绘图比例设置为“1∶1”(不标注尺寸和图中文字)。绘图和编辑方法不限，使用的辅助线在绘图后删除。

(5)保存文件：将完成的图形以“全部缩放”的形式显示，并以“Answer06－01.dwg”为文件名保存在学生文件夹中。

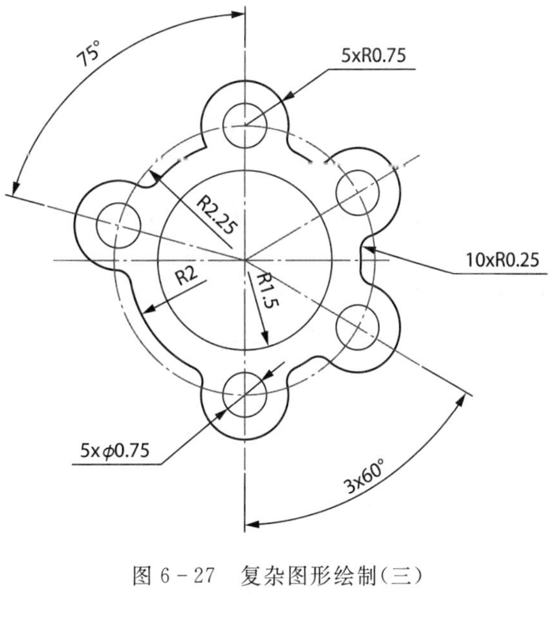

图 6－27　复杂图形绘制(三)

难点提醒：中心线的线型比例应设置为“0.03”。

2. 绘制复杂图形(三)

(1)图层设置：建立绘图区域，根据图 6－28 所示的图形大小，设置绘图区域为“300mm×400mm”幅面，图形必须绘制在设置的绘图区域内。

● 建立名称为“轮廓线”的图层，线型为“Continuous”，线宽为“0.5mm”，颜色为“白色”，其余参数采用默认值。

● 建立名称为“中心线”的图层，线型为“CENTER2”，线宽为“0.2mm”，颜色为“红色”，其余参数采用默认值。

(2)图形绘制：根据图 6－28 所示的结构尺寸绘制图形。对图中的部分区域使用“剖面线”进行填充，剖面线线宽为“0.2mm”，图案为“ANSI31”，填充比例为“1∶1”。中心线超出轮廓线“10mm”。

(3)图形属性：将轮廓线编辑在“轮廓线”图层上，中心线编辑在“中心线”图层上，剖面线编辑在“0”图层上。显示所绘制图形的线宽。

(4)绘图比例：绘图比例设置为“1∶1”(不标注尺寸和图中文字)。绘图和编辑方法不限，使用的辅助线在绘图后删除。

(5)保存文件：将完成的图形以“全部缩放”的形式显示，并以“Answer06－02.dwg”为文件名保存在学生文件夹中。

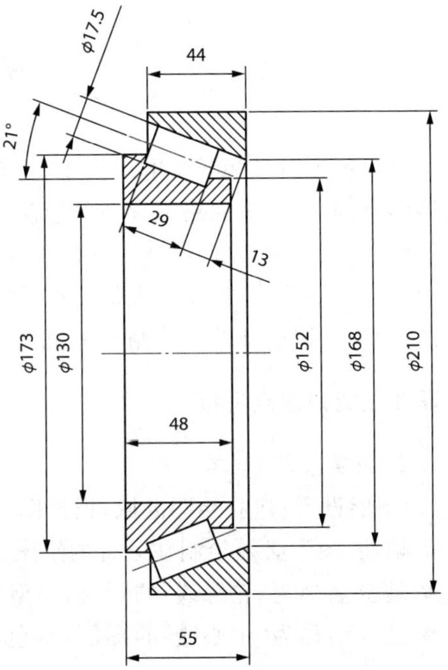

图 6－28 复杂图形绘制(四)

难点提醒：中心线的线型比例应设置为“0.03”。

3. 绘制电流保护展开式原理图

(1)建立文件夹

在 D 盘根目录下新建一个学生文件夹，文件夹的名称为学生学号。

(2)环境设置

● 运行软件，建立新模板文件，设置绘图区域为横装 A3 幅面。

● 打开“栅格”观察绘图区域。

(3)图形绘制

● 建立文字样式“注释”，字体为“仿宋_GB2312”，文字高度“4”，宽度比例“1”。文字注释均采用该样式。

● 文字大小和图形符号尺寸不作要求。完成效果如图 6－29 所示。

(4)保存文件

将完成的图形以“全部缩放”的形式显示，并以“Answer06－03.dwg”为文件名保存在学生文件夹中。

4. 绘制电动机“Y－△”启动归总式原理图

(1)建立文件夹

在 D 盘根目录下新建一个学生文件夹，文件夹的名称为学生学号。

(2)环境设置

● 运行软件，建立新模板文件，设置绘图区域为竖装 A3 幅面。

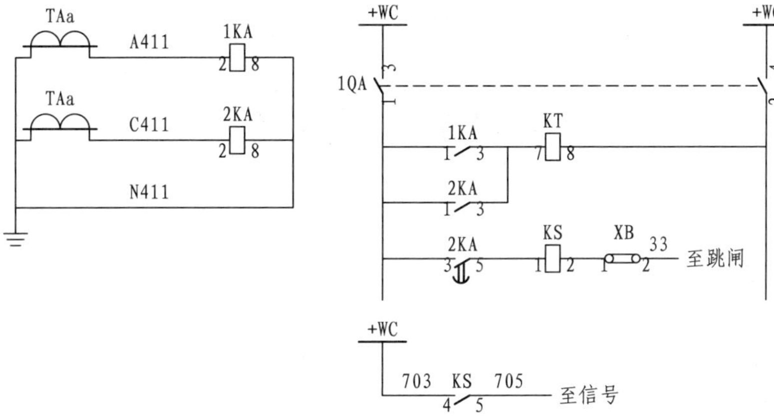

图6-29　限时电流速断保护展开图

● 打开“栅格”观察绘图区域。

(3)图形绘制

● 建立文字样式“注释”,字体为“仿宋_GB2312”,文字高度“4”,宽度比例“1”。文字注释均采用该样式。

● 文字大小和图形符号尺寸不作要求。完成效果如图6-30所示。

(4)保存文件

将完成的图形以“全部缩放”的形式显示,并以“Answer06-04.dwg”为文件名保存在学生文件夹中。

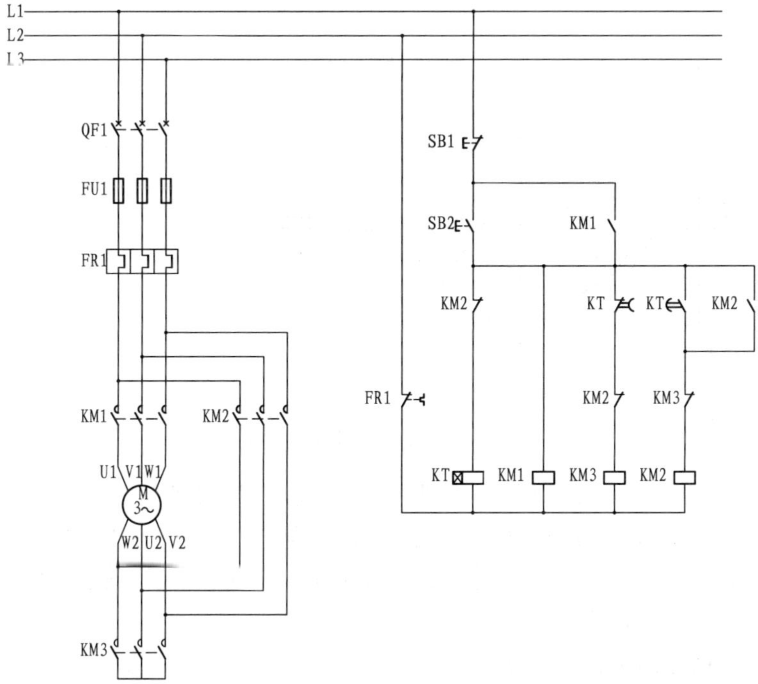

图6-30　电动机“Y－△”启动原理图

项目 7　三视图

【项目描述】

(1)建立文件夹

在 D 盘根目录下新建一个学生文件夹,文件夹的名称为学生学号。

(2)环境设置

- 运行软件,使用默认模板建立新文件。
- 设置绘图区域为“420mm×297mm”幅面,左下角坐标为(0,0)。

(3)绘图内容

① 如图 7-1 所示,要求图形层次清晰、布局合理。

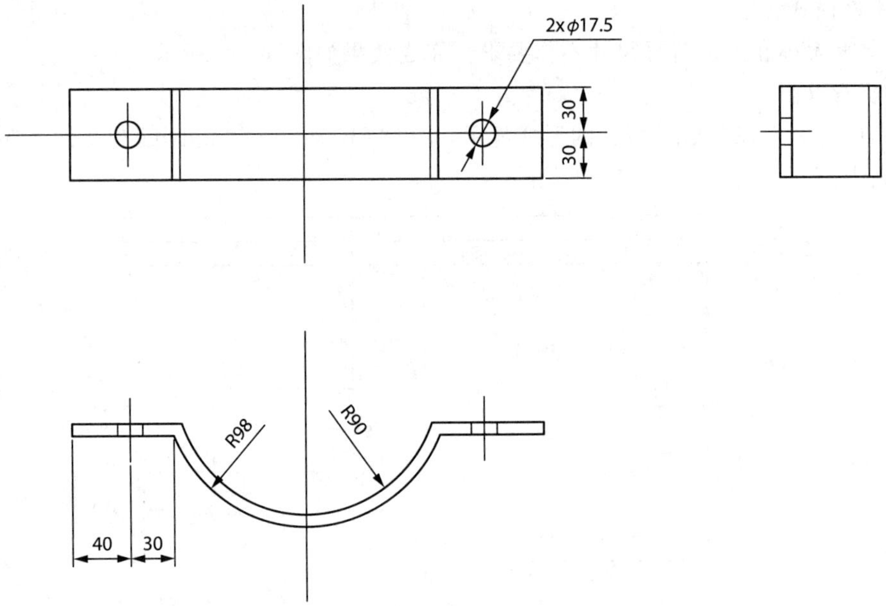

图 7-1　抱箍三视图示例

- 新建 3 个图层,“辅助线”图层,线型为“Continuous”,颜色为“绿色”;建立“轮廓线”图层,线型为“Continuous”,颜色为“白色”,线宽为“0.35mm”;“虚线”图层,线型为“DASHED2”,颜色为“黄色”;“中心线”图层,线型为“CENTER2”,颜色为“红色”。其余参数均采用默认值。
- 按尺寸正确绘制抱箍三视图。

② 如图 7-2 所示。

- 按图 7-1 尺寸,绘制抱箍的三维立体图。

● 该图视图方向为“西南等轴测”，视觉样式为“概念视觉样式”。

(4)保存文件

将完成的图形以“全部缩放”的形式显示，分别以“Pro7－1.dwg”和“Pro7－2.dwg”为文件名保存在学生文件夹中。

图7－2 抱箍三维图示例

【项目实施】

(1)点击桌面“我的电脑”，进入D盘，点击鼠标右键，选择“新建”→“文件夹”，输入学号。

操作参考：《计算机基础》课程教材。

(2)双击桌面Autocad2007软件图标，新建CAD文件。

操作参考：项目1。

(3)绘制抱箍的三视图。

操作参考：任务7.1。

(4)绘制抱箍的三维立体图。

操作参考：子任务7.2.2。

(5)检查无误后，在命令行输入Z↙ A↙，在菜单栏中选择“文件”→“另存为”，按项目要求操作。

操作参考：项目1。

任务7.1 绘制抱箍的三视图

世界是三维的，所有的电气设备都是立体的，但是三维立体图形不易识读，在工程中要将三维(3D)图形转换为平面图。

【任务目标】

● 掌握投影法。

● 掌握三视图的绘制方法并熟练绘制三视图。

【知识链接】

1. 投影法

在日常生活中，当太阳光或灯光照射物体时，墙壁上或地面上会出现物体的影子，这种现象被称为投影。投影法就源于这种自然现象。

如图7－3所示，平面P为投影面，不属于投影面的定点S为投影中心。过空间点A由投影中心可引直线SA，SA为投射线。投射线SA与投影面P的交点a，称作空间点A在投影面P上的投影。同理，点b是空间点B在投影面P上的投影(空间点以大写字母表示，其投影用相应的小写字母表示)。由此可知，投影法是投射线通过物体向预定投影面进行投影而得到图形的方法。投影法一般分为中心投影法和平行投影法两类。

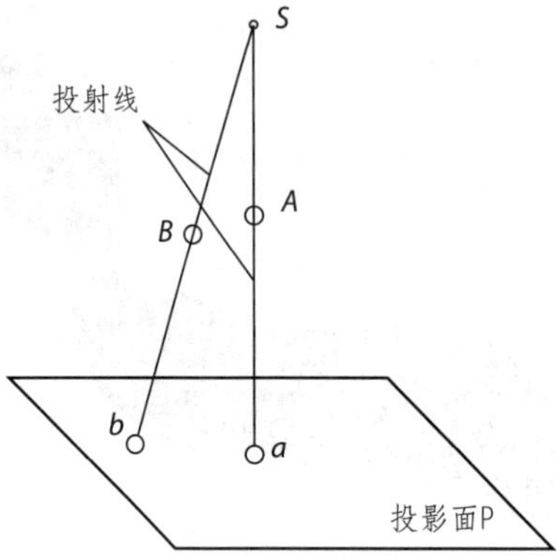

图 7-3 投影法示例

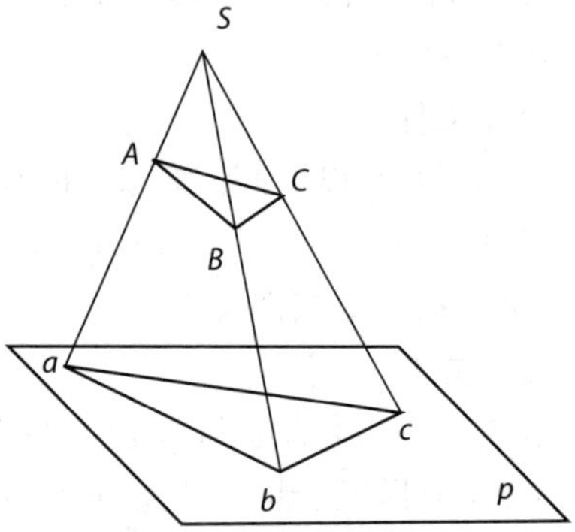

图 7-4 中心投影法

(1)中心投影法

投射线从投影中心出发的投影法，称为中心投影法，所得到的投影称为中心投影，如图 7-4 所示，通过投影中心 S 作出△ABC 在投影面 P 上的投影：投射线 SA、SB、SC 分别与投影面 P 交于点 a、b、c，而△abc 就是△ABC 在投影面 P 上的投影。

在中心投影法中，△ABC 的投影△abc 的大小随投影中心 S 距离△ABC 的远近或者△ABC 距离投影面 P 的远近而变化。因此它不适合绘制机械图样。但是，根据中心投影法绘制的直观图立体感较强，适用于绘制建筑物的外观图。

(2)平行投影法

如果将投影中心 S 移动到无穷远处，则投射线相互平行。这种投影线相互平行的投影法称为平行投影法，所得到的投影称为平行投影。

根据投射线与投影面的相对位置，平行投影法又分为：斜投影法和正投影法。

① 斜投影法。投射线倾斜于投影面的投影方法称为斜投影法，所得到的投影称为斜投影，如图 7-5(a)所示。斜投影在工程中应用较少，常用于绘制物体的立体图，也称轴侧图。一般只作为辅助样图使用。

② 正投影法。投射线垂直于投影面时称为正投影法，所得到的投影称为正投影，如图 7-5(b)所示。正投影法能正确地表达物体的真实形状和大小，作图比较方便，在工程中广泛应用。本书中不作特别说明，“投影”即指“正投影”。

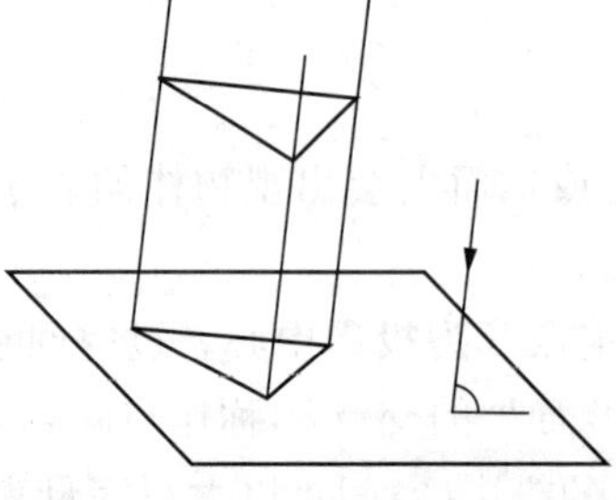

(a)

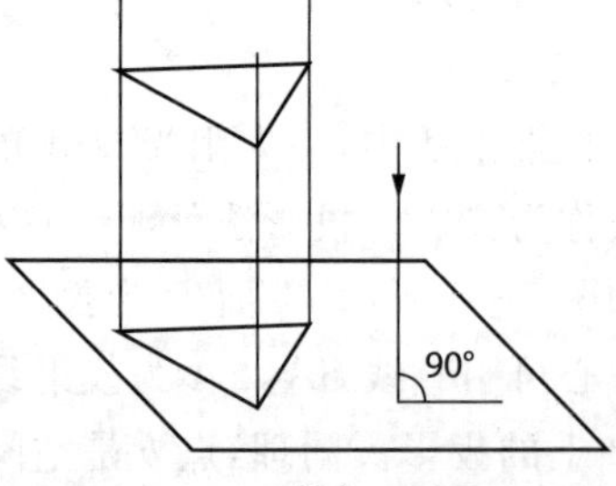

(b)

图 7-5 平行投影法

(3)平行投影的基本性质

① 类似性

在平行投影中，直线的投影一般还是直线。如图 7－6 所示，直线 AB 的投影仍为直线 ab。平面图形的投影一般仍为原图形的类似形，如图 7－5 所示，三角形的投影仍为三角形。

② 定比性

若点在直线上，则点的投影必在该线的同面投影上，且该点分线段之比，投影后保持不变。如图 7－7 所示，点 K 在直线 AB 上，则点 K 在投影面 P 上的投影必落在 ab 上，若点 K 分 AB 成定比 $AK:KB$，则点 K 的投影 k 亦分 ab 成相同比例，即 $ak:kb=AK:KB$。

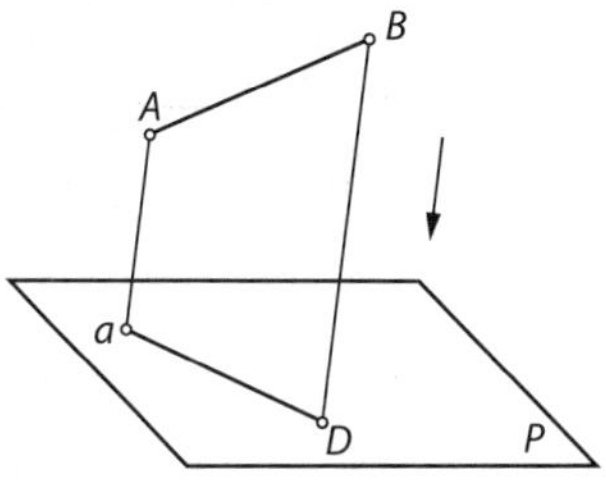

图 7－6　类似性

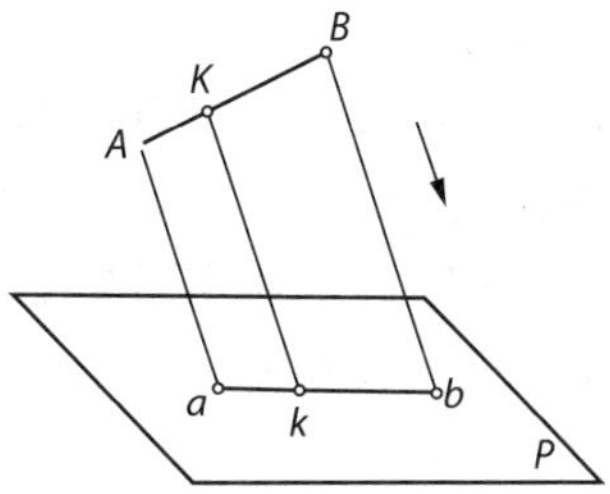

图 7－7　定比

③ 实形性

当直线或平面平行于投影面时，其投影反映原直线或原平面图形的实形。投影的这种性质，称为实形性，如图 7－8 所示。

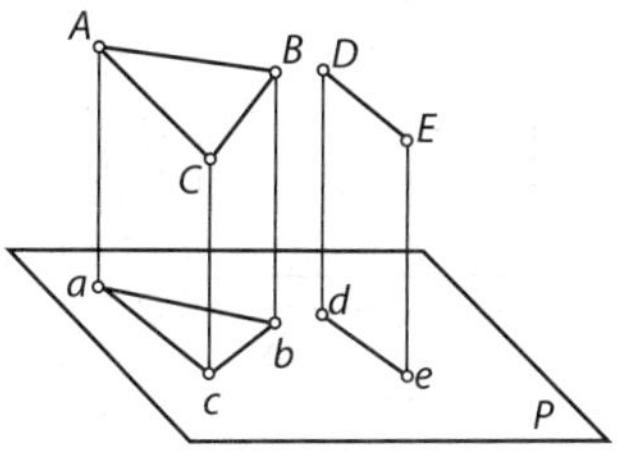

图 7－8　实形性

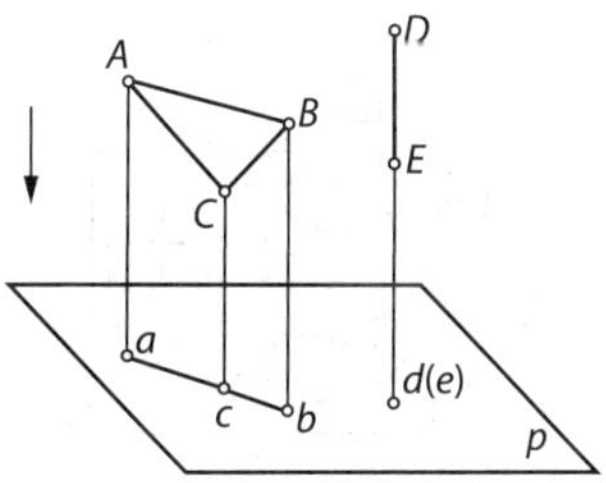

图 7－9　积聚性

④ 积聚性

当直线或平面与投影线平行时，其投影积聚成一点或直线。如图 7－9 所示，这种投影性质称为投影的积聚性。

⑤ 平行性

在空间互相平行的两直线其投影仍互相平行。如图 7－10 所示，空间两直线 $AB /\!/ CD$，它们在 P 面上的投影 $ab /\!/ cd$。

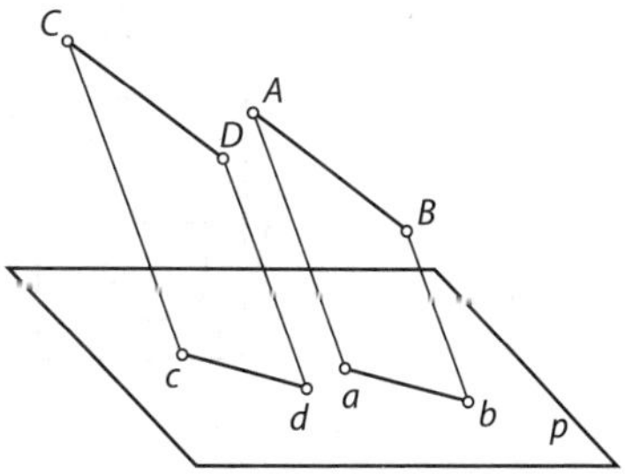

图 7－10　平行性

2. 三视图的形成

能够正确反映物体长、宽、高尺寸的正投影工程图(主视图,俯视图,左视图三个基本视图)为三视图,这是工程界一种对物体几何形状约定俗成的抽象表达方式,图形中所有可见部分以粗实线表示,不可见部分以细虚线表示。

(1)三投影面体系的建立

三投影面体系由三个互相垂直的投影面组成。其中 V 面称为正立投影面,简称正面;H 面称为水平投影面,简称水平面;W 面称为侧立投影面,简称侧面。在三投影面体系中,两投影面的交线称为投影轴,V 面与 H 面的交线为 OX 轴,H 面与 W 面的交线为 OY 轴,V 面与 W 面的交线为 OZ 轴。三条投影轴的交点为原点 O。三个投影面把空间分成八个部分,称为八个分角。分角分别为Ⅰ、Ⅱ、Ⅲ、Ⅳ、Ⅴ、Ⅵ、Ⅶ、Ⅷ,如图 7－11 所示。

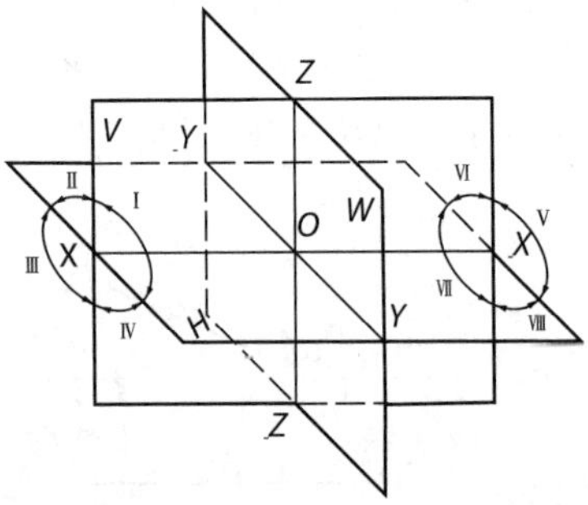

图 7－11　三投影体系的建立

(2)三视图的形成

如图 7－12(a)所示,将物体放在三投影面体系内,分别向三个投影面投影,保持 V 面不动,将 H 面绕 OX 轴向下旋转 90°,W 面绕 OZ 轴向右旋转 90°,与 V 面处于同一平面上,如图 7－12(b)和 7－12(c)所示。这样便得到的物体的三视图。V 面上的视图称为主视图,H 面上的视图称为俯视图,W 面上的视图称为左视图。画图时,投影面的边框及投影轴不必画出,如图 7－12(d)所示。

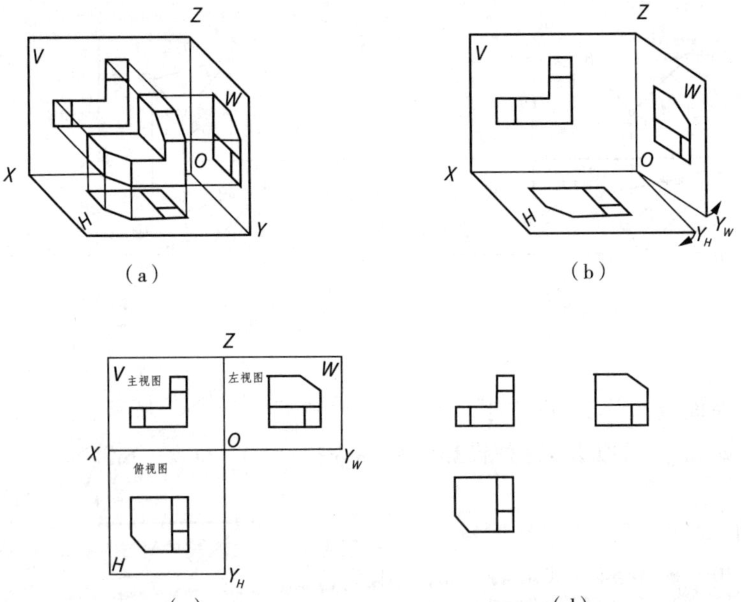

图 7－12　三视图的形成

从物体的前面向后面投射所得的视图称主视图(正视图)——能反映物体的前面形状，从物体的上面向下面投射所得的视图称俯视图——能反映物体的上面形状，从物体的左面向右面投射所得的视图称左视图(侧视图)——能反映物体的左面形状。

(3)三视图中的相对位置关系

主视图反映左右、上下关系，俯视图反映左右、前后关系，左视图反映前后、上下关系如图 7－13 所示。

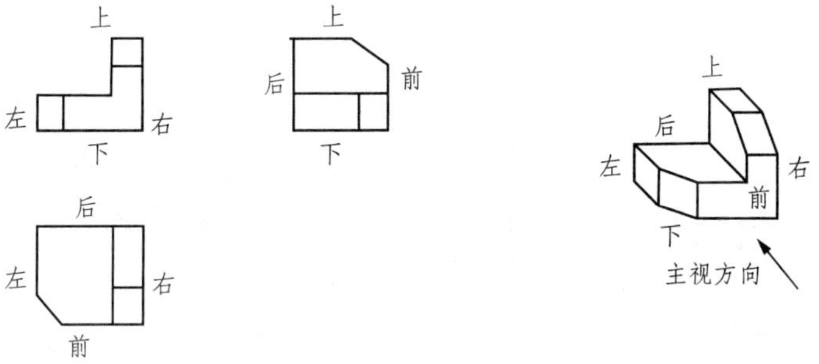

图 7－13　三视图中的相对位置关系

为了保证三视图间的投影关系正确，投影规律可概括为：

主、俯视图长对正

主、左视图高平齐

俯、左视图宽相等

每个立体都有左、右、前、后、上、下六个方位。在工程制图中规定立体左右为长，前后为宽，上下为高。由图 7 14 可以看出每个视图都可以反映立体的两个方位。具体如下：

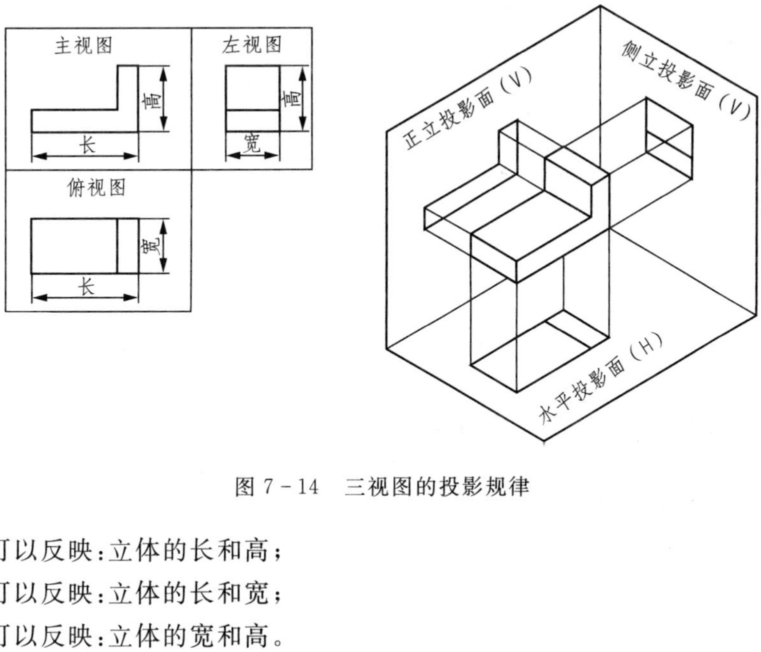

图 7－14　三视图的投影规律

主视图可以反映：立体的长和高；

俯视图可以反映：立体的长和宽；

左视图可以反映：立体的宽和高。

正确描述一个物体的形状，至少要三个视图。一个或两个视图不能完全确定物体的形状，如图 7－15 所示，两个物体形状不同，但是其左视图和俯视图一样，只有通过主视图才能区分。在工程中，除三视图外，有时还要再加上剖视图才能正确描述物体形状。

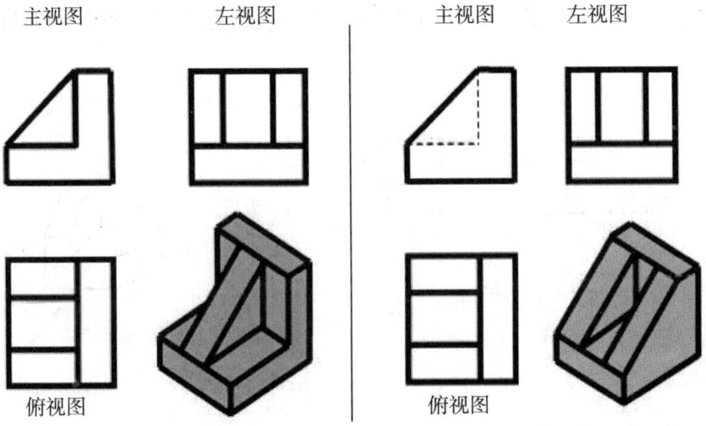

图 7－15　不同物体的三视图

特别提示

还有三个视图不是很常用，分别是后视图、右视图和仰视图。如果在工程中用到这三种视图，一定要作特殊说明。

3. 形体的投影

本书仅对投影作简单介绍，如果绘图人员要深入研究，请参阅《机械制图》相关教科书。

(1)点的投影

点是最基本的几何元素，一切几何形体都可看成是点的集合。因此，应从点的投影出发开始研究形体的投影。

如图 7－16(a)所示，第一分角内有一点 A，将其分别向 H、V、W 面投影，得到水平投影 a、正面投影 a' 和侧面投影 a''。移去空间点 A，保持 V 面不动，将 H 面绕 OX 轴向下旋转 90°，W 面绕 OZ 轴向右旋转 90°，H、W 面与 V 面处于同一平面，即得到点 A 的三面投影图，如图 7－16(b)所示。图中 OY 轴被假想分为两条，随 H 面旋转的称为 OY_H 轴，随 W 面旋转的称为 OY《》W 轴。投影轴中不必画出投影面的边界，如图 7－16(c)所示。

若将三投影面体系当作直角坐标系，则投影面 V、H、W 相当于坐标面，投影轴 OX、OY、OZ 相当于坐标轴 X、Y、Z，原点 O 相当于坐标原点 O。原点把每一个轴分成两部分，并规定：OX 轴从 O 向左为正，向右为负；OY 轴向前为正，向后为负；OZ 轴向上为正，向下为负。因此，第一分角内的点，其坐标值均为正。

如图 7－16(b)所示，点 A 的三面投影与其坐标间的关系如下：

① 空间点的任一投影，均反映了该点的某两个坐标值，即 $a(x_A, y_A)$，a'(ˋ，z_A)，$a''(y_A, z_A)$。

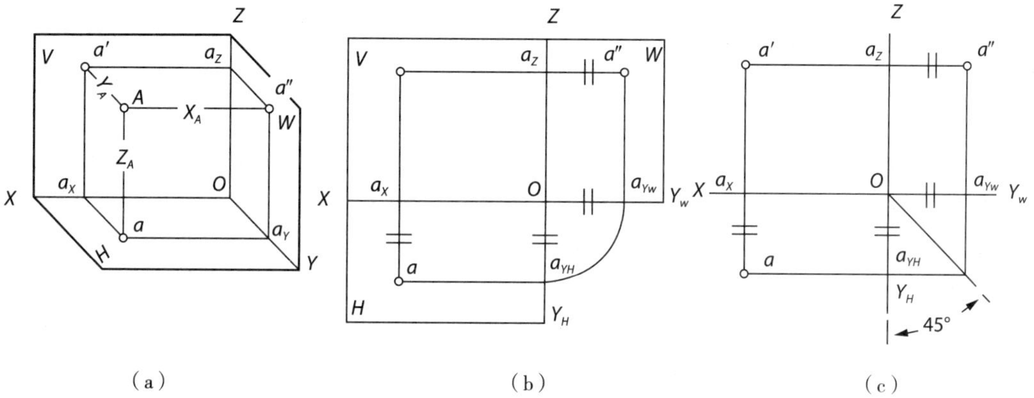

图 7－16　点在三投影面体系中的投影

② 空间点的每一个坐标值，反映了该点到某投影面的距离，即：

x_A＝点 A 到 W 面的距离；

y_A＝点 A 到 V 面的距离；

z_A＝点 A 到 H 面的距离。

由上可知，点 A 的任意两个投影反映了点的三个坐标值。有了点 A 的一组坐标（x_A，y_A，z_A），就能唯一确定该点的三面投影（a，a'，a''）。

根据以上分析，可以得出点在三投影面体系中的投影规律：

- 点的正面投影和水平投影的连线垂直于 OX 轴；
- 点的正面投影和侧面投影的连线垂直于 OZ 轴；
- 点的水平投影和侧面投影具有相同的 y 坐标。

（2）直线的投影

直线的投影一般仍为直线，特殊情况下，可积聚成一点。（平行投影的基本性质中的类似性和积聚性。）

根据初等几何知识：两点确定一条直线。我们用直线段的投影表示直线的投影，即作出直线段上两端点的投影，则两点的同面投影连线为直线的投影，如图 7－17 所示。另外，已知直线上一点的投影和该直线的方向，也可画出该直线的投影。

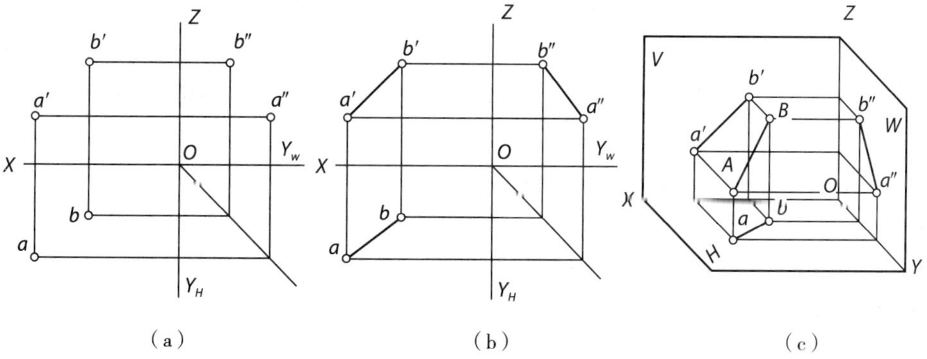

图 7－17　直线在三投影面体系中的投影

(3)平面的投影

在三投影面体系中,空间平面对投影面的相对位置有以下三种:投影面垂直面、投影面平行面、一般位置平面。前两种统称为特殊位置平面。

① 投影面垂直面

投影面垂直面是指垂直于某一投影面,同时倾斜于其它两投影面的平面。

投影面垂直面有三种:铅垂面($\perp H$ 面);正垂面($\perp V$ 面);侧垂面($\perp W$ 面)。

下面以铅垂面为例,说明其投影特性。

$\triangle ABC$ 为铅垂面,所以它的水平投影积聚为倾斜的直线段,该投影与 OX 和 OYH 轴的夹角,反映该平面与 V、W 面的倾角 β、γ 的真实大小。它的 V、W 面的投影都是三角形(与原平面图形类似),且比实形小,如图 7-18 所示。正垂面和侧垂面也有类似的投影特性。

综上所述投影面垂直面的投影特性是:

- 在所垂直的投影面上的投影积聚成一条直线;
- 具有积聚性的投影与投影轴的夹角,反映该平面与相应投影面的倾角;
- 另外两个投影面上的投影为原图形的类似形。

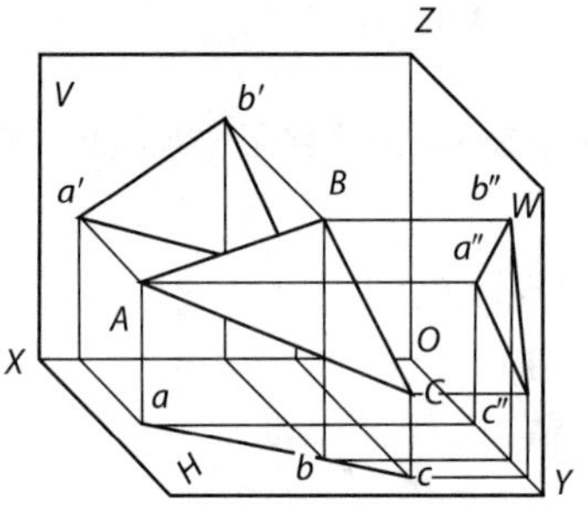

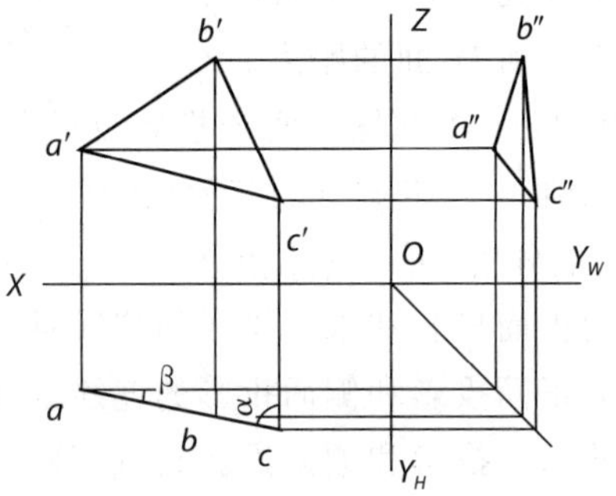

图 7-18 铅垂面的投影

② 投影面平行面

投影面平行面是指平行于某一投影面,同时又垂直于另外两投影面的平面。

投影面平行面有三种:水平面($/\!/ H$ 面);正平面($/\!/ V$ 面);侧平面($/\!/ W$ 面)。

下面以正平面为例,说明其投影特征。

$\triangle ABC$ 为正平面,由于它平行于 V 面,所以它的正面投影反映 $\triangle ABC$ 的实形,即 $\triangle ABC \cong \triangle a'b'c'$。又因为 $\triangle ABC$ 垂直于 H 面和 W 面,所以它的水平和侧面投影均积聚为一直线段且分别平行于 OX 和 OZ 轴。如图 7-19 所示。水平面和侧平面也有类似的投影特性。

由上所述可得投影面平行面的投影特性:

- 在其所平行的投影面上的投影,反映平面图形的实形;
- 在另外两个投影面上的投影均积聚成直线,且平行于相应的投影轴。

③ 一般位置平面

对三个投影面都倾斜的平面,称为一般位置平面。图 7-20 所示 $\triangle ABC$ 是一般位置平面,由于它对三个面都倾斜,所以三个投影均不反映实形,是原图形的类似形。同时各投影

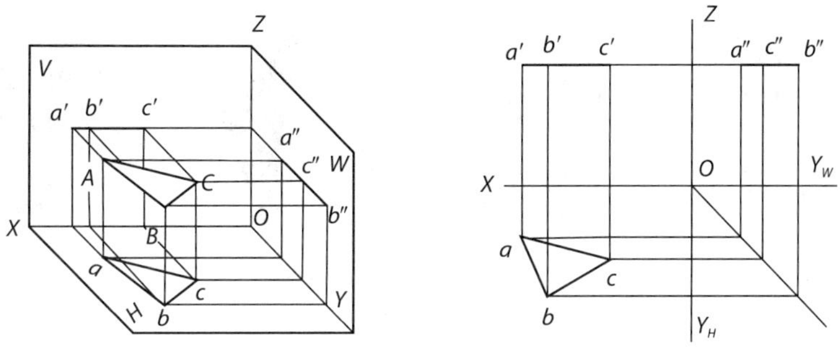

图 7－19　水平面的投影

也不反映该平面对各投影面的倾角 α、β、γ。由此得到一般位置平面的投影特性是：

一般位置平面在三个投影面上的投影均为原图形的类似形，且形状缩小。

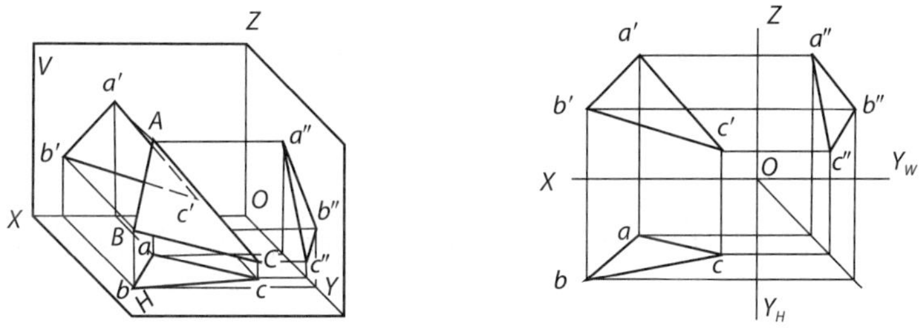

图 7－20　一般位置平面的投影

4. 基本体的投影

工程制图中，通常把棱柱、棱锥、棱台、圆柱、圆锥、圆球、圆环等简单的立体称为基本体。大多数机器的零、部件都可看成是复杂的立体，而这些复杂的立体又可看成是由若干个基本体组合而成的。

根据基本体的表面形状特征可以将立体分成平面立体和曲面立体。立体表面全部由平面围成的立体称为平面立体。如：长方体、棱柱、棱锥、棱台等；立体表面中含有曲面的立体称为曲面立体。如：圆柱、圆锥、圆球、圆环等。如图 7－21 所示。

(1)平面立体的投影

由于平面立体的表面是由若干个平面所围成，因此，平面立体的投影可归结为平面立体各表面的投影。而平面立体各表面的投影又可归结为平面立体的棱线和棱线间交点的投影。因此，求解平面立体的投影也就是求解平面立体各棱线及棱线间交点在各投影面上的投影。

立体平面投影的特点：

① 平面立体的投影可归纳为平面立体上各表面的投影。平面立体上各表面的投影与该表面的几何特征及该表面与投影面的相对位置有关，见表 7－1。

② 除平面立体上可见表面与不可见表面的交线外，平面立体上可见表面上的点、线为可见的点、线；不可见表面上的点、线为不可见点、线。

③ 平面立体上可见表面与不可见表面的交线为可见线。

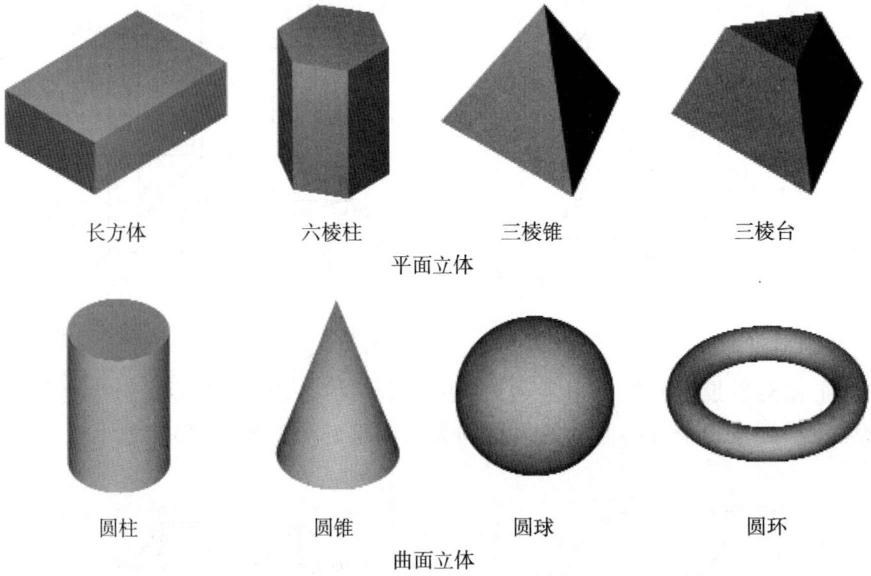

图 7 - 21　基本体

④ 平面立体同一表面上任意两点间的连线为直线段，直线段在各投影面上的投影仍为直线段。

表 7 - 1　立体表面的投影与投影面的关系

立体表面与投影面的关系	立体表面在投影面上的投影
平行	反映该表面的实形
垂直	积聚成一条直线
倾斜	原形的类似形

(2)曲面立体的投影

工程中常见的曲面立体是回转体，如：圆柱、圆锥、圆球、圆环等。它们都是由一条动线绕与一条定直线回转一周而形成的。形成的立体的表面称为回转面。该定直线称为回转轴；该动线称为回转面的母线；回转面上任意位置的母线称为素线；母线上任意点的旋转轨迹是一个圆，称为纬圆。另外，我们还将从某一方向上观察立体时，立体可见部分与不可见部分的分界线称为转向轮廓线。如图 7 - 22 所示，该圆锥可看成是由母线 *SA* 绕回转轴 *SO* 回转一周而形成的。*SA* 回

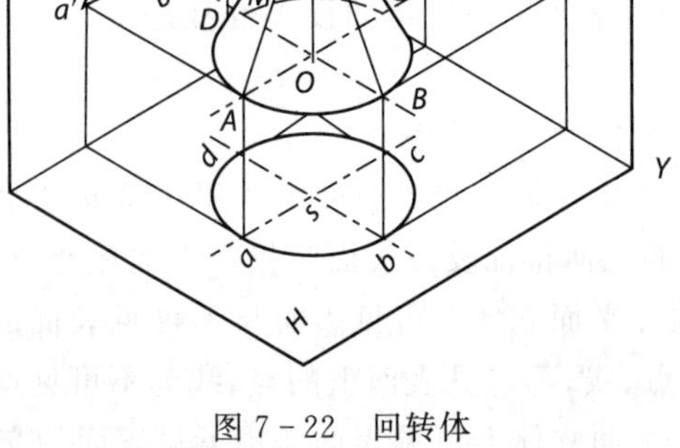

图 7 - 22　回转体

转一周形成的表面为回转面，SA 在回转面上的任意一个位置称一条素线，如图 7－22 中 SB、SC、SD 均可看作是母线 SA 的一条素线。母线上任意一点 M 的旋转轨迹是一个圆（称为纬圆）。其中 SA、SC 为主视图的转向轮廓线，SB、SD 为左视图的转向轮廓线。

回转体一般由回转面（如圆球、圆环等）或回转面与平面围成（如圆柱、圆锥等）。因此，回转体的投影也就归结为回转面的投影与平面的投影。

5. 绘制六棱柱的三视图

以六棱柱为例，介绍平面立体三视图的绘制方法。

（1）形体分析

正六棱柱由顶面，底面和六个侧棱面围成。顶面，底面分别由六条底棱线围成（正六边形）；每个侧棱面又由两条侧棱线和两条底棱线围成（矩形）。如图 7－23（a）所示。

（2）绘图步骤

① 执行“图层”命令，建立“中心线”图层，线型为“CENTER2”，颜色为“红色”，其余参数采用默认值。建立“轮廓线”图层，线型为“Continuous”，颜色为“白色”，线宽为“0.35mm”，其余参数采用默认值。建立“辅助线”图层，线型为“Continuous”，颜色为“绿色”，其余参数采用默认值。打开“线宽”显示。

② 将“辅助线”图层置为当前图层。执行“直线”命令，绘制坐标系及 45°辅助线。如图 7－24（a）所示。

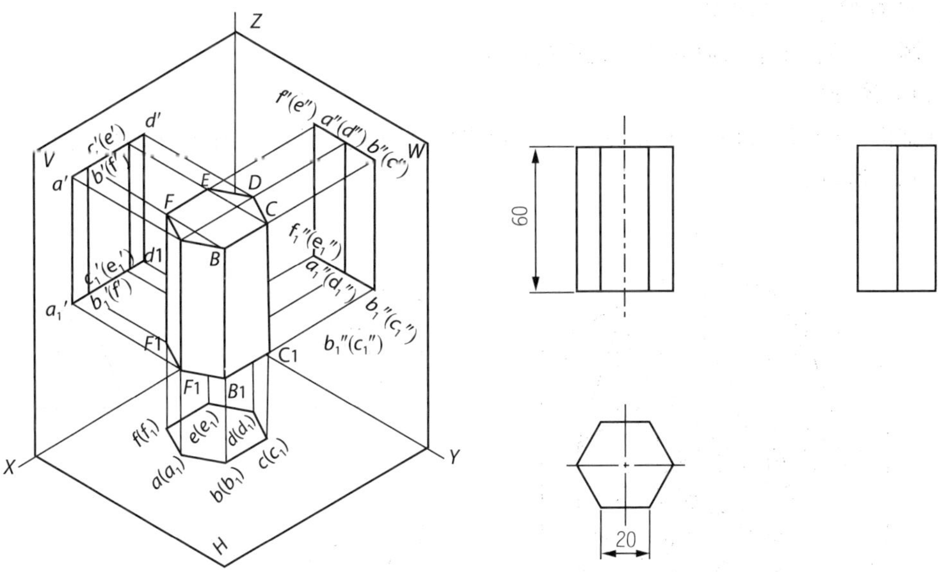

（a）三面投影投影原理图　　　　（b）三视图

图 7－23　六棱柱的三面投影原理图及三视图

③ 绘制水平投影。将“中心线”图层置为当前图层。执行“直线”命令，绘制长度为“50mm”的水平和竖直中心线。然后将“轮廓线”图层置为当前图层。执行“正多边形”命令，绘制边长为“20mm”的正六边形。执行“移动”命令，将六边形中点与中心线的交点重合。如图 7－24（b）所示。

④ 绘制正面投影。将“辅助线”图层置为当前图层。执行“直线”命令，绘制竖直辅助线。然后将“中心线”图层置为当前图层。执行“直线”命令，绘制矩形中心线。再将“轮廓线”图层置为当前图层。执行“直线”命令，在辅助线的基础上绘制高“60mm”的矩形及直线(此时看不见的虚线被粗实线遮挡，不必绘制)。如图 7-24(c)所示。

⑤ 绘制侧面投影。将“辅助线”图层置为当前图层。执行“直线”命令，从水平投影和正面投影向右绘制水平辅助线。以水平辅助线和 45°辅助线的交点为起点，绘制竖直辅助线。然后将“轮廓线”图层置为当前图层。执行“直线”命令，以辅助线的交点为基础，绘制右视图轮廓(此图中心线被粗实线遮挡，不必绘制)。如图 7-24(d)所示。

⑥ 关闭“辅助线”图层。如图 7-23(b)所示。

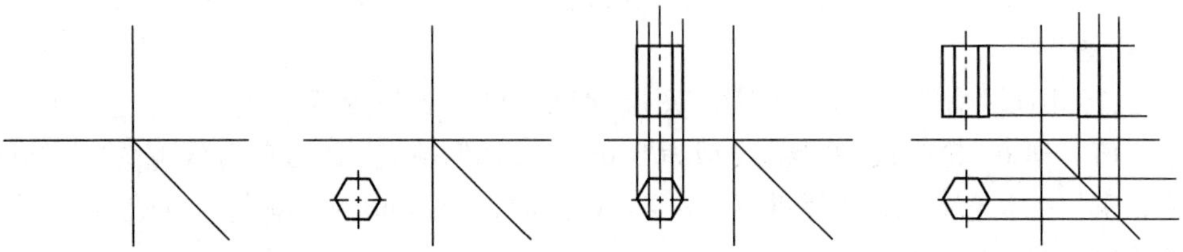

(a)　(b)　(c)　(d)

图 7-24　六棱柱三视图绘制示例

6. 绘制圆锥的三视图

以圆锥为例，介绍曲面立体三视图的绘制方法。

(1)形体分析

圆锥由一个底面和一个圆锥面围成。圆锥面是一直母线绕与它相交的轴线回转而成。如图 7-25 所示。

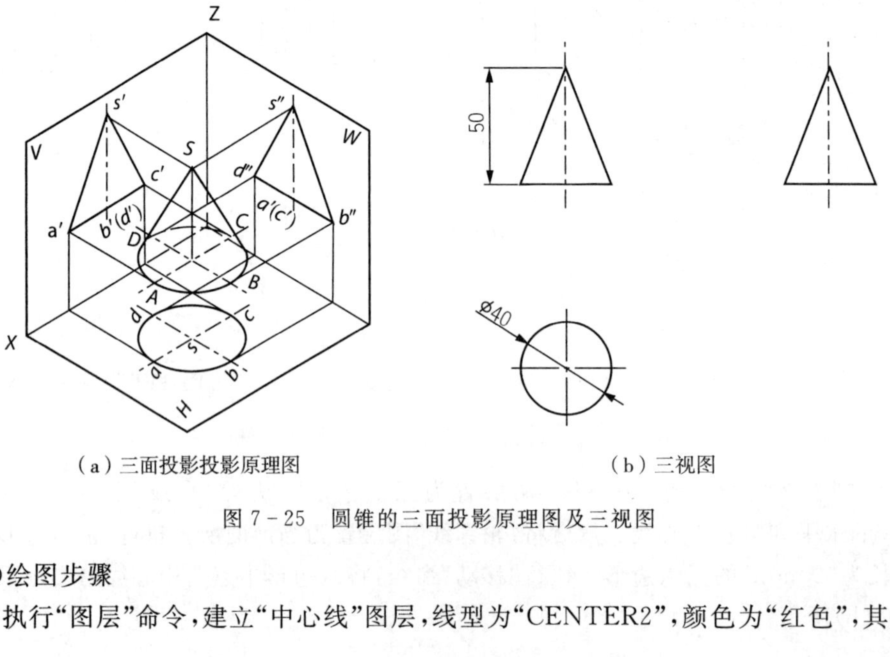

(a) 三面投影投影原理图　(b) 三视图

图 7-25　圆锥的三面投影原理图及三视图

(2)绘图步骤

① 执行“图层”命令，建立“中心线”图层，线型为“CENTER2”，颜色为“红色”，其余参数

采用默认值。建立“轮廓线”图层，线型为“Continuous”，颜色为“白色”，线宽为“0.35mm”，其余参数采用默认值。建立“中心线”图层，线型为“CENTER2”，颜色为“红色”，其余参数采用默认值。建立“轮廓线”图层，线型为“Continuous”，颜色为“白色”，线宽为“0.35mm”，其余参数采用默认值。建立“辅助线”图层，线型为“Continuous”，颜色为“绿色”，其余参数采用默认值。打开“线宽”显示。

② 将“辅助线”图层置为当前图层。执行“直线”命令，绘制坐标系及45°辅助线。如图7-26(a)所示。

③ 绘制水平投影。将“中心线”图层置为当前图层。执行“直线”命令，绘制长度为“50mm”的水平和竖直中心线。然后将“轮廓线”图层置为当前图层。执行“圆”命令，以中心线交点为圆心，绘制半径为“20mm”的圆。如图7-26(b)所示。

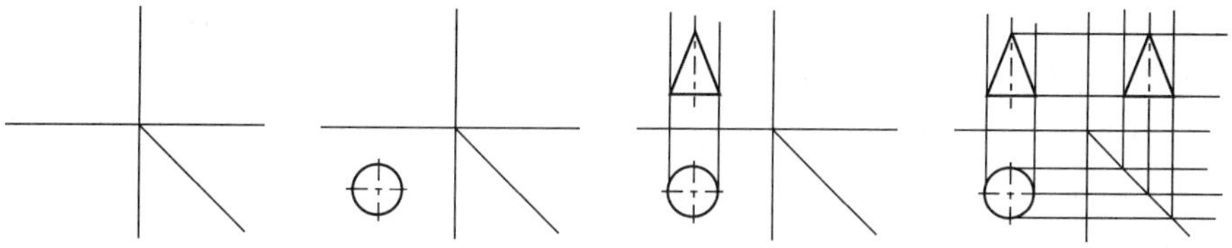

图7-26 圆锥三视图绘制示例

④ 绘制正面投影。将“辅助线”图层置为当前图层。执行“直线”命令，绘制竖直辅助线。然后将“中心线”图层置为当前图层。执行“直线”命令，绘制中心线。再将“轮廓线”图层置为当前图层。执行“直线”命令，在辅助线的基础上绘制高度为“50mm”的三角形。如图7-26(c)所示。

⑤ 绘制侧面投影。将“辅助线”图层置为当前图层。执行“直线”命令，从水平投影和正面投影向右绘制水平辅助线。以水平辅助线和45°辅助线的交点为起点，绘制竖直辅助线。然后将“中心线”图层置为当前图层。执行“直线”命令，绘制中心线。再将“轮廓线”图层置为当前图层。执行“直线”命令，以辅助线的交点为基础，绘制右视图轮廓。如图7-26(d)所示。

⑥ 关闭“辅助线”图层。如图7-25(b)所示。

【任务实施】

工程中抱箍是成对使用，本任务为了方便演示，只绘制一个抱箍。技能较为熟练的作图人员，可以不绘制坐标系。

(1)绘制俯视图(水平投影)

① 执行“图层”命令，建立“辅助线”图层，线型为“Continuous”，颜色为“绿色”，其余参数采用默认值。将其置为当前图层。执行“直线”命令，绘制水平和竖直辅助线各一根。

② 执行“图层”命令，建立“轮廓线”图层，线型为“Continuous”，颜色为“白色”，线宽为“0.35mm”，其余参数采用默认值。执行“圆”命令，以辅助线交点为圆心，绘制半径为“90mm”的圆。

③ 执行“修剪”命令，裁剪圆与水平辅助线。如图7-27(a)所示。

④ 将水平辅助线置于“轮廓线”图层。然后执行“偏移”命令，将圆弧与水平线向下偏移

“8mm”。再执行“修剪”命令，裁剪圆弧与水平辅助线。效果如图 7-27(b)所示。

⑤ 将“辅助线”图层置为当前图层，执行“直线”命令，以下方圆弧与直线的交点为起点，绘制竖直直线。然后执行“复制”命令，将其向左复制，距离为“30mm”和“70mm”。

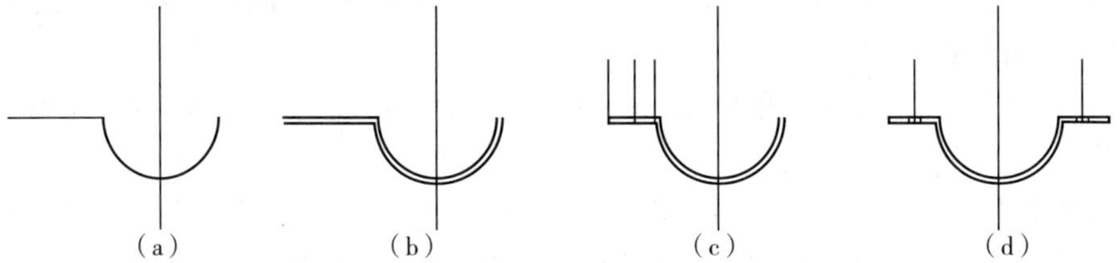

图 7-27　抱箍俯视图绘制示例

⑥ 将“轮廓线”图层置为当前图层，执行“直线”命令，绘制竖直轮廓线。然后执行“修剪”命令，裁剪水平线不必要的部分。

⑦ 执行“图层”命令，建立“虚线”图层，线型为“DASHED2”，颜色为“黄色”，其余参数采用默认值。然后执行“偏移”命令，将竖直辅助线向左和右各偏移“8.75mm”。再执行“修剪”命令，裁剪其不必要部分，最后将其置于“虚线”图层(由于图线比例较大，此时不能显示虚线样式)。如图 7-27(c)所示。

⑧ 执行“镜像”命令，将左边直线以竖直辅助线为镜像线，左右镜像。

⑨ 执行“修剪”命令，裁剪圆弧不必要部分，然后删除多余辅助线。

(2)绘制主视图(正面投影)

① 将“辅助线”图层置为当前图层，执行“直线”命令，以俯视图各主要点为基础，绘制竖直辅助线，在合适位置绘制一根水平辅助线。然后执行“偏移”命令，将其向上和向下各偏移“30mm”。如图 7-28(a)所示。

② 将“轮廓线”图层置为当前图层，执行“直线”“圆”命令，绘制可见部分的线条，圆直径为“17.5mm”。

③ 将“虚线”图层置为当前图层，执行“直线”命令，绘制不可见部分的线条(俯视图上方的圆弧从正方向看不见)，然后删除不必要辅助线。如图 7-28(b)所示。

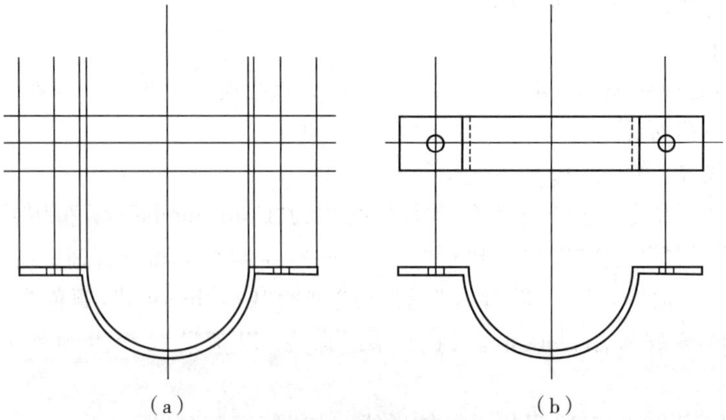

图 7-28　抱箍主视图绘制示例

(3)绘制左视图(侧面投影)

① 将“辅助线”图层置为当前图层，执行“直线”命令，使用“极轴”绘图，将增量角设置为“45°”，绘制斜线；以主视图各主要点为基础，绘制水平辅助线；以俯视图各主要点为基础，绘制水平辅助线，以其与 45°斜线的交点为起点，绘制竖直辅助线。如图 7－29(a)所示。

② 将“轮廓线”图层置为当前图层，执行“直线”命令，绘制可见部分的线条。

③ 将“虚线”图层置为当前图层，执行“直线”命令，绘制不可见部分的线条(俯视图上方的圆弧和主视图开孔的圆，从左方向看不见)。然后删除不必要辅助线。如图 7－29(b)所示。

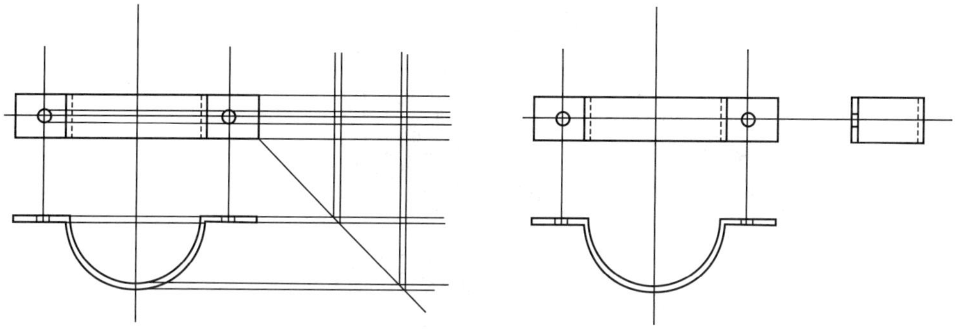

(a)　　(b)

图 7－29　抱箍左视图绘制示例

(4)绘制中心线与检查

① 执行“图层”命令，建立“中心线”图层，线型为“CENTER2”，颜色为“红色”，其余参数采用默认值。

② 将“中心线”图层置为当前图层，执行“直线”命令，在辅助线上绘制对称部分的中心线。然后删除辅助线。如图 7－1 所示。

③ 三视图比较复杂，作图完成后，一定要仔细检查，重点检查是否有不可见的线条遗漏未绘制；是否将不可见线条绘制为可见线条。

【任务拓展】

剖视图

用视图表达元器件外部形状，当元器件的内部形状比较复杂时，则在图样上不可见的轮廓线较多，出现许多的虚线，影响图形清晰度，既不便于看图，也不便于标尺寸。因此，在制图时通常采用剖视的方法。

(1)剖视图基本概念

用假想的剖切平面将元器件从适当的位置剖开，取走剖切平面之前和观察者之间的部分，将其余的部分向投影面投影，并在剖面部分画上剖面线，这样得到的图形称作剖视图，如图 7－30 所示。

(2)剖视图的画法

① 确定剖切面的位置

剖切平面选择的适当的程度在于：一是要清楚地反映元器件的内部形状，二是要便于看图。因此，剖切平面一般应通过元器件的对称平面或轴线。剖切平面平行投影面的位置，以

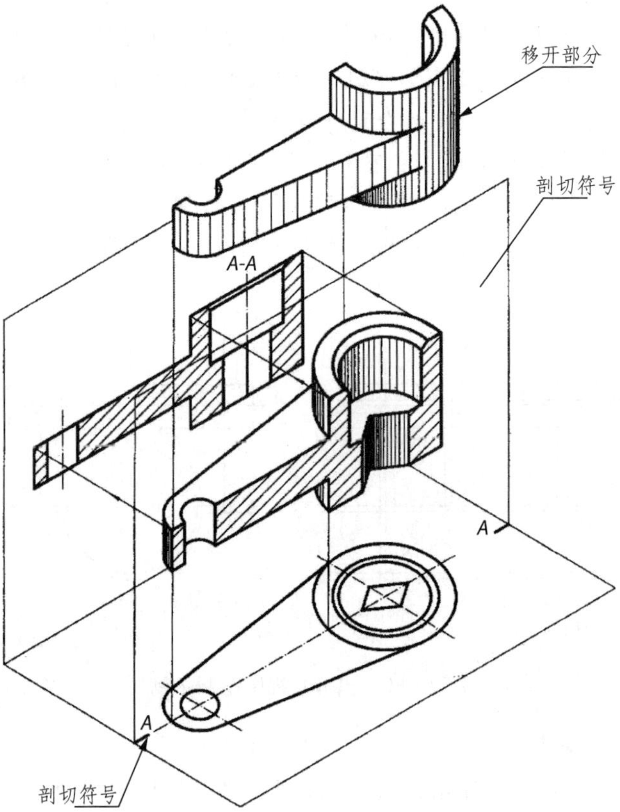

图 7 - 30　剖视图的形成

反映剖面的实形。图 7 - 31(a)表示元器件的视图,图 7 - 31(b)表示元器件的剖视图。

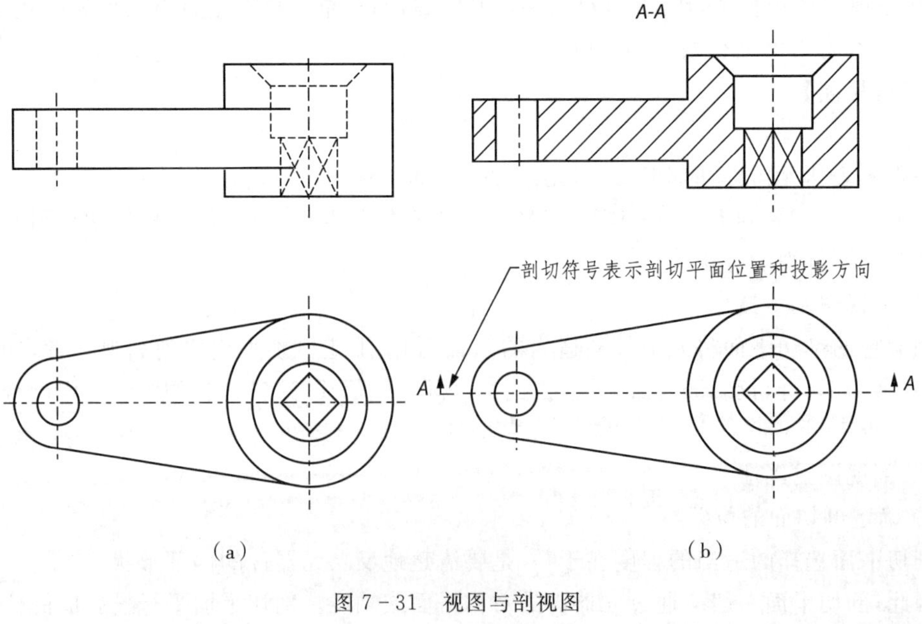

图 7 - 31　视图与剖视图

② 画出留下部分的视图

剖切平面选定后，按选定投影方向把相应留下部分画出投影图，如图 7－31 所示。此时，变原来的不可见为可见，即虚线变为实线。在剖视图上尽可能不画虚线，对已表达清楚的结构，其虚线可省略不画。对于一些定位的虚线，若没有其它视图表达，则不能省略。如图 7－32 所示。

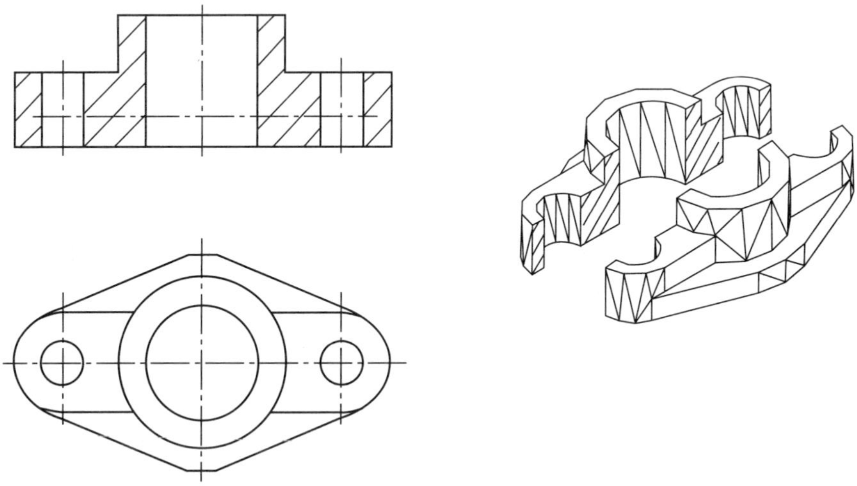

图 7－32　剖视图的实线与虚线

③ 在剖面上画出剖面符号

剖面是剖切平面与元器件相交所得的交线围成的图形。剖面符号是区别剖切到与未剖切到的部分，在剖面上画出的符号，也叫剖面线。画图时应采用国家标准所规定的剖面符号。不需在剖面区域中表示材料类别时，可采用通用剖面线表示。通用剖面线应以适当角度的细实线绘制，最好与主轮廓或剖面区域的对称线成 45°角，如图 7－33 所示。

读图时，根据画剖面线部分是元器件实体，未画剖面线部分是元器件空心部分或剖面之后的部分，就容易想象出元器件内部形状和远近层次。

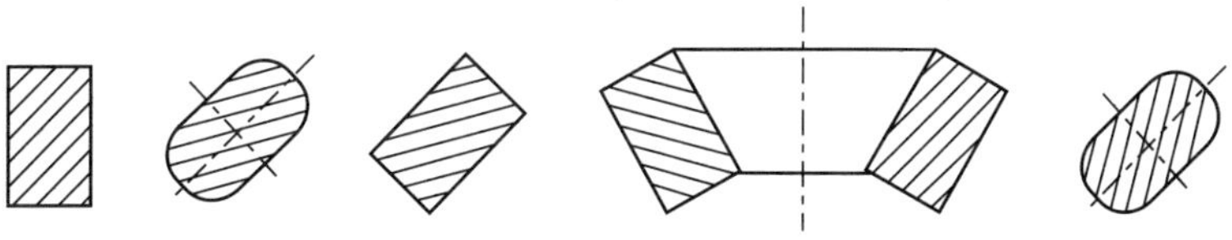

图 7－33　通用剖面线的绘制示例

任务 7.2　绘制抱箍的三维图

在实际工程中，很少使用 AutoCAD 绘制三维图。如果是工业设计或者建筑设计，主流设计软件是 pro E 和 UG；建筑设计的主流设计软件是 Autodesk Revit；室内设计或者效果图的主流设计软件是 3Ds Max。但是这些软件都要求使用人员有 AutoCAD 绘图的基础。本任务以绘制抱箍为例，简单介绍立体图的绘制方法。

子任务 7.2.1 多视口观察立体图

【任务目标】

- 了解坐标系。
- 掌握多视口观察三维图的方法。
- 掌握在不同视口切换三维视图的方法

【知识链接】

1. 三维基本概念

三维绘图是二维绘图的延伸，也是绘图中较为高端的手段。在 AutoCAD 中可以用三种方式来创建三维图形，即线框模型方式、曲面模型方式和实体模型方式。线框模型方式为一种轮廓模型，它由三维的直线和曲线组成，没有面和体的特征；曲面模型使用面描述三维对象，它不仅定义了三维对象的边界，而且还定义了表面；实体模型不仅具有线和面的特征，而且还具有体的特征，各实体对象间可以进行各种布尔运算，从而可创建复杂的三维实体模型。

(1)三维坐标系

点是每个 AutoCAD 对象的核心，所有图元都可以认为是点的集合，并且由关键点（夹点）的方程定义出图元的特性。AutoCAD 用直角坐标系来确定点在空间中的位置，直角坐标系通常称为笛卡尔坐标系。（二维坐标系见子任务 2.1.1。）

三维坐标系如图 7 - 34 所示，在其中作图应遵循如下规则：

① 有三个标为 X、Y 和 Z 的轴，它们相互垂直。

② 三个轴所交的公共点称为原点。

③ 每个轴有两个端点，从原点起分正负方向。

④ Z 轴的正方向由右手定则确定。即右手的食指指向 X 轴的正方向，其余弯曲的手指指向 Y 轴的正方向，并伸出拇指，拇指指向 Z 轴的正方向。

⑤ 空间一个点的位置用三个数值表示，各数值之间用逗号隔开，如(X,Y,Z)。通常原点表示为(0,0,0)，这里的 X、Y、Z 分别表示原点到该点在三个坐标轴上投影的距离。在平面图上，一般省略 Z 的数值，用(X,Y)表示。

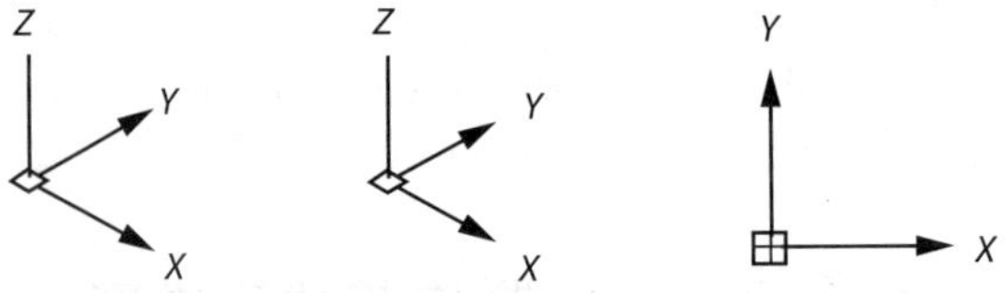

图 7 - 34 世界坐标系的不同显示

AutoCAD 的坐标系分为世界坐标系(WCS)和用户坐标系(UCS)，默认为世界坐标系。如图 7 - 34 所示世界坐标系是唯一的，固定不变的。对于二维绘图，世界坐标系能满足绘图需要。若要创建三维模型，绘图人员常常要在不同平面或是某个方向绘制结构，需要以绘图

的平面为 XY 坐标平面创建新的坐标系，然后再调用绘图命令绘制图形。

2. 轴测图

轴测图是一种在二维空间里表达三维形体的最简单的方法，它是将物体和空间中确定该物体的笛卡尔直角坐标系一起沿倾斜于投影面一定角度的方向，用平行投影法投影到一个投影平面上所得到的图形。投影得到的图形能够在一个投影面上同时观察相互垂直的三个面形状，因此能够比较完整、清晰地表达出产品的形状特征，具有良好的直观性，能够帮助技术人员理解产品的形状特征。如图 7 - 35 所示。

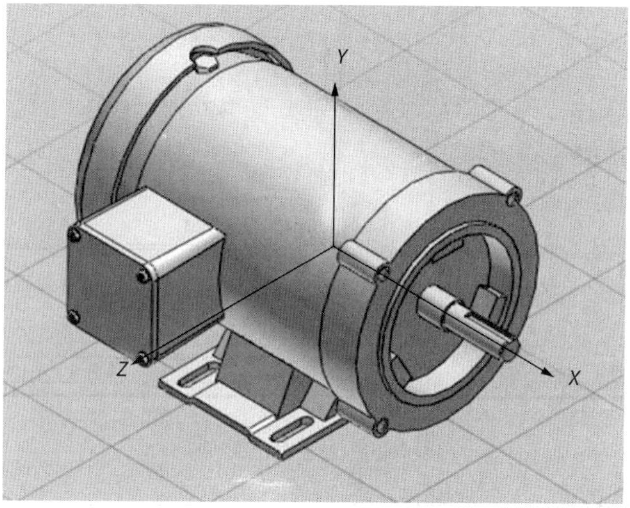

图 7 - 35 电机轴侧图

3. 视口

在模型空间绘图时，一般都是在一个充满整个屏幕的单视口中进行操作，但在某些情况下需要将图形的局部放大，以方便编辑，此时可能会造成用户观察不到图形修改后的整体效果。此时可新建视口，在一个图形中显示图形的局部，在另外的视口中显示图形的整体效果。

(1)操作方法

① 在命令行中输入：VPORTS；

② 在下拉菜单中点击："视口"→"新建视口"。

(2)操作说明

执行"视口"命令，弹出如图 7 - 36 所示的"视口"对话框。

参数说明：

- 在"新建视口"选项卡中的"新名称"文本框内输入新建视口的名称。
- 在"标准视口"列表框中选择视口布局方式后，即可在右侧的"预览"框中预览该方式的视口布局样式。
- 在"设置"下拉列表中选择用于二维还是三维。

有多个视口时，鼠标单击任一视口，该视口会凸显出来，表示被"激活"，即被选为当前视口。然后才能在该视口中进行操作。如图 7 - 37 所示。在任意视口中操作视图，不影响其他视口的视图显示方式。但是在任意一个视口中绘制图形或修改已有图形，在其他视口中将同时反映出来。

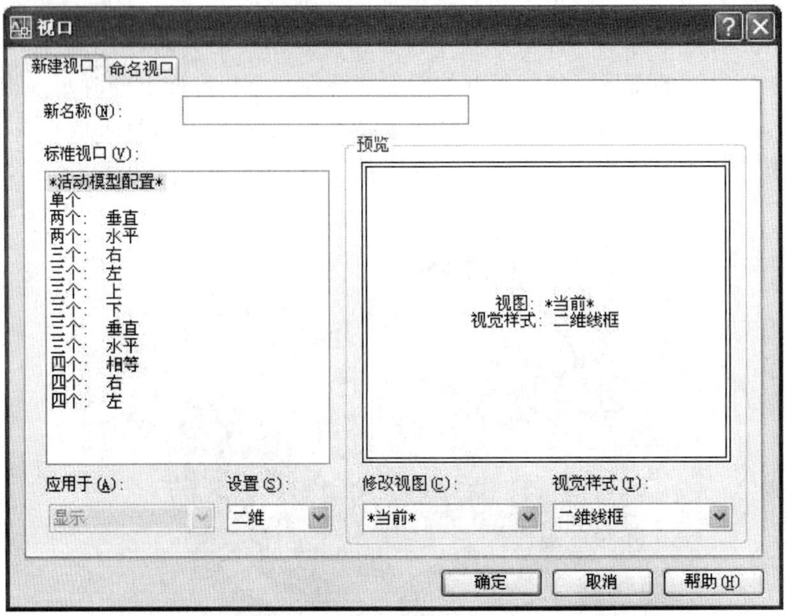

图 7-36 “视口”对话框

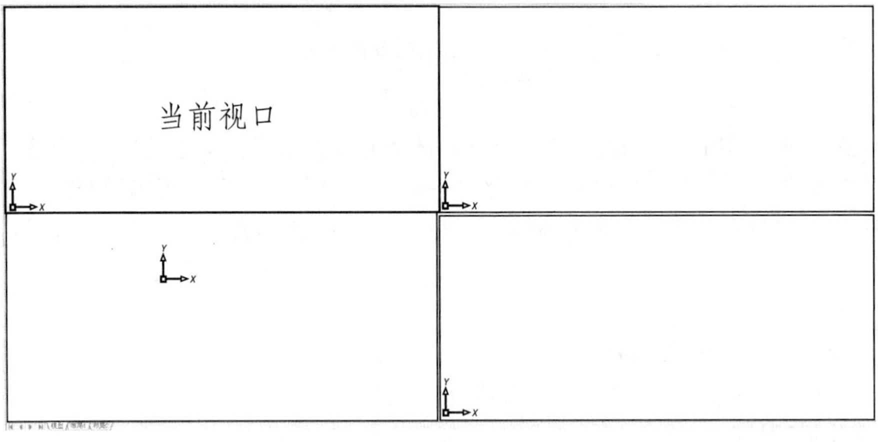

图 7-37 选择视口

4. 三维视图

在绘制三维图形过程中，常常要从不同方向观察图形，AutoCAD 默认视图是 XY 平面，方向为 Z 轴的正方向，看不到物体的高度（类似于三视图中的俯视图）。因此 AutoCAD 提供了多种创建三维视图的方法，沿不同的方向观测模型。操作方法如下：

① 在命令行中输入：VIEW；

② 在下拉菜单中点击：“视图”→“三维视图”。然后选择观测方向。

③ 打开“视图”工具栏，选择观测方向

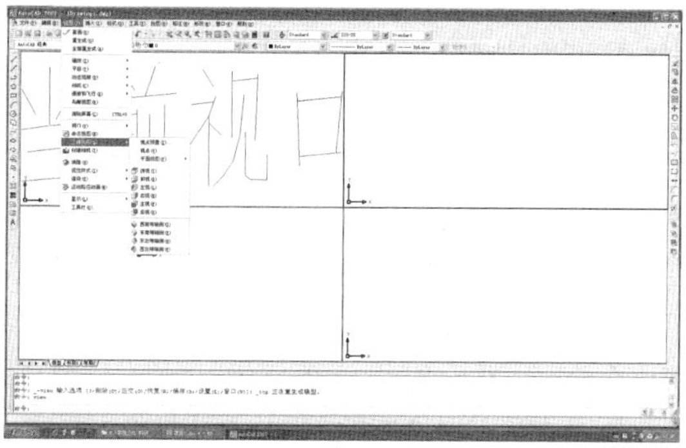

图 7－38　菜单栏选择视图

图 7－39　工具栏选择视图

【任务实施】

打开素材文件“项目 7 参考 1. dwg”。

命令：VPORTS　↙（选择“四个：相等”的视口）

分别激活不同视口。点击：“视图”→“三维视图”，将其分别设置为“主视”“左视”“俯视”和“西南等轴测”。效果如图 7－40 所示。

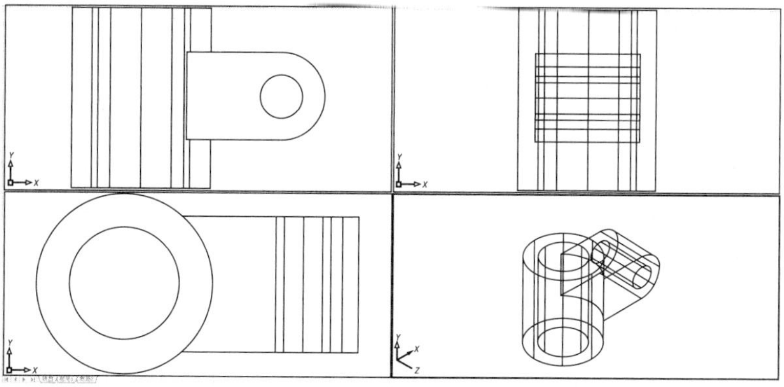

图 7－40　四视口三维视图

特别提示

三维视图不是三视图，只是从不同角度观测物体的外形。三维视图既不能修改图形，也不满足国家标准对于图线的规定。

子任务 7.2.2　根据三视图绘制抱箍立体图

用 AutoCAD 软件建立三维模型，操作较复杂。本任务只做简单讲解，希望绘图人员能举一反三。

【任务目标】

● 了解绘制简单立体图的方法。

【任务实施】

元器件的立体图,可以直接根据实物尺寸绘制,也可以根据三视图中标注尺寸绘制。本任务根据抱箍三视图绘制立体图。相关尺寸如图 7-1 所示。

(1)在新建文件中绘制图 7-1 中的俯视图,只绘制抱箍的外轮廓线,不绘制中心线和代表小孔的虚线。效果如图 7-41(a)所示。

(2)执行"多段线编辑"命令,将其编辑为一个整体。

(3)执行"视口"命令,生成"四个:相等"视口。

(4)执行"三维视图"命令,将左上角视口设为"主视",右上角视口设为"左视",左下角视口设为"俯视",右下角视口设为"西南等轴测"。效果如图 7-42(a)所示。

(5)激活"西南等轴测"视口。在菜单栏中选择"绘图"→"建模"→"拉伸",将图形向上拉升"60mm"。效果如图 7-41(b)所示。

```
命令:_extrude
当前线框密度:ISOLINES = 4
选择要拉伸的对象:找到 1 个(鼠标拾取抱箍)
选择要拉伸的对象:↙
指定拉伸的高度或[方向(D)/路径(P)/倾斜角(T)]<1.0000>:60 ↙
(鼠标向上移动直至出现指示线,输入数值)
```

(6)激活"主视"视口。根据图 7-1 中尺寸绘制两个圆。效果如图 7-41(c)所示(图中部分直线是软件自动生成,不必处理)。

(a)

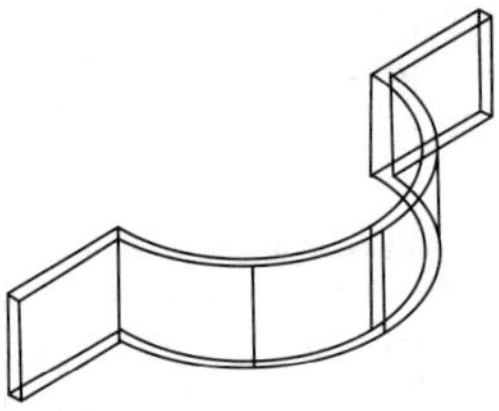

(b)

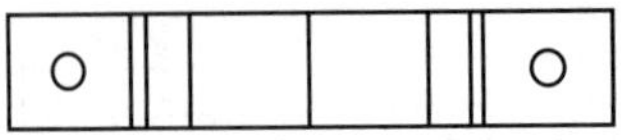

(c)

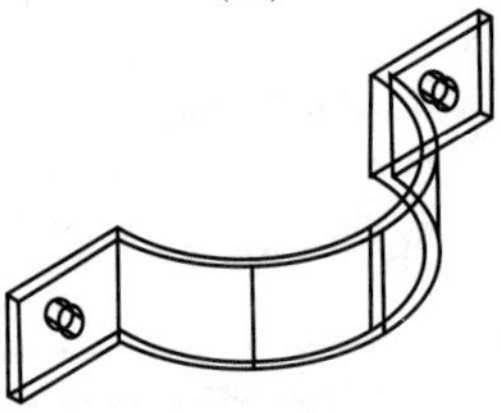

(d)

图 7-41　三维绘图细节

(7)激活"西南等轴测"视口,可以观察到新生成了两个圆。在菜单栏中选择"绘图"→"建模"→"拉伸",将圆拉升"-8mm"。效果如图 7-41(d)所示。

(8)选择“修改”→“实体编辑”→“差集”,在抱箍上开孔。

```
命令:_subtract
选择要从中减去的实体或面域...
选择对象:找到 1 个(鼠标拾取抱箍)
选择对象:↙
选择要减去的实体或面域..
选择对象:找到 1 个
选择对象:找到 1 个,总计 2 个(鼠标拾取圆柱)
选择对象:↙
```

(9)选择“视图”→“视觉效果”→“概念”,立体图从线框模式显示转换为实体模式显示。效果如图 7-42(b)所示。

(10)选择“视图”→“视口”→“合并”,以“西南等轴测”视口为主视口,将四个视口合并为一个。

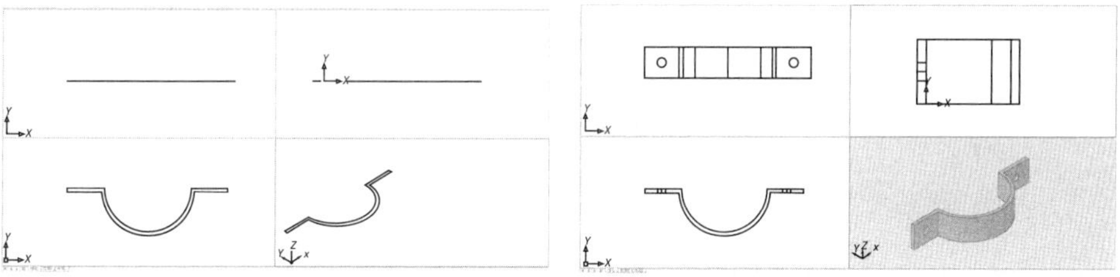

(a)　　(b)

图 7-42　三维绘图示例

学习小结

本项目通过绘制电气工程中常用元件“抱箍”的三视图和三维图,介绍了简单三视图的观察与绘制方法,以及根据三视图绘制三维图的技巧。通过本项目的练习,作图人员应该掌握视读三视图方法,能绘制简单的三视图。了解三维建模的方法,锻炼空间想象能力,将图像与数据进行合理组合。

职业技能知识点考核

1. 绘制三视图(一)

(1)图层设置

● 新建四个图层,图层名称分别为“轮廓线”“中心线”“虚线”和“剖面”,线宽分别为“0.4mm”“0.2mm”“0.2mm”和“0.2mm”,线型分别为“Continuous”“CENTER2”“DASHED2”和“Continuous”,“中心线”图层颜色设置为“红色”,其余参数均采用默认值。

● 新建图层,图层名称为“标注说明”,线宽为“0.2mm”,颜色为“蓝色”,其余参数均采用默认值。

● 将相应的线条编辑在对应的图层上,在“剖面”图层上给图形的剖面部分添加剖面线，剖面图案为“ANSI31”，填充比例为“0.5”。

(2)图形绘制

根据图 7-43 所示的结构尺寸绘制图形。要求图形层次清晰、布局合理。注意图中线条粗细，中心线超出轮廓线“5mm”。

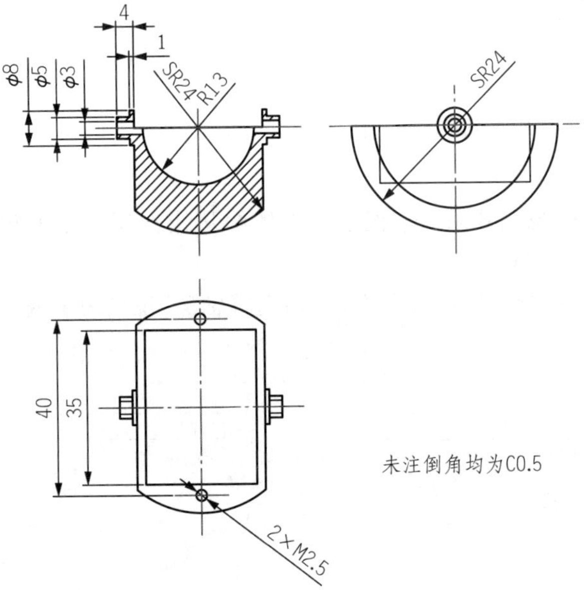

图 7-43 三视图绘制(一)

(3)尺寸、文字标注

● 在“标注说明”图层上标注尺寸及文字，要符合国家标准。文字字体选用“仿宋_GB2312”，文字高度为“3.5”，倾斜角度为 15°。

● 将图中零件的主要尺寸标注出来，文字标注的高度为“5”。

(4)保存文件：将完成的图形以“全部缩放”的形式显示，并以“Answer07－01.dwg”为文件名保存在学生文件夹中。

难点提醒：中心线的线型比例应设置为“0.2”，虚线的线型比例应设置为“0.4”。

2. 绘制三视图(二)

(1)图层设置

● 新建四个图层，图层名称分别为“轮廓线”“中心线”和“剖面”，线宽分别为“0.4mm”“0.2mm”和“0.2mm”，线型分别为“Continuous”“CENTER2”和“Continuous”，“中心线”图层颜色设置为“红色”，其余参数均采用默认值。

● 新建图层，图层名称为“标注说明”，线宽为“0.2mm”，颜色为“蓝色”，其余参数均采用默认值。

● 将相应的线条编辑在对应的图层上，在“剖面”图层上给图形的剖面部分添加剖面线，剖面图案为“ANSI37”，填充比例为“0.5”。

(2)图形绘制

根据图 7-44 所示的结构尺寸绘制图形。要求图形层次清晰、布局合理。注意图中线条粗细，中心线超出轮廓线“3mm”。

(3)尺寸、文字标注

● 在“标注说明”图层上标注尺寸及文字,要符合国家标准。文字字体选用“仿宋_GB2312”,文字高度为“2.5”,倾斜角度为 15°,箭头大小为“2”。

● 将图中零件的主要尺寸标注出来,文字标注的高度为“3”。

(4)保存文件

将完成的图形以“全部缩放”的形式显示,并以“Answer07-02.dwg”为文件名保存在学生文件夹中。

难点提醒:中心线的线型比例应设置为“0.1”。

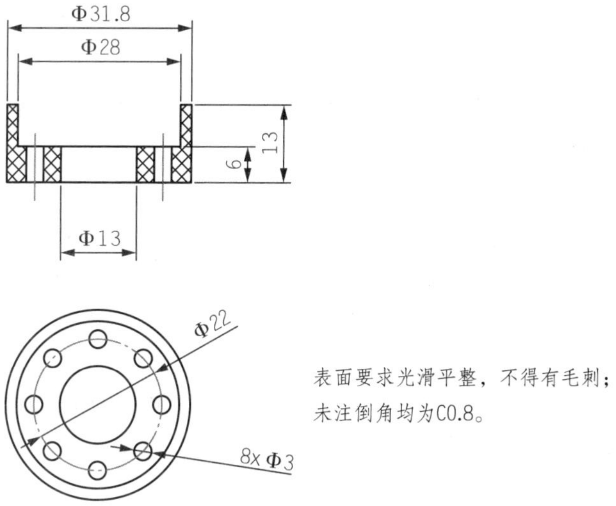

图 7-44　三视图绘制(二)

项目 8　打印出图

【项目描述】

(1)建立文件夹

在 D 盘根目录下新建一个学生文件夹,文件夹的名称为学生学号。

(2)视图层设置

将素材文件“项目 8. dwg”复制到学生文件夹中,并打开该文件,建立视口层,图层名称为“VPORTS”,将此图层设为不打印层。

(3)图纸空间设置

激活“布局 1”,进入布局空间,重命名“布局 1”为“A3”,并对“A3”的页面设置如下:打印机选择“DWF6 ePlot. pc3”,图纸尺寸选“ISO A3(420.00×297.00 毫米)”,打印样式选“monochrome. ctb”。其余参数均为默认值。

(4)图纸设置

在“A3”中的“VPORTS”上创建 3 个视口。视口左下角点坐标为(1,1),右上角点坐标为(11,8)。视口比例及图形布置如图 8-1 所示。

(5)保存文件

将完成的图形以“Pro8. dwg”为文件名保存在学生文件夹中。

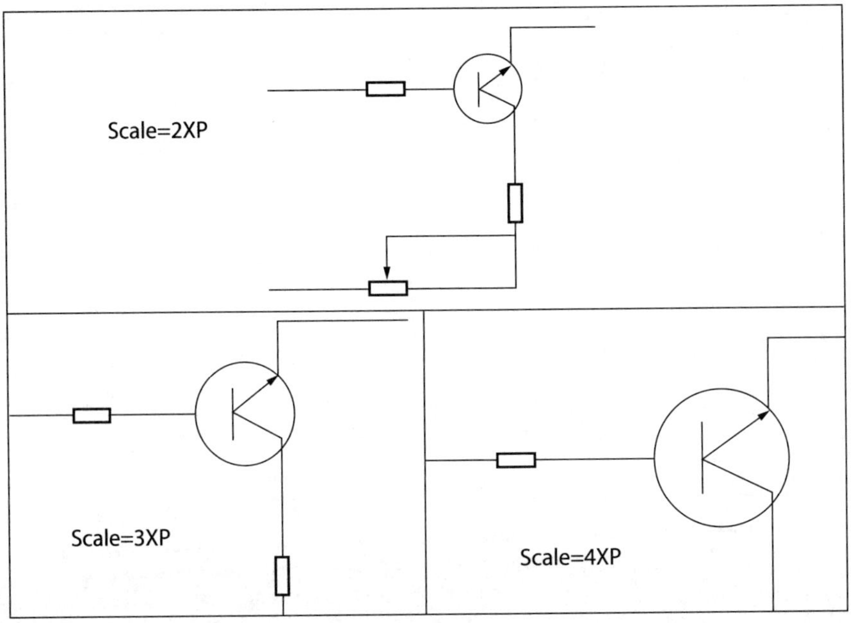

图 8-1　布局多视口显示示例

【项目实施】

(1)点击桌面"我的电脑",进入D盘,点击鼠标右键,选择"新建"→"文件夹",输入学号。

操作参考:《计算机基础》课程教材。

(2)双击桌面Autocad2007软件图标,新建CAD文件。

操作参考:项目1。

(3)新建"VPORTS"图层,按照项目要求设置图层参数。

操作参考:项目1。

(4)激活"布局1",重命名为"A3",进行页面设置。

操作参考:任务8.1。

(5)执行"视口"命令。按图8-1所示布置视口。

操作参考:任务2。

(6)激活各个视口,修改视口比例。

操作参考:任务2。

(7)检查无误后,在菜单栏中选择"文件"→"另存为",按项目要求操作。

操作参考:项目1。

任务8.1 设置打印属性

完成图形文件的绘制后,图纸要通过打印机或者绘图仪打印出来。一张图纸一般包括一个图框内的所有图元(图纸幅面超过A0幅面尺寸,可以打印多张图纸然后粘贴)。打印的图形可以包含单一视图,也可以排列复杂的视图。根据不同需要,可以打印一个或多个视口。设置选项可以决定打印的内容和图形在图纸上的布置。

子任务8.1.1 配置绘图设备

【任务目标】

- 了解图纸分类。
- 掌握设置绘图仪的方法。
- 掌握设置打印样表的方法。

【知识链接】

1. 图纸材料分类

工程项目打印出图要根据用户不同的要求,选择不同类型的纸张。工程中大量使用硫酸纸图、蓝图和白图。

(1)硫酸纸图(如图8-2所示)

硫酸纸,又称制版硫酸转印纸,主要用于印刷制版业,具有纸质纯净、强度高、透明好、不变形、耐晒、耐高温、抗老化等特点,广泛适用于手工描绘、走笔/喷墨式CAD绘图仪、工程静电复印、激光打印、美术印刷、档案记录等。

硫酸纸呈半透明，在工程打印出图中通常用来制作底图。如果图纸有误，硫酸纸还可以刮改(刮掉描有线条的一层)，可以减少工程成本。

(2)蓝图(如图 8－3 所示)

蓝图在工业上指“蓝图纸”(也称晒图纸)，其颜色多为蓝底白线或蓝底紫线。

图 8－2 硫酸纸图

图 8－3 蓝图

蓝图是将硫酸纸图经过光源照射，使晒图纸感光，从而形成图案。经过感光的图纸，用氨气来熏，使其与未见光的药膜生成色索显出图形，其过程称为晒图。由于蓝图比较清楚和规范，为确定设计施工图后大面施工指导时用图(很少修改时，成本较小)。

(3)白图

白图就是在白纸上直接打印的图。

在传统的产品档案存档过程中，底图(硫酸纸图)和蓝图是最基本也是不可或缺的两部分。底图的主要作用是存档备份和晒制图纸。蓝图的主要作用是给施工和归档提供查阅。随着现代化档案管理理念的不断延伸，以及计算机辅助设计技术的发展，电子图档管理技术的不断发展与成熟，以纸质蓝图为主要手段的档案存档工作已经不适应现代化的企业档案管理。国际上白图已经取代蓝图，国内很多行业是蓝图和白图共用。

2. 设置绘图仪

在首次打印出图前，应把绘图仪(打印机)添加进“绘图仪管理器”，并进行配置与优化，使其在 AutoCAD 中使用与其他软件打印不同的配置，从而得到更高质量的打印效果。

(1)操作方法：

① 在命令行中输入：PLOTTERMANAGER；

② 在下拉菜单中点击：“文件”→“绘图仪管理器”；

③ 在下拉菜单中点击：“工具”→“选项”→“打印和发布”→“添加或配置绘图仪”。

(2)操作示例：

添加“HP7585B”型打印机，并修改相关参数。

① 在下拉菜单中点击：“文件”→“绘图仪管理器”，弹出如图 8－4 所示“绘图仪管理器”文件夹。

② 点击“添加绘图仪向导”，弹出如图 8－5 所示“添加绘图仪”对话框，点击“下一步”。弹出如图 8－6 所示“添加绘图仪－开始”对话框。

图 8-4　“绘图仪管理器”文件夹

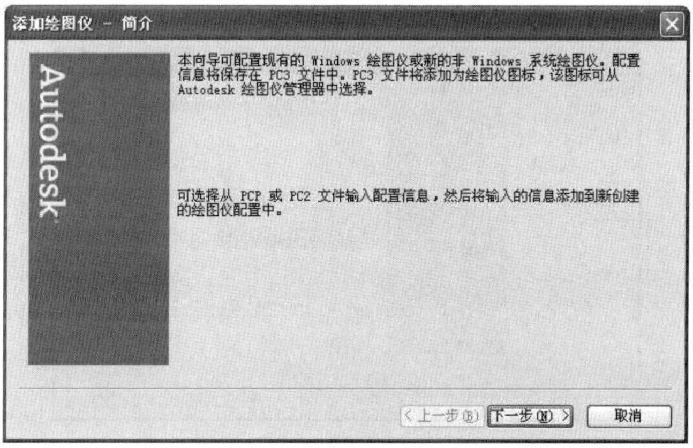

图 8-5　“添加绘图仪”对话框

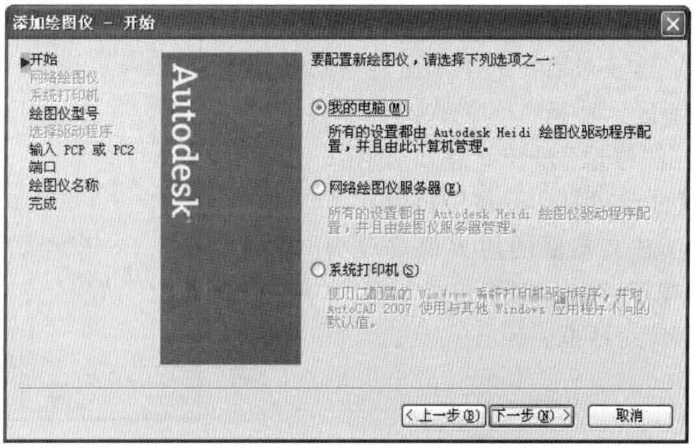

图 8-6　“添加绘图仪—开始”对话框

③ 选中“我的电脑”后，点击“下一步”，弹出如图 8－7 所示“添加绘图仪－绘图仪型号”对话框，在“生产商”选项框中选中“HP”，在“型号”选项框中选中“7585B”。点击下一步。

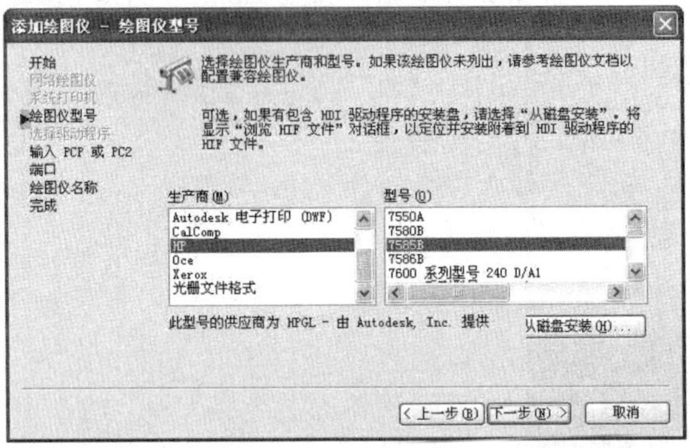

图 8－7 “添加绘图仪－绘图仪型号”对话框

④ 以下各对话框中均采用默认设置，反复点击“下一步”，直到弹出如图 8－8 所示的“添加绘图仪－完成”对话框。

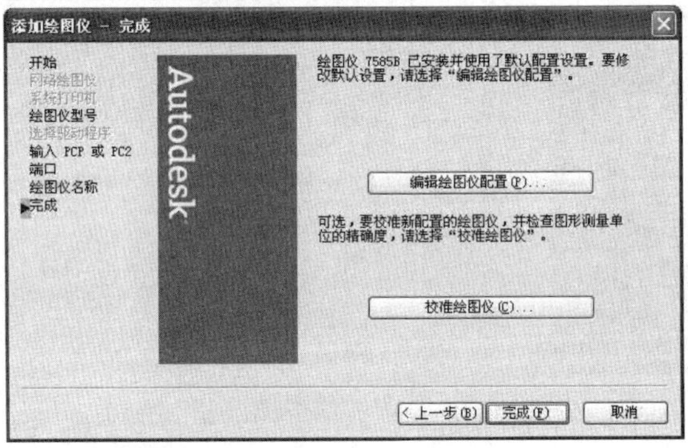

图 8－8 “添加绘图仪－完成”对话框

⑤ 点击“编辑绘图仪配置”按钮，弹出如图 8－9 所示“绘图仪配置编辑器”对话框。点击“修改标准图纸尺寸(可打印区域)”，在对话框的中部出现“修改标准图纸尺寸”选择区，选择“ISO A4 (297.00 × 210.00)”。然后点击“修改”按钮。弹出如图 8－10 所示“自定义图纸尺寸－可打印区域”对话框。

⑥ 将上、下、左、右文本框的边界值都改为“0”，然后点击“下一步”按钮，弹出如图 8－11 所示“自定义图纸尺寸－文件名”对话框。

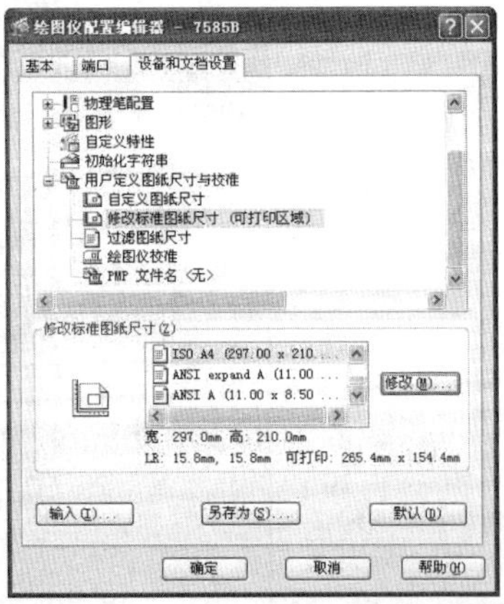

图 8－9 “绘图仪配置编辑器”对话框

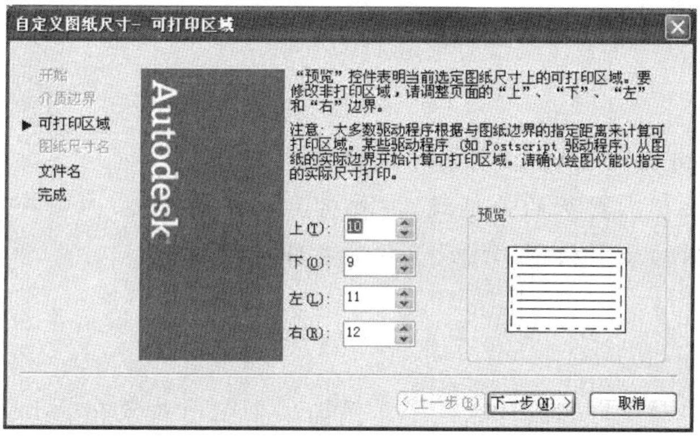

图 8－10　"自定义图纸尺寸—可打印区域"对话框

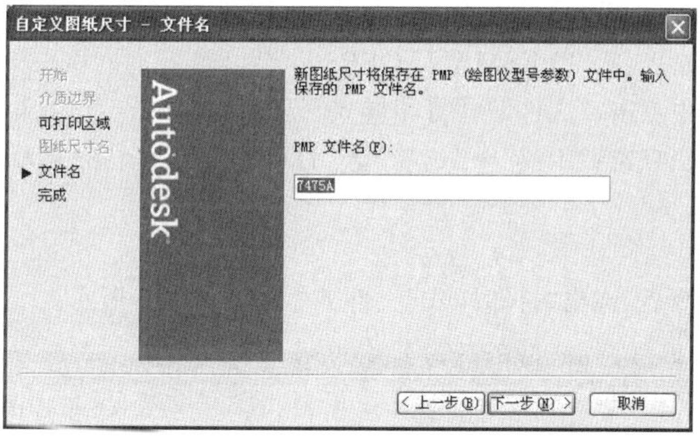

图 8－11　"自定义图纸尺寸—文件名"对话框

⑦ 接受默认文件名，然后点击"下一步"按钮，弹出如图 8－12 所示"自定义尺寸—完成"对话框。点击"完成"按钮，返回"绘图仪配置编辑器"对话框。点击"确定"按钮，返回"添加绘图仪—完成"对话框。

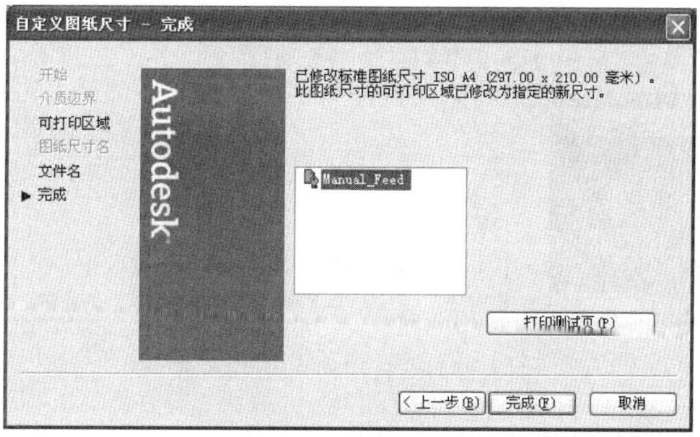

图 8－12　"自定义图纸尺寸—完成"对话框

⑧ 点击"完成"按钮，结束绘图仪设置，在"绘图仪管理器"文件夹中出现新的绘图仪配

置图标，如图 8－13 所示。

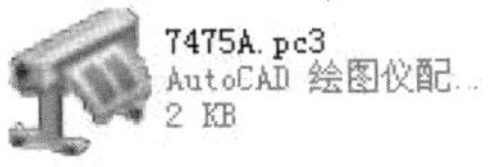

图 8－13　绘图仪配置图标

特别提示

标准图纸尺寸(可打印区域)中将打印区域的边界都设置为“0”，是为了打印出标准图纸的外框线，即把标准图纸的可打印区域设置为和图幅大小相当。该设置仅对打印硫酸纸图有效。

3. 设置打印样表

打印样式就是将对象打印成什么样子。例如某个图形对象在 AutoCAD 文件中的特性为红色、虚线，通过定义打印样式，在打印生成的纸质图形中变为黑色、实线。打印样式由打印样表控制。

(1)操作方法

① 在命令行中输入:SYTLESMANAGER;

② 在下拉菜单中点击:“文件”→“打印样式管理器”;

③ 在下拉菜单中点击:“工具”→“选项”→“打印和发布”→“打印样式表设置”→“添加或编辑打印样式表”。

(2)操作说明

① 执行上述命令后，弹出“打印样式”文件夹。如图 8－14 所示。

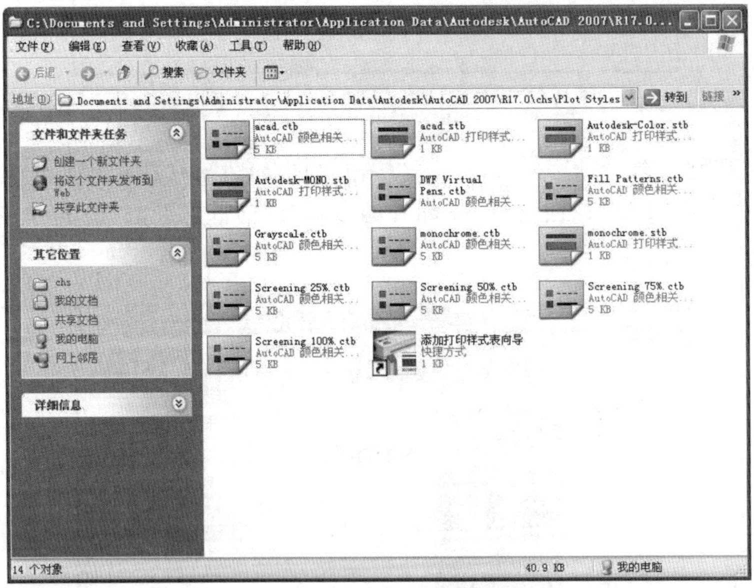

图 8－14　“打印样式表”文件夹

② 双击其中的一个文件，系统会弹出如图 8－15 所示的“打印样式表编辑器”对话框，在该对话框中有“基本”“视表图”“格式视图”选项卡。这 3 个选项卡实际含义是相同的。下面以“格式视图”为例来说明其中各选项的含义。

主要参数说明：

● “说明”文字框：添加对对象颜色的附加说明。

● “颜色”下拉列表：在列表中选择对象的颜色。如果不是彩色打印，要选择“黑”，否则彩色图形会打印成浅色的黑线条。

● “笔号”文字框：在列表中选择打印使用的笔号。打印硫酸纸图时多使用“7”号。

● “线型”文字框：修改对象所用线型。选择“使用对象线型”，则打印的图形效果与图形文件显示的效果一致。

● “线宽”下拉列表：调整对象的线型宽度。

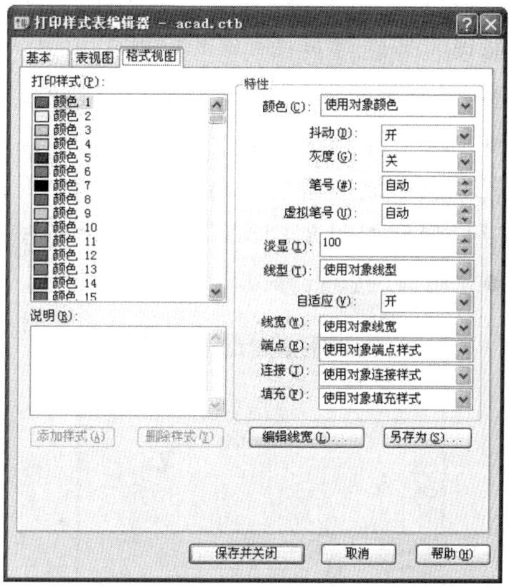

图 8－15　“打印样式表编辑器”对话框

● “端点”下拉列表：选择线条的端点样式。

● “连接”下拉列表：选择线条的连接样式。

● “填充”下拉列表：选择图案填充的样式。

绘图人员也可以双击“添加打印样式表向导”，设置自己所需要的打印参数，生成新的打印样式表。

【任务实施】

设置打印机参数

(1)执行“文件”→“绘图仪管理器”命令，选择“ColComp”厂商的“2036PaceSetter Pen Plotter”型绘图仪。将绘图仪名称命名为“CESHI”。

(2)执行“文件”→“打印样式管理器”命令，将“acad. ctb”中颜色改为“黑”，“笔号”设置为“7”，其他参数采用默认值。

子任务 8.1.2　设置打印页面参数

【任务目标】

● 掌握打印页面设置的方法。

【知识链接】

1. 页面设置

在打印图形之前应先设置或修改页面参数。

(1)操作方法

① 在命令行中输入：PAGESETUP；

② 在下拉菜单中点击：“文件”→“页面设置管理器”。

(2)操作说明

执行上述命令后弹出“页面设置管理器”对话框，如图 8－16 所示。

在“页面设置管理器”对话框中可以为当前布局或图纸指定页面设置，也可以修改现有的页面设置或新建页面。

参数说明：

● “新建”按钮：新建一个页面设置，可以为新建页面设置命名，并指出要使用的基础页面设置。点击该按钮后弹出如图 8-17 所示“新建页面设置”对话框。输入名称，点击“确定”按钮，弹出如图 8-18 所示“页面设置-模型”对话框。

● “修改”按钮：修改已有的页面设置。

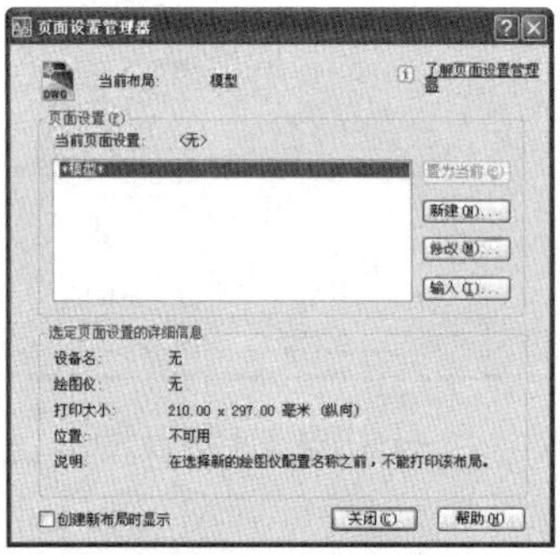

图 8-16 “页面设置管理器”对话框

图 8-17 “新建页面设置”对话框

● “置为当前”按钮：将所选页面设置设置为当前布局的当前页面设置。

● “输入”按钮：输入一个已设置好的页面设置。

图 8-18 “页面设置-模型”对话框

“页面设置一模型”对话框主要参数说明：

● “打印机/绘图仪”选项组：指定打印或发布图纸时使用的已配置的打印设备。、

● “图纸尺寸”选项组：显示所选打印设备可用的标准图纸尺寸。绘图人员可选择绘图仪的默认图纸尺寸或自定义图纸尺寸。使用“添加绘图仪”向导创建 PC3 文件时，将为打印设备设置默认的图纸尺寸。在“页面设置”对话框中选定的图纸尺寸将随布局一起保存，并将替代 PC3 文件设置。页面的实际可打印区域在布局中由虚线表示。

● “打印区域”选项组：指定要打印的图形区域。在“打印范围”下拉列表中，可以选择

要打印的图形区域，如图 8－19 所示。其中，“窗口”选项需要指定要打印区域的两个角点；“图形界限”选项在“模型”空间打印时，打印栅格界限定义的整个图形区域，在“布局”空间打印时，打印指定图形尺寸的可打印区域的所有内容；“显示”选项打印“模型”空间当前视口中的视图或“布局”空间中的视图。

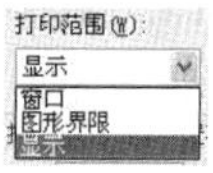

图 8－19　选择打印范围。

● “打印比例”选项组：选中“布满图纸”复选框，缩放打印图形以布满所选图纸尺寸；不选中“布满图纸”复选框，通过“比例”下拉列表可以设置打印的精确比例。

● “打印样式表”下拉列表：选择打印样式名称。选中后，单击，弹出如图 8－15 所示“打印样式表编辑器”对话框。

● “图纸方向”选项组：为支持纵向或横向的绘图仪指定图形在图纸上的打印方向。

修改完毕后，单击“确定”按钮，页面设置予以保存。

2. 模型空间/布局空间打印图形文件

若没有进行页面设置，也可直接在模型空间打印出图，在打印过程中设置参数。

(1)操作方法

① 在命令行中输入：PLOT；

② 在下拉菜单中点击：“文件”→“打印”；

在“标准”工具栏单击按钮。

③ 右键单击“模型”选项卡，选择“打印”选项。

(2)操作说明

执行上述命令后，弹出如图 8－20 所示“打印-模型”对话框。其中各项参数的操作与图 8－18 所示“页面设置-模型”对话框的操作基本一致。可以添加已保存的页面设置，也可以直接选择“打印机/绘图仪”的型号。

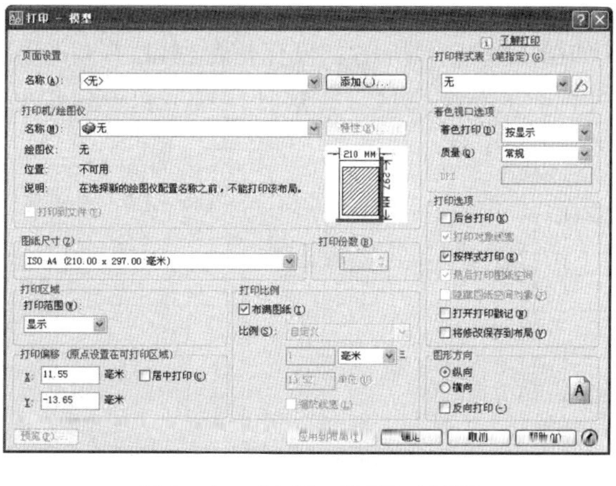

图 8－20　“打印-模型”对话框

在参数设置完成后，为避免发生疏漏打印错误，最后先预览打印效果。其操作方法如下：

① 单击“预览”按钮。打开预览窗口。

② 选择“平移”“缩放”“缩放窗口”或“缩放为原窗口”检查图形打印效果。

③ 按“Esc”键退出预览，并返回到“打印-模型”对话框。

④ 修改参数设置，确认无误后单击“确定”按钮打印图形。

激活布局空间，会自动生成图形，其页面参数设置和打印出图设置与在模型空间中的操作相类似。

【任务实施】

设置打印页面

(1)单击“布局 1”，激活布局空间。

(2)鼠标右键单击“布局 1”，选择“重命名”，将名称改为“A3”。

(3)点击“文件”→“页面设置管理器”，当前页面设置名称为“ * A3 * ”，单击“修改”按钮。打印机选择“DWF6 ePlot. pc3”，图纸尺寸选“ISO A3(420.00×297.00 毫米)”，打印样式选“monochrome. ctb”。

任务 8.2 布局空间的特殊文件输出

使用布局空间打印图形，其默认视口与需要的图幅尺寸不一致。要修改视口的样式与尺寸，然后再打印出图。

子任务 8.2.1 多视口输出文件

【任务目标】

- 掌握修改布局空间样式的方法。
- 掌握多视口文件输出的方法。

【知识链接】

1. 修改布局空间样式

默认布局空间样式如图 8 - 21(a)所示。只有一个视口，视口外用虚线表示可打印区域，图纸幅面用白色表示，外部有大量阴影区域。这种样式不利于打印出图，一般要进行修改。

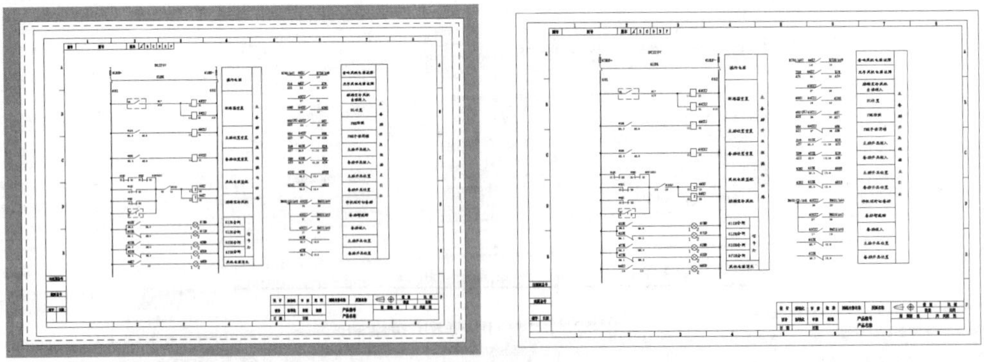

(a) (b)

图 8 - 21 修改布局空间样式示例

点击“工具”→“选项”，弹出“选项”对话框，选择“显示”选项卡，如图 8－22 所示。在“布局元素”选项组中不选择“显示可打印区域”和“显示图纸背景”。布局空间效果如图 8－21(b)所示。

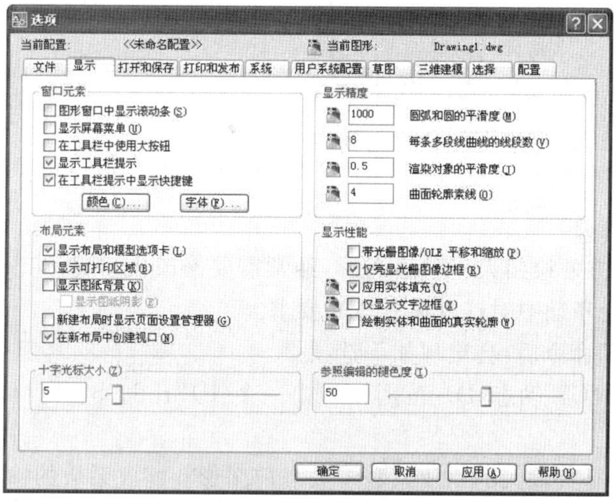

图 8－22　“显示”选项卡

2. 布局空间设置视口

项目 7 中介绍了“视口”命令，在模型空间中运行“视口”命令，弹出“视口”对话框，并且视口会布满整个作图区。在布局空间中运行“视口”命令，操作步骤有变化，需要指定视口的尺寸。

命令：VPORTS ↙

在弹出的“视口”对话框中选择需要的视口样式。如图 7－36 所示。

指定第一个角点或[布满(F)]<布满>：(鼠标捕捉一点或输入坐标值)

指定对角点：(鼠标捕捉一点或输入坐标值)

此时视口只包含布局空间的一部分。

【任务实施】

多视口输出文件

前提：打开图形文件。

(1)点击“布局 1”，激活布局空间。

(2)执行“删除”命令，删除自动生成的视口和视口中的图形。

(3)不显示“打印区域”和“图纸背景”。

(4)执行“视口”命令，建立如图 8－1 所示 3 视口样式。

命令：VPORTS ↙

指定第一个角点或[布满(F)]<布满>：1,1 ↙

指定对角点：11,8 ↙

(5)激活上方视口(双击视口)，执行“视窗缩放”命令，设置视口比例为“2XP”。然后平移视窗，直至效果如图 8－1 所示。(此处尽量不要使用鼠标滚轮键，否则容易更改视口比例。)

命令:ZOOM↙
指定窗口的角点,输入比例因子(nX 或 nXP),或者
[全部(A)/中心(C)/动态(D)/范围(E)/上一个(P)/比例(S)/窗口(W)/对象(O)]<实时>:2XP↙

命令:PAN↙
按 Esc 或 Enter 键退出,或单击右键显示快捷菜单。

(6)重复步骤(4),修改其他视口的比例。

【任务拓展】

视口比例修改分类

作图过程中,为方便绘图人员观察图形,经常需要修改视口显示比例,大多数情况下不需要精确修改。技能考证中对这方面有较高要求。

在运行"ZOOM"命令后,会出现如下选项:

[全部(A)/中心(C)/动态(D)/范围(E)/上一个(P)/比例(S)/窗口(W)/对象(O)]<实时>:

其中"比例(S)"是按输入的缩放系数缩放当前图形。缩放系数的输入有 3 种格式:

(1)绝对缩放。直接输入一个数值,则按当前图形的实际尺寸进行"缩放"。如输入"2",表示将当前图形的实际尺寸放大为 2 倍显示。

(2)相对缩放。在输入数值后加"X",则是相对于当前视图的缩放系数。如输入"2X",表示将图形显示放大为 2 倍.

(3)相对图纸空间单位缩放。在输入数值后加"XP",则是设置模型空间当前视图中的实体在图纸空间中的显示比例。如输入"2XP",表示在模型空间中"10"个单位的实体,在图纸空间中显示"20"个单位的大小。

子任务 8.2.2　用三维实体模型输出三视图

【任务目标】

● 了解根据 CAD 三维实体模型直接生成三视图的方法。

【任务实施】

1. 图纸文字样式

在项目 7 中介绍了三视图的绘制,三视图的绘制很复杂,要占用大量的工作时间。在工程建设和生产中,有时设备厂家会提供电气设备的三维实体模型,利用软件转换,可以生成 AutoCAD 软件能够识别的"*.dwg"文件,绘图人员可以将三维实体模型直接转换为三视图,以节省时间,提高工作效率。

(1)初步生成三维视图和正等轴测图

① 打开素材文件"项目 8 参考 1"。点击"视图"→"视觉样式"→"二维线框",修改视觉样式。单击"布局 1",将模型空间切换为布局空间。

② 执行"删除"命令,删除默认视口和立体图。

③ 不显示"打印区域"和"图纸背景"。

③ 执行"视口"命令建立"四个:相等"视口,视口左下角点坐标(0,0),右上角点坐标

(297,210)。然后依次激活各个视口,执行“三维视图”命令,将坐上角视口设置为“主视”、右上角视口设置为“左视”、左下角视口设置为“俯视”、右下角视口设置为“西南等轴测”。效果如图 8-23 所示。

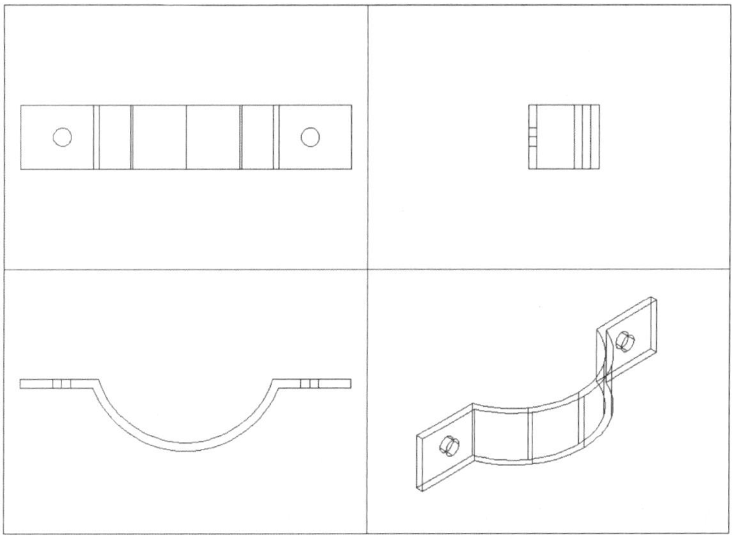

图 8-23 三维视图的不同角度观察

④ 依次激活各个视口,执行“视窗缩放”命令,将各个视口的显示比例都调整为“1.2”。然后执行“图形规格设置”命令,将主、俯视图长度方向对齐,主、左视图高度方向对齐。(如果未平移视图,可省略此步。)

命令:MVSETUP↙(激活主视图)
输入选项[对齐(A)/创建(C)/缩放视口(S)/选项(O)/标题栏(T)/放弃(U)]:A↙
输入选项[角度(A)/水平(H)/垂直对齐(V)/旋转视图(R)/放弃(U)]:H↙
指定基点:(鼠标捕捉一点)
指定视口中平移的目标点:(激活左视图,鼠标捕捉相应点)
输入选项[角度(A)/水平(H)/垂直对齐(V)/旋转视图(R)/放弃(U)]:V↙
指定基点:(激活主视图,鼠标捕捉一点)
指定视口中平移的目标点:(激活左视图,鼠标捕捉相应点)
输入选项[角度(A)/水平(H)/垂直对齐(V)/旋转视图(R)/放弃(U)]:↙
输入选项[对齐(A)/创建(C)/缩放视口(S)/选项(O)/标题栏(T)/放弃(U)]:↙

(2)处理不可见线条

① 依次激活各个视口,分别执行“提取三维模型轮廓线”命令,分别提取四个视图中的轮廓线。并且将轮廓线投影在一个平面上。

命令:SOLPROF↙
选择对象:找到 1 个(鼠标拾取实体)
选择对象:↙
是否在单独的图层中显示隐藏的轮廓线?[是(Y)/否(N)]<是>:Y↙

是否将轮廓线投影到平面？[是(Y)/否(N)]<是>：Y↙

是否删除相切的边？[是(Y)/否(N)]<是>：Y↙

② 执行“图层”命令，打开“图层管理器”。除了已有图层以外，还会出现 4 个以“PH”为前缀和 4 个以“PV”为前缀的图层。其中“PH”图层用以放置不可见线条，“PV”图层用以放置可见轮廓线。如图 8－24 所示。

图 8－24　自动生成多个图层

③ 在“图层管理器”中，将前缀为“PH”的图层的线型设置为“DASHED2”。

④ 在“图层管理器”中关闭“0”图层（提取的轮廓线与原二维模型的轮廓线重叠，关闭实体所在图层后只显示新生成的图层）。效果如图 8－25 所示。

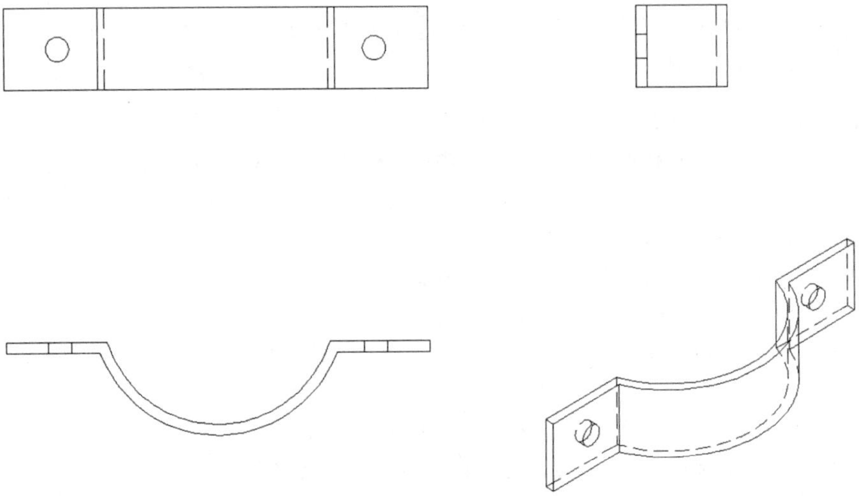

图 8－25　初步生成三视图

⑤ 激活各个视口，分别执行“分解”命令，将虚线分解（此时是图块），然后执行“对象特性”命令，修改虚线的线型比例。

（3）绘制其他图元

按照项目 7 中的绘图步骤，在适当位置绘制出中心线，进行尺寸和文字标注。然后插入图纸边框，即可完成三视图的绘制。效果可参考图 7－1。

学习小结

本项目涉及工程制图的最后一个步骤——打印出图。包括绘图仪/打印机参数的设置；打印样表参数的设置；打印页面参数的设置；在模型空间中打印出图的方法；利用布局空间打印多视口图和三视图的方法。读者通过学习本项目的内容，可以熟悉打印图形的方法。

职业技能知识点考核

1. 文件输出考核(一)

(1)建立文件夹

在 D 盘根目录下新建一个学生文件夹，文件夹的名称为学生学号。

(2)视图层设置

将素材文件“项目 8 考核 1. dwg”复制到学生文件夹中，并打开该文件，建立视口层，图层名称为“VPORTS”，将此图层设为不打印层。

(3)图纸空间设置

激活“布局 1”，进入布局空间，重命名“布局 1”为“A3”，并对“A3”的页面设置如下：打印机选择“DWF6 ePlot. pc3”，图纸尺寸选“ISO A3(297.00×420.00 毫米)”，打印样式选“acad. ctb”。其余参数均为默认值。

(4)图纸设置

在“A3”中的“VPORTS”上创建 2 个视口。视口左下角点坐标为(0,0)，右上角点坐标为(20,20)。图形布置如图 8-26 所示。左视口比例为“1.5”，右视口比例为“2.0”。

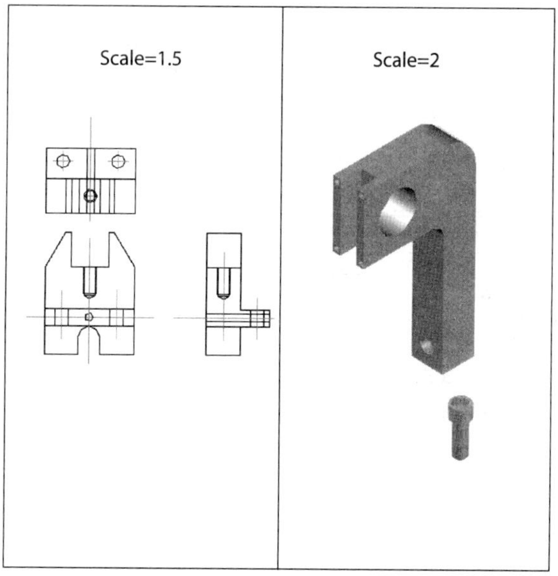

图 8-26　文件输出考核(一)

(5)保存文件:将完成的图形以"Answer08－01. dwg"为文件名保存在学生文件夹中。

难点提醒:左视口为俯视图。两个视口均只显示图形的一部分。

2. 文件输出考核(二)

(1)建立文件夹

在 D 盘根目录下新建一个学生文件夹,文件夹的名称为学生学号。

(2)视图层设置

将素材文件"项目 8 考核 2. dwg"复制到学生文件夹中,并打开该文件,建立视口层,图层名称为"VPORTS",将此图层设为不打印层。

(3)图纸空间设置

激活"布局 1",进入布局空间,重命名"布局 1"为"A4",并对"A3"的页面设置如下:打印机选择"DWF6 ePlot. pc3",图纸尺寸选"ISO A4(297. 00×210. 00 毫米)",打印样式选"Screening 50％. ctb"。其余参数均为默认值。

(4)图纸设置

在"A3"中的"VPORTS"上创建 3 个视口。视口左下角点坐标为(5,5),右上角点坐标为(54,40)。图形布置如图 8－27 所示。左视口比例为"4XP",右上视口比例为"3XP",右下视口比例为"2XP"。

(5)保存文件

将完成的图形以"Answer08－02. dwg"为文件名保存在学生文件夹中。

难点提醒:平移视图时不使用鼠标滚轮键。

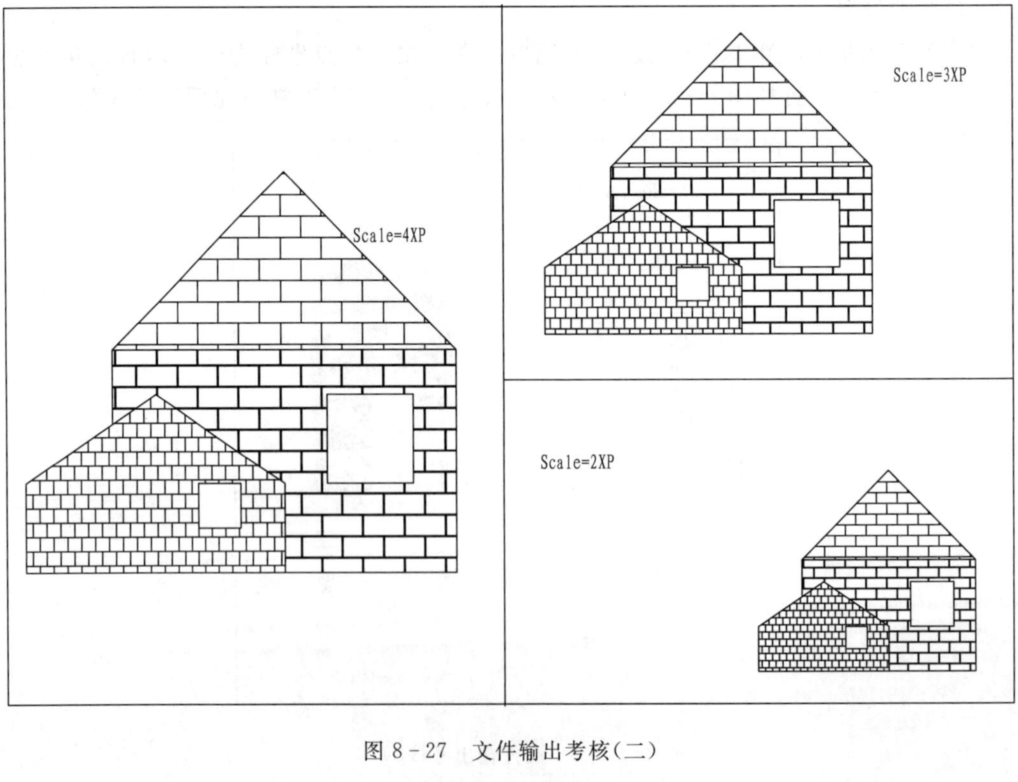

图 8－27　文件输出考核(二)

3. 文件输出考核(三)

(1)建立文件夹

在 D 盘根目录下新建一个学生文件夹,文件夹的名称为学生学号。

(2)视图层设置

将素材文件"项目 8 考核 3. dwg"复制到学生文件夹中,并打开该文件,建立视口层,图层名称为"VPORTS",将此图层设为不打印层。

(3)图纸空间设置

激活"布局 1",进入布局空间,重命名"布局 1"为"A3",并对"A3"的页面设置如下:打印机选择"DWF6 ePlot. pc3",图纸尺寸选"ISO A3(420. 00 × 297. 00 毫米)",打印样式选"monochrome. ctb"。其余参数均为默认值。

(4)图纸设置

在"A3"中的"VPORTS"上创建 4 个视口。视口左下角点坐标为(10,3),右上角点坐标为(253,263)。4 个视口依次为"主视""左视""俯视"和"东南等轴测",比例均为"1 : 1"。图形布置如图 8 - 28 所示。

(5)保存文件

将完成的图形以"Answer08 - 03. dwg"为文件名保存在学生文件夹中。

难点提醒:"主视""左视""俯视"视口的视觉样式为"二维线框"。

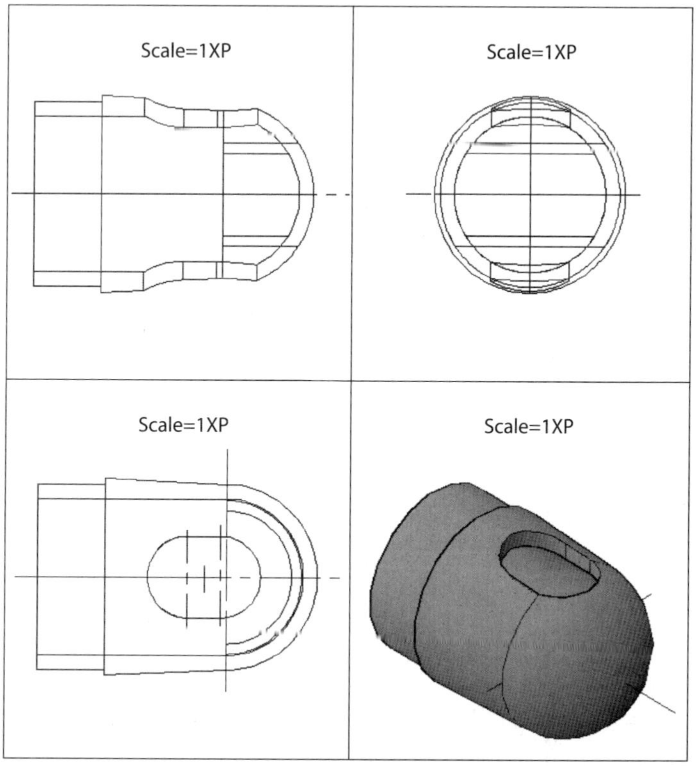

图 8 - 27　文件输出考核(二)

附表 1　已停用文字符号

电气产品名称	字母代码	含子项目代码	电气产品名称	字母代码	含子项目代码
电能计量柜	A	AM	液位测量传感器	B	BL
高压开关柜		AH	时间测量传感器		BTI
交流配电柜(屏)		AA	电容器	C	—
直流配电柜(屏)		AD	蓄电池		CB
电力配电箱		AP	存储器		—
应急电力配电箱		APE	录像机		CR
照明配电箱		AL	磁带机		—
应急照明配电箱		ALE	照明灯	E	EL
电源自动切换箱		AT	空气调节器		EV
并联电容器凭(柜、箱)		ACC	电加热器		EE
控制箱		AC	辐射器		—
信号箱		AS	熔断器	F	FU
接线端子箱		AXT	电涌分流器		FV
保护屏		AR	避雷器		—
励磁屏(柜)		AE	同步发电机	G	GS
电度表箱		AW	异步发电机		GA
插座箱		AX	柴油发电机		GD
插接箱		ACB	太阳能电池		—
操作箱		AC	干电池组		GB
火灾报警控制箱		AFC	不间断电流		GU
数字式保护装置		ADP	接触器继电器	K	KA
建筑自动化控制器		ABC	全或无继电器		KL
感温探测器	B	BFH	时间继电器		KT
感烟探测器		BFS	滤波器		—
感光火灾探测器		BFF	微处理器		
气体火灾探测器		BFG	过程计算机		
测量元件		—	可编程控制器		
测量继电器		BR	同步装置		
测量分路器		BS	晶体管		
测量变压器		BMT	电子管		
话筒		BM	电动机	M	—
光电池		BPC	同步电动机		MS
位置开关、接近开关		BQ	直流电动机		MD
热过载继电器		BTH	多速电动机		MM
视频摄像机		BC	异步电动机		MA
保护继电器		BP	直线电动机		ML
传感器		BT	合闸线圈		MC
测速发电机		BR	跳闸线圈		MT
温度传感器		BTT			
湿度测量传感器		BH			

续表

电气产品名称	字母代码	含子项目代码	电气产品名称	字母代码	含子项目代码
音响信号装置	P	—	滤波电抗器	R	—
电铃	P	—	控制开关	S	SA
钟	P	—	选择器开关	S	SA
连续有记录器	P	—	阀门	S	—
显示器	P	—	电动执行器	S	—
机电指标器	P	—	气动执行器	S	—
蜂鸣器	P	—	按钮开关	S	SB
扬声器	P	—	鼠标器	S	—
红色指示灯	P	PR	键盘	S	—
绿色指示灯	P	PG	设定调节点	S	—
黄色指示灯	P	PY	AD/DC 变换器	T	—
蓝色指示灯	P	PB	放大器	T	—
白色指示灯	P	PW	天线	T	—
电流表	P	PA	调制器	T	—
电压表	P	PV	解调器	T	—
功率表	P	PW	电力变压器	T	TM
电度表	P	PJ	整流器	T	—
无功电度表	P	PJR	信号变换器	T	—
功率因数表	P	PPF	信号变量器	T	—
断路器	Q	QF	变换器	T	—
接触器	Q	QC	整流器盘	T	—
隔离开关	Q	QS	变频器	T	TF
熔断器开关	Q	QFS	电话机	T	—
电动机起动器	Q	QST	控制电路电源用变压器	T	TC
晶闸管	Q	—	磁稳压器	T	TS
开关(电力)	Q	—	电压互感器	T	TV
星—三角起动器	Q	QSD	电流互感器	T	TA
自耦减压起动器	Q	QTS	绝缘子	U	—
真空断路器	Q	QV	滤波器	V	VF
负荷开关	Q	QL	导线	W	—
接地开关	Q	QE	电缆	W	—
转换开关	Q	QCS	母线	W	WB
电阻器	R	—	信息总线	W	—
二极管	R	RD	光纤	W	WQ
电感器	R	RL	穿墙套管	W	—
限定器	R	—	电力线路	W	WP
热敏电阻器	R	RTV	照明线路	W	WL
压敏电阻器	R	RV	应急电力线路	W	WPE
电抗器	R	—	应急照明线路	W	WLE
消弧线圈	R	—	控制线路	W	WC

续表

电气产品名称	字母代码	含子项目代码	电气产品名称	字母代码	含子项目代码
信号线路	W	WS	连接器	X	—
封闭母线槽		WB	插头		XP
			端子		—
			端子板		XT
			连接插头和插座		—

附表 2 常用快捷命令

命令(中文)	命令(英文)	快捷命令	命令(中文)	命令(英文)	快捷命令
圆弧	ARC	A	偏移	OFFSET	O
块定义	BLOCK	B	多段线编辑	PEDIT	PE
圆	CIRCLE	C	旋转	ROTATE	RO
圆环	DONUT	DO	拉伸	SERETCH	S
单行文字	DTEXT	DT	比例缩放	SCALE	SC
等分	DIVIDE	DIV	修剪	TRIM	TR
椭圆	ELLIPSE	EL	分解	EXPLODE	X
填充	HATCH	BH(H)	平移	PAN	P
插入块	INSERT	I	定义块属性	ATTDEF	ATT
直线	LINE	L	面积	AREA	AA
多线	MLINE	ML	修改特性	PROPERTIES	CH(MO)
多行文字	MTEXT	MT(T)	设置颜色	COLOR	COL
点	POINT	PO	设置极轴追踪	DSETTINGS	DS
多段线	PLINE	PL	距离	DIST	DI
正多边形	POLYGON	POL	输出文件	EXPORT	EXP
矩形	RECTANG	REC	输入文件	IMPORT	IMP
样条曲线	SPLINE	SPL	图层操作	LAYER	LA
写块	WBLOCK	W	线型设置	LINETYPE	LT
构造线	XLINE	XL	线宽设置	LWEIGHT	LW
阵列	ARRAY	AR	属性匹配	MATCHPROP	MA
打断	BREAK	BR	设置捕捉模式	OSNAP	OS
复制	COPY	CO(CP)	清除垃圾	PURGE	PU
倒角	CHAMFER	CHA	重新生成	REDRAW	R
删除	ERASE	E	重新生成模型	REGEN	RE
修改文本	DDEDIT	ED	文字样式	STYLE	ST
延伸	EXTEND	EX	捕捉栅格	SNAP	SN
圆角	FLLIET	F	工具栏	TOOLBAR	TO
直线拉长	LENGTHEN	LEN	图形单位	UNTIS	UN
移动	MOVE	M	视图管理器	VIEW	V
镜像	MIRROR	MI			

附表 3　常用快捷键

命令(中文)	命令(英文)	快捷命令	命令(中文)	命令(英文)	快捷命令
修改特性	PROPERTIES	Ctrl+1	帮助		F1
设计中心	ADCENTER	Ctrl+2	文本窗口		F2
打开文件	OPEN	Ctrl+O	对象捕捉		F3
新建文件	NEW	Ctrl+N	栅格		F7
打印文件	PRINT	Ctrl+P	正交		F8
保存文件	SAVE	Ctrl+S	捕捉		F9
放弃	UNDO	Ctrl+Z	极轴		F10
剪切	CUTCLIP	Ctrl+X	对象捕捉追踪		F11
复制	COPYCLIP	Ctrl+C			
粘贴	PASTECLIP	Ctrl+V			
栅格捕捉	SNAP	Ctrl+B			
对象捕捉	OSNAP	Ctrl+F			
栅格	GRID	Ctrl+G			
正交	ORTHO	Ctrl+L			
对象捕捉追踪		Ctrl+W			
极轴		Ctrl+U			

附图 1　加长型非标准图幅

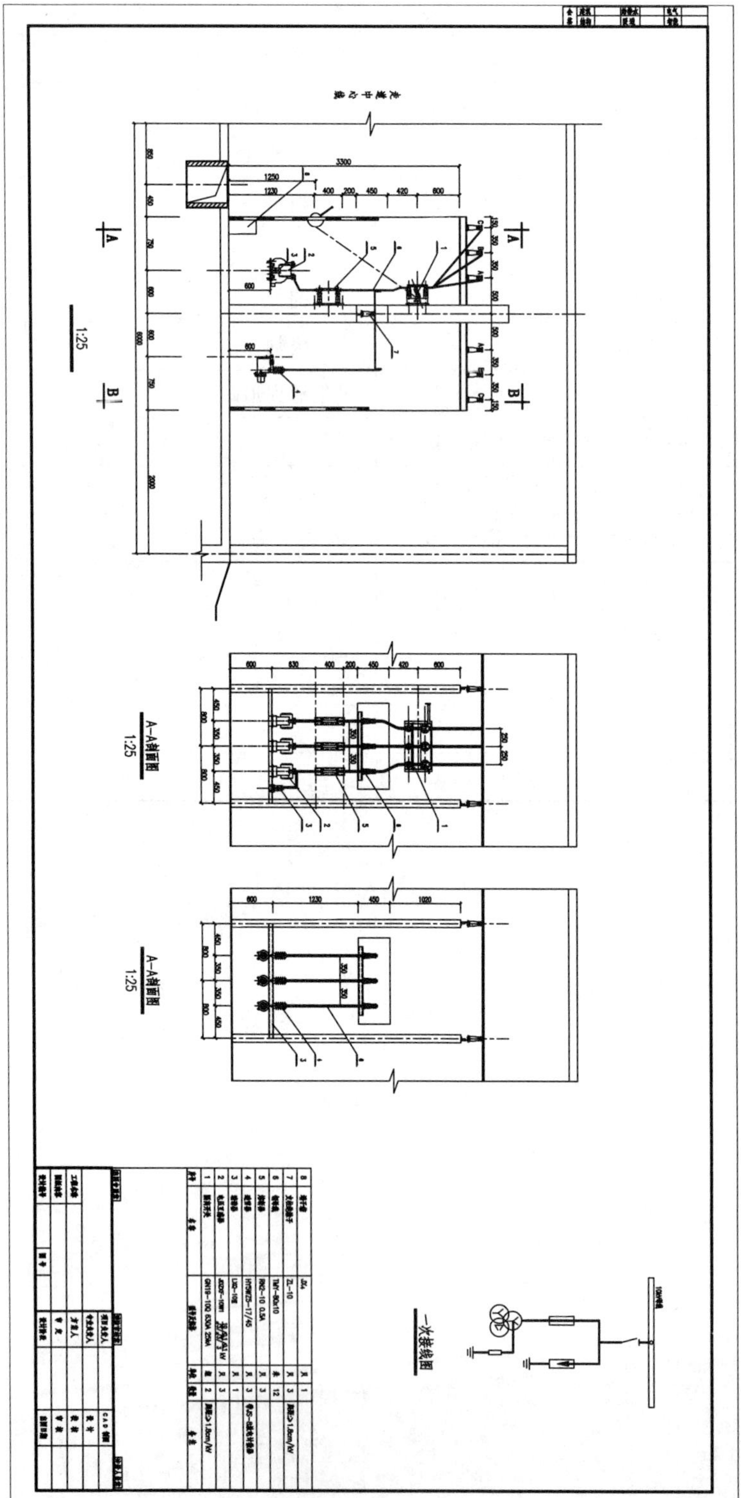

附图 2　有对中符号的带图幅分区 A4 幅面 Y 型图纸

附图 3　某变电站 110kV 平面布置图

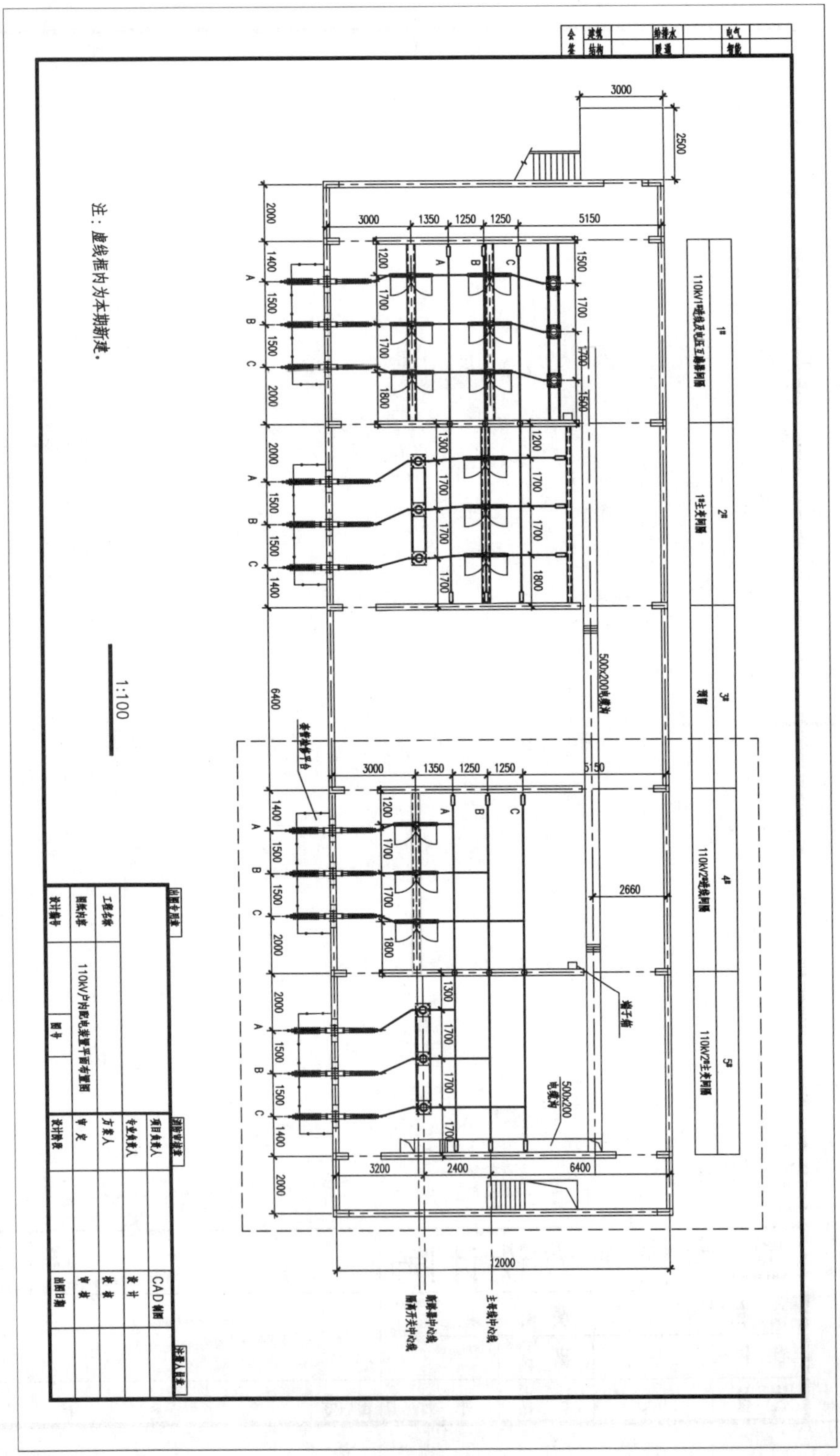

附图 4　某变电站 110kV 断面图

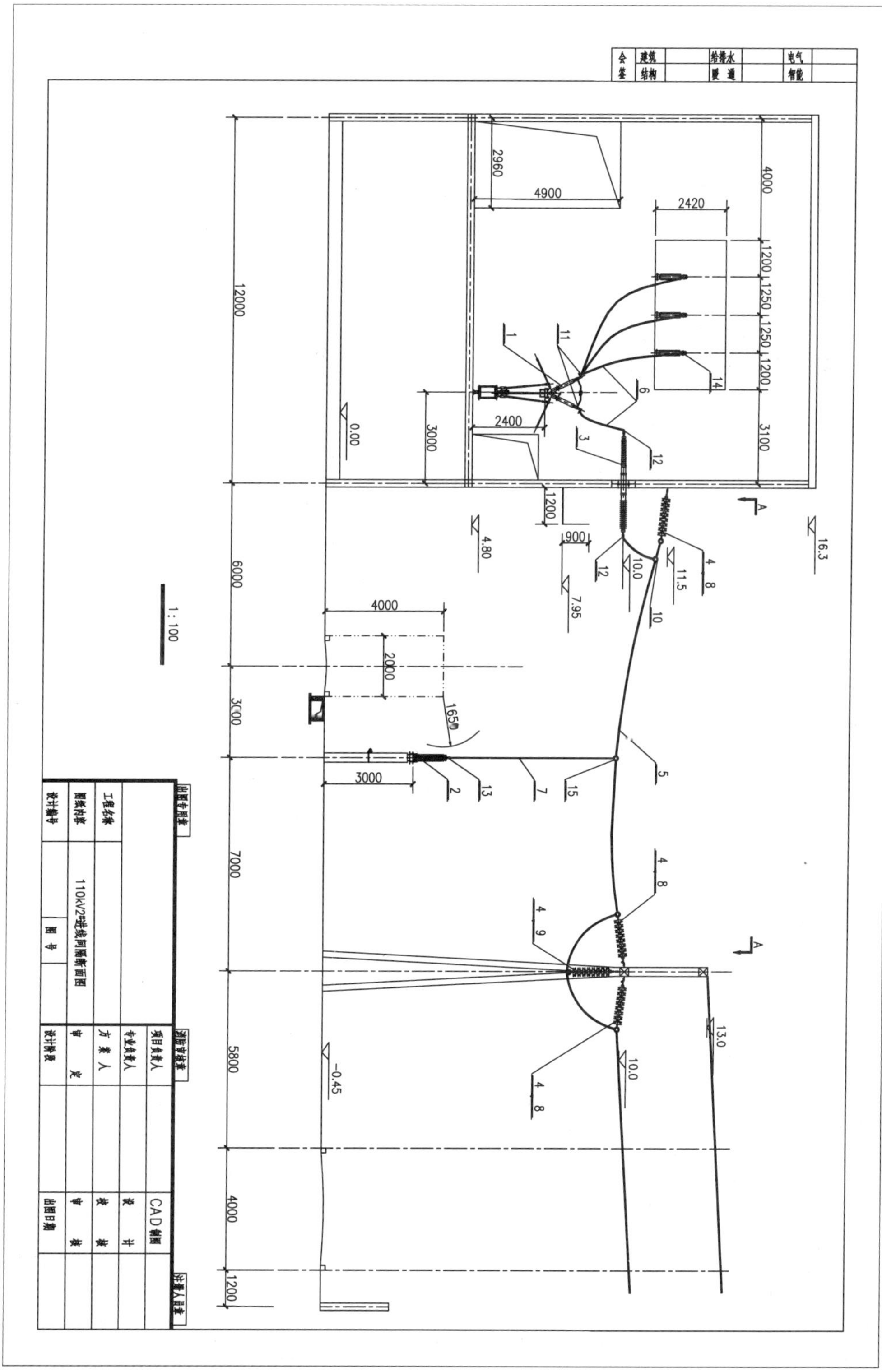

附图 5　110kV 隔离开关安装详图

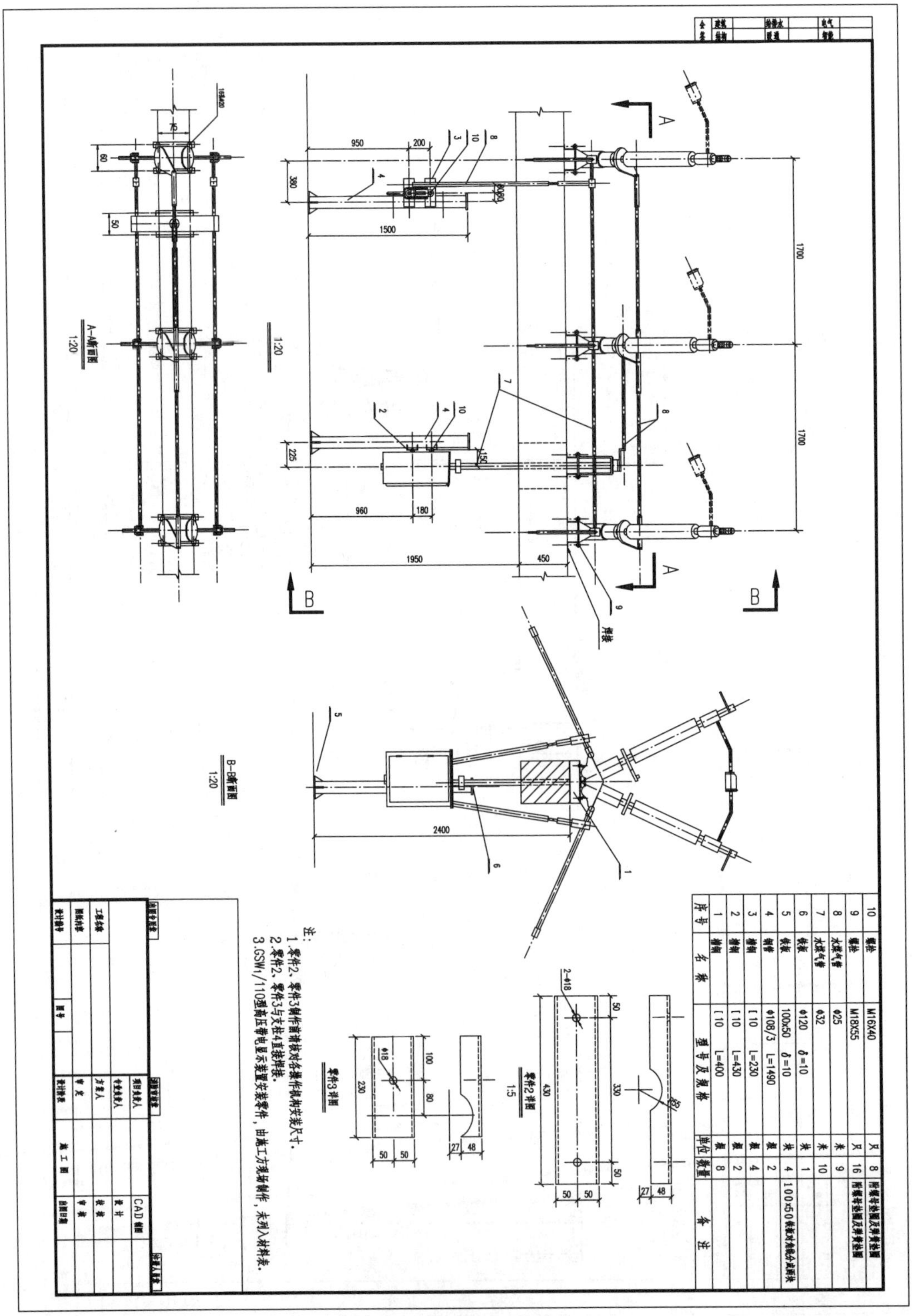

附图 6　某银行一楼照明平面图

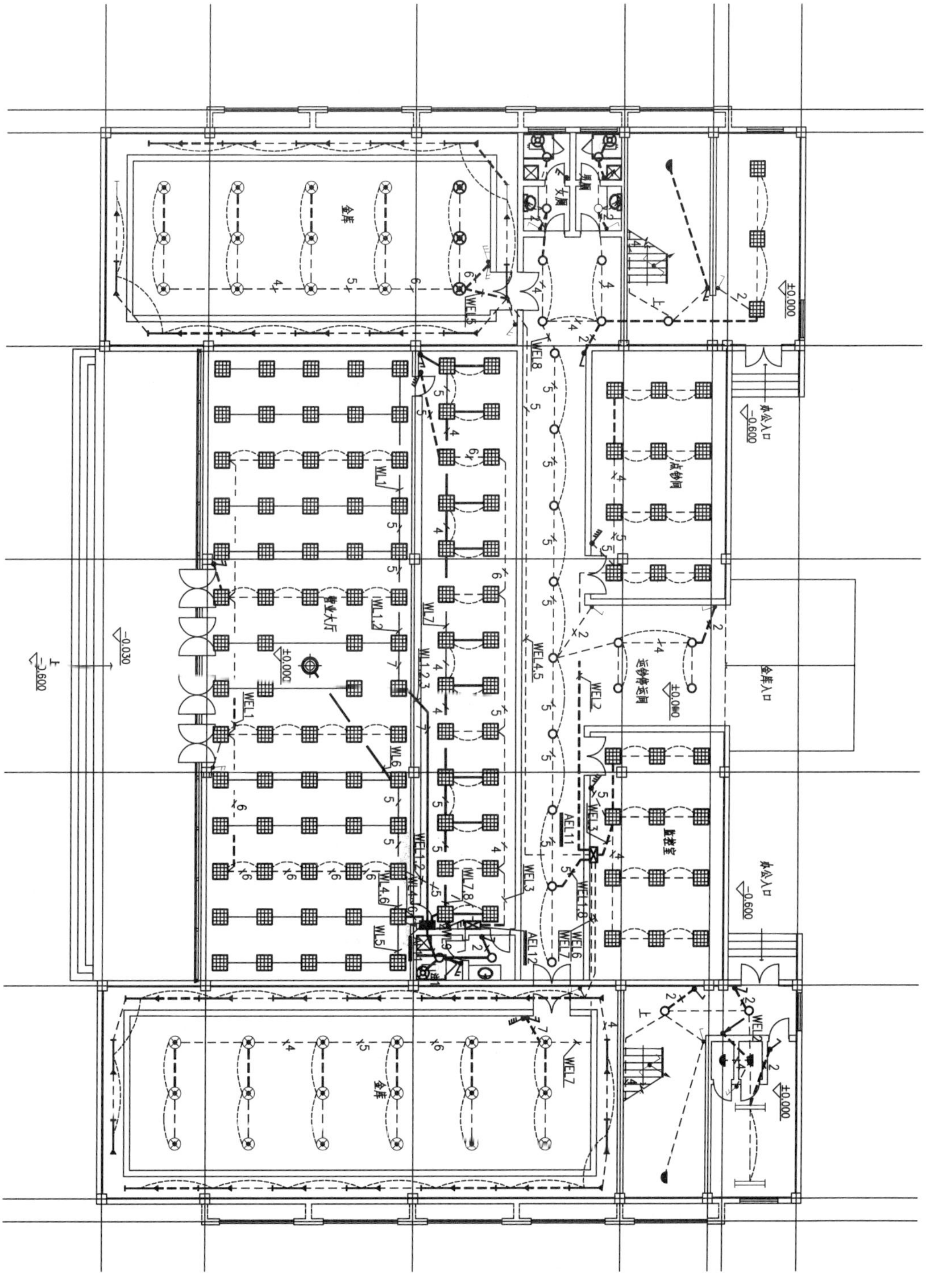

附图 7　公用柜屏面布置图

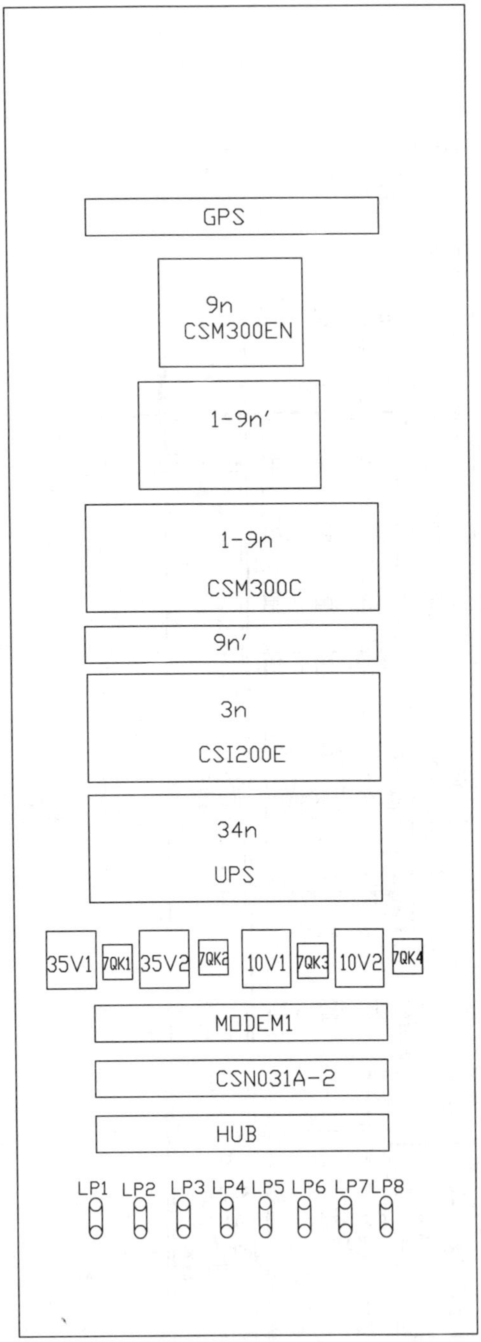

正面

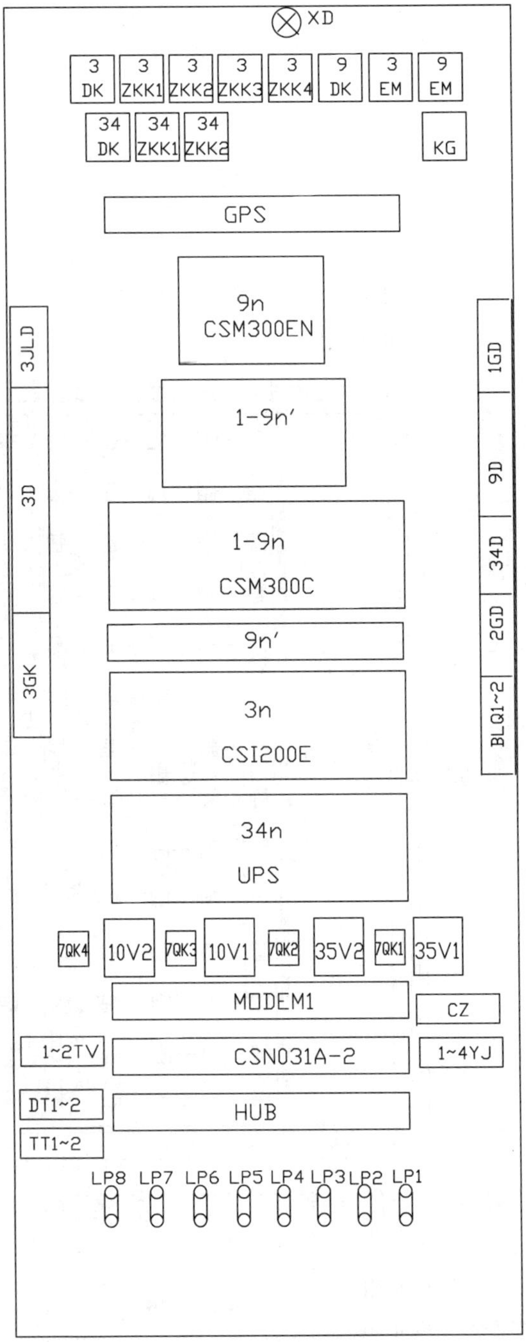

背面

附图 8　控制继电器配线图

1	2	3	4

A

B

C

D

CPECC CSEPDI 中南电力设计院				工程	
批 准		设 计			
审 核		比 例			
校 核		日 期	年 月 日	图 号	

CPECC CSEPDI

210X297 1 2 3 4

参考文献

[1] 刘妮妮．AutoCAD2007 中文版应用教程[M]．长沙：国防科技大学出版社，2008.

[2] 刘增良，刘国亭．电气工程 CAD[M]．北京：中国水利水电出版社，2002.

[3] 傅雅宁，田金颖．AutoCAD 电气工程制图[M]．北京：北京邮电大学出版社，2013.

[4] 国家电力调度通信中心．国家电网公司继电保护培训教材[M]．北京：中国电力出版社，2009.

[5] 沈兵．电气制图规则应用指南[M]．北京：中国标准出版社，2009.

[6] 国家职业技能鉴定专家委员会计算机专业委员会．北京：北京希望电子出版社，2011.

[7] GB/T14693—1993，技术制图　字体[S].

[8] GB/T10609—2008，技术制图　标题栏[S].

[9] GB/T14689—2008，技术制图　图纸幅面和格式[S].

[10] GB/T18135—2008，电气工程 CAD 制图规则[S].

[11] GB/T4728.3—2005，电气简图通用图形符号第 3 部分：导体和连接件[S].

[12] GB/T4728.4—2005，电气简图通用图形符号第 4 部分：基本无源元件[S].

[13] GB/T4728.5—2005，电气简图通用图形符号第 5 部分：半导体管和电子管[S].

[14] GB/T4728.6—2008，电气简图通用图形符号第 6 部分：电能的发生与转换[S].

[15] GB/T4728.7—2008，电气简图通用图形符号第 7 部分：开关、控制和保护器件[S].

[16] GB/T4728.8—2008，电气简图通用图形符号第 8 部分：测量仪表、灯和信号器件[S].

[17] GB/T4728.3—2005，电气简图通用图形符号第 3 部分：导体和连接件[S].

[18] GB/T20939—2007，技术产品及技术产品文件结构原则字母代码　按项目用途和任务划分的主类和子类[S].

[19] GB/T50001—2010，房屋建筑制图统一标准[S].